Python 程序员面试笔试宝典

猿媛之家　组编

辛晓婷　李华荣　杜启军　等编著

机 械 工 业 出 版 社

本书是一本讲解 Python 程序员面试笔试的百科全书，在写法上，除了讲解如何解答 Python 程序员面试笔试问题以外，还引入了相关知识点辅以说明，让读者能够更加容易理解。

本书将 Python 程序员面试笔试过程中各类知识点一网打尽，在广度上，通过各种渠道，搜集了近 3 年几乎所有 IT 企业针对 Python 岗位的笔试、面试涉及的知识点，包括但不限于 Python 基础与高级知识点、数据库、数据结构与算法、Python 与爬虫、Python 与数据分析和机器学习相关的知识点。所选择知识点均为企业招聘考查的知识点。在讲解的深度上，本书由浅入深地分析每一个知识点，并提炼归纳，同时，引入相关知识点，并对知识点进行深度剖析，让读者不仅能够理解这个知识点，还能在遇到相似问题时也能游刃有余地解决，而这些内容是其他同类书籍所没有的。本书根据知识点进行归纳分类，结构合理，条理清晰，对于读者进行学习与检索意义重大。

本书是一本计算机相关专业毕业生面试、笔试的求职用书，同时也适合期望在计算机软、硬件行业大显身手的计算机爱好者阅读。

图书在版编目（CIP）数据

Python 程序员面试笔试宝典 / 猿媛之家组织编写，辛晓婷等编著. —北京：机械工业出版社，2020.3（2021.1 重印）

ISBN 978-7-111-64817-8

Ⅰ. ①P… Ⅱ. ①猿… ②辛… Ⅲ. ①软件工具-程序设计 Ⅳ. ①TP311.561

中国版本图书馆 CIP 数据核字（2020）第 030305 号

机械工业出版社（北京市百万庄大街 22 号　邮政编码 100037）

策划编辑：尚　晨　　责任编辑：尚　晨

责任校对：张艳霞　　责任印制：常天培

北京中科印刷有限公司印刷

2021 年 1 月第 1 版・第 2 次印刷

184mm×260mm・22.5 印张・555 千字

2501—3500 册

标准书号：ISBN 978-7-111-64817-8

定价：89.00 元

电话服务

客服电话：010-88361066

010-88379833

010-68326294

网络服务

机　工　官　网：www.cmpbook.com

机　工　官　博：weibo.com/cmp1952

金　　书　　网：www.golden-book.com

机工教育服务网：www.cmpedu.com

前　言

程序员求职始终是当前社会的一个热点，而市面上有很多关于程序员求职的书籍，例如《Oracle 程序员面试笔试宝典》《剑指 offer》《程序员面试笔试宝典》《Java 程序员面试笔试宝典》《数据库程序员面试笔试真题与解析》及《编程珠玑》等，它们都是针对基础知识的讲解，各有侧重点，而且在市场上反映良好。但是，我们发现，当前市面上没有一本专门针对 Python 程序员的面试笔试宝典，很多读者朋友向我们反映，他们希望有一本能够详细剖析面试笔试中 Python 相关知识的图书，虽然网络上有一些 IT 企业的 Python 面试笔试真题，但这些题大都七拼八凑，毫无系统性可言，而且绝大多数题目都是一些博主自己做的，答案简单，准确性不高，即使答案正确了，也没有详细的讲解，这就导致读者做完了这些真题，根本就不知道自己做得是否正确，完全是徒劳。如果下一次这个题目再次被考查，自己还是不会。更有甚者，网上的答案很有可能是错误的，此时甚至还会误导读者。

针对这种情况，本书创作团队经过精心准备，从互联网上的海量 Python 面试笔试真题中，选取了当前典型企业（包括微软、百度、腾讯、阿里巴巴、360 及小米等）的面试笔试真题，挑选出其中最典型、考查频率最高、最具代表性的真题，做到难度适中，兼顾各层次读者的需求，同时对真题进行知识点的归纳分类，做到层次清晰、条理分明、答案简单明了。最终形成了这样一本《Python 程序员面试笔试宝典》。本书所选真题以及写作手法具有以下特点：

第一，考查率高。本书中所选真题全是 Python 程序员面试笔试常考考点，例如 Python 基础知识、网络基础知识、数据库基础知识、数据结构与算法、爬虫、数据分析、机器学习等。

第二，行业代表性强。本书中所选真题全部来自于知名企业，它们是行业的风向标，代表了行业的高水准，其中绝大多数真题因为题目难度适中，而且具有非常好的区分度，通常会被众多中小企业全盘照搬，具有代表性。

第三，答案详尽。本书对每一道题目都有非常详细的解答，庖丁解牛，不仅告诉答案，还告诉读者同类型题目以后再遇到了该如何解答。

第四，分类清晰、条理分明。本书对各个知识点都进行了归纳分类，这种写法有利于读者针对个人实际情况做到有的放矢、重点把握。

由于图书的篇幅所限，我们无法将所有的程序员面试笔试真题内容都写在书中，鉴于此，读者可通过扫描封底机械工业出版社计算机分社微信公众号获得相关资源的下载链接。此外，猿媛之家在官方网站（www.yuanyuanba.com）上提供了一个读者交流平台，读者朋友们可以在该网站上传各类面试笔试真题，也可以查找到自己所需要的知识，同时，读者朋友们也可以向本平台提供当前最新、最热门的程序员面试笔试题、面试技巧、程序员生活等相关材料。除此以外，我们还建立了微信公众号：**猿媛之家**，作为对外消息发布平台，以最大限度地满足读者需要。欢迎读者关注探讨新技术。

本书适合的读者对象主要有如下几类：

- 刚毕业找工作的同学，以及从其他岗位转 Python 岗位的人员。
- 面试 Python 程序员初中级工作的人员。

- 面试 Python 爬虫开发工作的人员。
- 面试数据库初级岗位的人员。
- 面试机器学习和数据分析的人员。
- Python 爱好者。

由于编者水平有限，书中不足之处在所难免，还望读者批评指正。编者邮箱：yuancoder@foxmail.com。

编　者

目 录

第 1 章　求职经验分享

1.1 Python 程序员有哪些可供选择的职业发展道路？

一日之计在于晨，不管做任何事情，如果在一开始就有一个方向和目标，那么这件事做起来将会非常地有效率。Python 几乎无所不能，只要是有趣的事，Python 永远不会缺席。所以，未来的职业发展道路也是很多的，例如：

- 测试开发工程师
- 运维工程师
- 后端开发工程师
- Web 开发工程师
- 游戏开发工程师
- 爬虫工程师
- 全栈工程师
- 云计算工程师
- 数据分析/挖掘工程师
- 算法工程师
- 图像识别工程师
- 自然语言处理(NLP)工程师
- 量化策略工程师
- 架构师
- 人工智能相关从业人员
- 教学讲师（可兼职）

这几年招聘程序员相比过去最大的变化是：现在招聘 Java 或其他语言岗位时，很多用人单位都要求面试者或多或少会一些 Python。

1.2 当前市场对于 Python 程序员的需求如何？待遇如何？

Python 自身强大的优势决定了其不可限量的发展前景。Python 作为一种通用语言，几乎可以用在任何领域和场合，其角色几乎是无限的。Python 具有简单、易学、免费、开源、可移植、可扩展、可嵌入和面向对象等优点。Python 是一种很灵活的语言，能轻松完成编程工作。Python 有强大的类库支持，使编写文件处理、正则表达式和网络连接等程序变得相当容易。

Python 被广泛地应用在 Web 开发、运维自动化、测试自动化和数据挖掘等多个行业和领域。一项专业调查显示，75%的受访者将 Python 视为他们的主要开发语言，而剩余的 25%受访者则将其视为辅助开发语言。将 Python 作为主要开发语言的开发者数量逐年递增，这表明 Python 正在成为越来越多开发者的选择。

目前，国内不少大企业都已经使用 Python，如豆瓣、搜狐、金山、腾讯、盛大、网易、百度、阿里、淘宝、热酷、土豆、新浪以及果壳等；国外的谷歌、NASA、YouTube、Facebook、工业光魔和红帽等都在应用 Python 完成各种各样的任务。

学习 Python 的程序员，除去 Python 开发工程师、Python 高级工程师和 Python 自动化测试工程师外，还能够朝着 Python 游戏开发工程师、SEO 工程师、Linux 运维工程师等方向发展，发展方向较为多元化。

Python 得到越来越多公司的青睐，使得 Python 人才需求逐年增加，从市场整体需求来看，Python 在招聘市场上的流行程度在逐步上升，工资水平也是水涨船高。据统计 Python 平均薪资水平在 1.2 万元/月，随着经验的提升，薪资也是逐年增长。由于 Python 的就业方向比较多，待遇也不尽相同，但是普遍薪资都比较高。

以下几张图来自于某招聘网站，从图中可以看出其给出的工资是非常诱人的。

北京数据分析师 · 工资收入水平

北京数据分析师平均工资：¥17500/月，取自 10333 份样本，较 2016 年，增长 74.6%

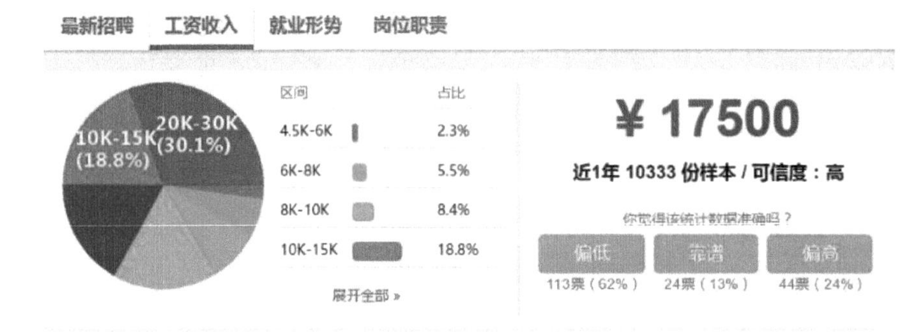

北京Python开发 · 工资收入水平

北京Python开发平均工资：¥20950/月，取自 4480 份样本，较 2016 年，增长 48.1%

北京Python高级开发工程师 · 工资收入水平

北京Python高级开发工程师平均工资：¥26970/月，取自 847 份样本，较 2016 年，增长 37.5%

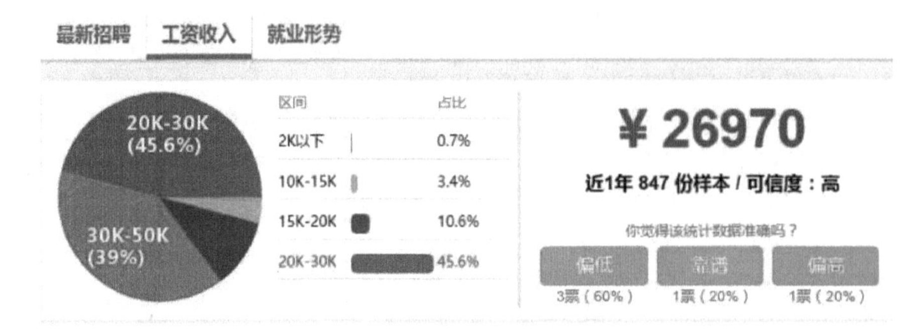

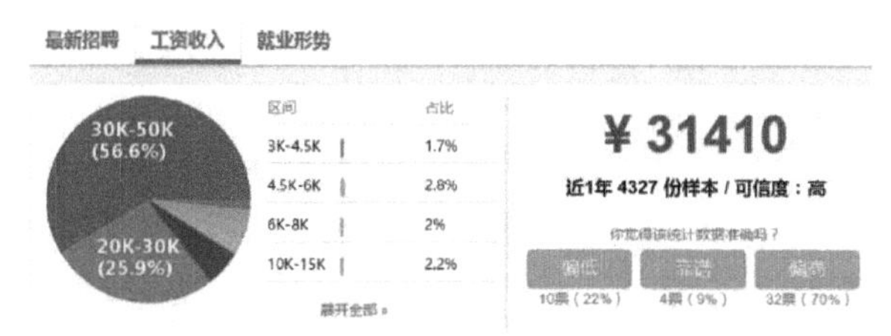

1.3 当企业在招聘时，对 Python 程序员通常有何要求？

由于不同的就业方向对 Python 程序员有不同的要求，下面分别举例。

1．Python 测试开发工程师

- 熟练掌握 Python，熟悉 Pytest。
- 熟练掌握 Linux 命令，具备 Shell 脚本开发能力。
- 熟悉交换机基本配置命令。
- Python Web 开发工程师。
- 熟悉 Linux 的基本操作。
- 至少熟悉一种 Python 后端框架：Flask、Django 等。
- 掌握一种主流数据库（MySQL/MongoDB）的开发和实现原理，具备数据库设计经验。
- 熟悉 TCP/IP、HTTP，掌握 Web 开发相关技术。
- 精通 Django 开发的优先。

2．Python 爬虫工程师

- 熟悉一种开源爬虫框架，例如 scrapy、webmagic、nutch、heritrix。
- 理解 http 协议，熟悉 HTML、DOM、XPath。
- 加分项：有大规模分布式海量数据处理经验优先（如 Hadoop、Hbase、Spark、Flink、Hive 等），有移动端抓取经验，有爬虫框架开发经验，熟悉反爬虫、验证码识别技术，有数据仓库相关开发和使用经验，有机器学习相关应用经验。

Python 爬虫工程师给出的工资也是比较高的，见下图。

3．Python 量化交易工程师

- 强学术背景，对数学、统计、算法基础扎实。尤其是随机微机分、随机过程、偏微分方程、统计概率、线性代数等。
- 熟练使用 Python、数据结构和算法等。
- 了解神经网络和机器学习，包括但不仅限于：逻辑回归、支持向量机、高斯朴素贝叶斯和随机森林。
- 熟悉数字货币交易相关知识者优先。
- 有独立研发做事策略，统计套利，金融衍生品定价经验优先。
- 数学、物理和统计等理科硕士及以上毕业生，“985”和“211”重点学校可以加分。

4．Python 数据分析师

工作职责：

- 负责数据挖掘、处理和数据统计分析。
- 升级以及维护现有量化模型。
- 与团队合作开发量化模型，并进行回测。
- 制作可视化数据分析报告。

任职资格：

- 至少 2 年 Python 相关工作经验。
- 具备扎实的数理基础，至少具有计算机、数学、物理或相关专业全日制本科及以上学历。
- 熟练使用 Numpy、Pandas、Matplotlib 等数据分析包。
- 熟练掌握 MySQL。
- 熟悉深度学习的优先考虑。
- 有过量化金融相关工作经验的优先考虑。

1.4 要想成为一名出色的 Python 程序员，需要掌握哪些必备的知识？

以下内容都是需要掌握的必备知识：

一、熟悉 Python 的安装及配置。

二、学习一些简单 Python 程序，注重对其理解，把握 Python 的一个整体认知。

三、了解 Python 的数据类型，注重编程能力。

1．基本数据类型和数据类型的转换。

2．流程控制语句、if、for 循环和 while 循环。

3．列表生成式、构造器、迭代器、生成器和函数。

4．Python 的常用内置方法模块。

四、掌握 Python 设计思想。

1．类的定义（类的初始化、类的实例化）。

2．类实例属性（数据属性、方法属性）。

3．继承。

五、Python 中不可忽视的高级专题，这是具有区分能力和薪资高低的专题。

1．异常（异常的抓捕和修复）。

2．文件输入输出（文件对象、文件的读写）。

3．网络编程。

4．进程与线程。

5．正则表达式。

六、数据库基础知识。

1．范式。

2．数据库分类。

3．索引。

4．存储过程、函数、触发器。

5．锁。

6．基础 SQL 的编写。

7．Python 操作数据库。

第 2 章 Python 基础

Python 基础部分是面试笔试考查的重点内容，其主要包含变量与赋值、字符串、列表与元组、字典与集合、数据类型转换以及异常处理等内容。

2.1 什么是 Python？使用 Python 有什么好处？

计算机编程语言的种类就如同世界上的语言一样多，例如 Python、R、C、C++、C#、Java、JavaScript、Go、SHELL、PHP 和 MATLAB 等，其中，Python 是一种解释型、面向对象、动态数据类型的高级程序设计语言。Python 在编写时无须定义变量类型，在运行时变量类型强制固定，属于强类型语言。Python 无须编译，可以在解释器环境直接运行。

Python 这门编程语言，由 Guido van Rossum 于 1989 年底发明，第一个公开发行版发布于 1991 年；Python 源代码遵循 GPL（GNU General Public License）协议；Python 有对象、模块、线程、进程、异常处理和自动内存管理等；Python 语言简洁、方便、易扩展，而且有许多自带的模块且开源；Python 可应用于多平台，包括 Windows、Linux 和 Mac 操作系统等。

总体来说，Python 有如下几个特点：

1）Python 是一种解释型语言，因此，Python 代码在运行之前不需要编译。

2）Python 是动态类型语言，在声明变量时，不需要指定变量的类型。

3）Python 适合面向对象的编程，因为它支持通过组合与继承的方式定义类。

4）编写 Python 代码比较容易，但是运行速度比编译语言通常要慢。

5）Python 用途广泛，常被用作“胶水语言”，可帮助其他语言和组件改善运行状况。

6）程序员使用 Python 可以专注于算法和数据结构的设计，而不用处理底层的细节。

2.2 Python 中常用的保留字有哪些？

Python 的保留字即关键字，不能把它们用作任何标识符名称，关键字是区分大小写的。Python 的标准库提供了一个 keyword 模块，可以输出当前版本的所有关键字，如下所示：

```
>>> import keyword
>>> keyword.kwlist
['False', 'None', 'True', 'and', 'as', 'assert', 'break', 'class', 'continue', 'def', 'del', 'elif', 'else', 'except', 'finally', 'for', 'from', 'global', 'if', 'import', 'in', 'is', 'lambda', 'nonlocal', 'not', 'or', 'pass', 'raise', 'return', 'try', 'while', 'with', 'yield']
```

每个保留字的作用如下表所示：

保 留 字	说 明
False	数据类型布尔类型的值，表示假，与 True 相反，常用于条件语句中作为判断条件
None	空对象，Python 里的一个特殊的值
True	数据类型布尔类型的值，表示真，与 False 相反，常用于条件语句中作为判断条件
and	逻辑与操作，用于表达式运算，参与运算的值
as	用于类型转换，如 import keyword as blf，blf 就是 keyword 的别名
assert	断言，声明布尔值必须为真的判定，如果为假则发生异常，用来测试表达式
break	中断循环语句，break 可以用在 for 循环和 while 循环语句中，跳出整个循环

（续）

保 留 字	说 明
class	用于定义类
continue	跳出本次循环
def	用于定义方法
del	删除变量
elif	条件语句，常与 if、else 结合使用
else	条件语句，常与 if、elif 结合使用，也可用于异常和循环语句
except	包含捕获异常后的操作代码块，与 try、finally 结合使用
finally	用于异常语句，出现异常后，始终要执行 finally 包含的代码块，与 try、except 结合使用。finally 语句块的内容通常是做一些后续处理，例如资源释放、关闭文件等，并且 finally 语句块无论如何都要执行，即使在前面的 try 和 except 语句块中出现了 return，都要先将 finally 语句执行完再去执行前面的 return 语句
for	for 循环可以遍历任何序列的项目，如一个列表或者一个字符串
from	from 用来导入相应的模块，from 将获取或者复制模块特定的变量名
global	Python 中 global 主要用来在函数或其他局部作用域中使用全局变量；Python 中使用的变量，在默认情况下一定是用局部变量
if	条件语句，常用 else、elif 连用
import	用来导入相应的模块，import 会读取整个模块
in	查看列表中是否包含某个元素或者字符串 A 是否包含字符串 B。注意：不可以查看列表 A 是否包含列表 B
is	判断 a 对象是否就是 b 对象
lambda	lambda 只是一个表达式，定义了一个匿名函数
nonlocal	用来在函数或者其他作用域中使用外层（非全局）变量
not	逻辑判断词，与逻辑判断句 if 连用，表示 not 后面的表达式为 False 时执行，冒号后面的语句；判断元素是否在列表或者字典中
or	逻辑或操作，用于表达式运算，同 and 一样，or 运算的结果同样是参与运算的值之一；or 在运算中也是执行自左到右的逻辑运算，如果运算过程中的所有值都为假，那么返回最后一个假值；否则返回逻辑运算过程中的第一个真值
pass	空语句，为了保持程序结构的完整性，不做任何事情，一般用做占位符
raise	触发异常。raise 触发异常后，后面的代码就不会执行了
return	用于跳出函数并返回处理结果
try	包含会出现异常的语句，与 except、finally 结合使用。如果 try 后的语句执行时发生异常，那么 Python 会跳回到 try 并执行第一个匹配该异常的 except 子句
while	while 循环用于循环执行程序，即在某些条件下，循环执行某段程序
with	使用 with 后不管 with 中的代码出现什么错误，都会对当前对象进行清理工作
yield	yield 是一个类似 return 的关键字，只是返回的是一个生成器

2.3 Python 2.x 与 3.x 版本有哪些主要的区别?

Python 的 3.x 版本，相对于 Python 的早期版本，是一次较大的升级。为了不给系统带入过多的负担，Python 3.x 在设计时没有考虑向下兼容，即 Python 3.x 和 Python 2.x 是不兼容的。许多针对早期 Python 版本设计的程序都无法在 Python 3.x 上正常执行。为了照顾现有的程序，Python 2.6 作为一个过渡版本，基本使用了 Python 2.x 的语法和库，同时也考虑了向 Python 3.x 的迁移，支持部分 Python 3.x 的语法与函数。

目前最新的 Python 程序建议使用 Python 3.x 版本的语法。Python 3.x 的变化主要体现在以下几个方面：

（1）print 函数

在 Python 3.x 中，print 语句没有了，取而代之的是 print()函数。在 Python 2.6 和 Python 2.7 里，以下三种形式是等价的：

```
print "fish"   #Python 3.x 不再支持
```

```
print ("fish") #注意 print 后面有个空格，Python 3.x 可以运行
print("fish") #Python 3 可以运行
```

然而，Python 2.6 实际已经支持新的 print()语法：

```
from __future__ import print_function
print("fish", "panda", sep=', ')
```

（2）Unicode

Python 2.x 默认使用 ASCII 编码，所以 Python 2.x 默认是不支持中文的，且变量命名只能用英文。

Python 3.x 默认使用 UTF-8 的编码，所以 Python 3.x 默认是支持中文的，且变量命名能够使用中文。

如果在 Python 文件中不指定头信息“#-*-coding:utf-8-*-”，那么在 Python 2.x 中默认使用 ASCII 编码，在 Python 3.x 中默认使用 UTF-8 编码。

由于 Python 3.x 源码文件默认使用 UTF-8 编码，这就使得以下代码是合法的：

```
>>>中国='china'
>>>print(中国)
china
```

Python 2.x

```
>>>str="我爱北京天安门"
>>>str
'\xe6\x88\x91\xe7\x88\xb1\xe5\x8c\x97\xe4\xba\xac\xe5\xa4\xa9\xe5\xae\x89\xe9\x97\xa8'
>>>str=u"我爱北京天安门"
>>>str
u'\u6211\u7231\u5317\u4eac\u5929\u5b89\u95e8'
```

Python 3.x

```
>>>str="我爱北京天安门"
>>>str
'我爱北京天安门'
```

（3）除法运算

Python 中的除法与其他语言相比显得非常高端，它有一套很复杂的规则。Python 中的除法有两个运算符：/和//。在 Python 2.x 中，对于/算法，整数相除的结果是一个整数，它会把小数部分完全忽略掉，浮点数除法会保留小数点的部分，得到一个浮点数的结果。在 Python 3.x 中，/除法不再这么做了，整数相除的结果也会是浮点数。

Python 2.x:

```
>>>1/2
0
>>>1.0/2.0
0.5
```

Python 3.x:

```
>>>1/2
0.5
```

而对于//除法，这种除法被称为 floor 除法，它会对除法的结果自动进行一个 floor 操作，在 Python 2.x 和 Python 3.x 中是一致的。

Python 2.x:

```
>>>-1//2
-1
```

Python 3.x:

```
>>>-1//2
-1
```

需要注意的是，//并不是舍弃小数部分，而是执行 floor 操作。如果要截取整数部分，那么需要使用 math 模块的 trunc 函数。

Python 3.x:

```
>>>import math
>>>math.trunc(1/2)
0
>>>math.trunc(-1/2)
0
```

（4）异常

在 Python 3 中处理异常有轻微的变化，在 Python 3 中使用 as 作为关键词。捕获异常的语法由 except exc,var 改为 except exc as var。

使用语法 except(exc1,exc2) as var 可以同时捕获多种类别的异常。Python 2.6 已经支持这两种语法。

① 在 Python 2.x 中，所有类型的对象都是可以被直接抛出的，在 Python 3.x 中，只有继承自 BaseException 的对象才可以被抛出。

② Python 2.x 的 raise 语句使用逗号将抛出对象类型和参数分开，Python 3.x 取消了这种写法，直接调用构造函数抛出对象。

③ 在 Python 2.x 中，异常在代码中除了表示程序错误，还经常做一些普通控制结构应该做的事情，在 Python 3.x 中，设计者让异常变得更加专一，只有在错误发生的情况才能用异常捕获语句来处理。

（5）xrange 函数

xrange 可以生成序列。在 Python 3.x 中取消了 xrange 函数，而使用 range 完全代替 xrange 函数。在 Python 3.x 中调用 xrange 函数会报错（会抛出命名异常错误）。

（6）八进制字面量表示

在 Python 3.x 中，表示八进制字面量的方式只有一种，那就是 0o1000，而 Python 2.x 中的 01000 形式已经不能使用了。

Python 2.x：

```
>>> 0o1000
512
>>> 01000
512
```

Python 3.x：

```
>>> 01000
  File "<stdin>", line 1
    01000
        ^
SyntaxError: invalid token
>>> 0o1000
512
```

（7）不等运算符

在 Python 2.x 中，“不等于”可以有两种写法，分别是“!=”和“<>”；在 Python 3.x 中去掉了“<>”，只有“!=”一种写法。

（8）去掉了 repr 表达式``

在 Python 2.x 中反引号``相当于 repr 函数的作用。在 Python 3.x 中去掉了``这种写法，只允许使用 repr 函数，这样做的目的是为了使代码看上去更清晰。

（9）数据类型

① Python 3.x 去除了 long 类型，现在只有一种整型——int，但它的行为与 2.x 版本的 long 相同。

② 新增了 bytes 类型，对应于 2.x 版本的八位串，定义一个 bytes 字面量的方法如下：

```
>>> b = b'china'
>>> type(b)
<type 'bytes'>
```

str 对象和 bytes 对象可以使用.encode()（str -> bytes）或.decode()（bytes -> str）方法相互转化。

```
>>> s = b.decode()
>>> s 'china'
>>> b1 = s.encode()
>>> b1
b'china'
```

（10）input 和 raw_input 函数

在 Python 2.x 中，raw_input 会将所有输入的数据当作字符串看待，返回值为字符串类型；而 input 输入时必须是一个合法的 Python 表达式，格式与 Python 中的代码一样，其返回值与输入的数据类型相同。

如果是 Python 2.x 版本，那么 input 和 raw_input 都可以使用。如果是 Python 3.x 版本，那么只能使用 input。因此，建议都使用 input 函数。

（11）Python 3.x 使用更加严格的缩进

在 Python 2.x 的缩进机制中，1 个 tab 和 8 个 space 是等价的，所以在缩进中可以同时允许 tab 和 space 在代码中共存。这种等价机制会导致部分 IDE 使用存在问题。

在 Python 3.x 中，tab 和 space 共存会导致报错："TabError:inconsistent use of tabs and spaces in indentation."。但是，若在 Python 3.x 中单独使用 tab 或 space，则都可以正常运行。

（12）打开文件

在 Python 2.x 中使用 file(...)或 open(...)，而在 Python 3.x 中只能使用 open(...)。

（13）map、filter 和 reduce

在 Python 2.x 的交互模式下输入 map 和 filter，可以看到它们两者的类型是 built-in function（内置函数）：

```
>>> map
<built-in function map>
>>> filter
<built-in function filter>
```

它们输出的结果类型都是列表:

```
>>> map(lambda x:x *2, [1,2,3])
[2, 4, 6]
>>> filter(lambda x:x %2 ==0,range(10))
[0, 2, 4, 6, 8]
>>>
```

但是在 Python 3.x 中发生了变化：

```
>>> map
<class 'map'>
>>>> map(print,[1,2,3])
<map object at 0x00696EF0>
>>> filter
<class 'filter'>
>>> filter(lambda x:x % 2 == 0, range(10))
<filter object at 0x00696EF0>
>>>
```

首先它们从函数变成了类；其次，它们的返回结果也从列表变成了一个可迭代的对象，可以尝试用 next 函数来进行手工迭代：

```
>>> f =filter(lambda x:x %2 ==0, range(10))
>>> next(f)
0
>>> next(f)
2
>>> next(f)
4
>>> next(f)
6
>>> next(f)
8
>>> next(f)
Traceback (most recent call last):
  File "<stdin>", line 1, in <module>
StopIteration
>>>
```

对于比较高端的 reduce 函数，它在 Python 3.x 中已经不属于 built-in function 了，而是被挪到 functools 模块当中。

2.4 Python 中有哪些常见的运算符?

Python 语言支持的运算符包括算术运算符、比较（关系）运算符、赋值运算符、位运算符、逻辑运算符、成员运算符和身份运算符。

（1）Python 算术运算符

假设变量 a 为 10，变量 b 为 21，各种算术运算符的功能如下表所示：

运 算 符	描 述	实 例
+	加，两个对象相加	a+b 输出结果 31
-	减，得到两个数的差	a-b 输出结果-11
*	乘，两个数相乘或是返回一个被重复若干次的字符串	a*b 输出结果 210
/	除，b 除以 a	b/a 输出结果 2.1
%	取模，返回除法的余数	b%a 输出结果 1
**	幂，返回 a 的 b 次幂	a**b 为 10 的 21 次方
//	取整除，向下取接近商的整数	b//a 的输出结果为 2 -b//a 的输出结果为-3

（2）Python 比较运算符

以下假设变量 a 为 10，变量 b 为 20：

运 算 符	描 述	实 例
==	等于，比较对象是否相等	(a==b)返回 False
!=	不等于，比较两个对象是否不相等	(a!=b)返回 True
>	大于，返回 a 是否大于 b	(a>b)返回 False
<	小于，返回 a 是否小于 b。所有比较运算符返回 1 表示真，返回 0 表示假。这分别与特殊的变量 True 和 False 等价。注意，这些变量名的大写与小写含义不一样，要区分	(a<b)返回 True

（续）

运　算　符	描　　述	实　　例
>=	大于等于，返回 a 是否大于等于 b	(a>=b)返回 False
<=	小于等于，返回 a 是否小于等于 b	(a<=b)返回 True

（3）Python 赋值运算符

以下假设变量 a 为 10，变量 b 为 20：

运　算　符	描　　述	实　　例
=	简单的赋值运算符	c=a+b 将 a+b 的运算结果赋值为 c
+=	加法赋值运算符	c+=a 等效于 c=c+a
-=	减法赋值运算符	c-=a 等效于 c=c-a
*=	乘法赋值运算符	c*=a 等效于 c=c*a
/=	除法赋值运算符	c/=a 等效于 c=c/a
%=	取模赋值运算符	c%=a 等效于 c=c%a
**=	幂赋值运算符	c**=a 等效于 c=c**a
//=	取整除赋值运算符	c//=a 等效于 c=c//a

（4）Python 位运算符

按位运算符是把数字看作二进制来进行计算的。Python 中的按位运算法则如下：

下表中变量 a 为 60、b 为 13，二进制格式如下：

```
a   =   0011 1100
b   =   0000 1101
-----------------
a&b = 0000 1100
a|b = 0011 1101
a^b = 0011 0001
~a   = 1100 0011
```

<table>
<tr><th>运　算　符</th><th>描　　述</th><th>实　　例</th></tr>
<tr><td>&</td><td>按位与运算符：参与运算的两个值，如果两个相应位都为 1，则该位的结果为 1，否则为 0</td><td>(a&b)输出结果 12，二进制解释：0000 1100</td></tr>
<tr><td>|</td><td>按位或运算符：只要对应的两个二进位有一个为 1 时，结果位就为 1</td><td>(a|b)输出结果 61，二进制解释：0011 1101</td></tr>
<tr><td>^</td><td>按位异或运算符：当两对应的二进位相异时，结果为 1</td><td>(a^b)输出结果 49，二进制解释：0011 0001</td></tr>
<tr><td>~</td><td>按位取反运算符：对数据的每个二进制位取反，即把 1 变为 0，把 0 变为 1。~x 类似于-x-1</td><td>(~a)输出结果-61，二进制解释：1100 0011，在一个有符号二进制数的补码形式</td></tr>
<tr><td><<</td><td>左移动运算符：运算数的各二进位全部左移若干位，由"<<"右边的数指定移动的位数，高位丢弃，低位补 0</td><td>a<<2 输出结果 240，二进制解释：1111 0000</td></tr>
<tr><td>>></td><td>右移动运算符：把“>>”左边的运算数的各二进位全部右移若干位，">>"右边的数指定移动的位数</td><td>a>>2 输出结果 15，二进制解释：0000 1111</td></tr>
</table>

（5）Python 逻辑运算符

Python 语言支持逻辑运算符，以下假设变量 a 为 10，b 为 20:

运　算　符	逻辑表达式	描　　述	实　　例
and	a and b	布尔“与”，如果 a 为 False，那么 a and b 返回 False，否则返回 b 的计算值	(a and b)返回 20
or	a or b	布尔“或”，如果 a 是 True，那么返回 a 的值，否则返回 b 的计算值	(a or b)返回 10
not	not a	布尔“非”，如果 a 为 True，那么返回 False。如果 a 为 False，那么返回 True	not(a and b)返回 False

优先级：not>and>or。

对于 a or b 来说，如果 a 为真，那么值为 a，否则为 b；对于 a and b 来说，如果 a 为真，那么值为 b，否则为 a。

例如：

```
print(1 or 3)   # 1
print(1 and 3)   # 3
print(0 and 2 and 1)   # 0
print(0 and 2 or 1)   # 1
print(0 and 2 or 1 or 4)   # 1
print(0 or False and 1)   # Flase
```

（6）Python 成员运算符

除了以上的一些运算符之外，Python 还支持成员运算符 in 和 not in。

运 算 符	描 述	实 例
in	如果在指定的序列中找到值那么返回 True，否则返回 False	x in y，若 x 在 y 序列中，则返回 True，否则返回 False
not in	如果在指定的序列中没有找到值那么返回 True，否则返回 False	x not in y，若 x 在 y 序列中，则返回 False，否则返回 True

（7）Python 身份运算符

身份运算符用于比较两个对象的存储单元。

运 算 符	描 述	实 例
is	is 是判断两个标识符是不是引用自一个对象	x is y，类似 id(x)==id(y)，如果引用的是同一个对象那么返回 True，否则返回 False
is not	is not 是判断两个标识符是不是引用自不同对象	x is not y，类似 id(a)!=id(b)。如果引用的不是同一个对象，那么返回结果 True，否则返回 False

需要注意的是，id()函数用于获取对象内存地址。

【真题 1】“1 or 2”、“1 and 2”、“1 < (2==2)”、“1 < 2 == 2”分别输出什么？

答案：“1 or 2”的结果为 1，“1 and 2”的结果为 2，“1 < (2==2)”的结果为 False，“1 < 2 == 2”的结果为 True。

```
>>> 1 or 2
1
>>> 1 and 2
2
>>> 1 < (2==2)
False
>>> 1 < 2 == 2
True
```

对于“1 < (2==2)”而言，“(2==2)”的结果为 True 即 1，而“1<1”为假，所以结果为 False。

对于“1 < 2 == 2”而言，Python 是允许连续比较的，“1<2==2”的意思是“(1<2) and (2==2)”，所以结果为 True。再例如：

```
>>> True == True == False
False
>>>
False
```

在这里，“True == True == False”的逻辑关系实质是“(True == True) and (True == False)”；“False == False == True”的逻辑关系实质是“(False == False) and (False == True)”。

需要注意的是，0、""、()、[]、{}、set()、None 和 False 表达式都为假。

【真题 2】以下代码的运行结果是什么？

```
value = "B" and "A" or "C"
print(value)
```

答案：A。

需要注意的是，对于 x or y 来说，如果 x 为真，那么值为 x，否则为 y；对于 x and y 来说，如果 x 为真，那么值为 y，否则为 x。

【真题 3】用 4、9、2、7 四个数字，可以使用+、−、*和/，每个数字使用一次，使表达式的结果为 24，表达式是什么？

答案：(9+7−4）*2。

【真题 4】any()和 all()方法有什么区别？

答案：any()只要迭代器中有一个元素为真就为真；all()要求迭代器中所有的判断项返回都是真，结果才为真。

【真题 5】Python 中有什么元素为假？

答案：0、空字符串、空列表、空字典、空元组、None、False 都表示假。

【真题 6】在 Python 中是否有三元运算符“?:”？

答案：在 Python 中，没有三元运算符，可以使用 if 替换，如下所示：

```
>>> a,b=2,3
>>> min=a if a<b else b
>>> min
2
>>> print("Hi") if a<b else print("Bye")
Hi
```

【真题 7】如何声明多个变量并赋值？

答案：可以使用如下 2 种方式：

```
>>> a,b,c=3,4,5
>>> a
3
>>> b
4
>>> c
5
>>> a=b=c=3
>>> c
3
```

2.5 运算符 is 与==有什么区别？

Python 中的对象包含三要素：id、type、value。其中，id 用来唯一标识一个对象，type 标识对象的类型，value 是对象的值。

is 判断 a 对象是否就是 b 对象，用于判断两个变量引用对象是否为同一个，是通过 id 来判断的。

==判断 a 对象的值是否和 b 对象的值相等，是通过 value 来判断的。

例如：

```
>>> a = [1, 2, 3]
>>> b = a
>>> b is a
True
```

```
>>> b == a
True
>>> b = a[:]
>>> b is a
False
>>> b == a
True
```

2.6 数据类型

2.6.1 Python 都有哪些自带的数据类型？可变类型和不可变类型分别包括哪些？

Python 自带的数据类型分为可变和不可变的类型。

可变数据类型表示允许变量的值发生变化，如果改变了该数据类型的对应变量的值，那么不会重新分配内存空间。即如果对变量进行 append 或+=等操作后，只是改变了变量的值，而不会新建一个对象，变量引用的对象的内存地址也不会变化。对于相同的值的不同对象，在内存中则会存在不同的对象，即每个对象都有自己的地址，相当于内存中对于相同值的对象保存了多份，这里不存在引用计数，是实实在在的对象。可变的数据类型包括：列表（list）、集合（set）和字典（dic）。

不可变数据类型表示不允许变量的值发生变化，如果改变了该数据类型的对应变量的值，那么将重新分配内存空间，相当于是新建了一个对象，不可变数据类型包括：字符串（str）、元组（tuple）和数值（number）。

对于内存中相同的值的对象，在内存中则只有一个对象，内部会有一个引用计数来记录有多少个变量引用这个对象。不可变数据类型对应变量的值更改后其内存地址会发生改变；可变数据类型对应变量的值更改后其内存地址不会发生改变。

以下通过实验演示可变和不可变数据类型。

（1）整型

```
a = 1
print(id(a),type(a))
a = 2
print(id(a),type(a))
```

运行结果：

```
1912499232 <class 'int'>
1912499264 <class 'int'>
```

可以发现，当数据发生改变后，变量的内存地址发生了改变，那么整型就是不可变数据类型。

（2）字符串

```
b = 'lhr'
print(id(b),type(b))
b = 'lhr1987'
print(id(b),type(b))
```

运行结果：

```
535056476344 <class 'str'>
535056476624 <class 'str'>
```

可以发现，当数据发生改变后，变量的内存地址发生了改变，那么字符串就是不可变数据类型。

（3）元组

可以在元组的元素中存放一个列表，通过更改列表的值来查看元组是属于可变还是不可变。

```
t = ['1','2']
c = (1,2,t)
print(c,id(c),type(c))
t[1] = 'lhr'
print(c,id(c),type(c))
```

运行结果：

```
(1, 2, ['1', '2']) 51603736 <class 'tuple'>
(1, 2, ['1', 'lhr']) 51603736 <class 'tuple'>
```

可以发现，虽然元组数据发生改变，但是内存地址没有发生改变，但是不可以以此来判定元组就是可变数据类型。修改了元组中列表的值，但是因为列表是可变数据类型，所以虽然在列表中更改了值，但是列表的地址没有改变，列表在元组中的地址的值没有改变，所以也就意味着元组没有发生变化。因此，可以认为元组是不可变数据类型。

（4）集合

集合常用来进行去重和关系运算，集合是无序的。使用大括号或 set()函数可以创建集合。需要注意的是，如果想要创建空集合，那么必须使用 set()而不是{}，后者用于创建空字典。大括号也不可以创建元素含有字典与列表的集合。

```
s = {1,'d','34','1',1}
print(s,type(s),id(s))
s.add('lhr')
print(s,type(s),id(s))
```

运行结果：

```
{'d', 1, '34', '1'} <class 'set'> 870405285032
{1, '34', 'lhr', '1', 'd'} <class 'set'> 870405285032
```

可以发现，虽然集合数据发生改变，但是内存地址没有改变，由此可见集合是可变数据类型。

（5）列表

列表是 Python 中的基础数据类型之一，其他语言中也有类似于列表的数据类型，例如 js 中叫数组，它是以[]括起来的，每个元素以逗号隔开，里面可以存放各种数据类型。

```
list = [1,'q','qwer',True]
print(list,type(list),id(list))
list.append('lhr')
print(list,type(list),id(list))
```

运行结果：

```
[1, 'q', 'qwer', True] <class 'list'> 808140621128
[1, 'q', 'qwer', True, 'lhr'] <class 'list'> 808140621128
```

可以发现，虽然列表数据发生改变，但是内存地址没有改变，由此可见列表也是可变数据类型。

（6）字典

字典是 Python 中唯一的映射类型，采用键值对（key-value）的形式存储数据。Python 对 key 通过哈希函数运算，根据计算的结果决定 value 的存储地址，所以字典是无序存储的。但是在 Python 3.6 版本后，字典开始是有序的，这是新的版本特征。

字典的 key 值可以是整型、字符串或元组等不可变对象，但不能是列表、集合及字典等可变对象。

```
tuple = (1)
d = { tuple:1,'key2':'lhr','key3':'li'}
print(d,type(d),id(d))
```

```
d['key4'] = 'haha'
print(d,type(d),id(d))
```

运行结果：

```
{1: 1, 'key2': 'lhr', 'key3': 'li'} <class 'dict'> 256310956320
{1: 1, 'key2': 'lhr', 'key3': 'li', 'key4': 'haha'} <class 'dict'> 256310956320
```

可以发现，虽然字典数据发生改变，但是内存地址没有改变，由此可见字典也是可变数据类型。

【真题 8】以下程序是否会报错？

```
v1 = {}
v2 = {3:5}
v3 = {[11,23]:5}
v4 = {(11,23):5}
```

答案：v3 会报错，因为字典元素的键不能为可变对象。

```
>>> v3 = {[11,23]:5}
Traceback (most recent call last):
  File "<stdin>", line 1, in <module>
TypeError: unhashable type: 'list'
```

【真题 9】a=(1,)，b=(1)，c=("1") 分别是什么类型的数据？

答案：a 为元组，b 为整型，c 为字符串，可以使用 type 函数来验证：

```
>>> a=(1,)
>>> b=(1)
>>> c=("1")
>>> type(a)
<class 'tuple'>
>>> type(b)
<class 'int'>
>>> type(c)
<class 'str'>
```

2.6.2 列表、元组、集合、字典的区别有哪些?

列表（list）：是长度可变有序的数据存储容器，可以通过下标索引取到相应的数据。

元组（tuple）：固定长度不可变的顺序容器，访问效率高，适合存储一些常量数据，可以作为字典的键使用。

集合（set）：无序，元素只出现一次，可以自动去重。

字典（dict）：长度可变的 hash 字典容器。存储的方式为键值对，可以通过相应的键获取相应的值，key 支持多种类型。key 必须是不可变类型且唯一。

它们的详细区别如下表所示：

	列 表	元 组	集 合	字 典
英文	list	tuple	set	dict
可否读写	读写	只读	读写	读写
可否重复	是	是	否	是
存储方式	值	值	键（不能重复，自动去重）	键值对（键不能重复）
是否有序	有序	有序	无序	无序，自动正序
初始化	[1,'a']	('a', 1)	set([1,2]) 或 {1,2}	{'a':1,'b':2}

（续）

	列　表	元　组	集　合	字　典
添加	append	只读	add	d['key'] = 'value'
读元素	l[2:]	t[0]	无	d['a']

【真题 10】使用 for 循环分别遍历列表、元组、字典和集合。

答案：程序如下所示：

```
test_list = [4, 2, 3, 1, 4]
test_tuple = (5, 2, 1, 3, 4)
test_dict = {'a': 1, 'b': 2}
test_set = {12, 4, 6, 5}

print('list:',end=' ')
for items in test_list:
    print(items,end=' ')

print()
print('tuple:',end=' ')
for items in test_tuple:
    print(items,end=' ')

print()
print('dict:',end=' ')
for key, value in test_dict.items():
    print(key, value,end=' ')

print()
print('set:',end=' ')
for items in test_set:
    print(items,end=' ')
```

运行结果：

```
list: 4 2 3 1 4
tuple: 5 2 1 3 4
dict: a 1 b 2
set: 5 12 4 6
```

2.6.3　列表和元组的区别有哪些?

序列是 Python 中最基本的数据结构。序列中的每个元素都分配一个数字索引，第一个元素的索引是 0，第二个元素的索引是 1，依此类推。Python 有 6 个序列的内置类型，但最常见的是列表和元组。

数组在 Python 中被叫作列表，列表和元组是 Python 中重要的内建的序列，列表和元组都具有索引、分片等操作。一般来说，列表是可以替代元组的。但是，为了限制某些元素，就会用元组。列表和元组主要有如下区别：

- √ 列表是可以修改的，而元组却不能修改。如果要增添和删除元素，只能用列表。元组被称为只读列表，即数据可以被查询，但不能被修改。若元组一旦被定义，则其长度和内容都是固定的，不能被修改，即不能对元组进行更新、增加和删除的操作。
- √ 列表用'[]'表示，元组用“()”表示。
- √ 列表不能作为字典的 key，而元组可以。
- √ 如果元组中仅有一个元素，那么需要在元素后加上逗号。

通过下面的代码，可以加深对这两者之间的第一点区别的理解。

当元组里面是普通元素时：

```
t=('I' ,'love','XXT')
t[2] = 'java'
```

运行结果：

```
Traceback (most recent call last):
  File "<encoding error>", line 2, in <module>
TypeError: 'tuple' object does not support item assignment
```

程序运行报错提示，因为元组不支持元素分配，即不支持元素改变。但是，当元组的元素有列表的情况会是怎么样的呢？

当元组的元素是列表时：

```
t = ('title',['I','love','XXT'])
t[1][2] = 'java'
print(t)
```

运行结果：

```
('title', ['I', 'love', 'java'])
```

程序运行通过，元组里面的元素也改变，这是否证明了元组也是可变的？其实，元组并没有改变，改变的只是列表。可以通过下面程序证明即使元组中的列表改变了，但是元组依旧不变。

```
# 当元组的元素是列表时
t = ('title',['I','love','XXT'])
# 利用 id 函数测试对象的地址是否相同
print('未改变之前:',id(t[1]))
t[1][2] = 'java'
print('改变之后:',id(t[1]))
print(t)
```

运行结果：

```
未改变之前: 26228176
改变之后: 26228176
('title', ['I', 'love', 'java'])
```

从上面的运行结果可以看出，对象的地址没有改变，所以元组是不可变的，即使元组的元素是列表做了改变，元组仍然也是不变的。

2.6.4 Python 有哪些常见的数据类型转换函数?

Python 提供了将变量或值从一种类型转换成另一种类型的内置函数，内置函数封装了各种转换函数，可以使用目标类型关键字强制类型转换。例如，int 函数能够将符合数学格式数字型字符串转换成整数。

常见的类型转换函数如下所示：

函　数	描　述
int(x [,base])	将 x 转换为一个整数
float(x)	将 x 转换到一个浮点数
complex(real[,imag])	创建一个复数
str(x)	将对象 x 转换为字符串
repr(x)	将对象 x 转换为表达式字符串
eval(str)	用来计算在字符串中的有效 Python 表达式，并返回一个对象

（续）

函　　数	描　　述
tuple(s)	将序列 s 转换为一个元组
list(s)	将序列 s 转换为一个列表
set(s)	转换为可变集合
dict(d)	创建一个字典。d 必须是一个序列(key,value)元组
frozenset(s)	转换为不可变集合
chr(x)	将一个整数转换为一个字符
ord(x)	将一个字符转换为它的整数值
hex(x)	将一个整数转换为一个十六进制字符串
oct(x)	将一个整数转换为一个八进制字符串

【真题 11】99 的八进制表示是多少？

答案：可以使用 oct 函数进行转换：

```
print(oct(99))
```

运行结果：

```
'0o143'
```

【真题 12】请写出十进制转二进制、八进制、十六进制的程序。

答案：程序如下所示：

```
# 获取输入十进制数
dec = int(input("输入数字："))

print("十进制数为：", dec)
print("转换为二进制为：", bin(dec))
print("转换为八进制为：", oct(dec))
print("转换为十六进制为：", hex(dec))
```

2.6.5　列表、元组、集合及字典之间如何相互转换?

（1）列表元组转换为其他类型

```
# 列表转集合（去重）
list1 = [6, 7, 7, 8, 8, 9]
set(list1)
# {6, 7, 8, 9}

#两个列表转字典
list1 = ['key1','key2','key3']
list2 = ['1','2','3']
dict(zip(list1,list2))
# {'key1': '1', 'key2': '2', 'key3': '3'}

#嵌套列表转字典
list3 = [['key1','value1'],['key2','value2'],['key3','value3']]
dict(list3)
# {'key1': 'value1', 'key2': 'value2', 'key3': 'value3'}

# 列表、元组转字符串
list2 = ['a', 'a', 'b']
```

```
''.join(list2)
# 'aab'

tup1 = ('a', 'a', 'b')
''.join(tup1)
# 'aab
```

（2）字典转换为其他类型

```
# 字典转换为字符串
dic1 = {'a':1,'b':2}
str(dic1)
# "{'a': 1, 'b': 2}"

# 字典 key 和 value 互转
dic2 = {'a': 1, 'b': 2, 'c': 3}
{value:key for key, value in a_dict.items()}
# {1: 'a', 2: 'b', 3: 'c'}
```

（3）字符串转换为其他类型

```
# 字符串转列表
s = 'aabbcc'
list(s)
# ['a', 'a', 'b', 'b', 'c', 'c']

# 字符串转元组
tuple(s)
# ('a', 'a', 'b', 'b', 'c', 'c')

# 字符串转集合
set(s)
# {'a', 'b', 'c'}

# 字符串转字典
dic2 = eval("{'name':'ljq', 'age':24}")

# 切分字符串
a = 'a b c'
a.split(' ')
# ['a', 'b', 'c']
```

2.6.6 如何删除一个列表（list）中的重复元素?

删除列表中重复的元素有多种方式，下面介绍五种删除的方法。

方法一：使用集合（set）的方式

```
elements = ['a', 'a', 'b', 'c', 'c', 'b', 'd']
e = list(set(elements))
print(e)
```

运行结果：['c', 'a', 'b', 'd']。

这种方法利用 set 中的元素不可重复的特性来去重。除此之外，如果要保持列表元素的原来顺序，那么可以利用 list 类的 sort 方法：

```
elements = ['a', 'a', 'b', 'c', 'c', 'b', 'd']
e = list(set(elements))
e.sort(key=elements.index)
print(e)
```

运行结果：['a', 'b', 'c', 'd']。

方法二：使用字典的方式，利用字典 key 的唯一性

```
elements = ['a', 'a', 'b', 'c', 'c', 'b', 'd']
e = list({}.fromkeys(elements).keys()) #或 e = list({}.fromkeys(elements))
print(e)
```

运行结果：['a', 'b', 'c', 'd']。

这种方法利用字典的健值不能重复的特性来去重。其中，Python 函数 dict.fromkeys(seq[,value])用于创建一个新字典，以序列 seq 中元素做字典的键，value 为字典所有键对应的初始值，如下所示：

```
>>> seq = ('Google', 'LHR', 'Taobao')
>>> dict = dict.fromkeys(seq)
>>> print(dict)
{'Google': None, 'LHR': None, 'Taobao': None}
>>> dict = dict.fromkeys(seq, 10)
>>> print(dict)
{'Google': 10, 'LHR': 10, 'Taobao': 10}
```

从上面的结果可知，经过去重的操作后，列表元素的顺序发生了变化。

方法三：列表推导的方式

```
elements = ['a', 'a', 'b', 'c', 'c', 'b', 'd']
e=[]
for i in elements:
    if not i in e:
        e.append(i)
print(e)
```

运行结果：['a', 'b', 'c', 'd']。

以上代码也可以使用列表生成式简写成

```
elements = ['a', 'a', 'b', 'c', 'c', 'b', 'd']
e=[]
[e.append(i) for i in elements if not i in e]
print(e)
```

方法四：count 计数

```
elements = ['a', 'a', 'b', 'c', 'c', 'b', 'd']
n = 0
while n < len(elements):
  if elements.count(elements[n]) > 1:
    elements.remove(elements[n])
    continue
  n += 1

print(elements)
```

运行结果：

```
['a', 'c', 'b', 'd']
```

方法五：reduce 函数

```
from functools import reduce
```

```
elements = ['a', 'a', 'b', 'c', 'c', 'b', 'd']
v = reduce(lambda x, y : x if y in x else x + [y], [[]] + elements)
print(v)
```

运行结果：

```
['a', 'b', 'c', 'd']
```

2.6.7 如何求两个列表（list）的交集、差集或并集？

求两个列表（list）的交集、差集或并集，最容易想到的方法就是用 for 循环来实现，如下所示。

方法一：用 for 循环

```
a = [1, 2, 3, 4, 5]
b = [2, 4, 5, 6, 7]
# 交集
result = [r for r in a if r in b]
print('a 与 b 的交集：', result)

# 差集 在 a 中但不在 b 中
result = [r for r in a if r not in b]
print('a 与 b 的差集：', result)

# 并集
result = a
for r in b:
    if r not in result:
        result.append(r)
print('a 与 b 的并集：', result)
```

运行结果：

```
a 与 b 的交集： [2, 4, 5]
a 与 b 的差集： [1, 3]
a 与 b 的并集： [1, 2, 3, 4, 5, 6, 7]
```

方法二：用 set 操作

```
a = [1, 2, 3, 4, 5]
b = [2, 4, 5, 6, 7]

# 交集
result = list(set(a).intersection(set(b)))
print('a 与 b 的交集：', result)

# 差集 在 a 中但不在 b 中
result = list(set(a).difference(set(b)))
print('a 与 b 的差集：', result)

# 并集
result = list(set(a).union(set(b)))
print('a 与 b 的并集：', result)
```

运行结果：

```
a 与 b 的交集： [2, 4, 5]
a 与 b 的差集： [1, 3]
a 与 b 的并集： [1, 2, 3, 4, 5, 6, 7]
```

【真题 13】两个 list 对象 alist=['a','b','c','d','e','f']，blist=['x','y','z','d','e','f']，请用简洁的方法合并这两个 list，并且 list 里面的元素不能重复，最终结果需要排序。

答案：以下几种方式都可以：

```
alist = ['a','b','c','d','e','f']
blist = ['x','y','z','d','e','f']

# 方法一
result1 = list(set(alist).union(set(blist)))
result1.sort()
print('并集：', result1)

#方法二
result = alist
for r in blist:
    if r not in result:
        result.append(r)
print('并集：', result)



#方法三
def merge_list(*args):
    s = set()
    for i in args:
        s = s.union(i)
    return list(s)

cl=merge_list(alist,blist)
cl.sort()
print('并集：', cl)
```

运行结果：

```
['a', 'b', 'c', 'd', 'e', 'f', 'x', 'y', 'z']
```

【真题 14】请将两个列表[1,5,7,9]和[2,2,6,8]合并为[1,2,2,5,6,7,8,9]。

答案：合并两个 list，可以使用+号或者 extend，如下：

方法一：使用+号合并

```
l1=[1,5,7,9]
l2=[2,2,6,8]
l3=l1+l2
l3.sort()
print(l3)
```

方法二：使用 extend 合并

```
l1=[1,5,7,9]
l2=[2,2,6,8]
l1.extend(l2)
l1.sort()
print(l1)
```

2.6.8　如何反序地迭代一个序列?

Python 中常见的序列有字符串、列表以及元组。对序列反序，可以利用内置函数 reversed()或 range()来实现，也可以用扩展切片[::-1]的形式实现。如果这个序列是列表，那么还可以使用列表自带的 reverse()方法。

1）reversed()是 Python 内置的函数，它的参数可以是字符串、列表或元组等序列。

2）利用 range()方法生成序列的反序索引，然后从最后的元素遍历到开始的元素，就可以反序输出序列的元素。range(start,stop[,step])方法的参数说明：

- start：计数从 start 开始。默认是从 0 开始。
- end：计数到 end 结束，但不包括 end。
- step：步长，默认为 1。

3）seq[::-1]扩展切片方法是利用了序列的切片操作，切片是序列的高级特性。seq[::-1]表示反向获取 seq 中的所有元素，并且每次取一个。-1 表示从序列的最后一个元素反向遍历获取。

4）如果是列表（list）序列，那么还可以直接用列表的 reverse()方法。

示例代码如下：

```
seq = "Hello world"

# reversed()内置函数方法
for s in reversed(seq):
    print(s, end = '')
# 输出换行
print()

# range()函数方法
for i in range(len(seq)-1, -1, -1):
    s = seq[i]
    print(s,end = '')
# 输出换行
print()

# [::-1]扩展切片方法
for s in seq[::-1]:
    print(s,end = '')
# 输出换行
print()

# list 自带的 reverse()方法
seq = [1,2,3,4,5,6]
seq.reverse()
for s in seq:
    print(s, end='')
# 输出换行
print()
```

代码运行结果为

```
dlrow olleH
dlrow olleH
dlrow olleH
654321
```

【真题 15】如何将一个字符串逆序输出？

答案：可以有多种方法完成字符串的逆序输出，下面给出三种方法。

方法一：切片法

```
>>> s = "abcdefg"
>>> s[::-1]
'gfedcba'
```

方法二：转换为列表

```
s = "abcdefg"
cList = list(s)
cList.reverse()
print("".join(cList))
```

方法三：for 循环

```
# for 循环反序遍历
strseq = 'abcdefg'
for i in range(0, len(strseq)):
    print(strseq[len(strseq)-i-1], end="")
```

2.6.9　列表的 sort 方法和 sorted 方法有何区别？

Python 对列表的排序提供了两种方法，一种是自带的 sort()，另外一种是内置方法 sorted()。可以用内置函数 help()来查看 sort()方法和 sorted()方法的详细说明。

```
help(list.sort)
help(sorted)
```

列表的 sort 方法和内置方法 sorted 都有 key 和 reverse 参数，key 参数接收一个函数来实现自定义的排序，例如 key=abs 按绝对值大小排序。reverse 默认值是 False，表示不需要反向排序，如果需要反向排序，那么可以将 reverse 的值设置为 True。

sort 是列表方法，只可用来对列表进行排序，是在原序列上进行修改，不会产生新的序列。内置的 sorted 方法可以用于任何可迭代的对象（字符串、列表、元组、字典等），它会产生一个新的序列，旧的对象依然存在。如果不需要旧的列表序列，那么可以采用 sort 方法。

1．list 的 sort()方法对列表排序

```
seq = [1, 3, 5, 4, 2, 6]
print('原来的序列：', seq)
seq.sort()
print('sort 排序后的序列：', seq)
```

运行结果：

```
原来的序列：  [1, 3, 5, 4, 2, 6]
sort 排序后的序列：  [1, 2, 3, 4, 5, 6]
```

2．内置 sorted()方法对列表排序

```
seq = [1, 3, 5, 4, 2, 6]
s = sorted(seq)
print('原来的序列：', seq)
print('sort 排序后的序列：', seq)
print('sort 排序后的新序列：', s)
```

运行结果：

```
原来的序列：  [1, 3, 5, 4, 2, 6]
sort 排序后的序列：  [1, 3, 5, 4, 2, 6]
sort 排序后的新序列：  [1, 2, 3, 4, 5, 6]
```

3．内置 sorted()方法对字符串排序

```
seq = '135426'
s = sorted(seq)
print('原来的序列：', seq)
```

```
print('sort 排序后的序列：', seq)
print('sort 排序后的新序列：', s)
```

运行结果：

```
原来的序列： 135426
sort 排序后的序列： 135426
sort 排序后的新序列： ['1', '2', '3', '4', '5', '6']
```

【真题 16】给定 list 对象 al=[{'name':'a','age':20},{'name':'b','age':30},{'name':'c','age':25}]，请按 al 中元素的 age 由大到小排序。

答案：可以使用 sorted 方法，如下所示：

```
al=[{'name':'a','age':20},{'name':'b','age':30},{'name':'c','age':25}]
print(sorted(al,key=lambda x:x['age'],reverse=True))
```

运行结果：

```
[{'name': 'b', 'age': 30}, {'name': 'c', 'age': 25}, {'name': 'a', 'age': 20}]
```

【真题 17】List = [-2, 1, 3, -6]，如何实现以绝对值大小从小到大将 List 中内容排序。

答案：使用 sorted 函数：

```
sorted(list1,key = abs)
```

【真题 18】给定字典 dict={'a':3,'bc':5,'c':3,'asd':4,'33':56,'d':0}，分别按照升序和降序进行排序。

答案：程序如下：

```
dict1 = {'a' : 3, 'bc' : 5, 'c' : 3, 'asd' : 4, '33' : 56, 'd' : 0}
d2=sorted(dict1.items(), key = lambda i:i[0], reverse = True)
d3=sorted(dict1.items(), key = lambda i:i[0], reverse = False)
print(d2)
print(d3)
```

运行结果：

```
[('d', 0), ('c', 3), ('bc', 5), ('asd', 4), ('a', 3), ('33', 56)]
[('33', 56), ('a', 3), ('asd', 4), ('bc', 5), ('c', 3), ('d', 0)]
```

需要注意的是，在以上函数中，lambda i:i[0]等价于

```
def t(item):
  return item[0]
```

【真题 19】给定一个嵌套列表 list2=[[1,2],[4,6],[3,1]]，请分别按照嵌套列表中的子列表的第 1 个和第 2 个元素进行升序排序。

答案：利用列表数据结构提供的 sort 函数，对列表进行排序。

```
list2 = [[1,2],[4,6],[3,1]]
list2.sort(key = lambda x:x[0], reverse = False)
print(list2)
list2.sort(key = lambda x:x[1], reverse = False)
print(list2)
```

运行结果：

```
[[1, 2], [3, 1], [4, 6]]
[[3, 1], [1, 2], [4, 6]]
```

【真题 20】使用 lambda 函数对 list 排序 foo=[-5,8,0,4,9,-4,-20,-2,8,2,-4]，输出结果为[0,2,4,8,8,9,-2,-4,-4,-5,-20]，正数从小到大，负数从大到小。

答案：利用 lambda 函数：

```
>>> foo = [-5,8,0,4,9,-4,-20,-2,8,2,-4]
>>> a=sorted(foo,key=lambda x:(x<0,abs(x)))
>>> print(a)
[0, 2, 4, 8, 8, 9, -2, -4, -4, -5, -20]
```

【真题 21】现有列表 foo=[["zs",19],["ll",54],["wa",23],["df",23],["xf",23]]，列表嵌套列表排序，如果年龄相同，那么就按照字母排序。

答案：程序如下所示：

```
foo = [["zs",19],["ll",54],["wa",23],["df",23],["xf",23]]
a=sorted(foo,key=lambda x:(x[1],x[0]))
print(a)
```

【真题 22】现有字典 d={'a':24,'g':52,'i':12,'k':33}，请按字典中的 value 值进行排序。

答案：使用 sorted 方法：

```
d={'a':24,'g':52,'i':12,'k':33}
print(sorted(d.items(),key = lambda x:x[1]))
```

运行结果：

```
[('i', 12), ('a', 24), ('k', 33), ('g', 52)]
```

2.6.10　列表中常用的方法有哪些？

以下是 Python 列表中常用的方法：

方　法	描　述
list.append(x)	把一个元素添加到列表的结尾，相当于 a[len(a):]=[x]
list.extend(L)	通过添加指定列表的所有元素来扩充列表，相当于 a[len(a):]=L
list.insert(i,x)	在指定位置插入一个元素。第一个参数是准备插入到其前面的那个元素的索引，例如 a.insert(0,x)会插入到整个列表之前，而 a.insert(len(a),x)相当于 a.append(x)
list.remove(x)	删除列表中值为 x 的第一个元素。如果没有这样的元素，就会返回一个错误
list.pop([i])	从列表的指定位置移除元素，并将其返回。如果没有指定索引，那么 a.pop()返回最后一个元素。元素随即从列表中被移除。注意，该方法中 i 两边的方括号表示这个参数是可选的，而不是要求输入一对方括号
list.clear()	移除列表中的所有项，等于 del a[:]
list.index(x)	返回列表中第一个值为 x 的元素的索引。如果没有匹配的元素就会返回一个错误
list.count(x)	返回 x 在列表中出现的次数
list.sort()	对列表中的元素进行排序
list.reverse()	倒排列表中的元素
list.copy()	返回列表的浅复制，等于 a[:]

【真题 23】获取 list 的元素个数，向 list 的末尾追加元素所用的方法分别是什么？

答案：count 方法可以获取 list 的元素个数，向 list 的末尾追加元素可以使用 append 方法。

【真题 24】list 中的 append 和 extend 的区别有哪些？

答案：list.append(object)是向列表中添加一个对象 object，object 作为一个整体添加。list.extend(sequence)是把一个序列 seq 的内容添加到列表中。其中 list.append(object)应用代码如下所示：

```
music_media = ['compact disc', '8-track tape', 'long playing record']
new_media = ['DVD Audio disc', 'Super Audio CD']
music_media.append(new_media)
print(music_media)
```

运行结果：

```
['compact disc', '8-track tape', 'long playing record', ['DVD Audio disc', 'Super Audio CD']]
```

注意，在使用 append 的时候，是将 new_media 看作一个对象，整体打包添加到 music_media 对象中，作为一个元素存在。

list.extend(squence)应用代码如下所示：

```
music_media = ['compact disc', '8-track tape', 'long playing record']
new_media = ['DVD Audio disc', 'Super Audio CD']
music_media.extend(new_media)
print(music_media)
```

运行结果：

```
['compact disc', '8-track tape', 'long playing record', 'DVD Audio disc', 'Super Audio CD']
```

注意，在使用 extend 的时候，是将 new_media 看作一个序列，将这个序列的所有元素和 music_media 序列合并，并放在其后面作为元素。

另外，需要注意的是，+和+=也可以用于合并 list 列表。extend、append、+=和+之间的区别如下所示：

- extend 在原列表上修改列表，只可添加可迭代对象，待添加的对象有多少个元素就往原列表中添加多少个元素。
- append 在原列表上修改列表，可添加任何对象，但无论是什么对象，只在末尾添加，而且只算一个元素。
- +=在原列表上修改列表，只可执行列表之间的操作，效果上相当于 extend。
- +会生成一个新对象，会引起 id 值的变化，而且只能执行列表之间的操作。如果执行+操作，当操作对象很多的时候，经常需要复制新对象，所以性能会很差。

下面给出 extend、append 和+、+=的示例：

```
# 执行 extend 后，A 的 id 不变
>>> A = [1, 2]
>>> B = [3, 4]
>>> id(A)
61099656
>>> A.extend(B)
>>> A
[1, 2, 3, 4]
>>> id(A)
61099656

# 执行 append 后，A 的 id 不变
>>> A = [1, 2]
>>> B = [3, 4]
>>> id(A)
65986184
>>> A.append(B)
>>> A
[1, 2, [3, 4]]
>>> id(A)
65986184

# 执行+=后，A 的 id 不变
>>> A = [1, 2]
>>> B = [3, 4]
>>> id(A)
63943112
```

```
>>> A += B
>>> A
[1, 2, 3, 4]
>>> id(A)
63943112

# 执行+后，A 的 id 发生变化
>>> A = [1, 2]
>>> B = [3, 4]
>>> id(A)
61026568
>>> A = A + B
>>> A
[1, 2, 3, 4]
>>> id(A)
61026952
```

2.6.11　什么是列表生成式?

用来创建列表（list）的表达式就是列表生成式，也被称为列表推导式，它相当于 for 循环的简写形式。列表生成式返回的是一个列表，它提供了从序列创建列表的简单途径。通常应用程序将一些操作应用于某个序列的每个元素，用其获得的结果作为生成新列表的元素，或者根据确定的判定条件创建子序列。

每个列表生成式都在 for 之后跟一个表达式，然后有零到多个 for 或 if 子句。返回结果是一个根据表达从其后的 for 和 if 上下文环境中生成出来的列表。如果希望表达式推导出一个元组，那么就必须使用括号。

列表生成式的语法：**[表达式 for 循环]**

例如，根据 range 生成一个数字的平方的列表

```
li = []
for x in range(1, 11):
    li.append(x * x)
print(li)
```

如果使用列表生成式，那么代码如下：

```
l2 = [x * x for x in range(1, 11)]
print(l2)
```

运行结果：

```
[1, 4, 9, 16, 25, 36, 49, 64, 81, 100]
```

针对偶数进行平方运算：

```
l = [x * x for x in range(1, 11) if x % 2 == 0]
print(l)
```

运行结果：

```
[4, 16, 36, 64, 100]
```

【真题 25】以下代码的运行结果是什么？

```
v1 = [i % 2 for i in range(10)]
v2 = (i % 2 for i in range(10))
print(v1,v2)
```

答案：程序运行结果为

```
[0, 1, 0, 1, 0, 1, 0, 1, 0, 1] <generator object <genexpr> at 0x031B4480>
```

需要注意的是，在本题中，v1 是一个列表生成式，而 v2 是一个生成器（generator），生成器是一种特殊的迭代器。若要打印 v2 的内容，则示例如下所示：

```
v2 = (i % 2 for i in range(10))
for i in v2:
    print(i,end=',')
```

运行结果：

```
0,1,0,1,0,1,0,1,0,1,
```

【真题 26】请使用一行代码生成[0,1,4,9,16,25,36]。

答案：可以使用列表生成式：

```
print([i*i for i in range(7)])
```

【真题 27】请使用列表推导式求列表所有奇数并构造新列表，a=[1,2,3,4,5,6,7,8,9,10]。

答案：程序如下所示：

```
a =   [1, 2, 3, 4, 5, 6, 7, 8, 9, 10]
res=[i for i in a if i%2==1]
print(res)
```

运行结果：

```
[1, 3, 5, 7, 9]
```

【真题 28】写一个列表生成式，产生一个公差为 11 的等差数列。

答案：列表生成式为

```
print([x*11 for x in range(10)])
```

运行结果：

```
[0, 11, 22, 33, 44, 55, 66, 77, 88, 99]
```

2.6.12 字符串格式化%和.format 的区别是什么?

格式化字符串有两种方法：%和 format，具体这两种方法有什么区别呢？请看以下解析。

```
# 定义一个坐标值
c = (250, 250)
# 使用%格式化
s1 = "坐标：%s" %c
```

上面的代码在运行时会抛出一个如下的 TypeError：

```
TypeError: not all arguments converted during string formatting
```

像这类格式化的需求就需要写成下面的格式：

```
# 定义一个坐标值
c = (250, 250)
# 使用%格式化
s1 = "坐标：%s" %(c,)
```

而使用 format 就不会存在上面的问题：

```
#定义一个坐标值
c=(250,250)
#使用 format 格式化
s2="坐标：{}".format(c)
```

一般情况下，使用%已经足够满足程序的需求，但是像这种需要在一个位置添加元素或列表类型的代码，最好选择 format 方法。在 format 方法中，{}表示占位符，如下所示：

```
#{}表示占位符
print('{}，爱老虎'.format('zhangsan'))
print('{},{}爱老虎'.format('王雷','李梅'))
#0 表示第一个参数的位置
print('{1},{0}爱老虎'.format('李梅', '王雷'))
```

运行结果：

```
zhangsan，爱老虎
王雷,李梅爱老虎
王雷,李梅爱老虎
```

2.6.13 单引号、双引号和三引号的区别有哪些?

单引号和双引号是等效的，如果要换行，那么需要使用符号（\）。三引号则可以直接换行，并且可以包含注释。例如：

● 单引号括起来的字符串：'hello'

● 双引号括起来的字符串："hello"

● 三引号括起来的字符串：'''hello'''(三单引号)或"""hello"""（三双引号）

需要注意的是：

■ 三引号括起来的字符串可以换行。

■ 单引号里面不能再加单引号，但是可以加双引号进行转义输出。

■ 双引号里面不能再加双引号，但是可以加单引号进行转义输出。

如果要表示“Let's go”这个字符串，那么

```
s1 = 'Let\'s go'
s2 = "Let's go"
s3 = 'I really like "python"!'
print(s1)
print(s2)
print(s3)
```

运行结果：

```
Let's go
Let's go
I really like "python"!
```

2.6.14 Python 中常用字符串函数有哪些?

Python 中常用的字符串内置函数如下：

序　号	方　法	描　述
1	capitalize()	将字符串的第一个字符转换为大写
2	center(width,fillchar)	返回一个原字符串居中，并使用空格填充至长度 width 的新字符串。默认填充字符为空格
3	count(str,beg=0,end=len(string))	返回 str 在 string 里面出现的次数。如果 beg 或者 end 指定，则返回指定范围内 str 出现的次数
4	bytes.decode(encoding="utf-8",errors="strict")	Python3 中没有 decode 方法，但可以使用 bytes 对象的 decode()方法来解码给定的 bytes 对象，这个 bytes 对象可以由 str.encode()来编码得到
5	encode(encoding='UTF-8',errors='strict')	以 encoding 指定的编码格式编码字符串，如果出错默认报一个 ValueError 的异常，除非 errors 指定的是'ignore'或者'replace'

（续）

序　号	方　法	描　述
6	endswith(suffix,beg=0,end=len(string))	检查字符串是否以指定后缀 suffix 结尾，如果指定了 beg 或者 end，那么表示检查指定的范围内是否以 suffix 结束，如果是，返回 True，否则返回 False
7	expandtabs(tabsize=8)	把字符串 string 中的 tab 符号转为空格，tab 符号默认的空格数是 8
8	find(str,beg=0 end=len(string))	检测 str 是否包含在字符串中，如果指定范围 beg 和 end，那么检查是否包含在指定范围内，如果包含，那么返回开始的索引值，否则返回-1
9	index(str,beg=0,end=len(string))	跟 find()方法一样，只不过如果 str 不在字符串中会报一个异常
10	isalnum()	如果字符串至少有一个字符并且所有字符都是字母或数字则返回 True，否则返回 False
11	isalpha()	如果字符串至少有一个字符并且所有字符都是字母则返回 True，否则返回 False
12	isdigit()	如果字符串只包含数字则返回 True，否则返回 False
13	islower()	如果字符串中包含至少一个区分大小写的字符，并且所有这些(区分大小写)字符都是小写，则返回 True，否则返回 False
14	isnumeric()	如果字符串中只包含数字字符，那么返回 True，否则返回 False
15	isspace()	如果字符串中只包含空白，那么返回 True，否则返回 False
16	istitle()	如果字符串是标题化的则返回 True，否则返回 False
17	isupper()	如果字符串中包含至少一个区分大小写的字符，并且所有这些（区分大小写的）字符都是大写，则返回 True，否则返回 False
18	join(seq)	以指定字符串作为分隔符，将 seq 中所有的元素（的字符串表示）合并为一个新的字符串
19	len(string)	返回字符串长度
20	ljust(width[,fillchar])	返回一个原字符串左对齐，并使用 fillchar 填充至长度 width 的新字符串，fillchar 默认为空格
21	lower()	转换字符串中所有大写字符为小写
22	lstrip()	截掉字符串左边的空格或指定字符
23	maketrans()	创建字符映射的转换表，对于接受两个参数的最简单的调用方式，第一个参数是字符串，表示需要转换的字符，第二个参数也是字符串，表示转换的目标
24	max(str)	返回字符串 str 中最大的字母
25	min(str)	返回字符串 str 中最小的字母
26	replace(old,new[,max])	把将字符串中的 str1 替换成 str2，如果指定 max，则替换不超过 max 次
27	rfind(str,beg=0,end=len(string))	类似于 find()函数，不过是从右边开始查找
28	rindex(str,beg=0,end=len(string))	类似于 index()，不过是从右边开始
29	rjust(width,[,fillchar])	返回一个原字符串右对齐，并使用 fillchar（默认空格）填充至长度 width 的新字符串
30	rstrip()	删除字符串字符串末尾的空格
31	split(str="",num=string.count(str))	通过指定分隔符对字符串进行切片，如果参数 num 有指定值，则分隔 num+1 个子字符串
32	splitlines([keepends])	按照行（'\r','\r\n','\n'）分隔，返回一个包含各行作为元素的列表，如果参数 keepends 为 False，不包含换行符，如果为 True，则保留换行符
33	startswith(substr,beg=0,end=len(string))	检查字符串是否是以指定子字符串 substr 开头，是则返回 True，否则返回 False。如果 beg 和 end 指定值，则在指定范围内检查
34	strip([chars])	在字符串上执行 lstrip()和 rstrip()
35	swapcase()	将字符串中大写转换为小写，小写转换为大写
36	title()	返回“标题化”的字符串，就是说所有单词都是以大写开始，其余字母均为小写
37	translate(table,deletechars="")	根据 str 给出的表（包含 256 个字符）转换 string 的字符，要过滤掉的字符放到 deletechars 参数中
38	upper()	转换字符串中的小写字母为大写
39	zfill(width)	返回长度为 width 的字符串，原字符串右对齐，前面填充 0
40	isdecimal()	检查字符串是否只包含十进制字符，如果是返回 True，否则返回 False

【真题 29】a="　hehheh　"，请去除尾部空格。

答案：

```
>>> a = "   hehheh   "
>>> a.rstrip()
'   hehheh'
```

【真题 30】字符串的查询替换使用哪两个函数？

答案：使用 find 和 replace 函数：

```
string = 'life is short, I use python'
# find 函数返回值为 0 或正数时，为其索引号
print(string.find('life'))
# replace 将 short 替换为 long
print(string.replace('short','long'))
```

运行结果：

```
0
life is long, I use python
```

2.6.15　如何判断一个字符串是否全为数字？

可以有以下几种办法来判断：

1）Python isdigit()方法检测字符串是否只由数字组成。

```
str = "123456"
print (str.isdigit())
str = "lhraxxt...wow!!!"
print (str.isdigit())
```

运行结果：

```
True
False
```

2）Python isnumeric()方法检测字符串是否只由数字组成。这种方法只针对 Unicode 字符串。如果想要定义一个字符串为 Unicode，那么只需要在字符串前添加'u'前缀即可。

```
str = u"lhraxxt2019"
print (str.isnumeric())
str = u"23443434"
print (str.isnumeric())
```

运行结果：

```
False
True
```

3）自定义函数 is_number 来判断。

```
def is_number(s):
    try:
        float(s)
        return True
    except ValueError:
        pass

    try:
        import unicodedata
        unicodedata.numeric(s)
```

```
            return True
        except (TypeError, ValueError):
            pass

        return False

    # 测试字符串和数字
    print(is_number('foo'))      # False
    print(is_number('1'))        # True
    print(is_number('1.3'))      # True
    print(is_number('-1.37')) # True
    print(is_number('1e3'))      # True
```

运行结果：

```
False
True
True
True
True
```

2.6.16 Python 字典有哪些内置函数?

Python 字典包含了以下内置函数：

序　号	函数及描述	描　述
1	len(dict)	计算字典中的元素个数，即键的总数
2	str(dict)	输出字典，以可打印的字符串表示
3	type(variable)	返回输入的变量类型，如果变量是字典就返回字典类型
4	radiansdict.clear()	删除字典内所有元素
5	radiansdict.copy()	返回一个字典的浅复制
6	radiansdict.fromkeys()	创建一个新字典，以序列 seq 中元素做字典的键，val 为字典所有键对应的初始值
7	radiansdict.get(key,default=None)	返回指定键的值，如果值不在字典中返回 default 值
8	key in dict	如果键在字典 dict 里返回 True，否则返回 False
9	radiansdict.items()	以列表返回可遍历的（键、值）元组数组
10	radiansdict.keys()	返回一个迭代器，可以使用 list()转换为列表
11	radiansdict.setdefault(key,default=None)	和 get()类似，但是如果键不存在于字典中，将会添加键并将值设为 default
12	radiansdict.update(dict2)	把字典 dict2 的键/值对更新到 dict 里
13	radiansdict.values()	返回一个迭代器，可以使用 list()转换为列表
14	pop(key[,default])	删除字典给定键 key 所对应的值，返回值为被删除的值。key 值必须给出。否则，返回 default 值
15	popitem()	随机返回并删除字典中的一对键和值（一般删除末尾对）

使用示例如下所示：

```
>>> dict = {'Name': 'Lhrxxt', 'Age': 7, 'Class': 'First'}
>>> len(dict)
3
>>> dict = {'Name': 'Lhrxxt', 'Age': 7, 'Class': 'First'}
>>> str(dict)
"{'Name': 'Lhrxxt', 'Class': 'First', 'Age': 7}"
>>> dict = {'Name': 'Lhrxxt', 'Age': 7, 'Class': 'First'}
>>> type(dict)
```

```
<class 'dict'>
```

【真题 31】判断 dict 是否包含某个 key 的方法是什么？

答案：in。

【真题 32】字典 d={'a':1,'b':2,'c':3}，请打印出键值对。

答案：程序如下：

```
for k,v in d.items():
    print(k,v)
```

运行结果：

```
a 1
b 2
c 3
```

【真题 33】dic={"name":"zs","age":18}，请使用 pop 和 del 删除字典中的 name 字段。

答案：

```
dic={"name":"zs","age":18}
dic.pop("name")
print(dic)

dic={"name":"zs","age":18}
del dic["name"]
print(dic)
```

运行结果：

```
{'age': 18}
{'age': 18}
```

2.6.17　字典的 items()方法与 iteritems()方法有什么不同?

字典是 Python 语言中唯一的映射类型。映射类型对象里哈希键（键，key）和指向的对象（值，value）是多对一的关系，通常被认为是可变的哈希表。字典对象是可变的，它是一个容器类型，能存储任意个数的 Python 对象，其中也可包括其他容器类型。

字典是一种可变容器模型，且可存储任意类型对象。字典的每个键值（key=>value）对用冒号（:）分割，每个对之间用逗号（,）分割，整个字典包括在花括号（{}）中，格式如下所示：

```
d = {key1 : value1, key2 : value2 }
```

键必须是唯一的，但值则不必唯一。值可以取任何数据类型，但键必须是不可变的，例如字符串、数字或元组。

字典的 items 方法可以将所有的字典项以列表方式返回，因为字典是无序的，所以用 items 方法返回字典的所有项，也是无序的。

在 Python 2.x 中，items 会一次性取出所有的值，并以列表返回。iteritems 方法与 items 方法相比作用大致相同，只是它的返回值不是列表，而是一个迭代器，通过迭代取出里面的值，一般在数据量大的时候，iteritems 会比 items 效率高些。

需要注意的是，在 Python 2.x 中，iteritems()用于返回本身字典列表的迭代器（Returns an iterator on all items(key/value pairs)），不占用额外的内存。但是，在 Python 3.x 中，iteritems()方法已经被废除了，用 items()替换 iteritems()，可以用于 for 来循环遍历。

在 Python 3.x 中示例：

```
x={"公众号名字":"xiaomaimaiolhr","是否有干货":"那必须"}
```

```
a=x.items()
print(a)
print(type(a))
```

运行结果：

```
dict_items([('公众号名字', 'xiaomaimaiolhr'), ('是否有干货', '那必须')])
<class 'dict_items'>
```

在 Python 2.x 中运行如下代码：

```
dic=[('a', 'hello'), ('c', 'you'), ('b', 'how')]
print dic.iteritems() #<dictionary-itemiterator object at 0x020E9A50>
for i in dic.iteritems():
    print i
```

运行结果：

```
('a', 'hello')
('c', 'you')
('b', 'how')
```

2.6.18 集合常见内置方法有哪些?

集合常见的内置方法如下表所示：

方　法	描　述
add()	为集合添加元素
clear()	移除集合中的所有元素
copy()	复制一个集合
difference()	返回多个集合的差集
difference_update()	移除集合中的元素，该元素在指定的集合也存在
discard()	删除集合中指定的元素
intersection()	返回集合的交集
intersection_update()	删除集合中的元素，该元素在指定的集合中不存在
isdisjoint()	判断两个集合是否包含相同的元素，如果没有则返回 True，否则返回 False
issubset()	判断指定集合是否为该方法参数集合的子集
issuperset()	判断该方法的参数集合是否为指定集合的子集
pop()	随机移除元素
remove()	移除指定元素
symmetric_difference()	返回两个集合中不重复的元素集合
symmetric_difference_update()	移除当前集合中在另外一个指定集合相同的元素，并将另外一个指定集合中不同的元素插入到当前集合中
union()	返回两个集合的并集
update()	给集合添加元素

【真题 34】在列表 str_list=['a','b','c',4,'b',2,'a','c',1,1,3]中，求只出现一次的第一次出现的字符。

答案：利用 count 函数，程序如下：

```
str_list = ['a', 'b', 'c', 4, 'b', 2, 'a', 'c', 1, 1, 3]

def find_only_one(alist):
    for string in alist:
```

```
            count = alist.count(string)
            if count == 1:
                return string
        return None

    print(find_only_one(str_list))
```

运行结果：

```
4
```

【真题 35】给定两个列表，如何找出它们相同的元素和不同的元素？

答案：使用集合操作：

```
list1 = [1,2,3]
list2 = [3,4,5]
set1 = set(list1)
set2 = set(list2)
print(set1&set2)
print(set1^set2)
```

运行结果：

```
{3}
{1, 2, 4, 5}
```

2.6.19 其他

【真题 36】请将"1,2,3"变成['1','2','3']。

答案：Python 中字符串的 split()方法可以通过指定分隔符对字符串进行切片，如果参数 num 有指定值，那么分隔 num+1 个子字符串。所以，可以使用 split 方法，如下所示：

```
print("1,2,3".split(','))
```

【真题 37】如何把['1','2','3']变成[1,2,3]。

答案：使用如下表达式：

```
[int(x) for x in ['1','2','3']]
```

【真题 38】编写程序将字符串："k:1|k1:2|k2:3|k3:4"，处理成 Python 字典：{k:1,k1:2,…}

答案：可以通过对字符串进行切片来实现，实现代码如下：

```
str1 = "k:1|k1:2|k2:3|k3:4"
def str2dict(str1):
    dict1 = {}
    for iterms in str1.split('|'):
        key,value = iterms.split(':')
        dict1[key] = value
    return dict1
print(str2dict(str1))
```

运行结果：

```
{'k': '1', 'k1': '2', 'k2': '3', 'k3': '4'}
```

【真题 39】L=range(100)，取第一到第三个元素用_____，取倒数第二个元素_____，取后十个元素_____。

答案：分别填：L[:3]、L[-2]、L[-10:]。

【真题 40】如何将字符串“1,2,3”变成['1','2','3']？如何将列表['1','2','3']变成[1,2,3]？

答案：程序如下：

```
s1 = "1,2,3"
s2 = list(s1.split(','))
s3 = list(map(int,s2))
print(s2)
print(s3)
```

运行结果：

```
['1', '2', '3']
[1, 2, 3]
```

【真题 41】输入一个字符串，返回倒序排列的结果；如“abcdef”，返回“fedcba”。

答案：可以使用切片方法，也可以使用函数来实现，示例代码如下：

```
str1 = 'abcdefg'
str2 = str1[::-1]
print(str2)

str3 = list(str1)
str3.reverse()
str4 = ''.join(str3)
print(str4)
```

运行结果：

```
gfedcba
```

【真题 42】列表 a=[1,2,3,4,5]，求 a[::2]和 a[-2:]的输出结果。

答案：结果如下：

```
>>> a=[1, 2, 3, 4, 5]
>>> a[::2]
[1, 3, 5]
>>> a[-2:]
[4, 5]
```

【真题 43】有如下数组 li=list(range(10))，若想取以下几个数组，则应该如何切片？

（1）[1,2,3,4,5,6,7,8,9]

（2）[1,2,3,4,5,6]

（3）[3,4,5,6]

（4）[9]

（5）[1,3,5,7,9]

答案：

```
（1）li[1::]
（2）li[1:7]
（3）li[3:7]
（4）li[9]
（5）li[1::2]
```

【真题 44】“a = 1，b = 2”，如果不使用中间变量，那么如何交换 a 和 b 的值？

答案：Python 支持不使用中间变量交换两个变量的值：

```
b, a = a, b
```

也可以使用如下方式：

```
1.a = a+b
2.b = a-b
```

```
3.a = a-b
```

或

```
1.a = a^b
2.b = b^a
3.a = a^b
```

【真题 45】如何判断一个字符串是否为回文字符串？

答案：回文字符串就是一个正读和反读都一样的字符串，例如“level”或者“noon”等就是回文字符串。

```
def converted(s):
  ss  = s[:]
  if len(ss) >= 2 and s == ss[::-1]:
    return True
  else:
    return False

if __name__ == "__main__":
  s = "abcdcba"
  print(converted(s))
  print(converted("adgede"))
```

运行结果：

```
True
False
```

【真题 46】请输入 3 个数字，以逗号隔开，输出其中最大的数。

答案：程序如下所示：

```
def findMaxNum(x, y, z):
    if x < y:
        x, y = y, x
    if x < z:
        x, z = z, x
    return x

if __name__ == "__main__":
    numList = input("请输入 3 个数，以逗号隔开：").split(",")
    print(numList)
    res = findMaxNum(int(numList[0]), int(numList[1]), int(numList[2]))
    print(res)
```

运行结果：

```
请输入三个数，以逗号隔开：3,2,1
['3', '2', '1']
3
```

【真题 47】求两个正整数 m 和 n 的最大公约数。

答案：最大公约数，也称最大公因数、最大公因子，是指两个或多个整数共有约数中最大的一个。下面通过两种方法来解答。

方法一：

```
a, b = "64,24".split(",")
a, b = int(a), int(b)
c = a % b
```

```
while c:
    a ,b = b, c
    c = a % b
print (b)
```

方法二：

```
def gcd(x, y):
    min = y if x > y else x
    for i in range(1, min + 1):
        if x % i == 0 and y % i == 0:
            gcd1 = i

    return gcd1

a = 64
b = 24
print(gcd(a, b))
```

运行结果：8。

【真题 48】求两个正整数的最小公倍数。

答案：两个或多个整数公有的倍数叫作它们的公倍数，其中除 0 以外最小的一个公倍数就叫作这几个整数的最小公倍数。Python 程序实现如下所示：

```
# 定义函数
def lcm(x, y):

    #  获取最大的数
    if x > y:
        greater = x
    else:
        greater = y

    while(True):
        if((greater % x == 0) and (greater % y == 0)):
            lcm = greater
            break
        greater += 1

    return lcm

# 获取用户输入
num1 = int(input("输入第一个数字: "))
num2 = int(input("输入第二个数字: "))

print( num1,"和", num2,"的最小公倍数为", lcm(num1, num2))
```

【真题 49】下面这段代码输出什么？

```
ls = [1,2,3,4]
list1 = [i for i in ls if i>2]
print(list1)

list2 = [i*2 for i in ls if i>2]
print(list2)

dic1 = {x: x**2 for x in (2, 4, 6)}
print(dic1)
```

```
dic2 = {x: 'item' + str(x**2) for x in (2, 4, 6)}
print(dic2)

set1 = {x for x in 'hello world' if x not in 'low level'}
print(set1)
```

答案：考查了列表生成式，输出结果为

```
[3, 4]
[6, 8]
{2: 4, 4: 16, 6: 36}
{2: 'item4', 4: 'item16', 6: 'item36'}
{'h', 'r', 'd'}
```

【真题 50】把一个 list 中所有的字符串变成小写。

答案：程序如下所示：

```
L = ['Hello','World','IBM','Apple']
for s in L:
    s=s.lower()
    print(s)        #将 list 中每个字符串都变成小写，返回每个字符串
```

另外还可以列表推导式来实现，示例代码如下：

```
L = ['Hello','World','IBM','Apple']
print([s.lower() for s in L])#整个 list 所有字符串都变成小写，返回一个 list
```

【真题 51】把原字典的键值对颠倒并生产新的字典。

答案：程序如下所示：

```
dict1 = {"A":"a","B":"b","C":"c"}
dict2 = {y:x for x,y in dict1.items()}
print(dict2)
```

运行结果：

```
{'a': 'A', 'b': 'B', 'c': 'C'}
```

需要注意的是，如果原字典的值有重复，那么颠倒原字典的键值对后只会保留一个最新的值：

```
>>> dict1 = {"A":"a","B":"a","C":"c"}
>>> dict2 = {y:x for x,y in dict1.items()}
>>> print(dict2)
{'a': 'B', 'c': 'C'}
```

【真题 52】替换列表中所有的 3 为 3a。

答案：程序如下所示：

```
num = ["harden","lampard",3,34,45,56,76,87,78,45,3,3,3,87686,98,76]
for i in range(num.count(3)):        #获取 3 出现的次数
    ele_index = num.index(3)          #获取首次 3 出现的坐标
    num[ele_index]="3a"               #修改 3 为 3a
print(num)
```

运行结果：

```
4
2
['harden', 'lampard', '3a', 34, 45, 56, 76, 87, 78, 45, '3a', '3a', '3a', 87686, 98, 76]
```

【真题 53】请打印列表中的每个名字，且在名字前加上“Hello”。

答案：程序如下所示：

```
L = ["James","Meng","Xin"]
for i in range(len(L)):
    print("Hello,%s"%L[i])
```

【真题 54】合并两个列表，并去重输出。

答案：程序如下所示：

```
list1 = [2,3,8,4,9,5,6]
list2 = [5,6,10,17,11,2]
list3 = list1 + list2
print(list3)                    #不去重只进行两个列表的组合
print(set(list3))               #去重，类型为 set 需要转换成 list
print(list(set(list3)))
```

运行结果：

```
[2, 3, 8, 4, 9, 5, 6, 5, 6, 10, 17, 11, 2]
{2, 3, 4, 5, 6, 8, 9, 10, 11, 17}
[2, 3, 4, 5, 6, 8, 9, 10, 11, 17]
```

【真题 55】计算平方根。

答案：程序如下所示：

```
num = float(input('请输入一个数字：'))
num_sqrt = num ** 0.5
print('%0.2f 的平方根为%0.2f'%(num,num_sqrt))
```

【真题 56】请给出判断一个数字是奇数还是偶数的方法。

答案：奇数又称单数，在整数中，能被 2 整除的数是偶数，不能被 2 整除的数是奇数，奇数的个位为 1、3、5、7、9。示例如下：

```
num = int(input('请输入一个数字：'))
if (num % 2) == 0:
    print("{0}是偶数".format(num))
else:
    print("{0}是奇数".format(num))
```

【真题 57】如何获取输入值中的最大值。

答案：方法一：

```
N = int(input('输入需要对比大小的数字的个数：'))
print("请输入需要对比的数字：")
num = []
for i in range(1,N+1):
    temp = int(input('请输入第%d 个数字：'%i))
    num.append(temp)
print('您输入的数字为：',num)
print('最大值为：',max(num))
```

方法二：

```
N = int(input('输入需要对比大小的数字的个数：\n'))
num = [int(input('请输入第%d 个数字：\n'%i))for i in range(1,N+1)]
print('您输入的数字为：',num)
print('最大值为：',max(num))
```

【真题 58】排序并去重 list。

答案：程序如下所示：

```
a=[1,2,4,2,4,5,7,10,5,5,7,8,9,0,3]
a.sort()
print(a)
last=a[-1]
for i in range(len(a)-2,-1,-1):
    if last==a[i]:
        del a[i]
    else:
        last=a[i]
print(a)
```

运行结果：

```
[0, 1, 2, 2, 3, 4, 4, 5, 5, 5, 7, 7, 8, 9, 10]
10
[0, 1, 2, 3, 4, 5, 7, 8, 9, 10]
```

【真题 59】用一行代码实现求 1 至 100 的和。

答案：程序如下所示：

```
>>> print(sum(range(0,101)))
5050
```

【真题 60】字典如何删除键和合并两个字典？

答案：可以使用 del 和 update 方法。

```
>>> dic={"name":"xxt","age":18}
>>> del dic["name"]
>>> dic
{'age': 18}
>>> dic2={"name":"lhr"}
>>> dic.update(dic2)
>>>
>>> dic
{'age': 18, 'name': 'lhr'}
```

【真题 61】避免转义给字符串加哪个字母表示原始字符串？

答案：加字母“r”，表示需要原始字符串，不转义特殊字。

【真题 62】s="ajldjlajfdljfddd"，去重并从小到大排序输出"adfjl"。

答案：程序如下所示：

```
s="ajldjlajfdljfddd"
s=list(set(s))
s.sort(reverse=False)
res=''.join(s)
print(res)
```

【真题 63】现有列表[[1,2],[3,4],[5,6]]，请使用一行代码展开该列表，得到[1,2,3,4,5,6]。

答案：使用列表推导式，运行过程：for i in a，每个 i 是[1,2]，[3,4]，[5,6]，for j in i，每个 j 就是 1,2,3,4,5,6，合并后就是结果：

```
a=[[1,2],[3,4],[5,6]]
x=[j for i in a for j in i]
print(x)
```

也可以将列表转成 numpy 矩阵，通过 numpy 的 flatten()方法：

```
import numpy as np
a=[[1,2],[3,4],[5,6]]
```

```
b=np.array(a).flatten().tolist()
print(b)
```

【真题 64】x="abc"，y="def"，z=["d","e","f"]，分别求出 x.join(y)和 x.join(z)返回的结果。

答案：因为 join 函数对字符串和字典的操作结果都是一样的，所以，在本题中，它们的结果一致，都是“dabceabcf”，如下：

```
>>> x="abc"
>>> y="def"
>>> z=["d","e","f"]
>>> x.join(y)
'dabceabcf'
>>> x.join(z)
'dabceabcf'
```

【真题 65】请将 a="hello"和 b="你好"编码成 bytes 类型。

答案：程序如下所示：

```
a=b"hello"
b="你好".encode()
print(a,b)
print(type(a),type(b))
```

运行结果：

```
b'hello' b'\xe4\xbd\xa0\xe5\xa5\xbd'
<class 'bytes'> <class 'bytes'>
```

【真题 66】Python 使用哪个函数保留 2 位小数？

答案：使用 round 方法（数值，保留位数）。

```
a="%.03f"%1.3335
print(a,type(a))
b=round(float(a),1)
print(b)
b=round(float(a),2)
print(b)
```

运行结果：

```
1.333 <class 'str'>
1.3
1.33
```

【真题 67】字典和 json 的区别有哪些？

答案：字典是一种数据结构，json 是一种数据的表现形式，字典的 key 值只要能 hash 即可，而 json 必须是字符串。

【真题 68】Python 中字典和 json 字符串相互转化使用什么函数？

答案：json.dumps()可以将字典转 json 字符串，而 json.loads()可以将 json 字符串转字典。

```
import json
dic={"name":"lhr"}
res=json.dumps(dic)
print(res,type(res))
ret=json.loads(res)
print(ret,type(ret))
```

运行结果：

```
{"name": "lhr"} <class 'str'>
```

```
{'name': 'lhr'} <class 'dict'>
```

【真题 69】请去掉字符串“hello world xiao tinger”中的空格。

答案：程序如下所示：

```
str='hello world xiao tinger'
res=str.replace(' ','')
print(res)

list=str.split(' ')
res=''.join(list)
print(res)
```

运行结果：

```
helloworldxiaotinger
helloworldxiaotinger
```

【真题 70】int("1.4"),int(1.4)输出结果是什么？

答案：int("1.4")报错，int(1.4)输出 1。

【真题 71】下面的代码在 Python 2 和 Python 3 中的输出结果分别是什么？并解释原因。

答案：在 Python 2 中，代码的输出是：

```
5/2 = 2
5.0/2 = 2.5
5//2 = 2
5.0//2.0 = 2.0
```

在 Python 3 中，输出如下：

```
5/2 = 2.5
5.0/2 = 2.5
5//2 = 2
5.0//2.0 = 2.0
```

默认情况下，如果两个操作数都是整数，那么 Python 2 默认执行整数运算。所以，5/2 结果是 2，而 5./2 结果是 2.5。注意，可以通过下面的 import 语句来覆盖 Python 2 中的这一行为。

```
from future import division
```

还要注意“双斜杠”（//）操作符将会一直执行整除，忽略操作数的类型。这就是为什么 5.0//2.0 即使在 Python 2 中结果也是 2.0。但是在 Python 3 并没有这一行为。两个操作数都是整数时，也不执行整数运算。

【真题 72】考虑下面的代码片段：

```
list = [ [ ] ] * 5
print(list)  # output?
list[0].append(10)
print(list)  # output?
list[1].append(20)
print(list)  # output?
list.append(30)
print(list)  # output?
```

第 2，4，6，8 行的输出是什么？并解释原因。

答案：输出如下：

```
[[], [], [], [], []]
[[10], [10], [10], [10], [10]]
```

```
[[10, 20], [10, 20], [10, 20], [10, 20], [10, 20]]
[[10, 20], [10, 20], [10, 20], [10, 20], [10, 20], 30]
```

第一行的输出容易理解，即：list = [[ ]] * 5 创建了一个元素是 5 个列表的列表。但是，这里要理解的关键是，list = [[ ]] * 5 并没有创建一个包含 5 个不同列表的列表。创建的这个列表里的 5 个列表，是对同一个列表的引用（a list of 5 references to the same list）。

list[0].append(10)将数字 10 添加到第一个列表。但是由于 5 个列表是对同一个列表的引用，所以输出是[[10],[10],[10],[10],[10]]。

同样地，list[1].append(20)将 20 追加到第二个列表。但是同样，由于这 5 个列表引用同一个列表，所以输出：[[10,20],[10,20],[10,20],[10,20],[10,20]]。

相比之下，list.append(30)是将一个全新的元素追加到“外层”的列表，所以产生了这样的输出：[[10,20],[10,20],[10,20],[10,20],[10,20],30]。

【真题 73】有一个拥有 *N* 个元素的列表，用一个列表生成式生成一个新的列表，需要满足元素的值为偶数且在原列表中该值所在的索引也为偶数。例如，如果 list[2]的值是偶数，那么这个元素应该也被包含在新列表中，因为它在原列表中的索引也是偶数（即 2）。但是，如果 list[3]是偶数，那么这个值不应该被包含在新列表中，因为它在原列表中的索引是一个奇数。

答案：程序如下所示：

```
list = [ 1 , 3 , 5 , 8 , 10 , 13 , 18 , 36 , 78 ]
print([x for x in list[::2] if x%2 = = 0])
```

运行结果：

```
[10, 18, 78]
```

这个表达式首先取列表中索引是偶数的数字，然后过滤掉所有的奇数。

【真题 74】给定一串字典（或列表），如何找出指定的最大（最小）的 *N* 个数？

答案：可以使用 Python 内的 heapq 模块的 nlargest()和 nsmallest()，而不是 min()和 max()。这两个函数都能接收关键字参数，用于复杂的结构数据中。

```
import heapq

portfolio = [
    {'name': 'IBM', 'shares': 100, 'price': 91.1},
    {'name': 'AAPL', 'shares': 50, 'price': 543.22},
    {'name': 'FB', 'shares': 200, 'price': 21.09},
    {'name': 'HPQ', 'shares': 35, 'price': 31.75},
    {'name': 'YHOO', 'shares': 45, 'price': 16.35},
    {'name': 'ACME', 'shares': 75, 'price': 115.65}
]
# 参数 3 为最大的 3 个值(最小的 3 个值)
cheap = heapq.nsmallest(3, portfolio, key=lambda s: s['price'])
expensive = heapq.nlargest(3, portfolio, key=lambda s: s['price'])
# 上面代码在对每个元素进行对比的时候，会以 price 的值进行比较。
print(cheap)
print(expensive)
```

运行结果：

```
[{'name': 'YHOO', 'shares': 45, 'price': 16.35}, {'name': 'FB', 'shares': 200, 'price': 21.09}, {'name': 'HPQ', 'shares': 35, 'price': 31.75}]
[{'name': 'AAPL', 'shares': 50, 'price': 543.22}, {'name': 'ACME', 'shares': 75, 'price': 115.65}, {'name': 'IBM', 'shares': 100, 'price': 91.1}]
```

【真题 75】举例说明创建字典的至少两种方法。

答案：方法一：

```
dict1 = {key1:v1,key2:v2}
```

方法二：

```
dict2 = {}
dict2[key1] = v1
dict2[key2] = v2
```

方法三：

```
dict3 = dict(key1=v1,key2=v2)
```

【真题 76】Python 中的标识符长度最长可以有多长？

答案：在 Python 中，标识符可以是任意长度。此外，在命名标识符时还必须遵守以下规则：

- 只能以下划线或者 A-Z/a-z 中的字母开头。
- 其余部分可以使用 A-Z/a-z/0-9。
- 区分大小写。
- 关键字不能作为标识符。

【真题 77】下面的代码会不会报错？

```
list = ['a', 'b', 'c', 'd', 'e']
print(list[10:])
```

答案：不会报错，而且会输出一个[]，并且不会导致一个 IndexError。当试图访问一个超过列表索引值的成员将导致 IndexError（例如，访问以上列表的 list[10]）。尽管如此，试图访问一个列表的以超出列表长度数作为开始索引的切片将不会导致 IndexError，并且将仅仅返回一个空列表。

【真题 78】a=[1,2,3,4,5]，执行 b=a 和 b1=a[:]，那么 a、b 和 b1 有区别么？

答案：b 和 a 指向同一块内存空间，b1 和 a 不会指向同一块内存空间。

```
a = [1,2,3,4,5]
b = a
b1 = a[:]
print(b)      #   [1, 2, 3, 4, 5]
print(b1)     #   [1, 2, 3, 4, 5]
print(id(a))
print(id(b))
print(id(b1))

b.append(6)
print("a:",a)   # a [1, 2, 3, 4, 5, 6]
print("b:",b)   # b [1, 2, 3, 4, 5, 6]   传递引用
print("b1:",b1) # b1 [1, 2, 3, 4, 5]    拷贝
```

运行结果：

```
[1, 2, 3, 4, 5]
[1, 2, 3, 4, 5]
114147376
114147376
114120184
a: [1, 2, 3, 4, 5, 6]
b: [1, 2, 3, 4, 5, 6]
b1: [1, 2, 3, 4, 5]
```

【真题 79】一个列表 A=[2，3，4]，Python 如何将其转换成 B=[(2,3),(3,4),(4,2)]？

答案：程序如下所示：

```
A=[2,3,4]
B = zip(A, A[1:]+A[:1])
print(list(B))
```

【真题 80】a=[1,2,3]和 b=[(1),(2),(3)]以及 c=[(1,),(2,),(3,)]的区别有哪些？

答案：a 和 b 的值是一样的，都是[1,2,3]，而 c 是一个由每个元素都只包含一个元素的元组组成的列表。需要注意的是，当元组中只包含一个元素时，需要在元素后面添加逗号。

```
a=[1,2,3]
b=[(1),(2),(3)]
c=[(1,),(2,),(3,)]

print(a)
print(b)
print(c)
```

运行结果：

```
[1, 2, 3]
[1, 2, 3]
[(1,), (2,), (3,)]
```

【真题 81】阅读下面的代码，写出 A0、A1 至 A*n* 的最终值。

```
A0 = dict(zip(('a','b','c','d','e'),(1,2,3,4,5)))
A1 = range(10)
A2 = [i for i in A1 if i in A0]
A3 = [A0[s] for s in A0]
A4 = [i for i in A1 if i in A3]
A5 = {i:i*i for i in A1}
A6 = [[i,i*i] for i in A1]
```

答案：运行结果如下：

```
A0 = {'a': 1, 'c': 3, 'b': 2, 'e': 5, 'd': 4}
A1 = [0, 1, 2, 3, 4, 5, 6, 7, 8, 9]
A2 = []
A3 = [1, 3, 2, 5, 4]
A4 = [1, 2, 3, 4, 5]
A5 = {0: 0, 1: 1, 2: 4, 3: 9, 4: 16, 5: 25, 6: 36, 7: 49, 8: 64, 9: 81}
A6 = [[0, 0], [1, 1], [2, 4], [3, 9], [4, 16], [5, 25], [6, 36], [7, 49], [8, 64], [9, 81]]
```

【真题 82】PYTHONPATH 变量是什么？

答案：PYTHONPATH 是 Python 中一个重要的环境变量，用于在导入模块的时候搜索路径。因此它必须包含 Python 源库目录以及含有 Python 源代码的目录。可以手动设置 PYTHONPATH，但通常 Python 安装程序会把它呈现出来。

【真题 83】什么是切片？

答案：切片是 Python 中的一种方法，切片可以只检索列表、元素或字符串的一部分。在切片时，需要使用切片操作符[]，例如

```
>>> (1,2,3,4,5)[2:4]
(3, 4)

>>> [7,6,8,5,9][2:]
[8, 5, 9]

>>> 'Hello'[:-1]
'Hell'
```

【真题 84】print 函数调用 Python 中底层的什么方法？

答案：print 函数默认调用 sys.stdout.write 方法，即往控制台打印字符串。

【真题 85】连接字符串用 join 还是+？

答案：当用操作符+连接字符串的时候，每执行一次+都会申请一块新的内存，然后复制上一个+操作的结果和本次操作的右操作符到这块内存空间，因此用+连接字符串的时候会涉及好几次内存申请和复制。而 join 在连接字符串的时候，会先计算需要多大的内存存放结果，然后一次性申请所需内存并将字符串复制过去，这就是为什么 join 的性能优于+的原因。所以在连接字符串数组的时候，应考虑优先使用 join。

【真题 86】元组的解封装是什么？

答案：如下示例：

```
>>> mytuple=3,4,5
>>> mytuple
(3, 4, 5)
```

以上是将 3、4 和 5 封装到元组 mytuple 中。下面将这些值解封装到变量 x、y 和 z 中：

```
>>> x,y,z=mytuple
>>> x+y+z
```

得到结果 12。

2.7 Python 中的日期和时间

Python 提供了 time、datetime 和 calendar 模块可以用于格式化日期和时间。Python 中时间日期的格式化符号如下：

- %y：两位数的年份表示（00～99）
- %Y：四位数的年份表示（0000～9999）
- %m：月份（01～12）
- %d：月内中的一天（0～31）
- %H：24 小时制小时数（0～23）
- %I：12 小时制小时数（01～12）
- %M：分钟数（00～59）
- %S：秒（00～59）
- %a：本地简化星期名称
- %A：本地完整星期名称
- %b：本地简化的月份名称
- %B：本地完整的月份名称
- %c：本地相应的日期表示和时间表示
- %j：年内的一天（001～366）
- %p：本地 A.M.或 P.M.的等价符
- %U：一年中的星期数（00～53），星期天为一个星期的开始
- %w：星期（0～6），星期天为一个星期的开始
- %W：一年中的星期数（00～53），星期一为一个星期的开始
- %x：本地相应的日期表示
- %X：本地相应的时间表示
- %Z：当前时区的名称
- %%：%号本身

time 模块包含了以下内置函数，既有时间处理的函数，也有转换时间格式的函数：

序　号	函数及描述	描　述
1	time.altzone	返回格林尼治西部的夏令时地区的偏移秒数。如果该地区在格林尼治东部会返回负值（如西欧，包括英国）。对夏令时启用地区才能使用
2	time.asctime([tupletime])	接收时间元组并返回一个可读的形式为"Tue Dec 11 18:07:14 2008"（2008 年 12 月 11 日周二 18 时 07 分 14 秒）的 24 个字符的字符串
3	time.clock()	用以浮点数计算的秒数返回当前的 CPU 时间。用来衡量不同程序的耗时，比 time.time()更有用
4	time.ctime([secs])	作用相当于 asctime(localtime(secs))，未给参数相当于 asctime()
5	time.gmtime([secs])	接收时间戳（1970 年 1 月 1 日 0 点后经过的浮点秒数）并返回格林尼治天文时间下的时间元组 t。注：t.tm_isdst 始终为 0
6	time.localtime([secs])	接收时间戳（1970 年 1 月 1 日 0 点后经过的浮点秒数）并返回当地时间下的时间元组 t（t.tm_isdst 可取 0 或 1，取决于当地当时是不是夏令时）
7	time.mktime(tupletime)	接收时间元组并返回时间戳（1970 年 1 月 1 日 0 点后经过的浮点秒数）
8	time.sleep(secs)	推迟调用线程的运行，secs 指秒数
9	time.strftime(fmt[,tupletime])	接收以时间元组，并返回以可读字符串表示的当地时间，格式由 fmt 决定
10	time.strptime(str,fmt='%a%b%d %H:%M:%S%Y')	根据 fmt 的格式把一个时间字符串解析为时间元组
11	time.time()	返回当前时间的时间戳（1970 年 1 月 1 日 0 点后经过的浮点秒数）
12	time.tzset()	根据环境变量 tz 重新初始化时间相关设置

time 模块包含了以下两个非常重要的属性：

序　号	属　性	描　述
1	time.timezone	属性 time.timezone 是当地时区（未启动夏令时）距离格林尼治的偏移秒数（>0，美洲；<=0 大部分欧洲，亚洲，非洲）
2	time.tzname	属性 time.tzname 包含一对根据情况的不同而不同的字符串，分别是带和不带夏令时的本地时区名称

日历（calendar）模块的函数都是日历相关的，例如打印某月的字符日历。星期一是默认的每周的第一天，星期天是默认的最后一天。更改设置需调用 calendar.setfirstweekday()函数。模块包含了以下内置函数：

序　号	函　数	描　述
1	calendar.calendar(year,w=2,l=1,c=6)	以多行字符串形式返回一年的日历，3 个月一行，间隔距离为 c。每日宽度间隔为 w 字符。每行长度为 21*w+18+2*c。l 是每星期行数
2	calendar.firstweekday()	返回一周的第一天，0 是星期一，…，6 为星期日
3	calendar.isleap(year)	是闰年返回 True，否则为 False。示例如下： >>>import calendar >>>print(calendar.isleap(2000)) True >>>print(calendar.isleap(1900)) False
4	calendar.leapdays(y1,y2)	返回在 y1 和 y2 两年之间的闰年总数
5	calendar.month(year,month,w=2,l=1)	返回一个多行字符串格式的 year 年 month 月日历，两行标题，一周一行。每日宽度间隔为 w 字符。每行的长度为 7*w+6。l 是每星期的行数
6	calendar.monthcalendar(year,month)	返回一个整数的单层嵌套列表。每个子列表装载代表一个星期的整数。Year 年 month 月外的日期都设为 0;范围内的日子都由该月第几日表示，从 1 开始
7	calendar.monthrange(year,month)	返回两个整数。第一个是该月的星期几的日期码，第二个是该月的日期码。日从 0（星期一）到 6（星期日）；月从 1 到 12
8	calendar.prcal(year,w=2,l=1,c=6)	相当于 print calendar.calendar(year,w,l,c)
9	calendar.prmonth(year,month,w=2,l=1)	相当于 print calendar.calendar(year,w,l,c)
10	calendar.setfirstweekday(weekday)	设置每周的起始日期码。0（星期一）到 6（星期日）
11	calendar.timegm(tupletime)	和 time.gmtime 相反：接收一个时间元组形式，返回该时刻的时间戳（1970 年 1 月 1 日 0 点后经过的浮点秒数）
12	calendar.weekday(year,month,day)	返回给定日期的日期码。0（星期一）到 6（星期日）。月份为 1（1 月）到 12（12 月）

time 模块实例：

```
import time

localtime = time.asctime(time.localtime(time.time()))
print("本地时间为 :", localtime)
# 格式化成 Sat Mar 28 22:24:24 2016 形式
print(time.strftime("%a %b %d %H:%M:%S %Y", time.localtime()))
# 获取当前时间，时间格式，类似 'Mon Mar  5 14:28:19 2018'
print(time.ctime())

# 格式化成 2016-03-20 11:45:39 形式
print(time.strftime("%Y-%m-%d %H:%M:%S", time.localtime()))
print(time.strftime('%Y-%m-%d %H:%M:%S'))#将当前时间转为字符串
print(time.strftime('%Y-%m-%d %X'))#将当前时间转为字符串
```

运行结果：

```
本地时间为 : Fri Jan 11 17:00:19 2019
Fri Jan 11 17:00:19 2019
Fri Jan 11 17:00:19 2019
2019-01-11 17:00:19
2019-01-11 17:00:19
2019-01-11 17:00:19
```

datetime 模块示例：

```
#处理日期和时间的模块
import datetime

#获取当前时间
# print(datetime.datetime.now())

from datetime import datetime, timedelta
dt_now = datetime.now()
print(dt_now)

print(dt_now.date())#得到日期
print(dt_now.time())#得到时间
print(dt_now.timestamp())#得到时间戳

#格式化为指定格式的字符串
print(dt_now.strftime('%Y %m %d'))
#时间格式字符串转为时间
d1 = datetime.strptime('2018-03-05 23:59:59', '%Y-%m-%d %H:%M:%S')
print(d1)

# timedelta 执行时间的运算
d2 = d1 + timedelta(seconds=1)
print(d2)
```

运行结果：

```
2019-01-11 17:02:05.055275
2019-01-11
17:02:05.055275
1547197325.055275
2019 01 11
2018-03-05 23:59:59
```

```
2018-03-06 00:00:00
```

【真题 87】如何获取当前时间并格式化输出？

答案：可以使用 time 或 datetime 模块：

```
import time
print(time.strftime('%Y-%m-%d %X'))

import datetime
print(datetime.datetime.now().strftime('%Y-%m-%d %X'))
```

运行结果：

```
2019-01-11 17:04:04
2019-01-11 17:04:04
```

【真题 88】利用 Python 打印前一天的本地时间，参考格式为“2018-05-25 10:24:34”。

答案：程序如下所示：

```
import datetime
yesterday_datetime = datetime.datetime.now() - datetime.timedelta(days=1)
yesterday_str = datetime.datetime.strftime(yesterday_datetime, '%Y-%m-%d %H:%M:%S')
print(yesterday_str)
```

运行结果：

```
2019-01-13 10:40:25
```

2.7.1 编写函数返回昨天的日期

使用 datetime 模块：

```
import datetime
def getYesterday():
    today=datetime.date.today()
    oneday=datetime.timedelta(days=1)
    yesterday=today-oneday
    return yesterday

print(getYesterday())
```

运行结果：

```
2019-01-07
```

2.7.2 计算每个月的天数

以下代码通过导入 calendar 模块来计算每个月的天数：

```
import calendar
monthRange = calendar.monthrange(2019,1)
print(monthRange)
```

运行结果：

```
(1, 31)
```

输出的是一个元组，元组的第一个元素是所查月份的第一天对应的是星期几（0～6），第二个元素是这个月的天数。以上实例输出的意思为 2019 年 1 月份的第一天是星期二，该月总共有 31 天。

若只是想知道每个月的天数，则可用下面的代码来实现：

```
import calendar
print(calendar.mdays)
print(calendar.mdays[9])
```

运行结果：

```
[0, 31, 28, 31, 30, 31, 30, 31, 31, 30, 31, 30, 31]
30
```

2.7.3 如何获取某月的日历?

使用 calendar 模块：

```
import calendar

cal = calendar.month(2019, 1)
print(cal)
```

运行结果：

```
    January 2019
Mo Tu We Th Fr Sa Su
    1  2  3  4  5  6
 7  8  9 10 11 12 13
14 15 16 17 18 19 20
21 22 23 24 25 26 27
28 29 30 31
```

2.8 流程控制语句

2.8.1 Python 中 pass 语句的作用是什么?

pass 是一个在 Python 中不会被执行的语句，pass 语句一般作为占位符或者创建占位程序。在复杂语句中，如果一个地方需要暂时被留白，那么就可以使用 pass 语句。示例代码：

```
age = 17
if age>=18:
    pass
else:
    print("age<18!未成年！ ")
```

运行结果：

```
age<18!未成年!
```

2.8.2 用程序实现斐波纳契数列

斐波那契数列（Fibonacci sequence），又称黄金分割数列。斐波那契数列指的是这样一个数列：

```
1, 1, 2, 3, 5, 8, 13, 21......
```

这个数列从第 3 项开始，每一项都等于前两项之和。

```
a, b = 0, 1
while b < 100:
    print(b, end=',')
    a, b = b, a+b
```

运行结果：

```
1,1,2,3,5,8,13,21,34,55,89,
```

使用递归方式也可以实现：

```
# 递归方式实现 生成前 20 项
def factorial(n):
    if n<1:
        return -1
    if n==1 or n==2:
        return 1
    else:
        return factorial(n-2)+factorial(n-1)

number=int(input('请输入一个正整数：'))
lis =[]
for i in range(number):
    lis.append(factorial(i+1))
print(lis)
```

运行结果：

```
[1, 1, 2, 3, 5, 8, 13, 21, 34, 55, 89, 144, 233, 377, 610, 987, 1597, 2584, 4181, 6765]
```

2.8.3 Python 编程中的 except 有哪些作用？

Python 的 except 用来捕获所有的异常，因为 Python 中的每次错误都会抛出一个异常，所以每个程序的错误都被当作一个运行时的错误。

```
try…
except…
except…
[else…][finally…]
```

执行 try 块的语句时，如果引发异常，那么执行过程会跳到 except 代码块中。对每个 except 分支顺序尝试执行，如果引发的异常与 except 中的异常组匹配，执行相应的语句。如果所有的 except 都不匹配，则异常会抛出到上层的调用者。

若 try 下的语句正常执行，则执行 else 块代码。如果发生异常，那么就不会执行。

如果存在 finally 语句，finally 代码块最后总是会被执行的。

以下是使用 except 的一个例子：

```
try:
  foo = opne("file") #open 被错写为 opne
except:
  sys.exit("could not open file!")
```

因为这个错误是由于 open 被拼写成“opne”而造成的，然后被 except 捕获，所以，在 debug 程序的时候很难定位问题。下面给出另外一个例子：

```
try:
  foo = opne("file") # 这时候 except 只捕获 IOError
except IOError:
  sys.exit("could not open file")
```

【真题 89】Python 如何捕获异常？如何在程序执行过程中抛出异常？

答案：Python 中使用“try ... except SomeException as e: ...”来捕获异常；使用“raise SomeException("Some Message")”来抛出异常。

【真题 90】IOError、AttributeError、ImportError、IndentationError、IndexError、KeyError、SyntaxError、NameError 分别代表什么异常？

答案：它们分别代表不同的异常：

- IOError：输入输出异常。
- AttributeError：试图访问一个对象没有的属性。
- ImportError：无法引入模块或包，基本是路径问题。
- IndentationError：语法错误，代码没有正确的对齐。
- IndexError：下标索引超出序列边界。
- KeyError：试图访问字典里不存在的键。
- SyntaxError：Python 代码逻辑语法出错，不能执行。
- NameError：使用一个还未赋予对象的变量。

【真题 91】在 except 中，return 后还会不会执行 finally 中的代码？怎么抛出自定义异常？

答案：会继续处理 finally 中的代码；用 raise 方法可以抛出自定义异常。

2.8.4　给出一个自定义异常的示例

自定义异常，大部分情况下都需要继承自 Exception 类。

```
class MyException(Exception):
    def __int__(self, code):
        self.code = code

def login(name, pwd):
    if name == 'admin':
        if pwd == '123':
            print('login successful')
        else:
            #print('password error')
            #return False
            #抛出自定义异常
            raise MyException(101)
    else:
        #print('name error')
        #return False
        raise MyException(102)

# ret = login('admin', '123')
# print(ret)

dic = {101:'password error', 102:'name error', 201:'other error'}
try:
    login('admin', '23')
except MyException as e:
    print(e)
    # print(type(e))
    #通过 args 获取创建异常对象时传的参数
    print(e.args[0])
    print(dic[e.args[0]])
```

运行结果：

```
101
101
```

```
password error
```

【真题 92】请写一段自定义异常代码。

答案：自定义异常可以使用 raise 来抛出。

```
def fn():
    try:
        for i in range(5):
            if i > 2:
                raise Exception("数字大于 2")

    except Exception as ret:
        print(ret)

fn()
```

运行结果：

```
2
```

2.8.5 range()函数的作用有哪些?

如果需要迭代一个数字序列的话，那么可以使用 range()函数，range()函数可以生成等差数列。range()函数也可创建一个整数列表，一般用在 for 循环中。

range 函数的语法：

```
range(start, stop[, step])
```

参数说明：

- start：计数从 start 开始。默认是从 0 开始。例如 range（5）等价于 range（0，5）。
- stop：计数到 stop 结束，但不包括 stop。例如：range（0，5）是[0,1,2,3,4]，没有 5。
- step：步长，默认为 1。例如：range（0，5）等价于 range(0,5,1)。

例如：

```
for i in range(5)
    print(i)
```

这段代码将输出“0,1,2,3,4”五个数字。

range(10)会产生 10 个值，也可以让 range()从另外一个数字开始，或者定义一个不同的增量，甚至是负数增量。

- range(5,10)从 5～9 的五个数字。
- range(0,10,3)增量为 3，包括 0,3,6,9 四个数字。
- range(-10,-100,-30)增量为-30，包括-10,-40,-70。

可以一起使用 range()和 len()来迭代一个索引序列，例如：

```
a = ['Nina', 'Jim', 'Rainman', 'Hello']
for i in range(len(a)):
    print(i, a[i])
```

运行结果：

```
0 Nina
1 Jim
2 Rainman
3 Hello
```

【真题 93】以下程序的输出结果为多少？

```
for i in range(5,0,1):
    print(i)
```

答案：无输出。因为 for 循环条件不满足，所以不会进入 for 循环体内部执行。

【真题 94】以下程序的输出结果为多少？

```
for i in range(5,0,-1):
    print(i,end='')
```

请写出打印结果。

答案：54321。

【真题 95】Python 2 和 Python 3 的 range(10)的区别。

答案：Python 2 返回列表，Python 3 返回迭代器，节约内存。

【真题 96】考虑以下 Python 代码，如果运行结束，那么命令行中的运行结果是什么？

```
l = []
for   i   in   range(10):
    l.append({'num':i})
print(l)
```

再考虑以下代码，运行结束后的结果是什么？

```
l = []
a = {'num':0}
for i in range(10):
    a['num'] = i
    l.append(a)
print(l)
```

以上两段代码的运行结果是否相同？如果不相同，那么原因是什么？

答案：它们运行结果不相同。代码 1 运行后的结果：

```
[{'num': 0}, {'num': 1}, {'num': 2}, {'num': 3}, {'num': 4}, {'num': 5}, {'num': 6}, {'num': 7}, {'num': 8}, {'num': 9}]
```

代码 2 运行后的结果：

```
[{'num': 9}, {'num': 9}, {'num': 9}, {'num': 9}, {'num': 9}, {'num': 9}, {'num': 9}, {'num': 9}, {'num': 9}, {'num': 9}]
```

字典是可变对象，在代码 2 中的 l.append(a)的操作中是把字典 a 的引用传到列表 l 中，当后续操作修改 a['num']的值的时候，l 中的值也会跟着改变，相当于浅拷贝。

2.8.6　xrange 和 range 的区别有哪些?

range([start,]stop[,step])，根据 start 与 stop 指定的范围以及 step 设定的步长，生成一个序列。xrange 用法与 range 完全相同，但是，xrange 生成的是一个生成器，即它的数据生成一个取出一个。在需要生成很大的数字序列的时候，用 xrange 会比 range 性能更优，因为不需要在程序开始时就开辟一块很大的内存空间。

range 语法：

```
range(stop)
range(start,stop[,step])
```

参数说明：

- start：计数从 start 开始。默认是从 0 开始。例如 range(5)等价于 range(0，5)。
- stop：计数到 stop 结束，但不包括 stop。例如：range(0，5)是[0,1,2,3,4]没有 5。
- step：步长，默认为 1。例如：xrange(0，5)等价于 range(0,5,1)。

```
>>> range(10)                    #起点是 0，终点是 10，但是不包括 10
[0, 1, 2, 3, 4, 5, 6, 7, 8, 9]
>>> range(1,10)                  #起点是 1，终点是 10，但是不包括 10
[1, 2, 3, 4, 5, 6, 7, 8, 9]
>>> range(1,10,2)                #起点是 1，终点是 10，步长为 2
[1, 3, 5, 7, 9]
>>> range(0,-10,-1)          #起点是 1，终点是 10，步长为-1
[0, -1, -2, -3, -4, -5, -6, -7, -8, -9]
>>> range(0,-10,1)       #起点是 0，终点是-10，终点为负数时，步长只能为负数，否则返回空
[]
>>> range(0)                     #起点是 0，返回空列表
[]
>>> range(1,0)                   #起点大于终点，返回空列表
[]
>>> lst = xrange(1,10)
>>> lst
xrange(1, 10)
>>> type(lst)
<type 'xrange'>
>>> list(lst)
[1, 2, 3, 4, 5, 6, 7, 8, 9]
```

以下三种形式的 range，输出结果相同：

```
>>> lst = range(10)
>>> lst2 = list(range(10))
>>> lst3 = [x for x in range(10)]
>>> lst
[0, 1, 2, 3, 4, 5, 6, 7, 8, 9]
>>> lst2
[0, 1, 2, 3, 4, 5, 6, 7, 8, 9]
>>> lst3
[0, 1, 2, 3, 4, 5, 6, 7, 8, 9]
>>> lst == lst2 and lst2 == lst3
True
```

需要注意的是，在 Python 3 中取消了 xrange 函数，而使用 range 完全代替 xrange 函数。在 Python 3 中调用 xrange 函数会报错。

2.8.7 生成九九乘法表

使用两层 for 循环实现：

```
for i in range(1, 10):
        for j in range(1, i + 1):
                print('%d*%d=%d'%(j, i, i * j), end='\t')
                #print(j, '*',i,'=',i * j,sep='', end='\t')
                #print('{}x{}={}\t'.format(j, i, i*j), end='')
        print('')
```

使用一行命令实现：

```
print ('\n'.join([' '.join(['%s*%s=%s\t' % (y,x,x*y) for y in range(1,x+1)]) for x in range(1,10)]))
```

输出结果如下所示：

```
1*1=1
```

```
1*2=2 2*2=4
1*3=3 2*3=6 3*3=9
1*4=4 2*4=8 3*4=12	4*4=16
1*5=5 2*5=10	3*5=15	4*5=20	5*5=25
1*6=6 2*6=12	3*6=18	4*6=24	5*6=30	6*6=36
1*7=7 2*7=14	3*7=21	4*7=28	5*7=35	6*7=42	7*7=49
1*8=8 2*8=16	3*8=24	4*8=32	5*8=40	6*8=48	7*8=56	8*8=64
1*9=9 2*9=18	3*9=27	4*9=36	5*9=45	6*9=54	7*9=63	8*9=72	9*9=81
```

2.8.8 打印三角形

① 打印正三角，如下所示：

```
       *
      ***
     *****
    *******
   *********
  ***********
 *************
***************
```

代码：

```
#n 代表总行数，i 代表第几行
#空格：n-i
#*的个数：2i-1
#数列的通项式： a(i)=a(1)+(i-1)d

def printGraph(n):
    for i in range(1, n + 1):
        #打印空格
        for j in range(1, n - i + 1):
            print(' ', end='')
        #打印*
        for k in range(1, 2 * i):
            print('*', end='')

        print('')
printGraph(8)
```

或使用如下代码：

```
def printGraph(n):
    for i in range(1, n + 1):
        print(' '*(n-i)+'*'*(2*i-1))
printGraph(8)
```

② 打印倒三角，如下所示：

```
***************
 *************
  ***********
   *********
    *******
     *****
      ***
       *
```

代码：

```
def printGraph(n):
    for i in range(1, n+1):
        print(' '*(i-1)+'*'*(2*(n-i)+1))

printGraph(8)
```

③ 打印正三角和倒三角，如下所示：

```
def printGraph(n):
    for i in range(1, n + 1):
        print(' '*(n-i)+'*'*(2*i-1))
    for i in range(1, n+1):
        print(' '*(i-1)+'*'*(2*(n-i)+1))
printGraph(8)
```

④ 打印偶数正三角，如下所示：

```
       *
      * *
     * * *
    * * * *
   * * * * *
  * * * * * *
 * * * * * * *
* * * * * * * *
```

代码：

```
def printGraph(n):
    for i in range(n):
        print(' '*(n-i-1)+'* '*(i+1))

printGraph(8)
```

2.8.9 简单计算器

```
# 定义函数
def add(x, y):
    """相加"""
    return x + y

def subtract(x, y):
    """相减"""
    return x - y

def multiply(x, y):
    """相乘"""
    return x * y

def divide(x, y):
    """相除"""
    return x / y

# 用户输入
print("选择运算：")
print("1、相加")
print("2、相减")
```

```
print("3、相乘")
print("4、相除")

choice = input("输入你的选择(1/2/3/4):")

num1 = int(input("输入第一个数字: "))
num2 = int(input("输入第二个数字: "))

if choice == '1':
    print(num1, "+", num2, "=", add(num1, num2))

elif choice == '2':
    print(num1, "-", num2, "=", subtract(num1, num2))

elif choice == '3':
    print(num1, "*", num2, "=", multiply(num1, num2))

elif choice == '4':
    if num2 != 0:
        print(num1, "/", num2, "=", divide(num1, num2))
    else:
        print("分母不能为 0")
else:
    print("非法输入")
```

2.8.10　1,2,3,4,5 能组成多少个互不相同的无重复的三位数？请用程序分别列出

一共可以生成 5*4*3=60 个互不相同的无重复的三位数。可以使用以下代码实现：

```
i = 0
for x in range(1,6):
    for y in range(1,6):
        for z in range(1,6):
                if (x!=y) and (y!=z) and (z!=x):
                    i += 1
                    if i%6:
                        print("%d%d%d" % (x, y, z), end=" | ")
                    else:
                        print("%d%d%d" % (x, y, z))
```

运行结果：

```
123 | 124 | 125 | 132 | 134 | 135
142 | 143 | 145 | 152 | 153 | 154
213 | 214 | 215 | 231 | 234 | 235
241 | 243 | 245 | 251 | 253 | 254
312 | 314 | 315 | 321 | 324 | 325
341 | 342 | 345 | 351 | 352 | 354
412 | 413 | 415 | 421 | 423 | 425
431 | 432 | 435 | 451 | 452 | 453
512 | 513 | 514 | 521 | 523 | 524
531 | 532 | 534 | 541 | 542 | 543
```

也可以使用 Python 内置的排列组合函数：

```
import itertools
print(len(list(itertools.permutations('12345', 3))))    # 60
```

2.8.11 判断用户输入的年份是否为闰年

闰年是公历中的名词。闰年分为普通闰年和世纪闰年。公历闰年判定遵循的规律为四年一闰，百年不闰，四百年再闰。

公历闰年的简单计算方法（符合以下条件之一的年份即为闰年，反之则是平年）：

普通闰年：能被 4 整除但不能被 100 整除的年份为普通闰年。例如，如 2004 年就是闰年，1900 年不是闰年。

世纪闰年：能被 400 整除的为世纪闰年。例如，2000 年是世纪闰年，1900 年不是世纪闰年。

方法一，使用 if 进行分层进行判断：

```
def year_l(year):
    if (year % 4) == 0:
        if (year % 100) == 0:
            if (year % 400) == 0:
                print("{0} 是闰年".format(year))    # 整百年能被 400 整除的是闰年
            else:
                print("{0} 不是闰年".format(year))
        else:
            print("{0} 是闰年".format(year))        # 非整百年能被 4 整除的为闰年
    else:
        print("{0} 不是闰年".format(year))


year_l(2000)
year_l(2011)
```

运行结果：

```
2000 是闰年
2011 不是闰年
```

方法二，将 if 判断的条件进行整合：

```
year = int(input("请输入一个年份："))
if (year % 4) == 0 and (year % 100)!=0 or (year % 400) == 0:
    print("{0}是闰年".format(year))
else:
    print("{0}不是闰年".format(year))
```

方法三，使用 Python 提供的函数进行判断：

```
import calendar
year = int(input("请输入年份："))
check_year=calendar.isleap(year)
if check_year == True:
    print("%d 是闰年"%year)
else:
    print("%d 是平年"%year)
```

2.8.12 编写一个函数判断用户输入的数值是否为质数

质数就是一个大于 1 的自然数，除了 1 和它本身外，不能被其他自然数（质数）整除（2,3,5,7 等），换句话说就是该数除了 1 和它本身以外不再有其他的因数。

```
def pd_num(num):
    # 质数大于 1
```

```
        if num > 1:
            # 查看因子
            for i in range(2, num):
                if (num % i) == 0:
                    print(num, "不是质数")
                    print(' -->',i, "乘以", num // i, "是", num)
                    break
            else:
                print(num, "是质数")

        # 如果输入的数字小于或等于 1，不是质数
        else:
            print(num, "不是质数")

    pd_num(1)
    pd_num(4)
    pd_num(5)
```

运行结果：

```
1 不是质数
4 不是质数
 --> 2 乘以 2 是 4
5 是质数
```

2.9 collections 模块

collections 是 Python 内建的一个集合模块，它提供了许多有用的集合类。

2.9.1 如何获取一个字符串中某个字符的个数?

可以使用 for 循环，也可以使用 collections 模块的 Counter 方法。Counter 是一个简单的计数器，例如，统计字符出现的个数。

```
from collections import Counter

s = 'abaffbbaaa'
#统计序列中元素出现的次数，以字典的形式返回
c1 = Counter(s)
print(type(c1))
print(dict(c1))
print(Counter([2, 4, 2, 5, 6, 2]))
```

运行结果：

```
<class 'collections.Counter'>
{'a': 5, 'b': 3, 'f': 2}
Counter({2: 3, 4: 1, 5: 1, 6: 1})
```

【真题 97】有一篇英文文章保存在 a.txt 中，请用 Python 实现统计这篇文章内每个单词的出现频率，并返回出现频率最高的前 10 个单词及其出现次数（只考虑空格，标点符号可忽略）。

答案：可以使用 collections 模块的 Counter 函数：

```
from collections import Counter
    c = Counter()
with open('a.txt','r',encoding='utf-8') as f:
    for line in f.readlines():
        words = line.split()
```

```
c1 = Counter(words)
c.update(c1)
```

2.9.2 deque 的作用是什么?

deque 是为了高效实现插入和删除操作的双向列表，适合用于队列和栈：

```
from collections import deque
d = deque([12, 3, 'hello', 4])
d.append('world')
d.appendleft('haha') #从左边添加元素
print(d)
d.pop()
d.popleft() #从左边删除元素
print(d)
d.extend(['a' , 'b'])
d.extendleft(['c', 'd'])#deque(['d', 'c', 12, 3, 'hello', 4, 'a', 'b'])
print(d)
#正数，向右边移动指定的元素，移动的元素会放到左边
#负数，向左边移动
d.rotate(-2)
print(d)
print(list(d))
```

运行结果：

```
deque(['haha', 12, 3, 'hello', 4, 'world'])
deque([12, 3, 'hello', 4])
deque(['d', 'c', 12, 3, 'hello', 4, 'a', 'b'])
deque([12, 3, 'hello', 4, 'a', 'b', 'd', 'c'])
[12, 3, 'hello', 4, 'a', 'b', 'd', 'c']
```

2.9.3 defaultdict 的作用是什么?

在使用 dict 时，如果引用的 Key 不存在，就会抛出 KeyError。如果希望 Key 不存在时，返回一个默认值，那么就可以用 defaultdict：

```
from collections import defaultdict
#参数使用的是默认值的类型
#dd = defaultdict(int) # 相当于默认值 0
dd = defaultdict(list)   #相当于默认值是[]
dd['key1'] = 100
print(dd['key2'])#如果 key 值不存在，不会异常，会返回指定类型的默认值

#参数是函数，函数返回的值作为默认值
dd2 = defaultdict(lambda :'abc')
print(dd2['kk'])
```

运行结果：

```
[]
abc
```

注意默认值是调用函数返回的，而函数在创建 defaultdict 对象时传入。除了在 Key 不存在时返回默认值，defaultdict 的其他行为跟 dict 是完全一样的。

2.9.4 OrderedDict 的作用是什么?

使用 dict 时，Key 是无序的。在对 dict 做迭代时，无法确定 Key 的顺序。如果要保持 Key 的顺序，

那么可以用 OrderedDict：

```
from collections import OrderedDict

#dict 类型的字典，key 值是无序的，但是 3.6 版本，输入和输出顺序是一样的
d1 = {}
d1['h'] = 'abc'
d1['a'] = 2
d1['cd'] = 3
print(d1)

d2 = {}
d2['a'] = 1
d2['b'] = 2
d2['c'] = 3
print(d2)
d3 = {}
d3['c'] = 3
d3['a'] = 1
d3['b'] = 2
print(d3)

#比较对象的内容是否相同
print(d2 == d3) #True

od1 = OrderedDict()
od1['a'] = 1
od1['b'] = 2
od1['c'] = 3
print(od1)
od2 = OrderedDict()
od2['c'] = 3
od2['a'] = 1
od2['b'] = 2
print(od2)
print(od1 == od2)#False
```

运行结果：

```
{'h': 'abc', 'a': 2, 'cd': 3}
{'a': 1, 'b': 2, 'c': 3}
{'c': 3, 'a': 1, 'b': 2}
True
OrderedDict([('a', 1), ('b', 2), ('c', 3)])
OrderedDict([('c', 3), ('a', 1), ('b', 2)])
False
```

注意，OrderedDict 的 Key 会按照插入的顺序排列，不是 Key 本身排序：

```
od = OrderedDict()
od['z'] = 1
od['y'] = 2
od['x'] = 3
print(list(od.keys())) # 按照插入的 Key 的顺序返回
```

运行结果：

```
['z', 'y', 'x']
```

2.10 itertools 模块有什么作用?

Python 的内建模块 itertools 提供了用于操作迭代对象的实用函数。itertools 模块提供的全部是处理迭代功能的函数，它们的返回值不是 list，而是 Iterator，只有用 for 循环迭代的时候才能取到值。示例如下：

```
import itertools

#排列，例如 (1, 2) 和 (2, 1)两个排列
# 第二个参数，表示使用几个数进行排列
it1 = itertools.permutations([1, 2, 3], 2)
for v in it1:
    print(v)
print('--------------------')
#组合
it2 = itertools.combinations([1, 2, 3], 2)
for v in it2:
    print(v)

it3 = itertools.combinations('abc', 2)
for v in it3:
    print(v)

print('--------------------')
#笛卡尔积，能得到的所有可能的排列组合，每个序列的元素个数相乘，得到所有的排列组合的个数
it4 = itertools.product([1, 2, 3], [1, 2, 3], [1, 2, 3])
for v in it4:
    print(v)
print('------------------------------')
#第二个参数，用来设置几个相同的序列做笛卡尔积
it5 = itertools.product([1, 2, 3], repeat=2)
for v in it5:
    print(v)
print('==============================')
#密码的暴力破解
it6 = itertools.product('0123456789abcdefghigklmnopqrstuvwxyz', repeat=6)
for v in it6:
    print(v)
```

以上程序运行结果较长，本书不再列出。

2.11 浅谈你对 Python 编码规范的认识，并写出你知道的编码规范

Python 的规范主要基于以下几个原因：

- 大多数程序员的代码可读性差。
- 不同的程序员之间的协作很重要，代码可读性必须要好。
- 在进行版本升级时，要基于源码升级。
- 不友好的代码会影响 Python 的执行效率，影响项目的整体进度。

目前都使用 PEP 8 的 Python 的编码风格。Python 的编码规范主要有以下几点：

1．代码编排

- 缩进：4 个空格实现缩进，尽量不使用 Tab，禁止混用 Tab 和空格。
- 行：每行最大长度不超过 79，换行可以使用反斜杠（\）。最好使用圆括号将换行内容括起来，不建议使用“;”。
- 空行：类和 top-level 函数定义之间空两行；类中的方法定义之间空一行；函数内逻辑无关段落之间空一行；其他地方尽量不要再空行。
- 空格：括号内的第一个位置，不要空格。紧靠右括号的位置也不要空格。冒号（:）、逗号（,）和分号（;）之前不要加空格。

括号：对于单元素 tuple 一定要加“,”和括号。

2．命名规范

- module_name。
- package_name。
- ClassName。
- method_name。
- ExceptionName。
- function_name。
- GLOBAL_CONSTANT_NAME。
- global_var_name。
- instance_var_name。
- function_parameter_name。
- local_var_name。

3．注释规范

- 块注释，在一段代码前增加的注释。在“#”后加一空格。段落之间以只有“#”的行间隔。
- 行注释，在一句代码后加注释。
- 避免无谓的注释。

4．编程建议

- 字符串拼接，尽量使用 join。
- 单例对象，尽量使用 is、is not，不要使用==。
- 使用 is not 而不是 not is。
- 使用 def 来定义函数，而不是将匿名函数赋给某个变量。
- 尽量使代码整齐，简洁。
- 使用 isinstance()来判断 instance 的类型。

2.12　与 SHELL 脚本相关的面试题

本小节以几道真题为例，简单讲解与 SHELL 有关的面试题。在实际工作中，要写的 SHELL 脚本要复杂得多。

【真题 98】SHELL 脚本是什么？它是必需的吗？

答案：一个 SHELL 脚本就是一个文本文件，它包含一个或多个命令。系统管理员会经常需要使用多个命令来完成一项任务，此时可以添加这些所有命令在一个文本文件（SHELL 脚本）中来完成这些日常工作任务。

【真题 99】什么是默认登录 SHELL，如何改变指定用户的登录 SHELL？

答案：在 Linux 操作系统中，“/bin/bash”是默认登录 SHELL，是在创建用户时分配的。使用 chsh 命令可以改变默认的 SHELL。示例如下所示：

```
# chsh <用户名> -s <新 shell>
# chsh lhr -s /bin/sh
```

【真题 100】可以在 SHELL 脚本中使用哪些类型的变量？

答案：在 SHELL 脚本，可以使用两种类型的变量：系统变量和用户变量。

系统变量是由系统自己创建的。这些变量通常由大写字母组成，可以通过“set”命令查看。

用户变量由系统用户来生成和定义，变量的值可以通过命令“echo $<变量名>”查看。

【真题 101】如何将标准输出和错误输出同时重定向到同一位置？

答案：有两个方法可以来实现：

方法一，使用“2>&1”，例如：

```
ls /usr/share/doc > out.txt 2>&1
```

方法二，使用“&>”，例如：

```
ls /usr/share/doc &> out.txt
```

【真题 102】SHELL 脚本中“if”语法如何嵌套？

答案：基础语法如下：

```
if [ 条件 ]
then
命令 1
命令 2
…
else
  if [ 条件 ]
  then
  命令 1
  命令 2
  …
  else
  命令 1
  命令 2
  …
  fi
fi
```

【真题 103】SHELL 脚本中“$?”标记的用途是什么？

答案：在写一个 SHELL 脚本时，如果想要检查前一命令是否执行成功，那么可以使用“$?”来检查前一条命令的结束状态。简单的例子如下所示：

```
root@localhost:~# ls /usr/bin/shar
/usr/bin/shar
root@localhost:~# echo $?
0
```

如果结束状态是 0，则说明前一个命令执行成功。

```
root@localhost:~# ls /usr/bin/share
ls: cannot access /usr/bin/share: No such file or directory
root@localhost:~# echo $?
2
```

如果结束状态不是 0，则说明命令执行失败。

【真题 104】在 SHELL 脚本中如何比较两个数字？

答案：在 if-then 中使用测试命令（-gt 等）来比较两个数字，例子如下：

```
#!/bin/bash
x=10
y=20
if [ $x -gt $y ]
then
echo "x is greater than y"
else
echo "y is greater than x"
fi
```

SHELL 里面比较字符的常用写法：

```
-eq          等于
-ne          不等于
-gt          大于
-lt          小于
-le          小于等于
-ge      大于等于
-z       空串
=            两个字符相等
!=           两个字符不等
-n       非空串
```

【真题 105】SHELL 脚本中 break 命令的作用有哪些？

答案：break 命令可以退出循环，可以在 while 和 until 循环中使用 break 命令跳出循环。

【真题 106】SHELL 脚本中 continue 命令的作用有哪些？

答案：continue 命令不同于 break 命令，它只跳出当前循环的迭代，而不是整个循环。continue 命令很多时候是很有用的，例如错误发生，但依然希望继续执行外层循环的时候。

【真题 107】请写出 SHELL 脚本中 case 语句的语法。

答案：基础语法如下：

```
case $arg in
    pattern | sample) # arg in pattern or sample
        ;;
    pattern1) # arg in pattern1
     ;;
    *) #default
    ;;
esac
```

说明：pattern1 是正则表达式，可以使用下面任意字符：

① *表示任意字串。

② ?表示任意字元。

③ [abc]表示 a,b,或 c 三字元其中之一。

④ [a-n]表示从 a 到 n 的任一字元。

⑤ |表示多重选择。

示例：

```
#!/bin/sh
echo -n "enter a number from 1 to 4:"
read ANS
case $ANS in
1) echo "you select 1"
;;
2)echo "you select 2"
```

```
;;
3) echo "you select 3"
;;
4) echo "you select 4"
;;
*)echo "'basename $0':This is not between 1 and 4 " >&2
exit
;;
Esac
```

测试：

```
[root@localhost shell]# sh case1.sh
enter a number from 1 to 4:1
you select 1
[root@localhost shell]# sh case1.sh
enter a number from 1 to 4:5
'basename case1.sh':This is not between 1 and 4
```

【真题 108】请写出 SHELL 脚本中 while 循环语法？

答案：如同 for 循环，while 循环只要条件成立就会重复执行它的命令块。不同于 for 循环，while 循环会不断迭代，直到它的条件不为真。基础语法：

```
while [ 条件 ]
do
命令…
Done
```

【真题 109】如何使脚本可执行？

答案：使用 chmod 命令来给脚本添加可执行权限。例子如下：

```
# chmod a+x myscript.sh
```

【真题 110】“#!/bin/bash”的作用是什么？

答案：“#!/bin/bash”是 SHELL 脚本的第一行，意思是后续命令都通过/bin/bash 来执行。

【真题 111】请写出 SHELL 脚本中 for 循环的语法。

答案：for 循环的基础语法：

```
for 变量 in 循环列表
do
命令 1
命令 2
….
最后命令
Done
```

【真题 112】如何调试 SHELL 脚本？

答案：使用“-x”参数（sh -x myscript.sh）可以调试 SHELL 脚本。另一个种方法是使用“-nv”参数（sh -nv myscript.sh）。

【真题 113】SHELL 脚本如何比较字符串？

答案：test 命令可以用来比较字符串。测试命令会通过比较字符串中的每一个字符来比较。其实，test 还有其他用途：

① 判断表达式。

```
if test (表达式为真)
if test !表达式为假
```

```
test 表达式 1  -a 表达式 2                两个表达式都为真
test 表达式 1  -o 表达式 2                两个表达式有一个为真
```

② 判断字符串。

```
test  -n 字符串                           字符串的长度非零
test  -z 字符串                           字符串的长度为零
test 字符串 1=字符串 2                    字符串相等
test 字符串 1! =字符串 2                  字符串不等
```

③ 判断整数。

```
test 整数 1  -eq 整数 2                   整数相等
test 整数 1  -ge 整数 2                   整数 1 大于等于整数 2
test 整数 1  -gt 整数 2                   整数 1 大于整数 2
test 整数 1  -le 整数 2                   整数 1 小于等于整数 2
test 整数 1  -lt 整数 2                   整数 1 小于整数 2
test 整数 1  -ne 整数 2                   整数 1 不等于整数 2
```

④ 判断文件。

```
test  File1  -ef  File2                   两个文件具有同样的设备号和 i 结点号
test  File1  -nt  File2                   文件 1 比文件 2 新
test  File1  -ot  File2                   文件 1 比文件 2 旧
test  -b File                             文件存在并且是块设备文件
test  -c File                             文件存在并且是字符设备文件
test  -d File                             文件存在并且是目录
test  -e File                             文件存在
test  -f File                             文件存在并且是正规文件
test  -g File                             文件存在并且是设置了组 ID
test  -G File                             文件存在并且属于有效组 ID
test  -h File                             文件存在并且是一个符号链接（同-L）
test  -k File                             文件存在并且设置了 sticky 位
test  -L File                             文件存在并且是一个符号链接（同-h）
test  -o File                             文件存在并且属于有效用户 ID
test  -p File                             文件存在并且是一个命名管道
test  -r File                             文件存在并且可读
test  -s File                             文件存在并且是一个套接字
test  -t FD                               文件描述符是在一个终端打开的
test  -u File                             文件存在并且设置了它的 set-user-id 位
test  -w File                             文件存在并且可写
test  -x File                             文件存在并且可执行
```

【真题 114】Bourne shell（bash）中有哪些特殊的变量？

答案：下面列出了 Bourne shell 为命令行设置的特殊变量：

```
$0    命令行中的脚本名字
$1    第一个命令行参数
$2    第二个命令行参数
…..    …….
$9    第九个命令行参数
$#    命令行参数的数量
$*    所有命令行参数，以空格隔开
```

【真题 115】在 SHELL 脚本中，如何测试文件？

答案：test 命令可以用来测试文件。基础用法如下所示：

```
-d 文件名    如果文件存在并且是目录，那么返回 true
-e 文件名    如果文件存在，那么返回 true
-f 文件名    如果文件存在并且是普通文件，那么返回 true
```

```
-r 文件名    如果文件存在并可读，那么返回 true
-s 文件名    如果文件存在并且不为空，那么返回 true
-w 文件名    如果文件存在并可写，那么返回 true
-x 文件名    如果文件存在并可执行，那么返回 true
```

【真题 116】在 SHELL 脚本中，如何写入注释？

答案：注释可以用来描述一个脚本可以做什么和它是如何工作的。每一行注释以#开头。例子如下：

```
#!/bin/bash
# This is a command
echo  "I am logged in as $USER"
```

【真题 117】如何让 SHELL 脚本获取来自终端的输入？

答案：read 命令可以读取来自终端（使用键盘）的数据。read 命令得到用户的输入并置于给出的变量中。例子如下：

```
# vi /tmp/test.sh
#!/bin/bash
echo 'Please enter your name'
read name
echo "My Name is $name"
# ./test.sh
Please enter your name
lhr
My Name is lhr
```

【真题 118】如何取消变量或取消变量赋值？

答案："unset"命令用于取消变量或取消变量赋值。语法如下所示：

```
# unset <变量名>
```

例如：

```
[oracle@lhrxxtoracle ~]$ echo $ORACLE_SID
lhrdb
[oracle@lhrxxtoracle ~]$ unset ORACLE_SID
[oracle@lhrxxtoracle ~]$ echo $ORACLE_SID

[oracle@lhrxxtoracle ~]$
```

【真题 119】如何执行算术运算？

答案：有两种方法来执行算术运算：

① 使用 expr 命令。

```
[oracle@lhrxxtoracle ~]$ expr 5 + 2
7
```

② 用一个美元符号和方括号（$[表达式]），例如：

```
[oracle@lhrxxtoracle ~]$ test=$[16 + 4]
[oracle@lhrxxtoracle ~]$ echo $test
20
```

【真题 120】do-while 语句的基本格式是什么？

答案：do-while 语句类似于 while 语句，但检查条件语句之前先执行命令。do-while 语句的语法：

```
do
{
命令
} while (条件)
```

【真题 121】在 SHELL 脚本中如何定义一个函数？

答案：函数是拥有名字的代码块，示例如下所示：

```
[ function ] 函数名 [()]
{
命令;
[return int;]
}
```

【真题 122】如何统计文件 a.txt 有多少非空行？

答案：

```
grep -c '^..*$' a.txt
或
grep -v '^$' a.txt | wc –l
```

【真题 123】文件 b.txt，每行以“:”符分成 5 列，如“1:apple:3:2012-10-25:very good”，如何得到所有行第三列的总和？

答案：

```
awk 'BEGIN {FS=":"; s=0} {s+=$3} END {print s}' b.txt
```

【真题 124】取文件 c.txt 的第 60 至 480 行记录，忽略大小写，统计出重复次数最多的那条记录，及重复次数。

答案：

```
sed -n '60,480'p c.txt | sort | uniq -i -c | sort -rn | head -n 1
```

【真题 125】如何生成日期格式的文件？

答案：在 Linux/Unix 上，使用“`date +%y%m%d`或$(date +%y%m%d)”，如：

```
touch exp_table_name_`date +%y%m%d`.dmp
DATE=$(date +%y%m%d)
```

或者：

```
DATE=$(date +%Y%m%d --date '1 days ago')   #获取昨天或多天前的日期
```

在 Windows 上，使用%date:~4,10%，其中 4 是开始字符，10 是提取长度，表示从 date 生成的日期中，提取从 4 开始长度是 10 的串。如果想得到更精确的时间，那么在 Windows 上面还可以使用 time。

【真题 126】如何测试磁盘性能？

答案：用类似如下的方法测试写能力：

```
time dd if=/dev/zero of=/oradata/biddb/testind/testfile.dbf bs=1024000 count=1000
```

期间系统 I/O 使用可以用 iostat：

```
iostat -xnp 2 #显示 Busy 程度
```

【真题 127】如何格式化输出结果？

答案：可以使用 column 命令，如下所示：

```
[oracle@rhel6lhr ~]$ mount
/dev/sda2 on / type ext4 (rw)
proc on /proc type proc (rw)
sysfs on /sys type sysfs (rw)
devpts on /dev/pts type devpts (rw,gid=5,mode=620)
tmpfs on /dev/shm type tmpfs (rw,size=2G)
[oracle@rhel6lhr ~]$ mount | column -t
```

```
/dev/sda2       on /          type ext4       (rw)
proc            on /proc      type proc       (rw)
sysfs           on /sys       type sysfs      (rw)
devpts          on /dev/pts   type devpts     (rw,gid=5,mode=620)
tmpfs           on /dev/shm   type tmpfs      (rw,size=2G)
[oracle@rhel6lhr ~]$ cat /etc/passwd
root:x:0:0:root:/root:/bin/bash
bin:x:1:1:bin:/bin:/sbin/nologin
[oracle@rhel6lhr ~]$ cat /etc/passwd | column -t -s:
root     x  0   0   root   /root   /bin/bash
bin      x  1   1   bin    /bin    /sbin/nologin
```

【真题 128】找出某个路径下以.conf 结尾的文件，并将这些文件进行分类。

答案：可以通过使用 xargs 这个命令，将命令输出的结果作为参数传递给另一个命令。最终命令为“find /home/oracle -name *.conf -type f -print | xargs file”，输出结果如下所示：

```
[root@rhel6lhr ~]#  find /home/oracle -name *.conf -type f -print | xargs file
/home/oracle/.gnupg/gpg.conf:                                 ASCII English text
/home/oracle/lhr/awr/oracle_env.conf:                         ASCII text
/home/oracle/lhr/bdpt/tomcat7/jdk1.7/jre/lib/deploy/jqs/jqs.conf:    ASCII text, with CRLF line terminators
/home/oracle/lhr/bdpt/tomcat7/jdk1.7/lib/visualvm/etc/visualvm.conf: ASCII English text
/home/oracle/lhr/bdpt/tomcat7/jdk1.6/lib/visualvm/etc/visualvm.conf: ASCII English text
```

xargs 后面不仅可以加文件分类的命令，还可以加其他的很多命令，例如 tar 命令。另外，可以使用 find 命令配合 tar 命令，将指定路径的特殊文件使用 find 命令找出来，然后配合 tar 命令将找出的文件直接打包，命令如下：

```
# find / -name *.conf -type f -print | xargs tar cjf test.tar.gz
```

【真题 129】如何找出内存消耗最大的进程，并从大到小进行排序？

答案：命令为：ps -aux | sort -rnk 4 | head -20，结果如下所示：

```
[root@rhel6lhr ~]# ps -aux | sort -rnk 4 | head -20
Warning: bad syntax, perhaps a bogus '-'? See /usr/share/doc/procps-3.2.8/FAQ
mysql     22587  0.1 11.6 1161296 455312 pts/0  Sl   15:53   0:01 /usr/sbin/mysqld --basedir
file=/var/lib/mysql/rhel6lhr.pid --socket=/var/lib/mysql/mysql.sock
db2inst1   4014  0.0  5.1 1279372 200796 ?      Sl   09:51   0:13 db2sysc
root       2045  0.3  5.0 2945128 199624 ?      Sl   09:50   1:30 /u07/app/oracle/tfa/rhel6l
root       4012  0.0  3.7 1076496 147224 ?      Sl   09:51   0:00 db2wdog
root       4017  0.0  3.6 814352 143116 ?       S    09:51   0:00 db2ckpwd
root       4016  0.0  3.6 814352 143116 ?       S    09:51   0:00 db2ckpwd
root       4015  0.0  3.6 814352 143132 ?       S    09:51   0:00 db2ckpwd
oracle     4148  0.0  2.8 1488856 111992 ?      Ss   09:52   0:01 ora_smon_orclasm
oracle    22321  0.1  2.2 1484812 86368 ?       Ss   15:53   0:01 ora_j001_orclasm
oracle     4142  0.0  2.1 1493364 83052 ?       Ss   09:52   0:01 ora_dbw0_orclasm
oracle    29304  0.0  2.1 1498328 85828 ?       Ss   11:39   0:01 oracleorclasm (LOCAL=NO)
oracle    29046  0.0  2.0 1490084 78864 ?       Ss   11:38   0:03 oracleorclasm (LOCAL=NO)
oracle    22329  0.0  2.0 1487432 78760 ?       Ss   15:53   0:00 ora_j000_orclasm
oracle    15591  0.0  1.8 1485948 73656 ?       Ss   15:23   0:00 oracleorclasm (LOCAL=NO)
oracle     4174  0.0  1.7 1494940 70284 ?       Ss   09:52   0:01 oracleorclasm (DESCRIPTION
oracle     4156  0.0  1.7 1488684 70308 ?       Ss   09:52   0:05 ora_mmon_orclasm
oracle     4283  0.0  1.3 1487912 53240 ?       Ss   09:52   0:00 ora_fbda_orclasm
oracle    15721  0.0  1.3 1488016 54532 ?       Ss   15:24   0:00 oracleorclasm (LOCAL=NO)
oracle      333  0.0  1.1 761820 44656 ?        Ss   14:18   0:00 ora_smon_ora10g
oracle     4234  0.0  1.0 1531064 40428 ?       Ss   09:52   0:00 ora_arc0_orclasm
```

输出的第 4 列就是内存的耗用百分比。最后一列就是相对应的进程。

也可以使用 top 命令，步骤如下：

① 在命令行提示符执行 top 命令。

② 输入大写 P，则结果按 CPU 占用降序排序。输入大写 M，结果按内存占用降序排序。

【真题 130】如何找出 CPU 消耗最大的进程，并从大到小进行排序？

答案：命令为：ps -aux | sort -rnk 3 | head -20，结果如下所示：

```
[root@rhel6lhr ~]# ps -aux | sort -rnk 3 | head -20
Warning: bad syntax, perhaps a bogus '-'? See /usr/share/doc/procps-3.2.8/FAQ
oracle    4128  1.1  0.1 1482140 6912 ?        Ss   09:52   4:30 ora_vktm_orclasm
grid      3883  1.1  0.1 497032  5020 ?        Ss   09:51   4:32 asm_vktm_+ASM
grid      3461  0.5  0.7 1145888 28476 ?       Ssl  09:51   2:08 /u01/app/grid/11.2.0/bin/o
root      2045  0.3  5.1 2945128 200412 ?      Sl   09:50   1:30 /u07/app/oracle/tfa/rhel6l
grid      2738  0.2  0.3 1157908 14860 ?       Ssl  09:50   1:02 /u01/app/grid/11.2.0/bin/o
oracle   22321  0.1  2.2 1484812 86512 ?       Ss   15:53   0:01 ora_j001_orclasm
oracle   18155  0.1  0.2 1483680 8060 ?        Ss   10:50   0:23 ora_o000_orclasm
mysql    22587  0.1 11.6 1161296 455312 pts/0  Sl   15:53   0:01 /usr/sbin/mysqld --basedir=
file=/var/lib/mysql/rhel6lhr.pid --socket=/var/lib/mysql/mysql.sock
USER       PID %CPU %MEM    VSZ   RSS TTY      STAT START   TIME COMMAND
rtkit     3206  0.0  0.0 168456   976 ?        SNl  09:50   0:00 /usr/libexec/rtkit-daemon
rpc       2107  0.0  0.0  18976   484 ?        Ss   09:50   0:00 rpcbind
root       989  0.0  0.0      0     0 ?        S    09:49   0:00 [vmmemctl]
root        91  0.0  0.0      0     0 ?        S    09:49   0:00 [kstriped]
root         9  0.0  0.0      0     0 ?        S    09:49   0:00 [ksoftirqd/1]
root        90  0.0  0.0      0     0 ?        S    09:49   0:00 [kdmremove]
root      8523  0.0  0.0 163748  1492 pts/2    S    10:09   0:00 su - oracle
root      8482  0.0  0.0 108328  1336 pts/2    Ss   10:09   0:00 -bash
root      8436  0.0  0.0 100352  2332 ?        Ss   10:09   0:00 sshd: root@pts/2,pts/4,pts
root         8  0.0  0.0      0     0 ?        S    09:49   0:00 [stopper/1]
root         7  0.0  0.0      0     0 ?        S    09:49   0:00 [migration/1]
```

输出的第 3 列就是 CPU 的耗用百分比。最后一列就是相对应的进程。

也可以使用 top 命令，步骤如下：

① 在命令行提示符执行 top 命令。

② 输入大写 P，则结果按 CPU 占用降序排序。输入大写 M，结果按内存占用降序排序。

【真题 131】如何持续 ping 百度的地址并将结果记录到日志？

答案：使用如下命令，输出的结果会记录到/tmp/pingbd.log 中，每秒钟新增一条 ping 记录：

```
ping www.baidu.com | awk '{ print $0"      " strftime("%Y-%m-%d %H:%M:%S",systime()) }' >> /tmp/pingbd.log &
```

【真题 132】如何查看 tcp 连接状态？

答案：使用 netstat 命令，如下所示：

```
[root@rhel6lhr ~]#  netstat -nat | awk '{print $6}'|sort|uniq -c|sort -rn
     24 LISTEN
     15 ESTABLISHED
      1 TIME_WAIT
      1 Foreign
      1 established)
      1 CLOSE_WAIT
```

【真题 133】如何查找 80 端口请求数最高的前 20 个 IP 地址？

答案：有时候业务的请求量突然上去了，那么这个时候可以查看下请求来源 IP 情况，如果是集中在少数 IP 上的，那么可能是存在攻击行为，需要使用防火墙进行封禁。命令如下：

```
netstat -anlp|grep 80|grep tcp|awk '{print $5}'|awk -F: '{print $1}'|sort|uniq -c|sort -nr|head -n20
```

结果如下所示：

```
[root@Nginx-01 ~]# netstat -anlp|grep 80|grep tcp|awk '{print $5}'|awk -F: '{print $1}'|sort|uniq -c|sort -nr|head -n20
    899 172.31.2.23
     60 172.31.2.24
     42 14.23.95.154
      8 172.31.0.4
      6 0.0.0.0
      1 172.31.5.1
```

【真题 134】如何使用 SHELL 脚本来查看多个服务器的端口是否打开？

答案：在配置服务器的时候，需要经常查看服务器的某个端口是否已经开放。如果服务器只有一两台的话，那么只需要使用 nc 命令查看即可。但是，如果有很多个服务器的话，那么在这种情况下，可以使用 SHELL 脚本配合 nc 命令来检查端口的开放情况。不管服务器有几台，需要检查的端口有几个，使用 SHELL 脚本都可以实现。

nc 是英文单词 netcat 的缩写，它是通过使用 TCP 或 UDP 的网络协议的连接来读或写数据，可以直接被第三方程序或脚本直接调用。同时，它是一款功能非常强大的网络调试工具，因为它可以创建几乎所有需要的连接方式。

nc 工具主要有三种功能模式：连接模式、监听模式和通道模式。它的一般使用格式如下：

```
nc [-options] [HostName or IP] [PortNumber]
```

其中一些参数的说明如下所示：

```
-g<网关>：设置路由器跃程通信网关，最多设置 8 个
-G<指向器数目>：设置来源路由指向器，其数值为 4 的倍数
-h：在线帮助
-i<延迟秒数>：设置时间间隔，以便传送信息及扫描通信端口
-l：使用监听模式，监控传入的资料
-n：直接使用 IP 地址，而不通过域名服务器
-o<输出文件>：指定文件名称，把往来传输的数据以十六进制字码倾倒成该文件保存
-p<通信端口>：设置本地主机使用的通信端口
-r：指定源端口和目的端口都进行随机的选择
-s<来源位址>：设置本地主机送出数据包的 IP 地址
-u：使用 UDP 传输协议
-v：显示指令执行过程
-w<超时秒数>：设置等待连线的时间
-z：使用 0 输入/输出模式，只在扫描通信端口时使用
```

例如：

```
[root@rhel6lhr home]# nc -zvw3 192.168.59.130 22
Connection to 192.168.59.130 22 port [tcp/ssh] succeeded!
[root@rhel6lhr home]# nc -zvw3 192.168.59.130 1521
Connection to 192.168.59.130 1521 port [tcp/ncube-lm] succeeded!
```

（1）使用 SHELL 脚本完成情景一：扫描多台服务器的一个端口是否打开。

首先把需要查询的所有服务器地址全部放在一个 server-list.txt 文件里，每个地址单独一行，如下所示：

```
# cat server-list.txt
192.168.1.2
192.168.1.3
192.168.1.4
192.168.1.5
```

其次，再用 for 循环依次扫描 server-list.txt 里对应服务器的端口是否打开，SHELL 脚本（port_scan.sh）如下所示：

```
#!/bin/sh
for server in `more server-list.txt`
do
#echo $i
nc -zvw3 $server 22
done
```

再次，给这个脚本赋予可执行权限即可：

```
$ chmod +x port_scan.sh
```

最后，就可以用这个脚本来自动依次检查多个服务器的 22 端口是否已打开：

```
# sh port_scan.sh
```

```
Connection to 192.168.1.2 22 port [tcp/ssh] succeeded!
Connection to 192.168.1.3 22 port [tcp/ssh] succeeded!
Connection to 192.168.1.4 22 port [tcp/ssh] succeeded!
Connection to 192.168.1.5 22 port [tcp/ssh] succeeded!
```

（2）使用 SHELL 脚本完成情景二：扫描多台服务器的多个端口是否打开。

首先把需要查询的所有服务器地址全部放在一个 server-list.txt 文件里，每个地址单独一行，如下所示：

```
# cat server-list.txt
192.168.1.2
192.168.1.3
192.168.1.4
192.168.1.5
```

与此同时，把需要查询的服务器端口放在另一个 port-list.txt 文件里，每个端口单独一行，如下所示：

```
# cat port-list.txt
22
80
```

其次，再用 for 循环依次扫描 server-list.txt 里对应服务器 port-list.txt 所列的端口是否打开。需要注意的是，此时应该使用两个 for 循环，第一层是服务器列表，第二层是端口列表，SHELL 脚本（multiple_port_scan.sh）如下所示：

```
#!/bin/sh
for server in `more server-list.txt`
do
    for port in `more port-list.txt`
    do
        nc -zvw3 $server $port
    echo ""
    done
done
```

再次，给这个脚本赋予可执行权限即可。

```
$ chmod +x multiple_port_scan.sh
```

最后，就可以用这个脚本来自动依次检查多个服务器的多个端口是否已打开：

```
# sh multiple_port_scan.sh
Connection to 192.168.1.2 22 port [tcp/ssh] succeeded!
Connection to 192.168.1.2 80 port [tcp/http] succeeded!

Connection to 192.168.1.3 22 port [tcp/ssh] succeeded!
Connection to 192.168.1.3 80 port [tcp/http] succeeded!

Connection to 192.168.1.4 22 port [tcp/ssh] succeeded!
Connection to 192.168.1.4 80 port [tcp/http] succeeded!

Connection to 192.168.1.5 22 port [tcp/ssh] succeeded!
Connection to 192.168.1.5 80 port [tcp/http] succeeded!
```

2.13 其他真题

【真题 135】简述解释型和编译型编程语言的区别。

答案：计算机不能直接理解高级语言，只能直接理解机器语言，所以必须要把高级语言翻译成机器语言，计算机才能执行高级语言编写的程序。解释型语言就是边解释边执行，例如 Python、PHP 等；而编译型语言是先编译后再执行，例如 C 语言就属于编译型语言。

【真题 136】Python 是强语言类型还是弱语言类型？

答案：强类型：不允许不同数据类型相加。例如：整形+字符串会报类型错误。

动态：不使用显式数据类型声明，且确定一个变量的类型是在第一次给它赋值的时候。

脚本语言：一般也是解释型语言，运行代码只需要一个解释器，不需要编译。

所以，Python 是强类型的动态脚本语言。

【真题 137】请简述什么是“鸭子类型（duck typing）”？

答案：当看到一只鸟走起来像鸭子、游泳起来像鸭子、叫起来也像鸭子，那么这只鸟就可以被称为鸭子。在鸭子类型中，关注的不是对象的类型本身，而是它是如何使用的。

例如，将前两个参数相加后和第三个参数相乘：

```
def add_then_multiplication(a, b, c):
    return (a + b) * c


print(add_then_multiplication(1, 2, 3))
print(add_then_multiplication([1, 2, 3], [4, 5, 6], 2))
print(add_then_multiplication('hello', 'world ', 3))
```

运行结果：

```
9
[1, 2, 3, 4, 5, 6, 1, 2, 3, 4, 5, 6]
helloworld helloworld helloworld
```

只要参数之间支持+和*运算，就可以在不使用继承的情况下实现多态。

【真题 138】Python 有哪些缺点？

答案：由于 Python 是解释型语言，在运行时需要将代码转换成 CPU 理解的机器码，所以，运行速度较慢。另外，Python 2 和 Python 3 在很多方面并不兼容。

【真题 139】Python 2 和 Python 3 的区别有哪些？至少列举 5 个。

答案：

① Python 3 使用 print 必须要以小括号包裹打印内容，例如，print('hi');。而 Python 2 既可以使用带小括号的方式，也可以使用一个空格来分隔打印内容，例如，print 'hi'。

② Python 2 的 range(1,10)返回列表，Python 3 中返回迭代器，这种方式可以节约内存。

③ Python 2 中使用 ASCII 编码，Python 3 中使用 UTF-8 编码；Python 2 中 Unicode 表示字符串序列，Str 表示字节序列；Python 3 中 Str 表示字符串序列，Bytes 表示字节序列。

④ Python 2 中为正常显示中文，必须引入 coding 声明，而 Python 3 中不需要。

⑤ Python 2 中使用 raw_input()函数，Python 3 中使用 input()函数。

【真题 140】Python 中 String 类型和 Unicode 有什么关系？

答案：String 是字节串，而 Unicode 是一个统一的字符集，UTF-8 是 String 的一种存储实现形式，String 可编码为 UTF-8 编码，也可编码为 GBK 等各种编码格式。

【真题 141】如何知道一个 Python 对象的类型？

答案：通过函数 type()获得当前变量的属性值。例如：

```
i = 2
c = 'abc'
print('i type=',type(i),'; c type=',type(c))
```

运行结果：

```
i type= <class 'int'> ;c type= <class 'str'>
```

【真题 142】Pyhton 单行注释和多行注释分别用什么？

答案：单行注释使用“#”号注释；而多行注释可以用 3 个连续的单引号（'''）包裹需要注释的内容，或使用 3 个连续的双引号（"""）包裹需要注释的内容。

```
# 单行注释

'''多行注释
  多行注释 '''

"""多行注释
   多行注释 """
```

【真题 143】如何查看变量在内存中的地址？

答案：可以先定义一个变量，然后用 Python 的内置函数 id()来返回这个变量的内存地址。

```
name = "XXT"
print(id(name))
```

执行结果：

```
25645664
```

【真题 144】如何查看 Python 的版本？

答案：可以在命令窗口（Windows 使用 win+R 调出 cmd 运行框）使用以下命令查看使用的 Python 版本：

```
python -V
```

也可以进入 Python 的交互式编程模式，查看版本。

```
C:\Users\lihuarong>python -V
Python 3.6.4

C:\Users\lihuarong>python
Python 3.6.4 (v3.6.4:d48eceb, Dec 19 2017, 06:04:45) [MSC v.1900 32 bit (Intel)] on win32
Type "help", "copyright", "credits" or "license" for more information.
```

【真题 145】Python PEP 8 指的是什么？

答案：PEP 8 是一种编程规范，内容是一些关于如何让 Python 程序更具可读性的建议。

【真题 146】请列举 3 条以上 PEP8 编码规范。

答案：

① 顶级定义之间空两行，例如函数或者类定义。

② 方法定义、类定义与第一个方法之间都应该空一行。

③ 三引号进行注释。

④ 使用 Pycharm、Eclipse 一般以 4 个空格来缩进代码。

【真题 147】什么是 Python 自省（Introspection）？

答案：自省是指这种能力：检查某些事物以确定它是什么、它知道什么以及它能做什么。Python 自省是 Python 具有的一种能力，使面向对象的语言所写的程序在运行时，能够获得对象的类型。Python 自省为程序员提供了极大的灵活性和控制力。

【真题 148】Python 是如何被解释的？

答案：Python 是一种解释型语言，它的源代码可以直接运行，Python 解释器会将源代码转换成中间语言，之后再翻译成机器码再执行。

【真题 149】如何让 Python 程序更具可读性？

答案：适当地加入非前导空格，适当的空行以及一致的命名，编写的程序尽量符合 PEP 8 规范。

【真题 150】Python 编程中如何编写多行程序代码？

答案：Python 通常是一行写完一条语句，但如果语句很长，那么可以使用反斜杠（\）来实现换行。例如：

```
total = item_one + \
        item_two + \
        item_three
```

在[]、{}或()中的多行语句，不需要使用反斜杠（\），例如：

```
total = ['item_one', 'item_two', 'item_three',
        'item_four', 'item_five']
```

【真题 151】如何创建一个空的集合？

答案：集合（set）是一个无序的不重复元素序列。可以使用大括号{}或者 set()函数创建集合。需要注意的是：创建一个空的集合必须用 set()而不是{}，因为{}是用来创建一个空字典的。

【真题 152】Python 中的数值类型可以分为哪几种？

答案：Python 中数值有四种类型：整数、布尔型、浮点数和复数。

- int（整数），例如 1，只有一种整数类型 int，表示为长整型，没有 Python 2 中的 long。
- float（浮点数），例如 1.23、3E-2。
- complex（复数），如 1+2j、1.1+2.2j。

Python 中还有一种特殊的数据类型 bool（布尔），其值包括 True 和 False，区分大小写。在 Python 2 中是没有布尔型的，它用数字 0 表示 False，用 1 表示 True。到 Python 3 中，把 True 和 False 定义成关键字了，但它们的值还是 1 和 0，它们可以和数字相加。

【真题 153】有没有一个工具可以帮助查找 Python 的 Bug 并进行静态的代码分析？

答案：有，PyChecker 是一个 Python 代码的静态分析工具，它可以帮助查找 Python 代码的 Bug，会对代码的复杂度和格式提出警告。Pylint 是另外一个工具，可以进行 Coding Standard 检查。

【真题 154】什么是 Python 的命名空间？

答案：在 Python 中，所有的名字都存在于一个空间中，它们在该空间中存在和被操作——这就是命名空间。它就好像一个盒子，每一个变量名字都对应装着一个对象。当查询变量的时候，会从该盒子里面寻找相应的对象。

【真题 155】在 Python 源文件中如何声明文件编码？

答案：如果设置了文件编码，那么 Python 解释器会在解释文件的时候用到这些编码信息。如果在 Python 中没有声明编码方式，那么就以 ASCII 编码作为标准编码方式。

源文件的编码方式声明应当被放在这个文件的第一行或者是第二行，例如：

```
#coding=utf-8
```

或者：

```
#coding:utf-8
```

或者：

```
#!/usr/bin/python
# -*- coding: utf-8 -*-
```

或者

```
#!/usr/bin/python
# vim: set fileencoding=utf-8 :
```

第一行注释是为了告诉 Linux/OS X 系统，这是一个 Python 可执行程序，Windows 系统会忽略这个注释；

第二行注释是为了告诉 Python 解释器，按照 UTF-8 编码读取源代码，否则，在源代码中写的中文输出可能会有乱码。

【真题 156】用 Python 标准库实现输入某年某月某日，判断这一天是这一年的第几天？

答案：程序如下所示：

```
import datetime
def dayofyear():
    year = input("请输入年份：")
    month = input("请输入月份：")
    day = input("请输入天：")
    date1 = datetime.date(year=int(year),month=int(month),day=int(day))
    date2 = datetime.date(year=int(year),month=1,day=1)
    return (date1 -date2).days

print(dayofyear())
```

运行结果：

```
请输入年份：2019
请输入月份：8
请输入天：2
213
```

【真题 157】请输入 5 个整数，输出排序后和排序前的值。

答案：设计思路：

① 从输入流获取 5 个整数，并存于列表中。

② 调用列表的 sort 方法对列表进行排序。

③ 打印排序后的结果，并且打印排序之前的列表。

```
#encoding=utf-8
numList = []
i = 1
while i <= 5:
    try:
        n = int(input("请输入第%d 个数: " %i))
    except ValueError as e:
        print("输入的非数字类型数据，请重新输入。")
        continue
    else:
        numList.append(n)
        i += 1
print(numList)
tmpList = numList[:]
tmpList.sort()
print(numList)
print(tmpList)
```

运行结果：

```
请输入第 1 个数: 3
请输入第 2 个数: 2
请输入第 3 个数: 6
请输入第 4 个数: 4
请输入第 5 个数: 1
[3, 2, 6, 4, 1]
[3, 2, 6, 4, 1]
[1, 2, 3, 4, 6]
```

【真题 158】输入一个正整数，输出其阶乘结果。

答案：可以有多种实现方式。

方法一：

```
num = int(input(u"请输入一个正整数："))
result = 1
for i in range(2, num + 1):
    result *= i
print("%d  的阶乘为：" %num, result)
```

方法二：

```
from functools import reduce
try:
        num = int(input(u"请输入一个正整数："))
except ValueError as e:
        print(u"请输入整数")
else:
        f = reduce(lambda x, y: x * y, range(1, num + 1))
        print("%d  的阶乘为：" %num, f)
```

方法三：

```
def fac():
    num = int(input("请输入一个数字："))
    factorial = 1
    #查看数字是负数，0 或者正数
    if num<0:
        print("抱歉，负数没有阶乘")
    elif num == 0:
        print("0 的阶乘为 1")
    else:
        for i in range(1,num+1):
            factorial = factorial*i
        print("%d 的阶乘为%d"%(num,factorial))
if __name__ == '__main__':
    fac()
```

方法四：

```
def fac():
    num = int(input("请输入一个数字："))
    #查看数字是负数，0 或者正数
    if num<0:
        print("抱歉，负数没有阶乘")
    elif num == 0:
        print("0 的阶乘为 1")
    else:
        print("%d 的阶乘为%d"%(num,factorial(num)))
def factorial(n):
    result = n
    for i in range(1,n):
        result=result*i
    return result

if __name__ == '__main__':
    fac()
```

方法五：

```
def fac():
    num = int(input("请输入一个数字："))
    #查看数字是负数，0 或者正数
    if num<0:
        print("抱歉，负数没有阶乘")
    elif num == 0:
        print("0 的阶乘为 1")
    else:
        print("%d 的阶乘为%d"%(num,fact(num)))

def fact(n):
    if n == 1:
        return 1
    return n * fact(n - 1)

if __name__ == '__main__':
    fac()
```

【真题 159】写一段代码，用 Json 数据的处理方式获取{"persons":[{"name":"yu","age":"23"},{"name":"zhang","age":"34"}]}这一段 Json 中第一个人的名字。

答案：程序如下所示：

```
>>> import json
>>> j = json.loads('{"persons":[{"name":"yu","age":"23"},{"name":"zhang","age":"34"}]}')
>>> print j
{u'persons': [{u'age': u'23', u'name': u'yu'}, {u'age': u'34', u'name': u'zhang'}]}
>>> print j.keys()
[u'persons']
>>> print j.values()
[[{u'age': u'23', u'name': u'yu'}, {u'age': u'34', u'name': u'zhang'}]]
>>> print j.values()[0]
[{u'age': u'23', u'name': u'yu'}, {u'age': u'34', u'name': u'zhang'}]
>>> print j.values()[0][0]
{u'age': u'23', u'name': u'yu'}
>>> print j.values()[0][0]['name']
yu
```

【真题 160】平衡点问题。例如，int[] numbers = {1,3,5,7,8,25,4,20}; 25 前面的总和为 24，25 后面的总和也是 24，25 这个点就是平衡点；假如一个数组中的元素，其前面的部分等于后面的部分，那么这个点的位序就是平衡点。要求：返回任何一个平衡点。

答案：使用 sum 函数累加所有的数。使用一个变量 fore 来累加序列的前部。直到满足条件 fore<(total-number)/2;

```
numbers = [1,3,5,7,8,2,4,20]

#find total
total=sum(numbers)

#find num
fore=0
for number in numbers:
    if fore<(total-number)/2 :
        fore+=number
    else:
```

```
            break

    #print answer
    if fore == (total-number)/2 :
        print number
    else :
        print r'not found'
```

【真题 161】支配点问题。数组中某个元素出现的次数大于数组总数的一半时就成为支配数，其所在的下标位置支配点；例如 int[] a = {3,3,1,2,3}，3 为支配数，0，1，4 分别为支配点；要求：返回任何一个支配点。

答案：程序如下所示：

```
li = [3,3,1,2,3]
def main():
        mid = len(li)/2
        for l in li:
            count = 0
            i = 0
            mark = 0
            while True:
                if l == li[i]:
                    count += 1
                    temp = i
                i += 1
                if count > mid:
                    mark = temp
                    return (mark,li[mark])
                if i > len(li) - 1:
                    break

if __name__ == "__main__":
    print   main()
```

【真题 162】反转由单词和不定个数空格组成的字符串，要求单词中的字母顺序不变。例如，“I am a boy”反转成“boy a am I”。

答案：程序如下所示：

```
import re
string = "I am     a          boy"
revwords = ''.join(re.split(r'(\s+)', string)[::-1])
print(revwords)
```

【真题 163】列出 5 个 Python 标准模块。

答案：os 模块提供了与操作系统相关联的函数；sys 模块通常用于命令行参数；re 模块用于正则匹配；math 模块用于数学运算；datetime 模块用于处理日期时间。

【真题 164】Python 断言使用哪个函数？

答案：Python assert 断言是声明其布尔值必须为真的判定，如果发生异常就说明表达式为假。可以理解 assert 断言语句为 raise-if-not，用来测试表达式，若其返回值为假，则会触发异常。

使用 assert 函数。若 assert()函数断言成功，则程序继续执行，若断言失败，则程序报错。

```
>>> assert 1==1
>>> assert 2+2==2*2
>>> assert len(['my boy',12])<10
>>> assert range(4) == [0,1,2,3]
Traceback (most recent call last):
```

```
  File "<stdin>", line 1, in <module>
AssertionError
```

【真题 165】如何高效的拼接两个字符串？

答案：在 Python 中，可以用“+”来拼接字符串，但是这个方法并不高效，因为如果需要拼接的字符串有很多的情况下，在使用“+”的时候，Python 解释器会申请 n-1 次内存空间，然后进行复制，因为字符串在 Python 中是不可变的，所以当进行拼接的时候，会需要申请一个新的内存空间。所以，正确答案是，使用.join(list)，因为它只使用了一次内存空间。

【真题 166】使用字符串拼接达到字幕滚动效果？

答案：程序如下所示：

```
import os
import time

def main():
    content = ' Python 笔试面试宝典  '
    while True:
        # 清理屏幕上的输出
        os.system('cls')  # os.system('clear')
        print(content)
        # 休眠 500 毫秒
        time.sleep(0.5)
        content = content[1:] + content[0]

if __name__ == '__main__':
    main()
```

【真题 167】写出你认为最 Pythonic 的几段代码？

答案：Pythonic 编程风格是 Python 的一种追求的风格，精髓就是追求直观，简洁而易读。下面是一些比较好的例子。

① 交换变量。

非 Pythonic：

```
temp = a
a = b
b = temp
```

Pythonic：

```
a,b=b,a
```

② 判断其值真假。

```
name = 'Tim'
langs = ['AS3', 'Lua', 'C']
info = {'name': 'Tim', 'sex': 'Male', 'age':23 }
```

非 Pythonic：

```
if name != '' and len(langs) > 0 and info != {}:
    print('All True!')
```

Pythonic：

```
if name and langs and info:
    print('All True!')
```

③ 列表推导式。

```
[x for x in range(1,100) if x%2==0]
```

④ zip 创建键值对。

```
keys = ['Name', 'Sex', 'Age']
values = ['Jack', 'Male', 23]
dict(zip(keys,values))
```

【真题 168】Python 的解释器有哪些种类？它们的特点有哪些？

答案：Python 的解释器很多，但使用最广泛的还是 CPython。如果要和 Java 或.Net 平台交互，那么最好的办法不是用 Jython 或 IronPython，而是通过网络调用来交互，确保各程序之间的独立性。

（1）CPython。

CPython 是官方版本的解释器，因为 CPython 是使用 C 语言开发的，所以叫 CPython。在命令行下运行 Python 就是启动 CPython 解释器。CPython 是使用最广的 Python 解释器。

（2）IPython

IPython 是基于 CPython 之上的一个交互式解释器，也就是说，IPython 只是在交互方式上有所增强，但是执行 Python 代码的功能和 CPython 是完全一样的。CPython 使用“>>>”作为提示符，而 IPython 使用“In [序号]:”作为提示符。

（3）PyPy

由 Python 写的解释器，其执行速度是最快的。PyPy 采用 JIT 技术，对 Python 代码进行动态编译（注意不是解释），绝大部分 Python 代码都可以在 PyPy 下运行，但是 PyPy 和 CPython 有一些是不同的，这就导致相同的 Python 代码在两种解释器下执行可能会有不同的结果。

（4）Jython

Jython 是运行在 Java 平台上的 Python 解释器，可以直接把 Python 代码编译成 Java 字节码执行。

（5）IronPython

IronPython 和 Jython 类似，只不过 IronPython 是运行在.Net 平台上的 Python 解释器，可以直接把 Python 代码编译成.Net 的字节码。

【真题 169】Python 中的 unittest 是什么？

答案：在 Python 中，unittest 是 Python 中的单元测试框架，它拥有支持共享搭建、自动测试和在测试中暂停代码等功能。

【真题 170】在 Python 中的 docstring 是什么？

答案：Python 中文档字符串被称为 docstring，它在 Python 中的作用是为函数、模块和类注释生成文档。

【真题 171】负索引是什么？

答案：Python 中的序列索引可以是正也可以是负。如果是正索引，那么 0 是序列中的第一个索引，1 是第二个索引。如果是负索引，那么-1 是最后一个索引，而-2 是倒数第二个索引。

【真题 172】什么是 Python 中的连接（Concatenation）？

答案：Python 中的连接就是将两个序列连在一起，可以使用+运算符完成。

```
>>> '32'+'32'
'3232'
>>> [1,2,3]+[4,5,6]
[1, 2, 3, 4, 5, 6]
>>> (2,3)+(4)
Traceback (most recent call last):
File "<pyshell#256>", line 1, in <module>
(2,3)+(4)
```

类型错误：只能将元组（不是“整数”）连接到元组。这里 4 被看作为一个整数，所以应该修改成如下形式：

```
>>> (2,3)+(4,)
(2, 3, 4)
```

【真题 173】请谈谈.pyc 文件和.py 文件的不同之处。

答案：虽然这两种文件均保存字节代码，但.pyc 文件是 Python 文件的编译版本，它是与平台无关的字节代码，因此可以在任何支持.pyc 格式文件的平台上执行它。Python 会自动生成它以优化性能（加载时间，而非运行速度）。

【真题 174】Python 自省举例。

答案：自省就是面向对象的语言所写的程序在运行时，所能知道对象的类型，即运行时能够获得对象的类型。例如：type()、dir()、getattr()、hasattr()、isinstance()。

【真题 175】如何通过 Python 实现用户输入整数，让程序输出二进制数的补码呢？

答案：程序如下：

```
#获取用户输入十进制数(整数)
dec = int(input('输入数字：'))
print('转换为二进制数为：',bin(dec).replace('0b','')) #replace()是 bin()函数的一个方法，用于去掉输出时前面带有的'0b'
print('转换为二进制数的补码为：',bin(2**8+(dec))) #补码的计算方法
```

【真题 176】Python 中有日志吗？怎么使用？

答案：有日志。Python 自带 logging 模块，调用 logging.basicConfig()方法，配置需要的日志等级和相应的参数，Python 解释器会按照配置的参数生成相应的日志。

【真题 177】如何理解 Python 中字符串中的“\”字符？

答案：“\”有三种不同的含义：

① 转义字符。

② 路径名中用来连接路径名。

③ 编写太长代码手动软换行。

【真题 178】Python 是如何运行的？

答案：Python 程序在运行时，会先进行编译，将.py 文件中的代码编译成字节码（byte code），编译结果储存在内存的 PyCodeObject 中，然后由 Python 虚拟机解释运行。当程序运行结束后，Python 解释器会将 PyCodeObject 保存到 pyc 文件中。每一次运行时 Python 都会先寻找与文件同名的 pyc 文件，若 pyc 存在则比对修改记录，根据修改记录决定直接运行或再次编译后运行，最后生成 pyc 文件。

【真题 179】Python 运行速度慢的原因有哪些？有哪些对应的解决办法？

答案：Python 运行速度慢主要有以下几点原因：

1）Python 是强类型语言，所以解释器运行时遇到变量以及数据类型转换、比较操作、引用变量时都需要检查其数据类型。

2）Python 的编译器启动速度比 Java 快，但几乎每次都要进行编译。

3）Python 的对象模型会导致访问内存效率变低。Numpy 的指针指向缓存区数据的值，而 Python 的指针指向缓存对象，再通过缓存对象指向数据。

对应的解决办法如下：

1）可以使用其他的解释器，例如 PyPy 和 Jython 等。

2）如果对性能要求较高且静态类型变量较多的应用程序，可以使用 CPython。

3）对于 I/O 操作多的应用程序，Python 提供 asyncio 模块提高异步能力。

【真题 180】如何将 Python 程序打包成可执行文件（exe）？

答案：由于 Python 脚本在没有安装 Python 的机器上不能运行，所以需要将脚本打包成 exe 文件，降低脚本对环境的依赖性，同时可以让程序运行更加迅速。可以使用 pyinstaller 包将脚本打包成 exe 文件：

```
pip install pyinstaller #安装包
```

```
pyinstaller -F   c:\python\test_exe_lhr.py #打包成 exe 文件
pyinstaller -F -i "demo.ico" "main.py" #更换 exe 程序的图标
```

pyinstaller 用到的一些参数如下表所示：

参数	说明
-F,–onefile	打包单个 Python 文件，如果代码都写在一个.py 文件的话，那么可以用这个参数，如果是多个.py 文件就不能使用这个参数
-D,–onedir	打包多个文件，在 dist 中生成很多依赖文件，适合以框架形式编写工具代码
-K,–tk	在部署时包含 TCL/TK
-a,–ascii	不包含编码。在支持 Unicode 的 Python 版本上默认包含所有的编码
-d,–debug	产生 debug 版本的可执行文件
-w,–windowed,–noconsole	使用 Windows 子系统执行。当程序启动的时候不会打开命令行（只对 Windows 有效）
-c,–nowindowed,–console	使用控制台子系统执行（默认，只对 Windows 有效） pyinstaller-c xxxx.py pyinstaller xxxx.py--console
-s,–strip	可执行文件和共享库将 run through strip。注意 Cygwin 的 strip 往往使普通的 win32 Dll 无法使用
-X,–upx	如果有 UPX 安装（执行 Configure.py 时检测）会压缩执行文件（Windows 系统中的 DLL 也会）
-o DIR,–out=DIR	指定 spec 文件的生成目录，如果没有指定而且当前目录是 PyInstaller 的根目录，那么会自动创建一个用于输出（spec 和生成的可执行文件）的目录。如果没有指定而当前目录不是 PyInstaller 的根目录，则会输出到当前的目录下
-p DIR,–path=DIR	设置导入路径（和使用 PYTHONPATH 效果相似）。可以用路径分割符（Windows 使用分号，Linux 使用冒号）分割，指定多个目录，也可以使用多个-p 参数来设置多个导入路径，让 pyinstaller 自己去找程序需要的资源
–icon=<FILE.ICO>	将 file.ico 添加为可执行文件的资源（只对 Windows 系统有效），改变程序的图标
–icon=<FILE.EXE,N>	将 file.exe 的第 n 个图标添加为可执行文件的资源（只对 Windows 系统有效）
-v FILE,–version=FILE	将 verfile 作为可执行文件的版本资源（只对 Windows 系统有效）
-n NAME,–name=NAME	可选的项目（产生的 spec 的）名字。如果省略，那么第一个脚本的主文件名将作为 spec 的名字

第3章　Python 进阶

Python 进阶部分在笔试面试时主要碰到的知识点包括函数、闭包、装饰器、迭代器、生成器、类与对象、函数式编程、面向对象编程、线程与进程等。

3.1 函数

函数是组织好的、可重复使用的、用来实现单一或相关联功能的代码段。函数能提高应用的模块性和代码的重复使用率。Python 提供了许多内置函数，例如 print()。也可以自己创建函数，这被称之为用户自定义函数。

函数的目的是把一些复杂的操作进行封装，来简化程序的结构，使其容易阅读。函数在调用前，必须先定义。也可以在一个函数内部定义函数，内部函数只有在外部函数调用时才能够被执行。程序调用函数时，转到函数内部执行函数内部的语句，函数执行完毕后，返回到它离开程序的地方，执行程序的下一条语句。

3.1.1　Python 如何定义一个函数?

用户自定义函数需要遵循以下规则：

- 函数代码块以 def 关键词开头，后接函数标识符名称和圆括号()。
- 任何传入参数和自变量必须放在圆括号中间，圆括号中间可以用于定义参数。
- 函数的第一行语句可以选择性地使用文档字符串，用于存放函数说明。
- 函数内容以冒号起始，并且缩进。
- “return [表达式]”用于结束函数，选择性地返回一个值给调用者。不带表达式的 return 相当于返回 None。
- 默认情况下，参数值和参数名称是按函数声明中定义的顺序来匹配的。

Python 定义函数使用 def 关键字，一般格式如下：

```
def 函数名(参数列表):
    函数体
```

示例：

```
def hello():
    print("Hello World!")

hello()
```

运行结果：

```
Hello World!
```

3.1.2　什么是 lambda 函数?

Python 中有两种定义函数的方式，一种是用关键字 def 进行定义。使用这种方式定义函数时需要指定函数的名称，这类函数被称为普通函数；另外一种是用关键字 lambda 进行定义，不需要指定函数的名字，这类函数被称为 lambda 函数。lambda 函数又称为匿名函数，它是一种单行的小函数，语法简单，简化代码，不会产生命名冲突，也不会占用命名空间。lambda 函数是一个可以接收任意多个参数（包括可选参数）并且返回单个表达式值的函数。lambda 函数返回的表达式不能超过一个。不要试图使用 lambda 函数来实现复杂的业务逻辑功能，因为这会使代码变得晦涩难懂。如果有这种需求，那么应该定义一个普通函数，然后在普通函数里实现复杂的业务逻辑。

lambda 函数的语法：

```
lambda 参数:表达式
```

其中，参数可以有多个，用逗号隔开；冒号右边的表达式只能有一个，并且 lambda 函数返回的是函数对象，所以，使用 lambda 函数时，需要定义一个变量去接收。

Lamda 函数的一个示例：

```
sum = lambda x,y : x + y
print(sum(12,123))
```

运行结果：135。

再例如：

```
g = lambda x, y=0, z=0: x+y+z
g(1)
g(3, 4, 7)
```

运行结果：

```
1
14
```

以上示例也可以直接使用 lambda 函数：

```
print((lambda x,y=0,z=0:x+y+z)(3,5,6))
```

运行结果：

```
14
```

如果需要定义的函数非常简单，例如只有一个表达式，不包含其他命令，那么可以考虑 lambda 函数。否则，建议定义普通函数，毕竟普通函数没有太多限制。

【真题 181】现有元组(('a'),('b'),('c'),('d'))，请使用 Python 中的匿名函数生成列表[{'a':'c'},{'b':'d'}]。

答案：匿名函数即 lambda 函数，参数为(x,y)，返回{x:y}。这道题还应该使用 map 函数，map(func,iterable)函数对于 iterable 依次传递给 func，返回的是可迭代对象：

```
data = (('a'),('b'),('c'),('d') )
print(data[0:2])
print(data[2:4])

v = list(map(lambda x,y:{x:y},data[0:2],data[2:4]))
print(v)
```

运行结果：

```
('a', 'b')
('c', 'd')
[{'a': 'c'}, {'b': 'd'}]
```

【真题 182】下面代码的输出是什么？请解释你的答案。

```
def multipliers():
    return [lambda x:i * x for i in range(4)]
```

```
print([m(2) for m in multipliers()])
```

答案：以上程序运行结果为

```
[6, 6, 6, 6]
```

注意，结果不是[0,2,4,6]。multipliers 函数是将生成器对象生成的匿名函数转化成列表，匿名函数使用的是相同的内存空间。转换成列表后，循环结束，命名空间里的 i 都为 3。

原因是 Python 的闭包是延迟绑定（Late Binding）的。这说明在闭包中使用的变量直到内层函数被调用的时候才会被查找。当调用 multipliers()返回的函数时，i 参数的值会在这时被在调用环境中查找。所以，无论调用返回的哪个函数，for 循环此时已经结束，i 等于它最终的值 3。因此，所有返回的函数都要乘以传递过来的 3，因为上面的代码传递了 2 作为参数，所以它们都返回了 6（即 3*2）。

下面是一些可以绕过这个问题的方法。

其中一个方法是使用 Python 的生成器（generator），如下例所示：

```
def multipliers():
    for i in range(4): yield lambda x : i * x
```

另一个方法是创造一个闭包，通过使用一个默认参数来立即绑定它的参数：

```
def multipliers():
    return [lambda x, i=i : i * x for i in range(4)]
```

或者，可以使用 functools.partial 函数来实现：

```
from functools import partial
from operator import mul

def multipliers():
    return [partial(mul, i) for i in range(4)]
```

以上代码都会返回[0,2,4,6]。

【真题 183】用 lambda 函数实现两个数相乘。

答案：程序如下所示：

```
>>> s=lambda a,b:a*b
>>> print(s(4,5))
20
```

3.1.3　普通函数和 lambda 函数有什么异同点？

相同点：

- 都可以定义固定的方法和程序处理流程。
- 都可以包含参数。

不同点：

- lambda 函数代码更简洁，但是 def 定义的普通函数更为直观、易理解。
- def 定义的是普通函数，而 lambda 定义的是表达式。
- lambda 函数不能包含分支或者循环，不能包含 return 语句。
- 关键字 lambda 用来创建匿名函数，而关键字 def 用来创建有名称的普通函数。

3.1.4　单下划线与双下划线的区别有哪些？

Python 用下划线作为前缀和后缀指定特殊变量和定义方法，主要有如下四种形式：

- 单下划线（_）。
- 名称前的单下划线（如：_name）。

● 名称前的双下划线（如：__name）。
● 名称前后的双下划线（如:__init__）。

（1）单下划线（_）

只有单下划线的情况，主要有两种使用场景：

① 在交互式解释器中，单下划线“_”代表的是上一条执行语句的结果。如果单下划线前面没有语句执行，那么交互式解释器将会报单下划线没有定义的错误。也可以对单下划线进行赋值操作，这时单下划线代表赋值的结果。但是一般不建议对单下划线进行赋值操作，因为单下划线是内建标识符。

```
>>> _
Traceback (most recent call last):
  File "<pyshell#0>", line 1, in <module>
    _
NameError: name '_' is not defined
>>> "python"
'python'
>>> _
'python'
>>> _="Java"
>>> _
'Java'
>>>
```

② 单下划线“_”还可以作为特殊的临时变量。如果一个变量在后面不会再用到，并且不想给这个变量定义名称，那么这时就可以用单下划线作为临时性的变量。例如，对 for 循环语句遍历的结果元素并不感兴趣，此时就可以用单下划线表示。

```
#_ 这个变量在后面不会用到
for _ in range(5):
    print("Python")
```

（2）名称前的单下划线（如：_name）

当在属性和方法前面加上单下划线“_”，用于指定属性和方法是“私有”的。但是 Python 不像 Java 一样具有私有属性、方法或类，在属性和方法之前加单下划线，只是代表该属性、方法或类只能在内部使用，是 API 中非公开的部分。如果用“from <module> import *”和“from <package> import *”时，这些属性、方法或类将不被导入。

```
# Test.py 文件

#普通属性
value="Java"

#单下划线属性
_otherValue="Python"

#普通方法
def  method():
    print("我是普通方法")

#单下划线方法
def _otherMethod():
    print("我是单下划线方法")

#普通类
class PClass(object):
```

```
    def __init__(self):
        print("普通类的初始化")

#单下划线类
class _WClass(object):

    def __init__(self):
        print("单下划线类的初始化")
```

将上述的 Test.py 文件导入，进行测试。

```
>>> from Test import *
>>> value
'Java'
>>> _otherValue
Traceback (most recent call last):
  File "<pyshell#4>", line 1, in <module>
    _otherValue
NameError: name '_otherValue' is not defined
>>> method()
我是普通方法
>>> _otherMethod()
Traceback (most recent call last):
  File "<pyshell#6>", line 1, in <module>
    _otherMethod()
NameError: name '_otherMethod' is not defined
>>> p=PClass()
普通类的初始化
>>> w=_WClass()
Traceback (most recent call last):
  File "<pyshell#8>", line 1, in <module>
    w=_WClass()
NameError: name '_WClass' is not defined
```

从上面的结果可以看出，不管是属性、方法还是类，只要在名称前面加了单下划线，都不能导出。如果对程序 Test.py 进行修改，在文件开头加入__all__，结果会是如何？

```
#将普通属性、单下划线的属性、方法、和类加入__all__列表
__all__=["value"，"_otherValue","_otherMethod","_WClass"]
```

修改后继续测试：

```
>>> from Test import *
>>> value
'Java'
>>> _otherValue
'Python'
>>> method()
Traceback (most recent call last):
  File "<pyshell#4>", line 1, in <module>
    method()
NameError: name 'method' is not defined
>>> _otherMethod()
我是单下划线方法
>>> p=PClass()
Traceback (most recent call last):
  File "<pyshell#6>", line 1, in <module>
    p=PClass()
```

```
NameError: name 'PClass' is not defined
>>> w= _WClass()
单下划线类的初始化
```

可以看出，“__all__”是一个字符串列表，不管是普通的还是单下划线的属性、方法还是类，都将会导出来，使用其他不在这个字符列表上的属性、方法或类，都会报未定义的错误。不管是属性、方法还是类，只要名称前面加了单下划线，都不能导入。除非是模块或包中的“__all__”列表显式地包含了它们。

（3）名称前的双下划线（如：__name）

先看看下面的程序：

```
class Method(object):
    # 构造器方法
    def __init__(self, name):
        # 双下划线属性
        self.__name = name
    # 普通方法
    def sayhello(self):
        print("Method say hello!")
    # 双下划线方法
    def __sayhi(self):
        print("Method say hi!")

# 初始化 Method
m = Method("Python")
# 调用 sayhello 方法
m.sayhello()
# 调用 sayhi 方法
m.__sayhi()
# 输出属性__name
print(m.__name)
```

上面的程序定义了一个类，这个类有三个方法：一个构造器方法、一个普通方法和一个双下划线方法，以及包括一个双下划线的属性。上面的输出结果是：

```
Method say hello!
Traceback (most recent call last):
  File "<encoding error>", line 18, in <module>
AttributeError: 'Method' object has no attribute '__sayhi'
```

实际上，当对象调用“__sayhi()”方法时，将会报 Method 类没有这个方法属性的错误。那么如何去调用以双下划线开头的方法和属性？Python 这样设计的目的是什么？

首先回答第一个问题，读者看完下面的程序就知道怎么调用了。

```
class Method(object):

    def __init__(self, name):
        self.__name = name

    def sayhello(self):
        print("Method say hello!")

    def __sayhi(self):
        print("Method say hi!")

# 初始化 Method
m = Method("Python")
# 调用 sayhello 方法
```

```
m.sayhello()
# 调用 sayhi 方法
#m.__sayhi()  #报错
m._Method__sayhi()
# 输出属性__name
#print(m.__name)  #报错
print(m._Method__name)
```

输出结果如下：

```
Method say hello!
Method say hi!
Python
```

从上面的程序中可以很清楚地看到，如果要调用以双下划线开头的方法和属性，那么只要以“_类名__方法（属性）”的形式就可以实现方法或者属性的访问了。类前面是单下划线，类名后面是双下划线，然后再加上方法或者属性。但是并不建议调用，因为这是 Python 内部进行调用的形式。

回答完第一个问题，再看看第二个问题，Python 这样设计的目的是什么？

有很多人认为，Python 以双下划线开头的方法和属性表示私有的方法和属性，实际上这样的理解不太准确，也不能说是完全错误的。但是这并不是 Python 设计的目的和初衷。先看看下面一段程序和程序运行结果：

```
class AMethod(object):

    def __method(self):
        print("__method in class Amethod!")

    def method(self):
        self.__method()
        print("anthod method in class AMethod!")

class BMethod(AMethod):

    def __method(self):
        print("__method in class Bmethod!")

if __name__=="__main__":

    print("调用 AMethod 的 method 方法")
    a = AMethod()
    a.method()

    print("调用 BMethod 的 method 方法")
    b = BMethod()
    b.method()
```

上面的程序定义了两个类，一个是 AMethod 类，另外一个是继承了 AMethod 类的 BMethod 类。在 AMethod 类中，定义了两个方法，一个是以双下划线开头的__method 方法，另外一个是普通方法。在 BMethod 类中，重写了 AMethod 类中的__method 方法。

程序运行结果：

```
调用 AMethod 的 method 方法
__method in class Amethod!
anthod method in class AMethod!
调用 BMethod 的 method 方法
__method in class Amethod!
anthod method in class AMethod!
```

运行结果并不是我们想要的结果，b.method()并没有调用 BMethod 类的__method 方法，而这个设计的实际目的是为了避免父类的方法被子类轻易覆盖。

（4）名称前后的双下划线（如：__init__）

在 Python 类中，可以常常看到类似于“__init__”的方法，这表示在 Python 内部调用的方法，一般不建议在程序中调用。例如，当调用 len()方法时，实际上调用了 Python 中内部的__len__方法，虽然不建议调用这种以双下划线开头以及结尾的方法，但是可以对这些方法进行重写。例如：

```
class Number(object):

    def __init__(self, number):
        self.number = number

    def __add__(self, number):
        # 重写方法，返回两个数的差值
        return self.number - number

    def __sub__(self, number):
        # 重写方法，返回两个数的和
        return self.number + number

    def __str__(self):
        # 重写方法，返回字符串
        return str(self.number)

num = Number(100)
print(num) # 100 调用了__str__方法
print(num+50) # 50 + 调用了__add__方法
print(num-20) # 120 -调用了__sub__方法
```

（5）总结

- 单下划线（_）：在交互解释器中，表示上一条语句执行输出的结果。另外，单下划线还可以作为特殊的临时变量，表示在后面将不会再用到这个变量。
- 名称前的单下划线：只能在内部使用，是 API 中非公开的部分，不能被“from <module> import *”和“from <package> import *”导入程序中，除非在“__all__”列表中包含了以单下划线开头的属性、方法或类。
- 名称前的双下划线：以双下划线开头的属性或方法可以避免父类的属性和方法被子类轻易覆盖，一般不建议这样定义属性和方法。
- 名称前后的双下划线：这类方法是 Python 内部定义的方法，可以重写这些方法，这样 Python 就可以调用这个重写的方法。

3.1.5 Python 的函数参数传递方式是什么?

值传递指的是在调用函数时，将实际参数复制一份传递给形式参数，这样在函数中就可以修改形式参数，而不会影响到实际参数。引用传递指的是，在调用函数时，将实际参数的地址传递给函数，这样在函数中对参数的修改将会直接影响到实际参数。

对于不可变类型（数值型、字符串、元组），因为变量不能被修改，所以运算不会影响到变量自身；而对于可变类型（列表、字典）来说，函数内的运算可能会更改传入的参数变量。所以，对于不可变数据类型来说，可以认为函数的参数传递是值传递，而对于可变数据类型来说，函数的参数传递是引用传递。

示例代码：

```
def selfAdd(a):
    a+=a
```

```
a_int=1
print(a_int)
selfAdd(a_int)
print(a_int)

a_list=[1,2]
print(a_list)
selfAdd(a_list)
print(a_list)
```

运行结果：

```
1
1
[1, 2]
[1, 2, 1, 2]
```

再例如：

```
def method(value):
    value=2
    print(id(value))
    print(value)

value=1
print(id(value))
method(value)
print(value)
```

运行结果：

```
493802544
493802560
2
1
```

【真题 184】下面代码的输出是什么？并解释原因。

```
def extendList(val, list=[]):
    list.append(val)
    return list

list1 = extendList(10)
list2 = extendList(123,[])
list3 = extendList('a')

print("list1 = %s" % list1)
print("list2 = %s" % list2)
print("list3 = %s" % list3 )
```

如何修改函数 extendList 的定义才能产生预期的效果？

答案：

```
list1 = [10, 'a']
list2 = [123]
list3 = [10, 'a']
```

很多人会错误地以为 list1 等于［10］，list3 等于['a']，因为 extendList 函数的 list 参数在每一次函数被调用时都会被设置为默认值[]。但是，真实的情况是，默认的 list 只在函数定义的时候被创建一次。之后如果在调用 extendList 函数时不指定 list 参数，那么使用的都是同一个 list。这是因为带默认参数的表达式是在函数定义的时候被计算的，而不是在函数调用时。所以，list1 和 list3 都是在操作同一个默认 list，而 list2 是在操作它自己创建的一个独立的 list（将自己的空 list 作为参数传递过去）。

extendlist 的定义可以这样定义来达到预期的效果：

```
def extendList(val, list=None):
    if list is None:
        list = []
    list.append(val)
    return list

list1 = extendList(10)
list2 = extendList(123,[])
list3 = extendList('a')

print("list1 = %s" % list1)
print("list2 = %s" % list2)
print("list3 = %s" % list3 )
```

调用修改后的函数，输出是：

```
list1 = [10]
list2 = [123]
list3 = ['a']
```

3.1.6 什么是闭包?

内部函数可以引用外部函数的参数和局部变量，当外部函数返回内部函数时，相关参数和变量都保存在返回的函数中，这种特性被称为“闭包（Closure）”。闭包是两个函数的嵌套，外部函数返回内部函数的引用，外部函数一定要有参数。

闭包的类似格式：

```
def 外部函数(参数):

    def 内部函数():

        pass

return 内部函数
```

闭包有以下几个特点：

① 必须有一个内嵌函数。

② 内嵌函数必须引用外部函数的变量（该函数包含对外作用域而不是全局作用域名字的引用）。

③ 外部函数的返回值必须是内嵌函数。

闭包与正常函数的区别：

- 闭包格式是两个函数的嵌套。
- 闭包外部函数的参数可以在内存中保持。
- 闭包函数就如同一个“类”，只有在该闭包函数里的方法才可以使用其局部变量，闭包函数之外的方法是不能读取其局部变量的。这就实现了面向对象的封装性，更安全更可靠，即闭包里面的数据是独有的数据，与外界无影响。
- 函数：在函数中，需要使用的全局变量在一定程度上是受到限制的，因为全局变量不仅可以给一个函数使用，其他的函数也可能会使用到，一旦被修改会影响到其他函数使用全局变量，所以全局变量不能随便被修改，因此在函数的使用中受到一定局限性。

示例 1：

```
def func_out(*args):    #定义外部函数
    def func_in():    #使用外部函数的 args 变量
        sumV = sum(args)
        return sumV    #返回内部函数
    return func_in

S = func_out(1, 2, 3, 2)
print(S())    #真正调用的是 func_in 函数
```

运行结果：8。

示例 2：

```
def pass_out(scoreLine):
    def true_score(score):
        if score >= scoreLine:
            print('合格')
        else:
            print('不合格')
    return true_score
total_score_100 = pass_out(60)
total_score_150 = pass_out(90)
total_score_100(90)
total_score_150(60)
```

运行结果：

```
合格
不合格
```

【真题 185】请编写一个函数，接收整数参数 n，返回一个函数，函数的功能是把函数的参数和 n 相乘并把结果返回。

答案：程序如下所示：

```
def mulby(num):
   def gn(val):
        return num * val
   return gn

zw = mulby(7)
print(zw(9))
```

运行结果：63。

3.1.7　函数中*args 和**kwargs 的作用是什么？

*args 和**kwargs 主要用于函数的定义。当函数的参数不确定时，可以使用*args 和**kwargs 来将不定数量的参数传递给一个函数。这里不定的意思是预先并不知道函数的使用者会传递多少个参数，所以，在这种场景下可以使用这两个关键字。

*args 是用来发送一个非键值对的可变数量的参数列表给一个函数。*args 会接收任意多个参数并把这些参数作为元组传递给函数。*args 没有 key 值，以元组形式传递。

kwargs 存储可变的关键字参数，允许使用没有事先定义的参数名，将接收到任意多个关键字参数作为字典传递给函数。kwargs 有 key 值，以字典形式传递。

需要注意的是，函数的参数的顺序：*args 必须在**kwargs 前面，调用函数传递参数也必须依照此顺序。

（1）*args 示例

```
def demo(args_f,*args_v):
    print(args_f)
    for x in args_v:
        print(x,end='')

demo(1,'a','b','c','d')
```

运行结果：

```
1
Abcd
```

再例如：

```
def function(x, y, *args):
    print(x, y, args)

function(1, 2, 3, 4, 5)
```

运行结果：

```
1 2 (3, 4, 5)
```

说明传递给函数的是一个元组。

（2）**kwargs 示例

```
def demo(**args_v):
    for k,v in args_v.items():
        print(k,v)

demo(name='lhr')
```

运行结果：

```
name lhr
```

再例如：

```
def function(**kwargs):
    print( kwargs, type(kwargs))

function(a=2)
```

运行结果：

```
{'a': 2} <class 'dict'>
```

需要注意的是，参数 arg、*args、**kwargs 三个参数的位置是确定的。必须是“(arg,*args,**kwargs)”这个顺序，否则程序会报错。

```
def function(arg,*args,**kwargs):
    print(arg,args,kwargs)

function(6,7,8,9,a=1, b=2, c=3)
```

运行结果：

```
6 (7, 8, 9) {'a': 1, 'b': 2, 'c': 3}
```

3.1.8 其他

【真题 186】如何在一个 function 里面设置一个全局的变量？

答案：可以在 function 中使用 global 来声明一个变量：

```
def f()
    global x
```

如果要给全局变量在一个函数里赋值，那么必须使用 global 语句。global VarName 的表达式会告诉 Python，VarName 是一个全局变量，这样 Python 就不会在局部命名空间里寻找这个变量了。

【真题 187】用 Python 语言写一个自定义函数，输入一个字符串，返回倒序排列的结果。例如：string_reverse('abcdefg')，返回'gfedcba'。

答案：使用函数封装切片：

```
def string_reverse(input_str):
    return input_str[::-1]

print(string_reverse('abcdefg'))
```

【真题 188】给定一个红包的数额属组 gifts=[2,3,6,2,24,5,56]以及它的大小 n，请返回是否有某个金额出现的次数超过总红包数的一半。若存在则返回该红包金额，若不存在则返回 0。

答案：使用函数来完成：

```
def select_most_often_gift(gifts):
    gift_items = set(gifts)
    n = len(gifts)
    for gift in gift_items:
        num = gifts.count(gift)
        if num > n/2:
            return gift
    return 0

print(select_most_often_gift([2,3,6,2,24,5,56]))
```

以上程序运行结果为 0。

【真题 189】有如下程序，请输出结果：

```
collapse = True
processFunc = collapse and (lambda s:" ".join(s.split())) or (lambda s:s)
print(processFunc('I\tam\ntest\tobject!'))

collapse = False
processFunc = collapse and (lambda s:" ".join(s.split())) or (lambda s:s)
print(processFunc('I\tam\ntest\tobject!'))
```

答案：运行结果为

```
I am test object!
I       am
test    object!
```

【真题 190】下面代码会输出什么？

```
def f( x, l = [] ):
    for i in range(x):
        l.append(i*i)
    print(l)


f(2)
f(3,[3,2,1])
f(3)
```

答案：考察值传递和引用传递：

```
[0, 1]
[3, 2, 1, 0, 1, 4]
[0, 1, 0, 1, 4]
```

【真题 191】下面这段代码输出什么？

```
num = 9

def f1():
    num = 20

def f2():
    print(num)

f2()
f1()
f2()
```

答案：num 是全局变量，运行结果：

```
9
9
```

由于在函数 f1 中的 num 不是个全局变量，所以每个函数都得到了自己的 num 的复制，如果想修改 num，那么就必须用 global 关键字声明。例如：

```
num = 9

def f1():
    global num
    num = 20

def f2():
   print(num)

f2()
f1()
f2()
```

运行结果：

```
9
20
```

【真题 192】如下的代码：

```
class A(object):
    def __init__(self,a,b):
          self.a1 = a
          self.b1 = b
          print('init')

    def mydefault(self):
          print('default')

a1 = A(10,20)
a1.fn1()
a1.fn2()
a1.fn3()
```

方法 fn1、fn2 和 fn3 都没有定义，添加代码，使没有定义的方法都调用 mydefault 函数，上面的代码应该输出：

```
init
default
default
default
```

答案：需要实现方法“__getattr__”，如下：

```
class A(object):
    def __init__(self,a,b):
        self.a1 = a
        self.b1 = b
        print('init')

    def mydefault(self):
        print('default')

    def __getattr__(self,name):
        return self.mydefault

a1 = A(10,20)
a1.fn1()
a1.fn2()
a1.fn3()
```

方法“__getattr__”只有当没有定义的方法被调用时，才会被调用到。当 fn1 方法传入参数时，可以给 mydefault 方法增加一个*args 不定参数来兼容。

```
class A:
    def __init__(self,a,b):
        self.a1 = a
        self.b1 = b
        print('init')

    def mydefault(self,*args):
        print('default:' + str(args[0]))

    def __getattr__(self,name):
        print("other fn:", name)
        return self.mydefault

a1 = A(10,20)
a1.fn1(33)
a1.fn2('hello')
a1.fn3(10)
```

运行结果：

```
init
other fn: fn1
default:33
other fn: fn2
default:hello
other fn: fn3
default:10
```

【真题 193】定义一个函数，计算 x 的 n 次方。

答案：程序如下所示：

```
def power(x, n):
    s = 1
    while n > 0:
        n = n - 1
        s = s * x
    return s

print(power(2,4))
```

【真题 194】定义一个函数，计算 a*a + b*b + c*c + …。

答案：程序如下所示：

```
def calc(*numbers):
    sum=0
    for n in numbers:
        sum=sum+n*n
    return sum
print(calc(2,4,5))
```

【真题 195】如何在一个函数内部修改全局变量？

答案：利用 global 修改全局变量，如下所示：

```
a=5
def fn():
    global a
    a=4

fn()
print(a)
```

【真题 196】定义一个函数，其调用结果如下所示：

- fn("one",1)直接将键值对传给字典。
- fn("two",2)因为字典在内存中是可变数据类型，所以指向同一个地址。当传了新的参数后，就相当于给字典增加键值对。
- fn("three",3,{})因为传了一个新字典，所以不再使用原先默认参数的字典。

答案：程序如下所示：

```
def fn(k,v,dic={}):
  dic[k]=v
  print(dic)

fn("one",1)
fn("two",2)
fn("three",3,{})
```

运行结果：

```
{'one': 1}
{'one': 1, 'two': 2}
{'three': 3}
```

【真题 197】命令行启动程序并传参“C:\Users\lhr\Desktop>python 1.py 22 33”，则 print(sys.argv)会输出什么数据？

答案：会输出文件名和参数构成的列表：

```
['1.py','22','33']
```

【真题 198】递归求和。递归求 1+2+...+10 的和。

答案：利用函数完成：

```
def get_sum(num):
    if num>=1:
        res=num+get_sum(num-1)
    else:
        res=0
    return res

res=get_sum(10)
print(res)
```

运行结果：55。

【真题 199】请写出递归的基本骨架。

答案：程序如下所示：

```
def recursions(n):
    if n == 1:
        # 退出条件
        return 1
    # 继续递归
    return n * recursions(n - 1)
```

【真题 200】Python 递归深度默认是多少？递归深度限制的原因是什么？

答案：Python 递归深度可以用内置函数库中的 sys.getrecursionlimit()查看。因为无限递归会导致的栈溢出和 Python 崩溃。

【真题 201】如何判断是函数还是方法？

答案：看它的调用者是谁，如果是类，那么就需要传入一个参数 self 的值，这时它就是一个函数。如果调用者是对象，那么就不需要给 self 传入参数值，这时它就是一个方法。

```
print(isinstance(obj.func, FunctionType))    # False
print(isinstance(obj.func, MethodType))    # True
```

示例：

```
class Foo(object):
    def __init__(self):
        self.name = 'lcg'

    def func(self):
        print(self.name)

obj = Foo()
print(obj.func)
print(Foo.func)

# ------------------------FunctionType, MethodType------------#

from types import FunctionType, MethodType

obj = Foo()
print(isinstance(obj.func, FunctionType))  # False
print(isinstance(obj.func, MethodType))  # True

print(isinstance(Foo.func, FunctionType))  # True
print(isinstance(Foo.func, MethodType))  # False
```

```
# ---------------------------------------------------------#
obj = Foo()
Foo.func(obj)    # lcg

obj = Foo()
obj.func()    # lcg
```

运行结果：

```
<bound method Foo.func of <__main__.Foo object at 0x01CF8430>>
<function Foo.func at 0x083C6E88>
False
True
True
False
lcg
lcg
```

注意：方法无需传入 self 参数；函数必须手动传入 self 参数。

【真题 202】打印 1~10 的数字以及每个数的平方、几何级数和阶乘。

答案：程序如下所示：

```
from math import factorial

def main():
    print('%-10s%-10s%-10s%-10s' % ('数字', '平方', '几何级数', '阶乘'))
    for num in range(1, 11):
        print('%-12d%-12d%-12d%-12d' % (num, num ** 2, 2 ** num, factorial(num)))

if __name__ == '__main__':
    main()
```

运行结果：

```
数字        平方        几何级数      阶乘
1           1           2             1
2           4           4             2
3           9           8             6
4           16          16            24
5           25          32            120
6           36          64            720
7           49          128           5040
8           64          256           40320
9           81          512           362880
10          100         1024          3628800
```

【真题 203】设计一个函数，生成指定长度的验证码（由数字和大小写英文字母构成的随机字符串）。

答案：程序如下所示：

```
from random import randint

def generate_code(length=4):

    """
    :param length: 验证码长度
    :return: 返回一个指定长度的由数字，字母组成的验证码
    """
```

```
    code_string = 'abcdefghijklmnopqrstuvwxyzABCDEFGHIJKLMNOPQRSTUVWXYZ0123456789'
    code = ''
    for _ in range(length):
        code += code_string[randint(0, len(code_string) - 1)]
    return code

def main():
    for _ in range(10):
        print(generate_code())

if __name__ == '__main__':
    main()
```

运行结果：

```
Z9P9
mX5O
dEME
zBlv
nIWd
T5Ss
FI5G
kzG7
SVGj
hKvg
```

或：

```
from random import randrange

def generate_code(length=4):

    all_chars = 'abcdefghijklmnopqrstuvwxyzABDEFGHIJKLMNOPQRSTUVWXYZ0123456789'
    all_chars_len = len(all_chars)
    code = ''
    for _ in range(length):
        index = randrange(all_chars_len)
        code += all_chars[index]
    return code

def main():
    for _ in range(10):
        print(generate_code())

if __name__ == '__main__':
    main()
```

【真题 204】设计一个函数，统计字符串中英文字母和数字各自出现的次数。

答案：程序如下所示：

```
def count_letter_number(string):

    """
    :param string: 给定一个字符串
    :return: 由字符串中英文字母和数字各自出现的次数组成的元组
    """
    m = 0 #统计英文字母
    n = 0 #统计数字
```

```
        for s in string:
            if s in 'abcdefghijklmnopqrstuvwxyzABCDEFGHIJKLMNOPQRSTUVWXYZ':
                m += 1
            elif s in '0123456789':
                n += 1
        return m, n

def main():
    print(count_letter_number('a1b2c3d4'))  # (4, 4)
    print(count_letter_number('a123456b'))  # (2, 6)
    print(count_letter_number('123456!!'))  # (0, 6)

if __name__ == '__main__':
    main()
```

运行结果：

```
(4, 4)
(2, 6)
(0, 6)
```

或：

```
def count_letter_number(string):
    letter_count = 0
    digit_count = 0
    for ch in string:
        if 'a' <= ch <= 'z' or 'A' <= ch <= 'Z':
            letter_count += 1
        elif '0' <= ch <= '9':
            digit_count += 1
    return letter_count, digit_count

def main():
    print(count_letter_number('a1b2c3d4'))  # (4, 4)
    print(count_letter_number('a123456b'))  # (2, 6)
    print(count_letter_number('123456!!'))  # (0, 6)

if __name__ == '__main__':
    main()
```

【真题 205】设计一个函数，判断传入的整数列表（要求元素个数大于 2 个）中的元素能否构成等差数列。

答案：程序如下所示：

```
def is_arithmetic_series(num_list):

    """
    :param num_list: 给定需要判断的列表
    :return: 是等差数列返回 True，否则返回 False
    """

    num_list.sort() # 这种方法有副作用，因为它修改了实参的值
    difference = num_list[1] - num_list[0]
    for x in range(len(num_list) - 1):
        if num_list[x + 1] - num_list[x] != difference:
            return False
    return True
```

```
def main():
    list1 = [1, 3, 5, 7, 9]
    list2 = [100, 500, 200, 400, 300]
    list3 = [1, 2, 3, 5, 6, 7]
    print(is_arithmetic_series(list1))   # True
    print(is_arithmetic_series(list2))   # True
    print(is_arithmetic_series(list3))   # False
    print(list2)

if __name__ == '__main__':
    main()
```

运行结果：

```
True
True
False
[100, 200, 300, 400, 500]
```

或：

```
def is_arithmetic_series(num_list):
    num_list_len = len(num_list)
    assert num_list_len > 2
    sorted_list = sorted(num_list)
    for index in range(2, num_list_len):
        if sorted_list[index] - sorted_list[index - 1] != \
                sorted_list[index - 1] - sorted_list[index - 2]:
            return False
    return True

def main():
    list1 = [1, 3, 5, 7, 9]
    list2 = [100, 500, 200, 400, 300]
    list3 = [1, 2, 3, 5, 6, 7]
    print(is_arithmetic_series(list1))   # True
    print(is_arithmetic_series(list2))   # True
    print(is_arithmetic_series(list3))   # False

if __name__ == '__main__':
    main()
```

运行结果：

```
True
True
False
```

【真题 206】设计一个函数，计算字符串中所有数字序列的和。

答案：程序如下所示：

```
import re

def sum_num_seq(string):

    """
    :param string:  给定一个字符串
    :return:  返回里面数字序列的和
```

```
    """

    nums = re.compile(r'\d+')
    mylist = nums.findall(string)
    my_sum = 0
    for num in mylist:
        my_sum += int(num)
    return my_sum

def main():
    print(sum_num_seq('a1b2c3d4'))  # 10
    print(sum_num_seq('123hello456good789bye'))  # 1368
    print(sum_num_seq('12345678'))  # 12345678
    print(sum_num_seq('abcdefgh'))  # 0

if __name__ == '__main__':
    main()
```

或：

```
from re import findall

def sum_num_seq(string):
    total = 0
    for val in map(int, findall(r'\d+', string)):
        total += val
    return total

def main():
    print(sum_num_seq('a1b2c3d4'))  # 10
    print(sum_num_seq('123hello456good789bye'))  # 1368
    print(sum_num_seq('12345678'))  # 12345678
    print(sum_num_seq('abcdefgh'))  # 0

if __name__ == '__main__':
    main()
```

【真题 207】设计一个函数，对传入的字符串（假设字符串中只包含小写字母和空格）进行加密操作，加密的规则是 a 变 d，b 变 e，c 变 f，……，x 变 a，y 变 b，z 变 c，空格不变，返回加密后的字符串。

答案：程序如下所示：

```
def caesar_encrypt(string):

    """
    :param string: 给定一个字符串
    :return: 返回加密后的字符串
    """

    new_string = ''
    all_string = 'abcdefghijklmnopqrstuvwxyz'
    for x in string:
        if x in all_string:
            index = all_string.find(x)
            if index >= len(all_string) - 3:
                new_string += all_string[len(all_string) - index + 3]
            else:
                new_string += all_string[index + 3]
```

```
            else:
                new_string += x
        return new_string

    def main():
        print(caesar_encrypt('attack at dawn'))    # dwwdfn dw gdzq
        print(caesar_encrypt('dinner is on me'))    # glqqhu lv rq ph

    if __name__ == '__main__':
        main()
```

或：

```
    def caesar_encrypt(string):
        base = ord('a')
        encrypted_string = ''
        for ch in string:
            if ch != ' ':
                curr = ord(ch)
                diff = (curr - base + 3) % 26
                ch = chr(base + diff)
            encrypted_string += ch
        return encrypted_string

    def main():
        print(caesar_encrypt('attack at dawn'))    # dwwdfn dw gdzq
        print(caesar_encrypt('dinner is on me'))    # glqqhu lv rq ph

    if __name__ == '__main__':
        main()
```

【真题208】设计“跳一跳”游戏的计分函数，“跳一跳”游戏中黑色小人从一个方块跳到另一个方块上会获得1分，如果跳到方块的中心点上会获得2分，连续跳到中心点会依次获得2分、4分、6分、……。该函数传入一个列表，列表中用布尔值True或False表示是否跳到方块的中心点，函数返回最后获得的分数。

答案：程序如下所示：

```
    def calc_score(jump_list):

        """
        :param jump_list: 给定一个列表
        :return: 返回最后获得的分数
        """

        total = 0
        for index, x in enumerate(jump_list):
            if x:
                total += 2
                for y in range(index - 1, -1, -1):
                    if jump_list[y]:
                        total += 2
                    else:
                        break
            else:
                total += 1
        return total

    def main():
```

```
        list1 = [True, False, False, True, True, True]
        list2 = [True, True, True, True, False, True, True]
        list3 = [False, False, True, True, True, True, True, False]
        print(calc_score(list1))   # 16
        print(calc_score(list2))   # 27
        print(calc_score(list3))   # 33

    if __name__ == '__main__':
        main()
```

或：

```
    def calc_score(jump_list):
        total = 0
        prev_on_center = False
        on_center_point = 2
        for val in jump_list:
            if val:
                total += on_center_point
                on_center_point += 2
                prev_on_center = True
            else:
                total += 1
                on_center_point = 2
                prev_on_center = False
        return total

    def main():
        list1 = [True, False, False, True, True, True]
        list2 = [True, True, True, True, False, True, True]
        list3 = [False, False, True, True, True, True, True, False]
        print(calc_score(list1))   # 16
        print(calc_score(list2))   # 27
        print(calc_score(list3))   # 33

    if __name__ == '__main__':
        main()
```

【真题 209】设计一个函数，统计一个字符串中出现频率最高的字符及其出现的次数。

答案：程序如下所示：

```
    def find_most_freq(string):

        """
        :param string:  输入一个字符串
        :return:  返回字符串中出现频率最高的字符及其出现次数
        """

        my_dict={}
        for x in string:
            if x not in my_dict:
                my_dict[x] = 1
            else:
                my_dict[x] += 1
        max_num = 0
        for y in my_dict:
            if my_dict[y] > max_num:
```

```
                max_num = my_dict[y]
        max_list = []
        for z in my_dict:
            if my_dict[z] == max_num:
                max_list += z
        return max_list, max_num

def main():
    print(find_most_freq('aabbaaccbb'))    # (['a', 'b'], 4)
    print(find_most_freq('hello, world!'))    # (['l'], 3)
    print(find_most_freq('a1bb2ccc3aa'))    # (['a', 'c'], 3)

if __name__ == '__main__':
    main()
```

或：

```
def find_most_freq(string):
    result_dict = {}
    for ch in string:
        if ch in result_dict:
            result_dict[ch] += 1
        else:
            result_dict[ch] = 1
    max_keys = []
    max_value = 0
    for key, value in result_dict.items():
        if value > max_value:
            max_value = value
            max_keys.clear()
            max_keys.append(key)
        elif value == max_value:
            max_keys.append(key)
    return max_keys, max_value

def main():
    print(find_most_freq('aabbaaccbb'))    # (['a', 'b'], 4)
    print(find_most_freq('hello, world!'))    # (['l'], 3)
    print(find_most_freq('a1bb2ccc3aa'))    # (['a', 'c'], 3)

if __name__ == '__main__':
    main()
```

【真题 210】设计一个函数，传入两个代表日期的字符串，例如“2018-2-26”“2017-12-12”，计算两个日期相差多少天。

答案：程序如下所示：

```
def is_leap_year(year):

    """
    :param year: 给定一个年份
    :return: 闰年返回 True ,否则返回 False
    """

    return (year % 400 == 0 or year % 100 != 0) and year % 4 == 0

def my_data(data):
```

```
    """
    :param data: 给一个日期的字符串
    :return: 返回一个整型的年月日的元组
    """

    data_year = data[:data.find('-')]
    data_month = data[data.find('-') + 1: data.rfind('-')]
    data_day = data[data.rfind('-') + 1:]
    return int(data_year), int(data_month), int(data_day)

def days_month(year):

    """
    :param year: 给定一个年份
    :return: 返回一个包含所有月份天数的列表
    """

    year_days_month = [
        [31, 28, 31, 30, 31, 30, 31, 31, 30, 31, 30, 31],
        [31, 29, 31, 30, 31, 30, 31, 31, 30, 31, 30, 31]
    ][is_leap_year(year)]
    days_sum = 0
    return year_days_month


def diff_days(data1, data2):

    """
    :param data1: 一个日期的字符串
    :param data2: 另一个日期的字符串
    :return: 返回两个日期中间隔了多少天
    """

    if my_data(data1)[0] == my_data(data2)[0]:
        years_day = days_month(my_data(data1)[0])
        total1 = 0
        for index in range(my_data(data1)[1] - 1):
            total1 += years_day[index]
        days_data1 = total1 + my_data(data1)[2]
        total2 = 0
        for index2 in range(my_data(data2)[1] - 1):
            total2 += years_day[index2]
        days_data2 = total2 + my_data(data2)[2]
        return abs(days_data1 - days_data2)
    else:
        (data1, data2) = (data1, data2) if my_data(data1)[0] > my_data(data2)[0] else (data2, data1)
        data1_years_day = days_month(my_data(data1)[0])
        total1 = 0
        for index in range(my_data(data1)[1] - 1):
            total1 += data1_years_day[index]
        days_data1 = total1 + my_data(data1)[2]
        data2_years_day = days_month(my_data(data2)[0])
        total2 = 0
        for index2 in range(my_data(data2)[1] - 1):
            total2 += data2_years_day[index2]
```

```
        days_data2 = total2 + my_data(data2)[2]
        years_sum = 0
        for num in  data2_years_day:
            years_sum += num
        m_years_sum = 0
        for year in range(my_data(data2)[0] + 1, my_data(data1)[0]):
            year_days = days_month(year)
            for day in year_days:
                m_years_sum += day
        return years_sum - days_data2 + days_data1 + m_years_sum

def main():
    print(diff_days('2017-12-12', '2018-2-26'))   # 76
    print(diff_days('1979-12-31', '1980-11-28'))   # 333

if __name__ == '__main__':
    main()
```

或：

```
def date_to_tuple(date_str):
    year, month, day = map(int, date_str.split('-'))
    return year, month, day

def is_leap_year(year):
    return year % 4 == 0 and year % 100 != 0 or year % 400 == 0

def which_day(date_str):
    year, month, day = date_to_tuple(date_str)
    days_of_month = [
        [31, 28, 31, 30, 31, 30, 31, 31, 30, 31, 30, 31],
        [31, 29, 31, 30, 31, 30, 31, 31, 30, 31, 30, 31]
    ][is_leap_year(year)]
    total = 0
    for index in range(month - 1):
        total += days_of_month[index]
    return total + day

def diff_days(date1, date2):
    year1, month1, day1 = date_to_tuple(date1)
    year2, month2, day2 = date_to_tuple(date2)
    if year1 > year2:
        return diff_days(date2, date1)
    elif year1 == year2:
        if month1 > month2:
            return diff_days(date2, date1)
        elif month1 == month2:
            return abs(day2 - day1)
        else:
            return which_day(date2) - which_day(date1)
    else:
        all_days = 366 if is_leap_year(year1) else 365
        rest_days = all_days - which_day(date1)
        past_days = which_day(date2)
        total = 0
        for year in range(year1 + 1, year2):
            total += 366 if is_leap_year(year) else 365
```

```
            return total + rest_days + past_days

    def main():
        print(diff_days('2017-12-12', '2018-2-26'))   # 76
        print(diff_days('1979-12-31', '1980-11-28'))   # 333
        print(diff_days('1980-11-28', '1978-12-30'))   # 699
        print(diff_days('2018-3-23', '2018-2-26'))   # 25
        print(diff_days('2018-3-23', '2018-3-26'))   # 3

    if __name__ == '__main__':
        main()
```

【真题 211】四川麻将共有 108 张牌，分为“筒”“条”和“万”三种类型，每种类型的牌有 1～9 的点数，每个点数有 4 张牌；游戏通常有 4 个玩家，游戏开始的时候，有一个玩家会拿到 14 张牌（首家），其他三个玩家每人 13 张牌。要求用面向对象的方式创建麻将牌和玩家并实现洗牌、摸牌以及玩家按照类型和点数排列手上的牌的操作，最后显示出游戏开始的时候每个玩家手上的牌。

答案：程序如下所示：

```
from random import randrange

class Mahjong(object):

    """一张牌"""
    def __init__(self, mytype, face):

        """
        :param mytype:牌的类型
        :param face: 牌的点数
        """

        self._mytype = mytype
        self._face = face

    @property
    def face(self):
        return self._face

    @property
    def mytype(self):
        return self._mytype

    def __str__(self):
        """返回牌的类型和点数"""
        return '%d%s'% (self._face, self._mytype)


class Mahjongs(object):

    """一副麻将"""
    def __init__(self):
        self._mahjongs = []
        self._count = 0
        for x in ['筒', '条', '万']:
            for y in range(1, 10):
                for _ in range(4):
                    mahjong = Mahjong(x, y)
                    self._mahjongs.append(mahjong)
```

```
    def shuffle(self):
        """洗牌"""
        self._count = 0
        for index, ma in enumerate(self._mahjongs):
            pos = randrange(len(self._mahjongs))
            self._mahjongs[index], self._mahjongs[pos] = self._mahjongs[pos], self._mahjongs[index]

    def deal(self):
        """发牌"""
        if self._count < len(self._mahjongs):
            mahjong = self._mahjongs[self._count]
            self._count += 1
            return mahjong

    def ma_end(self):
        """判断是否发完"""
        return self._count < len(self._mahjongs)

    def show(self):
        """显示牌"""
        return self._mahjongs


class Player(object):

    def __init__(self, name):
        """

        :param name: 玩家的名字
        """
        self._name = name
        self._ma_on_hand = []

    @property
    def name(self):
        return self._name

    @property
    def ma_on_hand(self):
        """在手里的牌"""
        return self._ma_on_hand

    def get_ma(self, other):
        """摸牌"""
        self._ma_on_hand.append(other.deal())

    def show(self):
        """显示手里的牌"""
        return self._ma_on_hand

    def hand_sort(self):
        """整理手牌"""
        self._ma_on_hand.sort(key=get_key)


def get_key(mahjong):
```

```
        """
        :param mahjong:  一张牌
        :return:  牌点数和类型所对应 ACSII 码的和
        """

        return mahjong.face + ord(mahjong.mytype)


def display(player):

        """
        :param player:  一个玩家
        :return:  玩家的手牌
        """

        player.hand_sort()
        print(player.name, end=':')
        for mahjong in player.ma_on_hand:
            print(mahjong, end=' ')
        print()

def main():
        players = [Player('东邪'), Player('西毒'), Player('南帝'), Player('北丐')]
        mahjongs = Mahjongs()
        mahjongs.shuffle()
        for index,player in enumerate(players):
            if index == 0:
                for _ in range(14):
                    player.get_ma(mahjongs)
            else:
                for _ in range(13):
                    player.get_ma(mahjongs)

        for player in players:
            display(player)

if __name__ == '__main__':
        main()
```

或：

```
from random import randrange, shuffle

class Piece(object):

    def __init__(self, suite, face):
        self._suite = suite
        self._face = face

    @property
    def suite(self):
        return self._suite

    @property
    def face(self):
        return self._face

    def __str__(self):
```

```
        return str(self._face) + self._suite

class Mahjong(object):

    def __init__(self):
        self._pieces = []
        self._index = 0
        suites = ['筒', '条', '万']
        for suite in suites:
            for face in range(1, 10):
                for _ in range(4):
                    piece = Piece(suite, face)
                    self._pieces.append(piece)

    def shuffle(self):
        self._index = 0
        shuffle(self._pieces)

    @property
    def next(self):
        piece = self._pieces[self._index]
        self._index += 1
        return piece

    @property
    def has_next(self):
        return self._index < len(self._pieces)


class Player(object):

    def __init__(self, name):
        self._name = name
        self._pieces_on_hand = []

    @property
    def name(self):
        return self._name

    @property
    def pieces(self):
        return self._pieces_on_hand

    def get(self, piece):
        self._pieces_on_hand.append(piece)

    def drop(self, index):
        return self._pieces_on_hand.pop(index)

    def clear(self):
        self._pieces_on_hand.clear()

    def sort(self):
        self._pieces_on_hand.sort(key=get_key)

def get_key(piece):
    return piece.suite, piece.face
```

```
def display(player):
    print(player.name, end=': ')
    for piece in player.pieces:
        print(piece, end=' ')
    print()

def main():
    mahjong = Mahjong()
    mahjong.shuffle()
    players = [Player('东邪'), Player('西毒'), Player('南帝'), Player('北丐')]
    for _0 in range(3):
        for player in players:
            for _1 in range(4):
                player.get(mahjong.next)
    players[0].get(mahjong.next)
    for player in players:
        player.get(mahjong.next)
    for player in players:
        player.sort()
        display(player)

if __name__ == '__main__':
    main()
```

【真题 212】Python 中变量的作用域有哪些？

答案：在 Python 中，一个变量的作用域总是由在代码中被赋值的地方所决定。Python 会按照如下顺序搜索变量：

本地作用域（Local）--->当前作用域被嵌入的本地作用域（Enclosing locals）--->全局/模块作用域（Global）--->内置作用域（Built-in）。

【真题 213】如何获取 1~100 中能被 6 整除的偶数？

答案：程序如下：

```
alist = []
for i in range(1,100):
    if i % 6 == 0:
        alist.append(i)
print(alist)
```

运行结果：

```
[6, 12, 18, 24, 30, 36, 42, 48, 54, 60, 66, 72, 78, 84, 90, 96]
```

【真题 214】什么是缺省参数？

答案：缺省参数指在调用函数的时候没有传入参数的情况下，调用默认的参数，在调用函数的同时赋值时，所传入的参数会替代默认参数。

【真题 215】为什么函数名字可以被当作参数使用？

答案：Python 中一切皆对象，函数名是函数在内存中的地址引用，也是一个对象。

【真题 216】递归函数停止的条件有哪些？

答案：递归的终止条件一般定义在递归函数内部，在递归调用前要做一个条件判断，根据判断的结果选择是继续调用自身，还是 return；返回终止递归。终止的条件包括：

① 判断递归的次数是否达到某一限定值。

② 判断运算的结果是否达到某个范围等，根据设计的目的来选择。

【真题 217】回调函数是如何通信的？

答案：回调函数是把函数的指针（地址）作为参数传递给另一个函数，将整个函数当作一个对象，赋值给调用的函数。

【真题 218】请尝试用“一行代码”实现将 1-N 进行分组，每三个数字被分为一组，例如 1～10。

答案：程序如下:

```
print([[x for x in range(1,10)] [i:i+3] for i in range(0,10,3)])
```

运行结果：

```
[[1, 2, 3], [4, 5, 6], [7, 8, 9], []]
```

【真题 219】下面程序运行的结果是什么？

```
def    add(a,s_list=[]):
    s_list.append(a)
    return s_list

print(add(1))
print(add(2))
print(add(3))
```

运行结果：

```
[1]
[1, 2]
[1, 2, 3]
```

【真题 220】请写出运行结果，并回答问题。

```
tpl = (1, 2, 3, 4, 5)
apl = (6, 7, 8, 9)
print(tpl.__add__(apl))
```

请问，tpl 的值发生变化了吗？运行结果为(1,2,3,4,5,6,7,8,9)。

答案：元组是不可变的，它生成了新的对象。

【真题 221】请写出运行结果，并回答问题。

```
name = ('James', 'Wade', 'Kobe')
team = ['A', 'B', 'C']

tpl = {name: team}
print(tpl)
apl = {team: name}
print(apl)
```

请问，这段代码能运行完毕吗？为什么？它的运行结果是什么？

答案：这段代码不能完整运行，它会在 apl 处抛出异常，因为字典的键只能是不可变对象，而 list 是可变的，所以不能作为字典的键。运行结果是：

```
{('James', 'Wade', 'Kobe'): ['A', 'B', 'C']}
TypeError
```

3.2 模块

3.2.1 什么是模块？它有什么好处？

在 Python 中，一个.py 文件就被称之为一个模块（Module）。模块提高了代码的可维护性，同时模块还可以被其他地方引用。一个包含许多 Python 代码的文件夹是一个包。一个包可以包含模块和子文件夹。在 Python 中，模块是搭建程序的一种方式。模块一般分为以下几种：

① 内置模块：例如 os、random、time 和 sys 模块。

② 第三方模块：别人写好的模块，可以拿来使用，但是使用第三方模块前，需要首先使用 pip 命令（第三方包管理工具）安装。

③ 自定义模块：程序员自己写的模块。

3.2.2 模块有哪几种导入方式？

在 Python 中，用 import 或者 from ... import ...来导入相应的模块。

① 将整个模块（somemodule）导入，格式为：import somemodule。

② 从某个模块中导入某个函数，格式为：from somemodule import somefunction。

③ 从某个模块中导入多个函数，格式为：from somemodule import firstfunc,secondfunc,thirdfunc。

④ 将某个模块中的全部函数导入，格式为：from somemodule import *。

⑤ 起别名导入，例如：

- 给模块起别名，如 import random as rr，以后在代码中只能使用别名，不能使用原名。
- 给函数等起别名，如 from random import randint as rint，以后在代码中只能使用函数别名，不能使用原名。

3.2.3 os 和 sys 模块的区别有哪些？

os 模块是负责程序与操作系统的交互，提供了访问操作系统底层的接口，而 sys 模块是负责程序与 Python 解释器的交互，提供了一系列的函数和变量，用于操控 Python 时运行的环境。

常用的 os 模块的方法有：

序　号	方　法	描　述
1	os.access(path,mode)	检验权限模式
2	os.chdir(path)	改变当前工作目录
3	os.chflags(path,flags)	设置路径的标记为数字标记
4	os.chmod(path,mode)	更改权限
5	os.chown(path,uid,gid)	更改文件所有者
6	os.chroot(path)	改变当前进程的根目录
7	os.close(fd)	关闭文件描述符 fd
8	os.closerange(fd_low,fd_high)	关闭所有文件描述符，从 fd_low（包含）到 fd_high（不包含），错误会忽略
9	os.dup(fd)	复制文件描述符 fd
10	os.dup2(fd,fd2)	将一个文件描述符 fd 复制到另一个 fd2
11	os.environ	获取当前系统的环境变量
12	os.environ.get("path")	获取指定的环境变量
13	os.fchdir(fd)	通过文件描述符改变当前工作目录
14	os.fchmod(fd,mode)	改变一个文件的访问权限，该文件由参数 fd 指定，参数 mode 是 Unix 下的文件访问权限
15	os.fchown(fd,uid,gid)	修改一个文件的所有权，这个函数修改一个文件的用户 ID 和用户组 ID，该文件由文件描述符 fd 指定
16	os.fdatasync(fd)	强制将文件写入磁盘，该文件由文件描述符 fd 指定，但是不强制更新文件的状态信息
17	os.fdopen(fd[,mode[,bufsize]])	通过文件描述符 fd 创建一个文件对象，并返回这个文件对象
18	os.fpathconf(fd,name)	返回一个打开的文件的系统配置信息。name 为检索的系统配置的值，它也许是一个定义系统值的字符串，这些名字在很多标准中指定（POSIX、Unix 95、Unix 98 和其他）

（续）

序　号	方　法	描　述
19	os.fstat(fd)	返回文件描述符 fd 的状态，像 stat()
20	os.fstatvfs(fd)	返回包含文件描述符 fd 的文件的文件系统的信息，像 statvfs()
21	os.fsync(fd)	强制将文件描述符为 fd 的文件写入硬盘
22	os.ftruncate(fd,length)	裁剪文件描述符 fd 对应的文件，所以它最大不能超过文件大小
23	os.getcwd()	获取当前程序所在的目录
24	os.getcwdu()	返回一个当前工作目录的 Unicode 对象
25	os.isatty(fd)	如果文件描述符 fd 是打开的，同时与 tty(-like)设备相连，则返回 True，否则 False
26	os.lchflags(path,flags)	设置路径的标记为数字标记，类似 chflags()，但是没有软链接
27	os.lchmod(path,mode)	修改连接文件权限
28	os.lchown(path,uid,gid)	更改文件所有者，类似 chown，但是不追踪链接
29	os.link(src,dst)	创建硬链接，名为参数 dst，指向参数 src
30	os.listdir(path)	返回 path 指定的文件夹包含的文件或文件夹的名字的列表
31	os.lseek(fd,pos,how)	设置文件描述符 fd 当前位置为 pos，how 方式修改：SEEK_SET 或者 0 设置从文件开始的计算的 pos；SEEK_CUR 或者 1 则从当前位置计算；os.SEEK_END 或者 2 则从文件尾部开始。在 unix、Windows 中有效
32	os.lstat(path)	像 stat()，但是没有软链接
33	os.major(device)	从原始的设备号中提取设备 major 号码（使用 stat 中的 st_dev 或者 st_rdev field）
34	os.makedev(major,minor)	以 major 和 minor 设备号组成一个原始设备号
35	os.makedirs(path[,mode])	递归文件夹创建函数。像 mkdir()，但创建的所有 intermediate-level 文件夹需要包含子文件夹
36	os.minor(device)	从原始的设备号中提取设备 minor 号码（使用 stat 中的 st_dev 或者 st_rdev field）
37	os.mkdir(path[,mode])	以数字 mode 的 mode 创建一个名为 path 的文件夹.默认的 mode 是 0777(八进制)
38	os.mkfifo(path[,mode])	创建命名管道，mode 为数字，默认为 0666（八进制）
39	os.mknod(filename[,mode=0600,device])	创建一个名为 filename 文件系统节点（文件，设备特别文件或者命名 pipe）
40	os.name	查看系统类型，nt 表示 windows，posix 表示 linux
41	os.open(file,flags[,mode])	打开一个文件，并且设置需要的打开选项，mode 参数是可选的
42	os.openpty()	打开一个新的伪终端对，返回 pty 和 tty 的文件描述符
43	os.path	获取文件的属性信息
44	os.path.basename(path)	path 可以目录或者文件，返回的是最后一个斜线后面的部分
45	os.path.dirname(path)	path 可以目录或者文件，返回的是最后一个斜线前面的部分
46	os.path.exists(path)	判断 path 路径是否存在，文件夹和文件都能判断
47	os.path.getsize(path)	获取的文件或者文件夹的大小，以字节为单位
48	os.path.isdir(path)	判断是不是文件夹
49	os.path.isfile(path)	判断是不是文件
50	os.path.join(p1,p2)	拼接 p1 和 p2，将其拼接为可用的路径，p2 可以是文件也可以是文件夹
51	os.path.split()	将路径按照最后一个斜线进行切割
52	os.path.splitext(path)	得到文件的后缀名
53	os.pathconf(path,name)	返回相关文件的系统配置信息
54	os.pipe()	创建一个管道。返回一对文件描述符（r,w）分别为读和写
55	os.popen(command[,mode[,bufsize]])	从一个 command 打开一个管道
56	os.read(fd,n)	从文件描述符 fd 中读取最多 n 个字节，返回包含读取字节的字符串，文件描述符 fd 对应文件已达到结尾，返回一个空字符串

（续）

序　号	方　法	描　述
57	os.readlink(path)	返回软链接所指向的文件
58	os.remove(path)	删除路径为 path 的文件。如果 path 是一个文件夹，那么将抛出 OSError；查看下面的 rmdir()删除一个 directory
59	os.removedirs(path)	递归删除目录
60	os.rename(src,dst)	重命名文件或目录，从 src 到 dst
61	os.renames(old,new)	递归地对目录进行更名，也可以对文件进行更名
62	os.rmdir(path)	删除 path 指定的空目录，如果目录非空，则抛出一个 OSError 异常
63	os.stat(path)	获取 path 指定的路径的信息，功能等同于 C API 中的 stat()系统调用
64	os.stat_float_times([newvalue])	决定 stat_result 是否以 float 对象显示时间戳
65	os.statvfs(path)	获取指定路径的文件系统统计信息
66	os.symlink(src,dst)	创建一个软链接
67	os.system(command)	执行系统指令，例如 cls
68	os.tcgetpgrp(fd)	返回与终端 fd（一个由 os.open()返回的打开的文件描述符）关联的进程组
69	os.tcsetpgrp(fd,pg)	设置与终端 fd（一个由 os.open()返回的打开的文件描述符）关联的进程组为 pg
70	os.tempnam([dir[,prefix]])	Python 3 中已删除。返回唯一的路径名用于创建临时文件
71	os.tmpfile()	Python 3 中已删除。返回一个打开的模式为(w+b)的文件对象。该文件对象没有文件夹入口，没有文件描述符，将会自动删除
72	os.tmpnam()	Python 3 中已删除。为创建一个临时文件返回一个唯一的路径
73	os.ttyname(fd)	返回一个字符串，它表示与文件描述符 fd 关联的终端设备。如果 fd 没有与终端设备关联，则引发一个异常
74	os.unlink(path)	删除文件路径
75	os.utime(path,times)	返回指定的 path 文件的访问和修改的时间
76	os.walk(top[,topdown=True[,onerror=None[,followlinks=False]]])	输出在文件夹中的文件名通过在树中游走，向上或者向下
77	os.write(fd,str)	写入字符串到文件描述符 fd 中，返回实际写入的字符串长度

【真题 222】列出当前目录下的所有文件和目录名。

答案：代码如下所示：

```
import os
for d in os.listdir('.'):
    print(d)
```

此外也可以使用列表推导式来实现，示例代码如下：

```
[d for d in os.listdir('.')]
```

【真题 223】利用 Python 执行 shell 脚本取得返回结果。

答案：可以使用 subprocess 模块：

```
import subprocess
result = subprocess.getoutput('dir')
print(result)
```

【真题 224】输出某个路径下的所有文件和文件夹的路径。

答案：代码如下所示：

```
def print_dir():
  filepath = input("请输入一个路径：")
  if filepath == "":
    print("请输入正确的路径")
```

```
        else:
            for i in os.listdir(filepath):              #获取目录中的文件及子目录列表
                print(os.path.join(filepath,i))         #把路径组合起来

print(print_dir())
```

【真题 225】输出某个路径及其子目录下的所有文件路径。

答案：代码如下所示：

```
def show_dir(filepath):
    for i in os.listdir(filepath):
        path = (os.path.join(filepath, i))
        print(path)
        if os.path.isdir(path):                     #isdir()判断是否是目录
            show_dir(path)                          #如果是目录，使用递归方法

filepath = "C:\Program Files\Internet Explorer"
show_dir(filepath)
```

【真题 226】输出某个路径及其子目录下所有以.html 为后缀的文件。

答案：代码如下所示：

```
def print_dir(filepath):
    for i in os.listdir(filepath):
        path = os.path.join(filepath, i)
        if os.path.isdir(path):
            print_dir(path)
        if path.endswith(".html"):
            print(path)

filepath = "E:\PycharmProjects"
print_dir(filepath)
```

【真题 227】随机生成 100 个数，然后写入文件。

答案：程序设计思路：

① 打开一个新文件。

② 随机生成一个数（整数或小数），并将该数写入文件中。

③ 循环第 2 步，直到完成 100 个随机数的生成。

```
# 打开一个文件
fp = open("c:\\a.txt", "w")
for i in range(1, 101):
    # 生成一个随机整数
    n = random.randint(1, 1000)
    fp.write(str(i) + " " + str(n) + "\n")
fp.close()
```

【真题 228】有一个使用 urf8 编码的文件 a.txt，文件路径是 C 盘根目录，请写一段程序逐行读入这个文本文件，并在屏幕（GBK 编码）上打印出来。

答案：注意文件的编码方式：

```
#coding=utf-8
import chardet # 查看字符串的编码方式模块

fp = open("c:\\me.txt")
lines = fp.readlines()
fp.close()
```

```
for line in lines:
    print line.decode("utf-8").encode("gbk", "ignore")
```

【真题 229】用 Python 删除文件和用 linux 命令删除文件方法分别是什么？

答案：在 Linux 中可以使用 rm 命令，Python 可以使用 os.remove(文件名)：

```
import os
file = r'D:\test.txt'
if os.path.exists(file):
    os.remove(file)
    print('delete success')
else:
    print('no such file:%s' % file)
```

【真题 230】如何用 Python 获取当前目录？

答案：可以使用函数 getcwd()，从模块 os 中将其导入。

```
>>> import os
>>> os.getcwd()
'C:\Users\lhr\AppData\Local\Programs\Python\Python36-32'
>>> type(os.getcwd)
<class 'builtin_function_or_method'>
```

可以用 chdir()修改当前工作目录。

```
>>> os.chdir('C:\Users\lhr\Desktop')
>>> os.getcwd()
'C:\Users\lhr\Desktop'
```

【真题 231】如何以相反顺序展示一个文件的内容？

答案：可以使用 reversed()函数。假设这里要使用的文件是 Today.txt，其内容如下：

```
OS, DBMS, DS, ADA
HTML, CSS, jQuery, JavaScript
Python, C++, Java
This sem’s subjects
Debugger
itertools
Container
```

将内容读取为一个列表，然后在上面调用 reversed()函数：

```
for line in reversed(list(open('Today.txt'))):
        print(line.rstrip())
```

如果没有调用 rstrip()，那么会在输出中得到空行。

【真题 232】os.path 和 sys.path 分别代表什么？

答案：os.path 主要是用于对系统路径文件的操作。sys.path 主要是对 Python 解释器的系统环境参数的操作（动态地改变 Python 解释器搜索路径）。

3.2.4 “__name__”属性的作用是什么？

一个模块被另一个程序第一次引入时，其主程序将全部运行。如果想在模块被引入时，模块中的某一程序块不执行，那么此时可以用“__name__”属性来使该程序块仅在该模块自身运行时执行。

每个模块都有一个“__name__”属性，当其值是“__main__”时，表明该模块自身在运行，否则是被引入。需要注意的是，“__name__”与“__main__”底下是双下划线。

```
# Filename: using_name.py
if __name__ == '__main__':
    print('程序自身在运行')
else:
    print('我来自另一模块')
```

运行输出如下：

```
$ python using_name.py
程序自身在运行
```

如果导入该模块后，那么运行结果如下所示：

```
>>> import using_name
我来自另一模块
```

3.2.5 dir()函数的作用是什么?

内置函数 dir()可以找到模块内定义的所有名称，以一个字符串列表的形式返回。当内置的 dir()函数不带参数时，返回当前范围内的变量、方法和定义的类型列表；当带参数时，返回参数的属性、方法列表。如果参数包含方法“__dir__()”，那么该方法将被调用。如果参数不包含“__dir__()”，那么该方法将最大限度地收集参数信息。

示例：

```
>>> a=1
>>> dir()
['__annotations__','__builtins__','__doc__','__loader__','__name__','__package__','__spec__', 'a']
>>> dir([])
['__add__', '__class__', '__contains__', '__delattr__', '__delitem__', '__dir__', '__doc__', '__eq__', '__format__', '__ge__',
'__getattribute__', '__getitem__', '__gt__', '__hash__', '__iadd__', '__imul__', '__init__', '__init_subclass__', '__iter__', '__le__', '__len__', '__lt__',
'__mul__','__ne__','__new__','__reduce__','__reduce_ex__','__repr__','__reversed__','__rmul__','__setattr__','__setitem__','__sizeof__','__str__',
'__subclasshook__', 'append', 'clear', 'copy', 'count', 'extend', 'index', 'insert', 'pop', 'remove', 'reverse', 'sort']
```

3.2.6 读写文件常用的方法有哪些?

Python 的 open()方法用于打开一个文件，并返回文件对象，在对文件进行处理的过程中都需要使用到这个对象。如果该文件无法被打开，那么会抛出 OSError。使用 open()方法一定要保证在使用结束后关闭文件对象，即调用 close()方法。

open()函数常用形式是接收两个参数：文件名（file）和模式（mode），基本语法格式如下：

```
open(file,mode)
```

完整的语法格式为

```
open(file, mode='r', buffering=-1, encoding=None, errors=None, newline=None, closefd=True, opener=None)
```

参数说明：

- file：必需，文件路径（相对或者绝对路径）。
- mode：可选，文件打开模式。
- buffering：设置缓冲。
- encoding：一般使用 utf8。
- errors：报错级别。
- newline：区分换行符。
- closefd：传入的 file 参数类型。

mode 参数可选的值有：

模　式	描　述
t	文本模式（默认）
x	写模式，新建一个文件，如果该文件已存在则会报错
b	二进制模式
+	打开一个文件进行更新（可读可写）
U	通用换行模式（不推荐）
r	以只读方式打开文件。文件的指针将会放在文件的开头。这是默认模式
rb	以二进制模式打开一个文件用于只读。文件指针将会放在文件的开头。这是默认模式。一般用于非文本文件如图片等
r+	打开一个文件用于读写。文件指针将会放在文件的开头
rb+	以二进制模式打开一个文件用于读写。文件指针将会放在文件的开头。一般用于非文本文件如图片等
w	打开一个文件只用于写入。如果该文件已存在，则打开文件，并从开头开始编辑，即原有内容会被删除。如果该文件不存在，创建新文件
wb	以二进制模式打开一个文件只用于写入。如果该文件已存在，则打开文件，并从开头开始编辑，即原有内容会被删除。如果该文件不存在，创建新文件。一般用于非文本文件如图片等
w+	打开一个文件用于读写。如果该文件已存在，则打开文件，并从开头开始编辑，即原有内容会被删除。如果该文件不存在，创建新文件
wb+	以二进制模式打开一个文件用于读写。如果该文件已存在，则打开文件，并从开头开始编辑，即原有内容会被删除。如果该文件不存在，那么创建新文件。一般用于非文本文件如图片等
a	打开一个文件用于追加。如果该文件已存在，文件指针将会放在文件的结尾。也就是说，新的内容将会被写入到已有内容之后。如果该文件不存在，那么创建新文件进行写入
ab	以二进制模式打开一个文件用于追加。如果该文件已存在，文件指针将会放在文件的结尾。也就是说，新的内容将会被写入到已有内容之后。如果该文件不存在，创建新文件进行写入
a+	打开一个文件用于读写。如果该文件已存在，文件指针将会放在文件的结尾。文件打开时会是追加模式。如果该文件不存在，创建新文件用于读写
ab+	以二进制模式打开一个文件用于追加。如果该文件已存在，文件指针将会放在文件的结尾。如果该文件不存在，创建新文件用于读写

默认值为文本模式，如果要以二进制模式打开，那么应该加上 b。下图很好地总结了这几种模式：

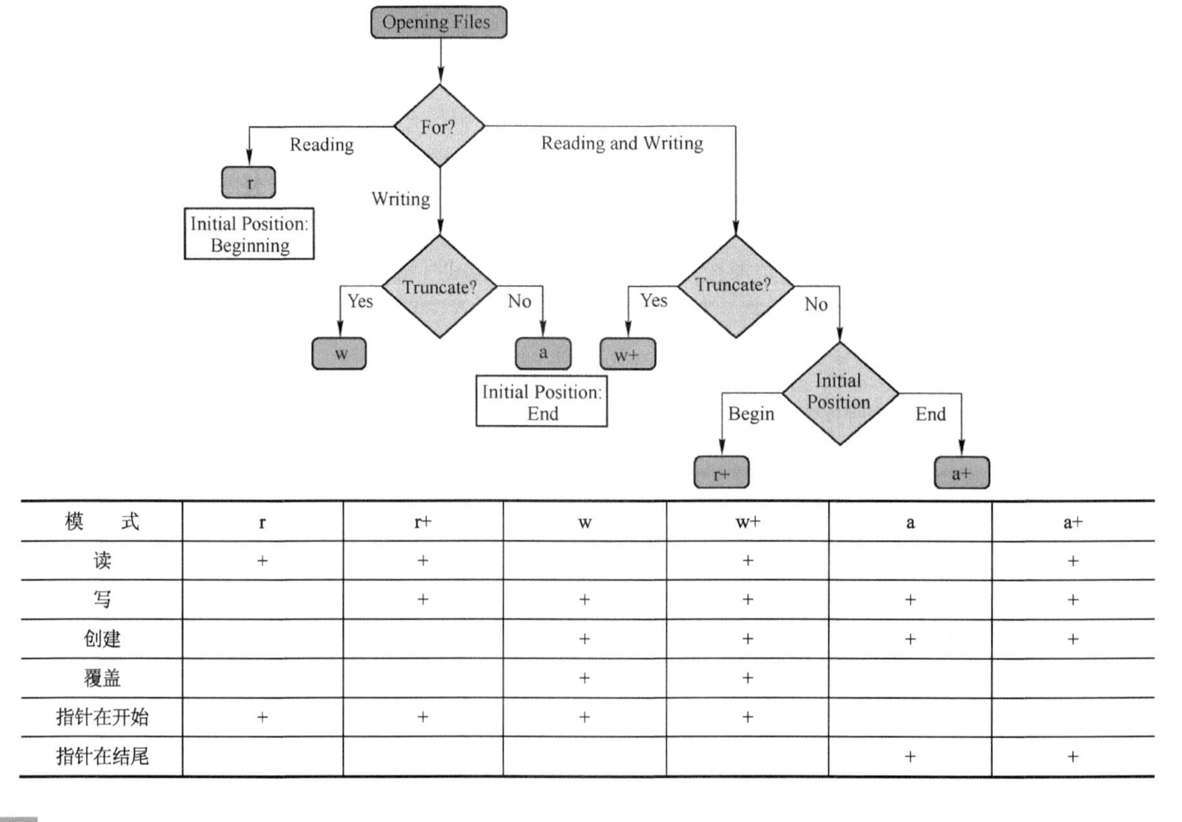

模　式	r	r+	w	w+	a	a+
读	+	+		+		+
写		+	+	+	+	+
创建			+	+	+	+
覆盖			+	+		
指针在开始	+	+	+	+		
指针在结尾					+	+

file 对象使用 open 函数来创建，下表列出了 file 对象常用的函数：

序　号	方　法	描　述
1	file.close()	关闭文件。关闭后文件不能再进行读写操作
2	file.flush()	刷新文件内部缓冲，直接把内部缓冲区的数据立刻写入文件，而不是被动地等待输出缓冲区写入
3	file.fileno()	返回一个整型的文件描述符（file descriptor FD 整型），可以用在如 os 模块的 read 方法等一些底层操作上
4	file.isatty()	如果文件连接到一个终端设备返回 True，否则返回 False
5	file.next()	返回文件下一行
6	file.read([size])	从文件读取指定的字节数，如果未给定或为负，则读取所有的内容
7	file.readline([size])	读取整行，包括“\n”字符
8	file.readlines([sizeint])	读取所有行并返回列表，若给定 sizeint>0，返回总和大约为 sizeint 字节的行，实际读取值可能比 sizeint 大,因为需要填充缓冲区
9	file.seek(offset[,whence])	设置文件当前位置
10	file.tell()	返回文件当前位置
11	file.truncate([size])	从文件的首行首字符开始截断，截断文件为 size 个字符，无 size 表示从当前位置截断；截断之后后面的所有字符被删除，其中 Windows 系统下的换行代表 2 个字符大小
12	file.write(str)	将字符串写入文件，返回的是写入的字符长度
13	file.writelines(sequence)	向文件写入一个序列字符串列表，如果需要换行则要自己加入每行的换行符

【真题 233】简述 with 方法打开文件做了什么？

答案：打开文件在进行读写的时候可能会出现一些异常状况，如果按照常规的 f.open 写法，那么需要 try、except 和 finally 来做异常判断，并且文件最终不管遇到什么情况，都要执行 finally f.close()关闭文件，with 方法默认实现了 finally 中 f.close。

【真题 234】有一个文本文件路径为 baseDir，名字为 test.txt 的文件，要求以 with 方式打开，并打印每一行文本，而且要求文件路径考虑跨平台问题。

答案：程序如下所示：

```
import os
baseDir = r'C:\Users\xiaomaimiao'
filename = 'test.txt'
file_path = os.path.join(baseDir,filename)
with open(file_path,'r') as f:
    for line in f.readlines():
        print(line)
```

【真题 235】设计一个函数返回给定文件名的后缀？

答案：可以使用 os 模块的 os.path.splitext 函数，也可以自定义函数。自定义函数如下所示：

```
def get_suffix(filename, has_dot=False):

    """
    获取文件名的后缀名

    :param filename: 文件名
    :param has_dot: 返回的后缀名是否需要带点

    :return: 文件的后缀名
    """

    pos = filename.rfind('.')
    if 0 < pos < len(filename) - 1:
```

```
            index = pos if has_dot else pos + 1
            return filename[index:]
        else:
            return ''

print(get_suffix('a.txt'))
```

运行结果：txt。

【真题 236】简述 read、readline、readlines 的区别。

答案：read 读取整个文件；readline 读取下一行数据，使用生成器方法；readlines 读取整个文件到一个迭代器以供遍历使用，比较方便。

【真题 237】现有一个 jsonline 格式的文件 file.txt，大小约为 10KB，之前处理文件的代码如下所示：

```
from multiprocessing import Pool
def get_lines():
    l = []
    with open('file.txt','rb') as f:
        for eachline in f:
            l.append(eachline)
    return l

if __name__ == '__main__':
    for e in get_lines():
        process(e) #处理每一行数据
```

现在要处理一个大小为 10GB 的文件，但是内存只有 4GB，如果在只修改 get_lines 函数而其他代码保持不变的情况下，应该如何实现？需要考虑的问题都有哪些？

答案：要考虑到的问题有：内存只有 4GB，因此无法一次性读入 10GB 的文件，需要分批读入。分批读入数据要记录每次读入数据的位置。分批每次读入数据的大小，如果太小就会在读取操作上花费过多时间。

get_lines 函数修改后的结果：

```
def get_lines():
    l = []
    with open('file.txt','rb') as f:
        data = f.readlines(60000)
        l.append(data)
        yield l
```

3.2.7 pickle 模块的作用是什么？

将对象写入文件或者数据库中，称之为数据的持久化保存。序列化（Serialization）是将对象的状态信息转换为可以存储或传输的形式的过程。一般将一个对象存储至一个储存媒介，例如档案或是记忆体缓冲等。在网络传输过程中，可以是字节或是 XML 等格式。而字节或 XML 编码格式可以还原完全相等的对象。这个相反的过程又被称为反序列化。

在 Python 中，可以借助 pickle 模块对对象进行序列化或反序列化，可以实现一个对象持久化保存。

1）序列化后存入文件：

```
pickle.dump(对象, 文件对象)
```

从文件中反序列化对象：

```
pickle.load(文件对象)
```

2）将对象序列化后，放入字符串：

```
string = pickle.dumps(对象)
```

从字符串反序列化对象：

```
s2 = pickle.loads(string)
```

示例：

```
import pickle

class Student:

    def __init__(self):
        self.name = 'zhangsan'
        self.age = 12

    def shopping(self, item):
        print('buy %s'%item)

s = Student()
print(s.name)

#序列化,向文件中写入数据,文件名和后缀随便写
# with open('D:/stu.data', 'wb') as fr:
#     pickle.dump(s, fr)

#反序列化，要从文件中读取数据
# with open('D:/stu.data', 'rb') as fr:
#     s1 = pickle.load(fr)
#     print(s1.name)
#     print(s1.age)
#     s1.shopping('cai')

#序列化后存入字符串
info = pickle.dumps(s)
print(info)
#通过字符串进行反序列化
s2 = pickle.loads(info)
print(s2.name)
```

运行结果：

```
zhangsan
b'\x80\x03c__main__\nStudent\nq\x00)\x81q\x01}q\x02(X\x04\x00\x00\x00nameq\x03X\x08\x00\x00\x00zhangsanq\x04X\x03\x00\x00\x00ageq\x05K\x0cub.'
zhangsan
```

【真题 238】请实现下面对象的序列化和反序列化。

```
class User():
    name='user1'
    age=30
```

答案：使用的模块是 pickle，需要注意以下几点：

① 只能在 Python 中使用，只支持 Python 的基本数据类型。

② 可以处理复杂的序列化语法（例如自定义的类的方法、游戏的存档等）。

③ 序列化的时候，只是序列化了整个序列对象，而不是内存地址。

pickle.dumps()方法可以把任意对象序列化成一个 bytes。所以首先需要创建一个对象即 u=User()，然

后再把这个对象序列化，例如：

```
u = User()
bytes=pickle.dumps(u)
```

反序列化可以使用 pickle.loads()方法反序列化出对象，例如：

```
object=pickle.loads(bytes)
```

3.2.8 Python 里面如何生成随机数?

在 Python 中用于生成随机数的模块是 random，在使用前需要使用 import 导入模块。

- random.random()：生成一个 0～1 之间的随机浮点数。
- random.uniform(a, b)：生成[a,b]之间的浮点数。
- random.randint(a, b)：生成[a,b]之间的整数。
- random.randrange(a, b, step)：在指定的集合[a,b)中，以 step 为基数随机取一个数。
- random.choice(sequence)：从特定序列中随机取一个元素，这里的序列可以是字符串、列表、元组等。例如：

```
>>> list1 = [1,2,3,'a','this']
>>> random.choice(list1)
1
```

- random.sample：从指定序列中随机获取指定长度的片断：

```
>>> list1 = [1,2,3,'a','this']
>>> random.sample(list1,3)
[3, 'this', 'a']
>>> random.sample(list1,3)
['this', 3, 'a']
```

【真题 239】如何打乱一个排好序的 list 对象？

答案：可以使用 random 模块的 shuffle 函数（洗牌函数）。shuffle()函数可以将序列的所有元素随机排序。如下所示：

```
import random

list = [20, 16, 10, 5];
random.shuffle(list)
print("随机排序列表 : ",   list)

random.shuffle(list)
print("随机排序列表 : ",   list)
```

运行结果：

```
随机排序列表 :  [5, 20, 10, 16]
随机排序列表 :  [5, 16, 20, 10]
```

【真题 240】给出随机生成验证码的两种方式，验证码由数字和字母组成。

答案：方法一：

```
import random
list1=[]
for i in range(65,91):
    list1.append(chr(i))            #通过 for 循环遍历 asii 追加到空列表中
for j in range (97,123):
    list1.append(chr(j))
```

```
for k in range(48,58):
    list1.append(chr(k))
ma = random.sample(list1,6)
print(ma)                          #获取到的为列表
ma = ''.join(ma)                   #将列表转化为字符串
print(ma)
```

运行结果：

```
['b', 'r', '3', 'y', 'W', 'V']
br3yWV
```

方法二：

```
import random,string
str1 = "0123456789"
str2 = string.ascii_letters        # string.ascii_letters 包含所有字母（大写或小写）的字符串
str3 = str1+str2
ma1 = random.sample(str3,6)        #多个字符中选取特定数量的字符
ma1 = ''.join(ma1)                 #使用 join 拼接转换为字符串
print(ma1)                         #通过引入 string 模块和 random 模块使用现有的方法
```

运行结果：

```
PXrKla
```

【真题 241】请完成随机猜数字小游戏。

答案：程序如下所示：

```
#随机数字小游戏
import random
i = 1
a = random.randint(0,10)
b = int( input('请输入 0-10 中的一个数字，然后查看是否与电脑一样：'))
while a != b:
    if a > b:
        print('你第%d 输入的数字小于电脑随机数字'%i)
        b = int(input('请再次输入数字:'))
    else:
        print('你第%d 输入的数字大于电脑随机数字'%i)
        b = int(input('请再次输入数字:'))
    i+=1
else:
    print('恭喜你，你第%d 次输入的数字与电脑的随机数字%d 一样'%(i,b))
```

3.2.9　pip 是什么?

JavaScript 使用 npm 管理软件包，Ruby 使用 gem，以及.NET 使用 NuGet，而在 Python 中，则是用 pip 作为 Python 的标准包管理器，使用 pip 命令可以安装和管理不属于 Python 标准库的其他软件包。软件包管理极其重要，所以，自 Python 2.7.9 版本开始，pip 一直被直接包括在 Python 的安装包内，同样还被用于 Python 的其他项目中，这使得 pip 成为每一个 Pythonista（Python 用户）必备的工具。

Python 的安装包中自带了 pip，所以可以直接使用它。可以通过在控制台中运行以下命令来验证 pip 是否可用：

```
C:\Users\lihuarong>pip --version
pip 19.1 from d:\program files\python\python36-32\lib\site-packages\pip (python 3.6)
```

这里的输出结果显示了 pip 的版本以及安装位置还有 Python 的版本。

可以使用以下命令来升级 pip 软件：

```
python -m pip install --upgrade pip
```

可以使用命令“pip list”命令查看环境中安装了哪些软件包：

```
C:\Users\lihuarong>pip list
Package                          Version
-------------------------------- -------
backcall                          0.1.0
bleach                            3.0.2
... ...
wcwidth                           0.1.7
webencodings                      0.5.1
widgetsnbextension                3.4.2
yapf                              0.27.0
```

命令 pip install 会查找并安装软件包的最新版本，同时还会搜索软件包元数据中的依赖列表，并安装这些依赖以确保软件包满足所有的需求。使用 pip 中的 show 命令可以查看包的元数据信息：

```
C:\Users\lihuarong>pip install requests
Collecting requests
  Downloading
https://files.pythonhosted.org/packages/7d/e3/20f3d364d6c8e5d2353c72a67778eb189176f08e873c9900e10c0287b84b/requests-2.21.0-py2.py3-none-any.whl (57kB)
    |████████████████████████████████| 61kB 98kB/s
Collecting chardet<3.1.0,>=3.0.2 (from requests)
  Downloading
https://files.pythonhosted.org/packages/bc/a9/01ffebfb562e4274b6487b4bb1ddec7ca55ec7510b22e4c51f14098443b8/chardet-3.0.4-py2.py3-none-any.whl (133kB)
    |████████████████████████████████| 143kB 34kB/s
Collecting certifi>=2017.4.17 (from requests)
  Downloading
https://files.pythonhosted.org/packages/60/75/f692a584e85b7eaba0e03827b3d51f45f571c2e793dd731e598828d380aa/certifi-2019.3.9-py2.py3-none-any.whl (158kB)
    |████████████████████████████████| 163kB 19kB/s
Collecting urllib3<1.25,>=1.21.1 (from requests)
  Downloading
https://files.pythonhosted.org/packages/01/11/525b02e4acc0c747de8b6ccdab376331597c569c42ea66ab0a1dbd36eca2/urllib3-1.24.3-py2.py3-none-any.whl (118kB)
    |████████████████████████████████| 122kB 21kB/s
Collecting idna<2.9,>=2.5 (from requests)
  Downloading
https://files.pythonhosted.org/packages/14/2c/cd551d81dbe15200be1cf41cd03869a46fe7226e7450af7a6545bfc474c9/idna-2.8-py2.py3-none-any.whl (58kB)
    |████████████████████████████████| 61kB 49kB/s
Installing collected packages: chardet, certifi, urllib3, idna, requests
Successfully installed certifi-2019.3.9 chardet-3.0.4 idna-2.8 requests-2.21.0 urllib3-1.24.3

C:\Users\lihuarong>pip show requests
Name: requests
Version: 2.21.0
Summary: Python HTTP for Humans.
Home-page: http://python-requests.org
Author: Kenneth Reitz
Author-email: me@kennethreitz.org
License: Apache 2.0
Location: d:\program files\python\python36-32\lib\site-packages
Requires: certifi, idna, urllib3, chardet
Required-by:
```

3.2.10 其他

【真题242】如何安装第三方模块？用过哪些第三方模块？

答案：使用 pip 命令进行安装，也可以下载源码进行解压安装。用过的第三方模块有：requests、PyMySQL、DbUtils及SQLAlchemy等。

【真题243】Python如何copy一个文件？

答案：shutil模块有一个copyfile函数可以实现文件复制。

【真题244】一个包里有三个模块，mod1.py、mod2.py和mod3.py，在使用“from demopack import *”导入模块时，如何才能保证只有mod1、mod3被导入？

答案：增加__init__.py文件，并在文件中增加：

```
__all__ = ['mod1', 'mod3']
```

【真题245】请列出任意一种统计图（条形图、折线图等）绘制的开源库。

答案：pychart、matplotlib等。

【真题246】什么是tkinter？

答案：tkinter是一款很知名的Python库，可以制作图形用户界面。其支持不同的GUI工具和窗口构件，例如按钮、标签及文本框等。这些工具和构件均有不同的属性，例如维度、颜色和字体等。

导入tkinter模块：

```
>>> import tkinter
>>> top=tkinter.Tk()
```

这会创建一个新窗口，然后可以在窗口上添加各个组件。

【真题247】Python中的help()和dir()函数的区别有哪些？

答案：help()函数是一个内置函数，用于查看函数或模块用途的详细说明：

```
>>> import copy
>>> help(copy.copy)
```

运行结果为

```
Help on function copy in module copy:
copy(x)
Shallow copy operation on arbitrary Python objects.
See the module’s __doc__ string for more info.
```

dir()函数也是Python内置函数，dir()函数不带参数时，返回当前范围内的变量、方法和定义的类型列表；带参数时，返回参数的属性、方法列表。

以下实例展示了dir的使用方法：

```
>>> dir(copy.copy)
['__annotations__','__call__','__class__','__closure__','__code__','__defaults__','__delattr__','__dict__','__dir__','__doc__','__eq__',
'__format__','__ge__','__get__','__getattribute__','__globals__','__gt__','__hash__','__init__','__init_subclass__','__kwdefaults__','__le__','__lt__',
'__module__', '__name__', '__ne__', '__new__', '__qualname__', '__reduce__', '__reduce_ex__', '__repr__', '__setattr__', '__sizeof__', '__str__',
'__subclas shook__']
```

【真题248】logging模块的作用以及应用场景有哪些？

答案：logging模块定义的函数和类为应用程序和库的开发实现了一个灵活的事件日志系统，可以了解程序运行情况是否正常。在程序出现故障时，可以快速定位出错地方及进行故障分析。

【真题249】Python的logging模块有几个常用的等级？

答案：日志级别：

```
critical>error>warning>info>debug,notset
```

级别越高打印的日志越少，即：

- Debug：打印全部的日志（notset 等同于 Debug）。
- info：打印 info、warning、error、critical 级别的日志。
- warning：打印 warning、error、critical 级别的日志。
- error：打印 error、critical 级别的日志。
- critical：打印 critical 级别的日志。

【真题 250】什么是 namedtuple？

答案：namedtuple 可以使用名称、标签获取一个元组的元素，将其从 collections 模块中导入。如下所示，它能用对象 Ayushi 的 Chemistry 属性获取 Chemistry 中的符号：

```
from collections import namedtuple
result=namedtuple('result','Physics Chemistry Maths') #format
Ayushi=result(Physics=86,Chemistry=95,Maths=86) #declaring the tuple
print(Ayushi.Chemistry)
```

运行结果：95。

【真题 251】如何在 Python 中创建自己的包？

答案：Python 中创建包是比较方便的，只需要在当前目录建立一个文件夹，文件夹中包含一个__init__.py 文件和若干个模块文件，其中__init__.py 可以是一个空文件，但还是建议将包中所有需要导出的变量放到__all__中，这样可以确保包的接口清晰明了、易于使用。

【真题 252】只有 4GB 内存怎么读取一个 5GB 的数据？

答案：可以使用以下几种方法：

方法一：可以通过生成器，分多次读取，每次读取数量相对少的数据（例如 500MB）进行处理，处理结束后在读取后面的 500MB 的数据。

方法二：可以通过 Linux 命令 split 切割成小文件，然后再对数据进行处理，此方法效率比较高。可以按照行数切割，可以按照文件大小切割。在 Linux 下可以使用 cat 命令进行文件合并。

【真题 253】常用的 Python 标准库都有哪些？

答案：常见的标准库有：操作系统（os）、系统相关的参数与函数（sys）、警告控制（warning）、时间（time）、随机数（random）、数据库连接（pymysql）、线程（threading）以及进程（multiprocessing）等。

第三方库有科学计算（Numpy、Scipy 和 Pandas 等）、绘图（Matplotlib、Pillow 和 Seaborn 等）、经典 Web 框架（Django 和 Flask）、爬虫框架（Scrapy）、机器学习框架（Keras、Tensorflow 和 Caffe 等）以及 requests、urllib、BeautifulSoup 和 Queue 等。

3.3 Python 的装饰器是什么？

装饰器本质上是一个 Python 函数，它可以让其他函数在不需要做任何代码变动的前提下增加额外功能，提高了代码的复用性。装饰器是一个函数，它接收一个函数返回另一个函数。装饰器主要有以下功能：

- 引入日志。
- 函数执行时间统计。
- 执行函数前预备处理。
- 执行函数后的清理功能。
- 权限校验等场景。
- 缓存。

装饰器其实就是一个以函数作为参数并返回一个替换函数的可执行函数。在不改动原函数代码的情况下，为其增加新的功能。wrapper()函数的参数定义是（*args, **kw），因此，wrapper()函数可以接受任意参数的调用。在 wrapper()函数内。例如下面的例子首先打印日志，再紧接着调用原始函数。

```
import time
import functools
def add():
    print('调用(add)函数时间: %s' % time.strftime('%Y-%m-%d %H:%M:%S'))

def log(func):
    def wrapper():
        # __name__可以获得函数名称
        print('调用%s 函数时间: %s' % (func.__name__, time.strftime('%Y-%m-%d %H:%M:%S')))
        func()
    return wrapper
add_wrap = log(add)
add_wrap()
```

运行结果：

```
调用 add 函数时间: 2019-01-18 13:33:15
调用(add)函数时间: 2019-01-18 13:33:15
```

【真题 254】是否使用过 functools 中的函数？其作用是什么？
答案：用于修复装饰器。

```
import functools

def deco(func):
    @functools.wraps(func)  # 加在最内层函数正上方
    def wrapper(*args, **kwargs):

        return func(*args, **kwargs)

    return wrapper

@deco
def index():
    '''哈哈哈哈'''
    x = 10
    print('from index')

print(index.__name__)
print(index.__doc__)

# 加@functools.wraps
# index
# 哈哈哈哈

# 不加@functools.wraps
# wrapper
# None
```

3.4 Python 的构造器是什么？

Python 的构造函数有固定的名字，通常构造函数的标识就是__init__(self)。在 Python 中，类都倾向于将对象创建为有初始化状态，因此类可以定义一个名为 init()的特殊方法来实例化一个对象，这个方法就是构造方法。构造方法也叫作构造器，是指当实例化一个对象（创建一个对象）的时候，第一个被自动调用的方法。构造函数在对象实例化的时候调用。构造方法与其他普通方法不同的地方在于，Python 构造函数也叫初始化函数。当一个对象被创建后，会立即调用构造方法。在 Python 中创建一个构造方法很简单，只需要把 init 方法的名字从简单的 init 修改为魔法版本__init__即可。

```
class fib:
```

```
        #构造方法
        def __init__(self):
            self.xxt = 29

#创建对象的过程中构造函数被自动调用
f = fib()                   # 类抽象出一个对象，python 思想一切皆对象
print(f.xxt)                # 通过对象来调用方法
```

运行结果：

```
29
```

如果给构造方法传递几个参数的话，需要怎么定义这个构造方法呢？

```
class fib:
    def __init__(self, name):  #构造函数，类接收外部传入参数全靠构造函数
        self.age = 29
        self.sex = 'femal'
        self.value = name


f = fib('xxt ')
print('name:', f.value, 'age:', f.age,'sex:',f.sex)
```

运行结果：

```
name: xxt   age: 29 sex: femal
```

3.5 Python 的生成器（Generator）是什么？

通过列表生成式可以直接创建一个列表，但是，列表生成式受到内存限制，因为列表容量肯定是有限的。如果创建一个包含 100 万个元素的列表，那么这将会占用很大的存储空间。若仅仅只访问前面几个元素，则后面绝大多数元素占用的空间都浪费了。所以，如果列表元素可以按照某种算法推算出来，那就可以在循环的过程中不断推算出后续的元素。这样就不必创建完整的 list，从而节省大量的空间。在 Python 中，这种一边循环一边计算的机制，被称为生成器（Generator）。生成器是实现迭代器的一种机制。其功能的实现依赖于 yield 表达式，除此之外它跟普通的函数没有两样。

1．简单生成器

要创建一个 Generator，有很多种方法。第一种方法很简单，只要把一个列表生成式的[]改成()，就创建了一个 Generator：

```
>>> L = [x * x for x in range(10)]
>>> g = (x * x for x in range(10))
>>>
>>> print(L)
[0, 1, 4, 9, 16, 25, 36, 49, 64, 81]
>>> print(g)
<generator object <genexpr> at 0x03B54600>
```

创建列表生成式和生成器的区别仅在于最外层的[]和()，[]是一个 list，而()是一个 Generator。

可以直接打印出 list 的每一个元素，但是，如何打印出 generator 的每一个元素呢？如果要一个一个打印出来，那么可以通过 Generator 的 next()方法：

在 Python 2 中：

```
>>> g = (x * x for x in range(3))
>>> print(g.next())
0
>>> print(g.next())
1
```

```
>>> print(next(g))    #这里 2 种写法都可以
4

>>> print(g.next())
Traceback (most recent call last):
  File "<stdin>", line 1, in <module>
StopIteration
```

在 Python 3 中：

```
>>> g = (x * x for x in range(3))
>>> print(g.next())
Traceback (most recent call last):
  File "<stdin>", line 1, in <module>
AttributeError: 'generator' object has no attribute 'next'
>>> print(g.__next__())
0
>>> print(g.__next__())
1
>>> print(next(g))    #这里 2 种写法都可以
4
>>> print(g.__next__())
Traceback (most recent call last):
  File "<stdin>", line 1, in <module>
StopIteration
>>>
```

Generator 保存的是算法，每次调用 next()，就可以计算出下一个元素的值，直到计算到最后一个元素，没有更多的元素时，抛出 StopIteration 的错误。当然，上面这种不断调用 next()方法不推荐使用，正确的方法是使用 for 循环，因为 Generator 也是可迭代对象：

```
g = (x * x for x in range(3))
for n in g:
  print(n)
```

所以，在创建了一个 Generator 后，基本上永远不会调用 next()方法，而是通过 for 循环来迭代它。

2．带 yield 语句的生成器

如果一个函数定义中包含 yield 关键字，那么这个函数就不再是一个普通函数，而是一个 Generator。与普通函数不同的是，生成器是一个返回迭代器的函数，只能用于迭代操作，可以简单理解为：生成器就是一个迭代器。在调用生成器运行的过程中，每次遇到 yield 时函数会暂停并保存当前所有的运行信息，返回 yield 的值，并在下一次执行 next()方法时从当前位置继续运行。调用一个生成器函数，返回的是一个迭代器对象。

以下实例使用 yield 实现斐波那契数列：

```
import sys

def fibonacci(n): # 生成器函数 - 斐波那契
    a, b, counter = 0, 1, 0
    while True:
        if (counter > n):
            return
        yield a
        a, b = b, a + b
        counter += 1
f = fibonacci(10) # f 是一个迭代器，由生成器返回生成

while True:
    try:
        print (next(f), end=" ")
    except StopIteration:
```

```
        sys.exit()
```

运行结果：

```
0 1 1 2 3 5 8 13 21 34 55
```

【真题 255】请将[i for i in range(3)]改成生成器。

答案：本题中将[i for i in range(3)]的中括号[]换成小括号()即可改成生成器。

```
>>> a=(i for i in range(3))
>>> type(a)
<class 'generator'>
```

【真题 256】执行以下代码后，X 是什么类型？

```
X = (for    i    in    ramg(10))
```

答案：X 是 generator 类型。

【真题 257】使用生成器编写 fib 函数，函数声明为 fib(max)输入一个参数 max 的值，使得该函数可以被调用并产生斐波那契数列结果：1,1,2,3,5,8,13,21。

```
def fib(max):
    a = 0
    b = 1
    while b<max:
        yield b
        b,a = a+b,b

for i in fib(100):
    print(i,end=' ')
```

运行结果：

```
1 1 2 3 5 8 13 21 34 55 89
```

【真题 258】请描述 yield 的作用。

答案：yield 可以保存当前运行状态（断点），然后暂停执行，即将函数挂起。将 yeild 关键字后面表达式的值作为返回值返回，此时可以理解为起到了 return 的作用，如果使用 next()、send()函数让函数从断点处继续执行，就会唤醒函数。

在用 for 循环的时候，每次取一个元素的时候就会计算一次。使用 yield 的函数被叫作 generator，与 iterator 一样，它的好处是不用一次性计算所有元素，而是用一次计算一次，这样可以节省很多空间。generator 每次计算都需要上一次计算结果，所以要使用 yield，否则在使用 return 后，上次计算结果就丢失了。

```
def createGenerator():
    mylist = range(3)
    for i in mylist:
        yield i*i

mygenerator = createGenerator() # create a generator
print(mygenerator)# <generator object createGenerator at 0x004DD8D0>

for i in mygenerator:
    print(i)
```

运行结果：

```
0
1
4
```

3.6 Python 的迭代器（Iterator）是什么？

迭代是 Python 最强大的功能之一，是常用的访问集合元素的一种方式。可以被 next()函数调用并不断返回下一个值的对象。迭代器是一个可以记住遍历的位置的对象。Iterator 对象表示的是一个数据流，可以被看作为一个有序序列，但是不能提前得到它的长度，只有在需要返回下一个数据时它才会计算，它可以被 next()函数调用并不断返回下一个数据，直到没有数据时抛出 StopIteration 错误。

迭代器有以下几个特点：

- 迭代器对象从集合的第一个元素开始访问，直到所有的元素被访问完结束。迭代器只能往前不会后退。
- 迭代器有两个基本的方法：iter()和 next()。
- 可以直接作用于 for 循环的对象是可迭代的（Iterable）对象。字符串、列表、字典、集合或元组对象都是可迭代对象，都可用于创建迭代器。另外，生成器（generator）也属于可迭代对象。如果一个对象是迭代器，那么这个对象肯定是可迭代的；但是反过来，如果一个对象是可迭代的，那么这个对象不一定是迭代器。如何知道一个对象是否可迭代呢？方法是通过 collections 模块的 Iterable 类型判断：

```
from collections import Iterable
print(isinstance('abc', Iterable)) # str 是否可迭代
print(isinstance([1,2,3], Iterable)) # list 是否可迭代
print(isinstance(123, Iterable)) #  整数是否可迭代
print(isinstance((1,2), Iterable)) #  元组是否可迭代
print(isinstance({1,2}, Iterable)) #  集合是否可迭代
```

运行结果：

```
True
True
False
True
True
```

下面使用 list 来创建一个可迭代对象：

```
list=[1,2,3,4]
it = iter(list)     # 创建迭代器对象
for x in it:
    print (x, end=" ")
```

运行结果：

```
1 2 3 4
```

如果把一个类作为一个迭代器使用，那么需要在类中实现__iter__()与__next__()两个方法。Python 的构造函数为__init__()，它会在对象初始化的时候执行。__iter__()方法返回一个特殊的迭代器对象，这个迭代器对象实现了__next__()方法并通过 StopIteration 异常标识迭代的完成。__next__()方法会返回下一个迭代器对象。

下面的示例创建一个返回数字的迭代器，初始值为 1，逐步递增 1：

```
class MyNumbers:
  def __iter__(self):
    self.a = 1
    return self

  def __next__(self):
    x = self.a
```

```
        self.a += 1
        return x

myclass = MyNumbers()
myiter = iter(myclass)

print(next(myiter))
print(next(myiter))
print(next(myiter))
print(next(myiter))
print(next(myiter))
```

运行结果：

```
1
2
3
4
5
```

StopIteration 异常用于标识迭代的完成，用于防止出现无限循环的情况，在__next__()方法中可以设置在完成指定循环次数后触发 StopIteration 异常来结束迭代。

在 10 次迭代后停止执行：

```
class MyNumbers:
    def __iter__(self):
        self.a = 1
        return self

    def __next__(self):
        if self.a <= 10:
            x = self.a
            self.a += 1
            return x
        else:
            raise StopIteration

myclass = MyNumbers()
myiter = iter(myclass)

for x in myiter:
    print(x)
```

运行结果：

```
1
2
3
4
5
6
7
8
9
10
```

3.7 迭代器和生成器的区别有哪些?

对于 string、list、dict、tuple 等这类容器对象，使用 for 循环遍历是很方便的。在后台 for 语句对容器对象调用 iter()函数，iter()是 Python 的内置函数。iter()会返回一个定义了 next()方法的迭代器对象，它在容器中逐个访问容器内的元素，next()也是 Python 的内置函数。在没有后续元素时，next()会抛出一个 StopIterration 的异常。

生成器（Generator）是创建迭代器的简单而强大的工具。它们写起来就像是普通的函数，只是在返回数据的时候需要使用 yield 语句。每次 next()被调用时，生成器会返回它脱离的位置（它记忆语句最后一次执行的位置和所有的数据值）。

区别：生成器能做到迭代器能做的所有事，而且因为自动创建了__iter__()和 next()方法，生成器显得特别简洁，而且生成器也是高效的，使用生成器表达式取代列表解析可以同时节省内存。除了创建和保持程序状态的自动生成，当发生器终结时，还会自动抛出 StopIterration 异常。

3.8 isinstance()和 type()的区别是什么？

Python 中有两个验证类型的函数，分别是 isinstance()和 type()。它们都可以用来检测某一变量是否属于某一类型，某一实例是否属于某一类，即它们都是用来判断一个对象是否是一个已知的类型。

1．检测变量是否属于某一数据类型

```
a=10
print(type(a)==int)
print(isinstance(a,int))
print(isinstance(a,str))
print(isinstance (a,(str,int,list)))     # 是元组中的一个返回 True
```

运行结果：

```
True
True
False
True
```

2．检测实例化对象是否属于某一个类

```
class Student:
    a = 10

std = Student()
print(isinstance(std,Student))
print(type(std) == = Student)



>>>a = 2
>>> isinstance (a,int)
True
>>> isinstance (a,str)
False
>>>
True
```

运行结果：

```
True
True
```

isinstance()与 type()区别：

众所周知，一个类可以有子类和父类，而且一个类又可以有多个实例化的对象。因此，这两个函数的主要区别是，在检测某一实例化对象是否属于某一类的时候，isinstance()能够判断出子类的实例化对象属于父类，但是 type()则不会得出这个结果，它不会认为子类的实例化对象和它父类相同，即：

- type()不会认为子类是一种父类类型，不考虑继承关系。

- isinstance()会认为子类是一种父类类型，考虑继承关系。如果要判断两个类型是否相同，那么推荐使用 isinstance()。

```
# 定义两个类，一个父类 A，一个子类 B 继承父类 A
class A:
    pass

class B(A):
    pass

isinstance(A(), A)    # returns True
type(A())==A          # returns True
isinstance(B(), A)    # returns True
type(B())==A          # returns False
```

【真题 259】如何判断一个变量是不是字符串？

答案：isinstance(a,str)。

3.9 Python 中的浅拷贝、深拷贝和赋值之间有什么区别？

Python 提供了 3 种复制方法：最常见的赋值（=）、浅拷贝（copy.copy()）和深拷贝（copy.deepcopy()）。

赋值：使用“=”可以对一个变量进行赋值，赋值就是创建了对象的一个新的引用。赋值并不会产生一个独立的对象，它只是将原有的数据对象添加一个新标签，所以，当其中一个标签被改变的时候，数据对象就会发生变化，另一个标签也会随之改变。Python 中对象的赋值都是进行对象引用（内存地址）传递。

浅拷贝：使用 copy.copy()可以进行对象的浅拷贝。浅拷贝只拷贝对象本身，不会拷贝其内部的嵌套对象。对于内部的嵌套对象，依然使用原始的引用。对于内置集合，简单地使用 list、dict 和 set 等工厂函数来创建浅拷贝是更加 Pythonic 的。

浅拷贝可以分两种情况进行讨论：

1）当浅拷贝的值是不可变对象（数值、字符串、元组）时和“赋值”的情况一样，对象的 id 值与浅拷贝原来的值相同。

2）当浅拷贝的值是可变对象（列表、集合、字典）时会产生一个“不是那么独立的对象”存在。有两种情况：

第一种情况：复制的对象中无嵌套复杂对象，原来值的改变并不会影响浅拷贝的值，同时浅拷贝的值改变也并不会影响原来的值。原来值的 id 值与浅拷贝原来的值不同。

第二种情况：复制的对象中有嵌套复杂对象（例如列表中的一个子元素是一个列表），如果不改变其中嵌套的复杂对象，那么浅拷贝的值改变并不会影响原来的值，但是改变原来的值中的复杂子对象的值会影响浅拷贝的值。

深拷贝：使用 copy.deepcopy()可以进行对象的深拷贝。深拷贝会拷贝对象本身及其所有的嵌套对象。因为深拷贝将被复制对象完全再复制一遍作为独立的新个体单独存在。所以，改变原有被复制对象不会对已经复制出来的新对象产生影响。

示例 1：对象的赋值、深拷贝与浅拷贝

```
import copy
a = [1, 2, 3, 4, ['a', 'b']]  #原始对象
b = a  #赋值，传对象的引用
c = copy.copy(a)  #对象拷贝，浅拷贝
d = copy.deepcopy(a)  #对象拷贝，深拷贝
```

```
a.append(5)   #修改对象 a
a[4].append('c')   #修改对象 a 中的['a', 'b']数组对象
a[0]=66

print('a = ', a)
print('b = ', b)
print('c = ', c)
print('d = ', d)
```

输出结果：

```
a =  [66, 2, 3, 4, ['a', 'b', 'c'], 5]
b =  [66, 2, 3, 4, ['a', 'b', 'c'], 5]
c =  [1, 2, 3, 4, ['a', 'b', 'c']]
d =  [1, 2, 3, 4, ['a', 'b']]
```

示例 2：当浅拷贝的值是不可变对象（数值，字符串，元组）时，代码如下：

```
import   copy
a="1234567"
b=a
c=copy.copy(a)
d=copy.deepcopy(a)
print(id(a))
print(id(b))
print(id(c))
```

运行结果：

```
7832512
7832512
7832512
```

示例 3：当浅拷贝的值是可变对象（列表，字典），且修改的值不是复杂子对象，代码如下：

```
import   copy
l1=[1,2,3]
l2=l1
l3=copy.copy(l1)
print(id(l1))
print(id(l2))
print(id(l3))
l1.append(55)
print(l1)
print(l2)
print(l3)
```

运行结果：

```
41649536
41649536
41649816
[1, 2, 3, 55]
[1, 2, 3, 55]
[1, 2, 3]
```

示例 4：当浅拷贝的值是可变对象（列表，字典），且修改的值是复杂子对象代码如下：

```
import copy
list1=[1,2,['a','b']]
list2=list1
list3=copy.copy(list2)
list4=copy.deepcopy(list3)
print(id(list1))
print(id(list2))
```

```
print(id(list3))
print(id(list4))
list1[2].append('c')
print(id(list1))
print(list1)
print(list3)
print(list4)
list1.append(33)
print(id(list1))
print(id(list3))
print(list1)
print(list3)
```

运行结果：

```
7636592
7636592
7637272
7637232
7636592
[1, 2, ['a', 'b', 'c']]
[1, 2, ['a', 'b', 'c']]
[1, 2, ['a', 'b']]
7636592
7637272
[1, 2, ['a', 'b', 'c'], 33]
[1, 2, ['a', 'b', 'c']]
```

当改变复杂子对象中的元素时，由于拷贝前与拷贝后的两个对象中复杂的属性都是同一个对象的引用，通过其中一个对象修改这个属性对象的值，对另一个对象都是可见的；当改变的值不是复杂子对象，浅拷贝的值没有发生变化。因为浅拷贝，复杂子对象的保存方式是作为引用方式存储的，所以修改浅拷贝的值和原来的值都可以改变复杂子对象的值。

下面给出一个赋值的示例：

```
a = [1, 2, 3]
b = a #a 和 b 的内存地址相同
a = [4, 5, 6]   #赋新的值给 a，a 指向新的内存地址
print(a)
print(b)
#a 的值改变后，b 并没有随着 a 变

a = [1, 2, 3]
b = a
a[0], a[1], a[2] = 4, 5, 6   #改变原来 list 中的元素，并不会导致 a 的内存地址改变
print(a)
print(b)
#a 的值改变后，b 随着 a 变了
```

运行结果：

```
[4, 5, 6]
[1, 2, 3]
[4, 5, 6]
[4, 5, 6]
```

【真题 260】以下程序的运行结果是什么？

```
def extendList(val,li=[]):
    li.append(val)
    return li
list1 = extendList(10)
list2 = extendList(123,[])
```

```
list3 = extendList('a')

print(list1)
print(list2)
print(list3)
```

答案：运行结果为

```
[10, 'a']
[123]
[10, 'a']
```

【真题261】下面的代码会输出什么，为什么？

```
a = 10
b = 20
c = [a]
a = 15
print(c)
print(a)
```

答：对于字符串、数字，传递是相应的值，所以输出结果为：

```
[10]
15
```

3.10 Python是如何进行内存管理的?

Python的内存管理是由Python的解释器负责的，开发人员可以从内存管理事务中解放出来，专注于应用逻辑的开发，这样就使得开发的程序错误更少，程序更健壮，开发周期更短。当然Python也存在内存泄漏的问题，Python本身的垃圾回收机制无法回收重写了__del__的循环引用的对象。

对于Python的内存管理机制可以从三个方面来理解：一是对象的引用计数机制，二是垃圾回收机制，三是内存池机制。

1．对象的引用计数机制

Python内部使用引用计数来保持追踪内存中的对象，所有对象都有引用计数。当对象被创建并（将其引用）赋值给一个变量时，这个对象的引用计数会被设置为1。使用sys.getrefcount(a)可以获取变量a的引用计数。

对于不可变数据（如数字和字符串），解释器会在程序的不同部分共享内存，以便节约内存。

以下情况都会导致引用计数的增加：

- 对象被创建，例如：x = 'aaaaa'。
- 另外的别名被创建，例如：y = x。
- 被作为参数传递给函数（新的本地引用），例如：func(x)。
- 成为容器对象的一个元素，例如：l = [123, 345, x]。

对象的引用计数减少的情况：

- 一个本地引用离开了其作用范围，例如：func()函数结束时。
- 对象的别名被显式销毁，例如：del y。
- 对象的一个别名被赋值给其他对象，例如：x = 123。
- 对象被从列表等对象中移除，例如：l.remove(x)。
- 列表等对象本身被销毁，例如：del l。

2．垃圾回收

在Python中，为了解决内存泄漏问题，采用了对象引用计数，并基于引用计数实现垃圾自动回收。Python通过引用计数机制实现垃圾自动回收功能，Python中的每个对象都有一个引用计数，用来计数该对象在不同场所分别被引用了多少次。每当引用一次 Python 对象，相应的引用计数就增 1，每当销毁一次 Python 对象，则相应的引用就减 1，只有当引用计数为零时，才会真正从内存中删除 Python 对象。

① 当一个对象的引用计数归零时，它将被垃圾收集机制处理掉。

② 当两个对象 a 和 b 相互引用时，del 语句可以减少 a 和 b 的引用计数，并销毁用于引用底层对象的名称。然而由于每个对象都包含一个对其他对象的应用，因此引用计数不会归零，对象也不会销毁。（从而导致内存泄漏）。为解决这一问题，解释器会定期执行一个循环检测器，搜索不可访问对象的循环并删除它们。

3．内存池机制

Python 提供了对内存的垃圾回收机制，但是它将不用的内存放到内存池而不是返回给操作系统。

① Pymalloc 机制。为了加速 Python 的执行效率，Python 引入了一个内存池机制，用于管理对小块内存的申请和释放。

② Python 中所有小于 256 个字节的对象都使用 Pymalloc 实现的分配器，而大的对象则使用系统的 malloc。

③ 对于 Python 对象，如整数、浮点数和 List，都有其独立的私有内存池，对象间不共享它们的内存池。也就是说如果分配又释放了大量的整数，用于缓存这些整数的内存就不能再分配给浮点数。

【真题 262】当退出 Python 时，是否释放全部内存？

答案：没有全部释放。循环引用其他对象或引用自全局命名空间的对象的模块，在 Python 退出时并非完全释放。另外，也不会释放 C 库保留的内存部分。

【真题 263】引用计数有哪些优缺点？

答案：引用计数的优点包括：

① 高效。

② 运行期没有停顿：一旦没有引用，内存就直接释放了。不用像其他机制需要等到特定时机。实时性还带来一个好处：处理回收内存的时间分摊到了运行时。

③ 对象有确定的生命周期。

④ 易于实现。

引用计数的缺点：

① 维护引用计数消耗资源，维护引用计数的次数和引用赋值成正比，而不像 mark and sweep 等基本与回收的内存数量有关。

② 无法解决循环引用的问题。A 和 B 相互引用而再没有外部引用 A 与 B 中的任何一个，它们的引用计数都为 1，但显然应该被回收。

```
#循环引用示例
list1=[]
list2=[]
list1.append(list2)
list2.append(list1)
```

为了解决这两个缺点 Python 还引入了另外的机制：标记清除和分代回收。

3.11 内置函数

3.11.1 map()函数的作用是什么？

map()会根据提供的函数对指定序列做映射。map()函数语法：

```
map(function,iterable,...)
```

map()参数：

- function：函数。
- iterable：一个或多个序列。

第一个参数 function 以参数序列中的每一个元素调用 function 函数，返回包含每次 function 函数返回值的新列表。

map 函数的返回值在 Python 2 中返回列表，在 Python 3 中返回迭代器。

map()函数示例：

```
def square(x):   # 计算平方数
    return x ** 2

print(list(map(square, [1, 2, 3, 4, 5])))   # 计算列表各个元素的平方，[1, 4, 9, 16, 25]

print(list(map(lambda x: x ** 2, [1, 2, 3, 4, 5])))   # 使用 lambda 匿名函数，[1, 4, 9, 16, 25]

# 提供了两个列表，对相同位置的列表数据进行相加，[3, 7, 11, 15, 19]
print(list(map(lambda x, y: x + y, [1, 3, 5, 7, 9], [2, 4, 6, 8, 10])))
```

运行结果：

```
[1, 4, 9, 16, 25]
[1, 4, 9, 16, 25]
[3, 7, 11, 15, 19]
```

【真题 264】map(str,[1,2,3,4,5,6,7,8,9])输出什么？Python 2 和 Python 3 输出的结果一样吗？

答案：在 Python 中执行以下代码：

```
from collections import Iterable,Iterator
print(map(str,[1,2,3,4,5,6,7,8,9]))
print(isinstance(map(str,[1,2,3,4,5,6,7,8,9]),Iterable))
print(isinstance(map(str,[1,2,3,4,5,6,7,8,9]),Iterator))
```

Python 3 运行结果：

```
<map object at 0x01D38430>
True
True
```

Python 2 运行结果：

```
['1', '2', '3', '4', '5', '6', '7', '8', '9']
True
False
```

【真题 265】map(str,[1,2,3,4,5,6,7,8,9])输出什么？

答案：每个整数都转换为字符串：

```
>>> print(list(map(str, [1, 2, 3, 4, 5, 6, 7, 8, 9])))
['1', '2', '3', '4', '5', '6', '7', '8', '9']
```

【真题 266】请使用一行代码实现对列表 a=[1, 2, 3, 4, 5]中的偶数位置的元素进行加 3 后求和。

答案：偶数位置的元素即 2 和 4，分别加 3 后再相加，即 12（2+3+4+3）。使用 map 函数，如下所示：

```
>>> sum(map(lambda x: x + 3, a[1::2]))
12
```

【真题 267】下面代码会输出什么？

```
print(list(map(lambda x:x*x,[y for y in range(3)])))
```

答案：运行结果：

```
[0, 1, 4]
```

【真题 268】列表[1,2,3,4,5]，请使用 map()函数输出[1,4,9,16,25]，并使用列表推导式提取出大于 10 的数，最终输出[16,25]。

答案：程序如下所示：

```
li=[1,2,3,4,5]
res=map((lambda x:x**2),li)
res=[i for i in res if i>10]
print(res)
```

3.11.2 reduce()函数的作用是什么?

reduce()函数会对参数序列中元素进行累积。reduce()函数将一个数据集合（链表、元组等）中的所有数据进行下列操作：用传给 reduce 中的函数 function（有两个参数）先对集合中的第 1、2 个元素进行操作，得到的结果再与第三个数据用 function 函数运算，最后返回函数计算结果。

reduce()函数语法：

```
reduce(function, iterable[, initializer])
```

参数

- function -- 函数，有两个参数。
- iterable -- 可迭代对象。
- initializer -- 可选，初始参数。

在 Python 3 中，reduce()函数已经被从全局名字空间里移除了，它现在被放置于 functools 模块里，如果想要使用它，那么需要通过引入 functools 模块来调用 reduce()函数：

```
from functools import reduce

def add(x, y):
    return x + y

r = reduce(add, [1,2,3])
print(r)
```

运行结果：

```
6
```

再例如：

```
from functools import reduce
l = [1, 2, 3]

#reduce 中用到的函数必须有两个参数
v = reduce(lambda x, y: x + y, [10, 2, 3])
print(v)
```

运行结果：

```
15
```

3.11.3 filter()函数的作用是什么?

filter()函数用于过滤序列，它把传入的函数依次作用于序列中的每个元素，然后根据函数返回值（True、False）决定是否保留该元素。示例代码如下：

```
from collections import *

#判断是否奇数
def isOdd(n):
```

```
        return n % 2 == 1

    f = filter(isOdd, [1, 2, 4, 5, 6, 9, 10, 15])
    print(list(f))
```

运行结果：

```
[1, 5, 9, 15]
```

再例如：

```
l = [3, 2, 12, 4, 23, 57, 13]

def t(x):
        # ret = x % 2 == 0

        # return ret
        return x % 2 == 0

#filter 中使用的函数进行判断，如果是 True 保留，False 丢弃
f = filter(lambda x: x % 2 == 0, l)
print(f)
for v in f:
        print(v)
```

运行结果：

```
<filter object at 0x021A42D0>
2
12
4
```

【真题 269】使用 filter 方法求出列表所有奇数并构造新列表，a=[1,2,3,4,5,6,7,8,9,10]。

答案：filter()函数用于过滤序列，过滤掉不符合条件的元素，返回由符合条件元素组成的新列表。该函数接收两个参数，第一个为函数，第二个为序列，序列的每个元素作为参数传递给函数进行判断，然后返回 True 或 False，最后将返回 True 的元素放到新列表。

```
a =   [1, 2, 3, 4, 5, 6, 7, 8, 9, 10]
newlist=filter((lambda a:a%2==1),a)
newlist=[i for i in newlist]
print(newlist)
```

运行结果：

```
[1, 3, 5, 7, 9]
```

【真题 270】写出下面代码的输出内容：

```
for n in filter(lambda n:n%5,[n for n in range(100) if n%5==0]):
      print(n)
else:
    print('12345')
```

答案：运行结果：12345。

需要注意“n%5”和“n%5==0”的区别，“n%5”表示 n 除以 5 求其余数，“n%5==0”表示 n 是否能被 5 整除。表达式“lambda n:n%5”返回的是一个数字而不是一个布尔类型，不符合 filter 的要求，所以输出 12345。

3.11.4　enumerate()函数的作用是什么?

enumerate()函数用于将一个可遍历的数据对象（如列表、元组或字符串）组合为一个索引序列，同时列出数据和数据下标，一般用在 for 循环当中得到计数。该函数返回 enumerate（枚举）对象。

enumerate()方法的语法：

```
enumerate(sequence,[start=0])
```

其中，sequence 表示一个序列、迭代器或其他支持迭代的对象；start 表示下标起始位置。

示例：

```
seasons = ['Spring', 'Summer', 'Fall', 'Winter']
print(list(enumerate(seasons)))
print(list(enumerate(seasons, start=1)) )        # 下标从 1 开始
```

运行结果：

```
[(0, 'Spring'), (1, 'Summer'), (2, 'Fall'), (3, 'Winter')]
[(1, 'Spring'), (2, 'Summer'), (3, 'Fall'), (4, 'Winter')]
```

普通的 for 循环示例：

```
i = 0
seq = ['one', 'two', 'three']
for element in seq:
    print(i, seq[i])
    i +=1
```

for 循环使用 enumerate 示例：

```
seq = ['one', 'two', 'three']
for i, element in enumerate(seq):
    print(i, element)
```

运行结果：

```
0 one
1 two
2 three
```

3.11.5 zip()函数的作用是什么?

zip()是拉链函数，该函数在运算时，会以一个或多个序列（可迭代对象）作为参数，返回一个元组的列表，同时将这些序列中并排的元素配对。zip()参数可以接受任何类型的序列，同时也可以有两个以上的参数；当传入参数的长度不同时，zip 能自动以最短序列长度为准进行截取，获得元组。最后返回由这些元组组成的对象，这样做的好处是节约了不少的内存。

可以使用 list()转换来输出列表。如果各个迭代器的元素个数不一致，则返回列表长度与最短的对象相同，利用*号操作符，可以将元组解压为列表。

zip 方法在 Python 2 和 Python 3 中的区别：在 Python 2 中，zip()返回的是一个列表，在 Python 3 中，zip()返回的是一个迭代器。

以下实例展示了 zip 的使用方法：

```
>>> a = [1,2,3]
>>> b = [4,5,6]
>>> c = [4,5,6,7,8]
>>> zipped = zip(a,b)      # 返回一个对象
>>> zipped
<zip object at 0x103abc288>
>>> list(zipped)  # list() 转换为列表
[(1, 4), (2, 5), (3, 6)]
>>> list(zip(a,c))              # 元素个数与最短的列表一致
[(1, 4), (2, 5), (3, 6)]

>>> a1, a2 = zip(*zip(a,b))          # 与 zip 相反，zip(*) 可理解为解压，返回二维矩阵式
>>> list(a1)
[1, 2, 3]
```

```
>>> list(a2)
[4, 5, 6]
>>>
```

3.11.6　hasattr()、getattr()和 setattr()函数的作用有哪些?

1．hasattr(object,name)函数

判断一个对象里面是否有 name 属性或者 name 方法，返回 bool 值，如果有 name 属性（方法）则返回 True，否则返回 False。注意：name 需要使用引号括起来。

```
class function_demo(object):
    name = 'demo'
    def run(self):
        return "hello function"

functiondemo = function_demo()
print(hasattr(functiondemo, 'name')) #判断对象是否有 name 属性，True
print(hasattr(functiondemo, "run")) #判断对象是否有 run 方法，True
print(hasattr(functiondemo, "age")) #判断对象是否有 age 属性，False
```

2．getattr(object,name[,default])函数

获取对象 object 的属性或者方法，若存在则打印出来；若不存在，则打印默认值，默认值可选。注意：如果返回的是对象的方法，那么打印的结果是方法的内存地址。如果需要运行这个方法，那么可以在后面添加括号()。

```
class function_demo(object):
    name = 'demo'
    def run(self):
        return "hello function"

functiondemo = function_demo()
print(getattr(functiondemo, 'name')) #获取 name 属性，存在就打印出来--- demo
print(getattr(functiondemo, "run"))
# 获取 run 方法，存在打印出方法的内存地址
# <bound method function_demo.run of <__main__.function_demo object at 0x006E8A10>>

# print(getattr(functiondemo, "age"))
# 获取不存在的属性，报错如下：
# Traceback (most recent call last):
#   File "F:/Python/PycharmProjects/Mytest_code/tmp.py", line 11, in <module>
#     getattr(functiondemo, "age")
# AttributeError: 'function_demo' object has no attribute 'age'

print(getattr(functiondemo, "age", 18))       #获取不存在的属性，返回一个默认值
```

3．setattr(object,name,values)函数

给对象的属性赋值，若属性不存在，则先创建再赋值。

```
class function_demo(object):
    name = 'demo'
    def run(self):
        return "hello function"
functiondemo = function_demo()

print(hasattr(functiondemo, 'age'))           # 判断 age 属性是否存在，False
setattr(functiondemo, 'age', 18 )             #对 age 属性进行赋值，无返回值
print(hasattr(functiondemo, 'age'))           #再次判断属性是否存在，True
```

综合使用：

```
class function_demo(object):
        name = 'demo'
        def run(self):
            return "hello function"

functiondemo = function_demo()

if hasattr(functiondemo, 'addr'):# 先判断是否存在
      addr = getattr(functiondemo, 'addr')
      print(addr)
else:
      addr = getattr(functiondemo, 'addr', setattr(functiondemo, 'addr', '首都北京'))
      #addr = getattr(functiondemo, 'addr', '美国纽约')
      print(addr)
```

运行结果：首都北京。

3.12 面向对象

3.12.1 面向对象有哪三大特性?

面向对象是相对于面向过程而言的，面向对象是一种编程思想，是以类的眼光来看待事物的一种方式。面向过程语言是一种基于功能分析的、以算法为中心的程序设计方法；而面向对象是一种基于结构分析的、以数据为中心的程序设计思想。面向对象有继承、封装和多态三大特性。

- 继承：将多个类的共同属性和方法封装到一个父类中，然后通过继承这个类来重用父类的方法和属性。
- 封装：将共同的属性和方法封装到同一个类中。
  - ✧ 第一层面：创建类和对象会分别创建二者的名称空间，只能用类名.或者 obj.的方式去访问其属性和方法，这本身就是一种封装。
  - ✧ 第二层面：类中把某些属性和方法隐藏起来（或者说定义成私有的），只在类的内部使用、外部无法访问，或者留下少量接口（方法）供外部访问。
- 多态：Python 天生是支持多态的。多态指的是基类的同一个方法在不同的派生类中可以有着不同的实现。

3.12.2 什么是继承?

继承即一个派生类（derived class）继承基类（base class）的属性和方法。继承也允许把一个派生类的对象作为一个基类对象对待。当一个类继承自另一个类，它就被称为一个子类（派生类），它会继承（获取）所有父类成员（属性和方法）。

继承有如下特点：

- 如果子类继承了父类，那么子类就拥有了父类的所有属性和方法，但子类不能直接访问父类的私有变量和私有方法以及构造方法（__init__）。
- 如果定义一个类，没有继承父类，那么这个类默认继承官方的一个基类 object。
- 通过 super()可以调用父类的方法。
- 对于单继承，一个子类只有一个父类。
- 对于多继承，一个子类可以有多个父类。如果多个父类中有同一个方法，而在子类使用时未指定，那么 Python 从左至右搜索即方法在子类中未找到时，从左到右查找父类中是否包含方法，还可以通过如下属性查看其内部查找顺序：类名.__mro__。

继承能重用代码，也增加了可维护性。Python 支持如下几种继承方式：

- 单继承：一个类继承自单个基类。
- 多继承：一个类继承自多个基类。
- 多级继承：一个类继承自单个基类，后者则继承自另一个基类。
- 分层继承：多个类继承自单个基类。
- 混合继承：两种或多种类型继承的混合。

子类可以直接继承父类的方法，但是继承过来之后，如果发现这个方法不太适合子类，那么就需要重写，也就说可以将这个方法重新实现：

1）完全重写，就是将父类的方法推翻了，然后自己重新写一个和父类方法名字一模一样的方法，重写的时候，方法的参数可以随便添加和去除。子类再去调用该方法的时候，调用的是重写过后的方法。

2）增加功能，父类方法对子类来说不是完全没有，子类需要在父类方法的基础上增加一定功能，此时，在重写的过程中，首先需要使用 super 关键字调用父类的方法，然后再增加功能。

单继承示例：

```
# 类定义
class people:
    # 定义基本属性
    name = ''
    age = 0
    # 定义私有属性,私有属性在类外部无法直接进行访问
    __weight = 0

    # 定义构造方法
    def __init__(self, n, a, w):
        self.name = n
        self.age = a
        self.__weight = w

    def speak(self):
        print("%s 说: 我 %d 岁。" % (self.name, self.age))


# 单继承示例
class student(people):
    grade = ''

    def __init__(self, n, a, w, g):
        # 调用父类的构函
        people.__init__(self, n, a, w)
        self.grade = g

    # 覆写父类的方法
    def speak(self):
        print("%s 说: 我 %d 岁了，我在读 %d 年级" % (self.name, self.age, self.grade))



s = student('ken', 10, 60, 3)
s.speak()
```

运行结果：

```
ken 说: 我 10 岁了，我在读 3 年级
```

多继承示例：

```
#类定义
class people:
    #定义基本属性
```

```
    name = ''
    age = 0
    #定义私有属性,私有属性在类外部无法直接进行访问
    __weight = 0
    #定义构造方法
    def __init__(self,n,a,w):
        self.name = n
        self.age = a
        self.__weight = w
    def speak(self):
        print("%s 说: 我 %d 岁。" %(self.name,self.age))


#单继承示例
class student(people):
    grade = ''
    def __init__(self,n,a,w,g):
        #调用父类的构函
        people.__init__(self,n,a,w)
        self.grade = g
    #覆写父类的方法
    def speak(self):
        print("%s 说: 我 %d 岁了，我在读 %d 年级"%(self.name,self.age,self.grade))

#另一个类，多重继承之前的准备
class speaker():
    topic = ''
    name = ''
    def __init__(self,n,t):
        self.name = n
        self.topic = t
    def speak(self):
        print("我叫 %s，我是一个演说家，我演讲的主题是 %s"%(self.name,self.topic))

#多重继承
class sample(speaker,student):
    a =''
    def __init__(self,n,a,w,g,t):
        student.__init__(self,n,a,w,g)
        speaker.__init__(self,n,t)

test = sample("Tim",25,80,4,"Python")
test.speak()    #方法名同，默认调用的是在括号中排前地父类的方法
```

运行结果：

```
我叫 Tim，我是一个演说家，我演讲的主题是 Python
```

【真题 271】有如下的代码，请问如何调用类 A 的 show 方法？

```
class A:
  def show(self):
      print('base show')

class B(A):
  def show(self):
      print('derived show')

obj = B()
obj.show()
```

答案：可以通过如下代码：

```
obj.__class__ = A
```

```
obj.show()
```

__class__方法指向了类对象，所以只需给该方法赋值类型 A，然后调用方法 show 即可，但是在调用完类 A 的 show 方法后，要记得修改回去。

3.12.3　什么是多态?

Python 中的多态和 Java 等面向对象的语言的多态不同。在 Python 中，调用不同对象（而不管这些对象是否继承了相同的父类）的同一名称的方法时，得到不同的结果，这就是多态。

动态语言的“鸭子类型（duck typing）”：它并不要求严格的继承体系，一个对象只要“看起来像鸭子，走起路来像鸭子”，那它就可以被看作是鸭子。Python 的“file-like object”就是一种鸭子类型。例如一个对象有一个 read()方法。但是，其他许多对象，不管有没有继承关系，只要有 read()方法，都被视为“file-like object”。

示例：

```
#outman 欺负小动物
class Animal:
    #被打后做出的反应
    def beaten(self):
        pass

class Cat(Animal):

    def beaten(self):
        print('敢打我，挠死你')

class Dog(Animal):
    #重写 beaten 方法
    def beaten(self):
        print('咬死你')

#Frog 没有继承 Animal，但是定义了 beanten 方法
class Frog:

    def swim(self):
        print('正在游泳')

    def beaten(self):
        print('呱呱，继续游泳去了')

class Outman:
    #打小动物
    def beatAnimal(self, animal):
        print('大小动物')
        animal.beaten()

#调用不同对象的相同方法，表现不一样，这就是多态
#python 中的多态和是否继承没有关系
#鸭子类型

dijia = Outman()
cat = Cat()
dijia.beatAnimal(cat)

dog = Dog()
dijia.beatAnimal(dog)

frog = Frog()
dijia.beatAnimal(frog)
```

运行结果：

```
大小动物
敢打我，挠死你
大小动物
咬死你
大小动物
呱呱，继续游泳去了
```

3.12.4　类属性和实例属性的区别

Python 把定义在类中的属性称为类属性，该类的所有对象共享类属性，类属性具有继承性，可以为类动态地添加类属性，类属性需要声明在类的内部、方法的外部。

Python 把对象在创建完成后添加的额外属性称为实例属性，实例属性仅属于该对象，不具有继承性。实例属性在方法中声明，通过 self 声明的属性是实例对象所特有的属性，而实例对象是类创建的对象。

如果要获得一个对象的所有属性和方法，可以使用 dir()函数，它返回一个包含类属性和实例属性的字符串 list，而 vars()仅包含实例属性，vars()跟__dict__是等同的。

类的常用属性如下所示：

- __name__：通过类名调用，获取类名字符串。
- __dict__：通过类名调用，获取这个类的信息：类方法、类属性、静态方法或对象方法等，返回的是一个字典。
- __bases__：通过类名调用，查看所有的父类。
- __slots__：限制属性动态添加，这是一个类属性，限制了可以动态添加的属性：只能添加元组中规定的属性，其他的都不能添加。
- __module__：类定义所在的模块。

下面给出类属性和实例属性的一个示例：

```
class Test(object):
    #类属性
    xxt = 100

    def __init__(self, lhr):

        #实例属性
        self.lhr = lhr


t = Test(99)
#通过实例化对象访问 类属性
print('t.xxt = %d' % t.xxt)
#通过类名访问 类属性
print('Test.xxt = %d' % Test.xxt)
#通过实例化对象访问 实例属性
print('t.lhr = %d' % t.lhr)
#通过类名访问 实例属性
print('Test.lhr = %d', Test.lhr)
#AttributeError: type object 'Test' has no attribute 'lhr'
#error 无法通过（类名.属性名）的方式访问实例属性
```

运行结果：

```
Student
t.xxt = 100
Test.xxt = 100
t.lhr = 99
AttributeError: type object 'Test' has no attribute 'lhr'
```

3.12.5　类变量需要注意什么?

类变量即类的属性，是定义在类中且在函数体之外，通常不作为实例变量使用。类变量在整个实例化的对象中是公用的，即相同类的不同实例共同持有相同变量。区别于实例变量，在类的声明中，属性是用变量来表示的，这种变量就称为实例变量，是在类声明的内部但是在类的其他成员方法之外声明的。

类属性调用方式：

- 类名.类属性名。
- 对象地址.类属性名。

关于类属性需要注意以下几点：

- 当对象属性和类属性同名的时候，通过对象调用，优先调用对象属性。
- 类名只能调用类属性，对象名可以调用对象属性，也可以调用类属性。
- 只能通过类名去修改类属性的值，如果通过对象名去修改类属性的话，其实没有修改类属性，而是给当前对象动态地添加了一个属性。

下面给出类变量的一个示例：

```
class Boss:
    #类属性，也可称为类变量，和对象没有关系，可以通过对象调用，也可以通过类名调用
    name = 'mayun'

    def __init__(self):
        #name 成员变量
        self.name = 'mahuateng'

#如果成员变量和类变量名字相同，那么通过对象调用时，获取的是成员变量
b = Boss()
#如果不存在 name 的成员变量，通过对象调用时，调用的是名为 name 的类变量
print(b.name)
print(Boss.name) #推荐通过类名直接调用
```

运行结果：

```
mahuateng
mayun
```

3.12.6　__init__方法的作用是什么?

类中有一个名为__init__()的特殊方法（构造方法），该方法在类实例化时会自动调用，像下面这样：

```
def __init__(self):
    self.data = []
```

类定义了__init__()方法，类的实例化操作会自动调用__init__()方法。这个初始化方法，会在对象创建后，而且在返回给调用者之前自动调用。通过该方法，可以对对象的属性进行初始化，也可以调用其他的方法，注意该方法中只能返回 None，不能返回其他任何类型。

下面的代码中实例化了类 MyClass 的对象，对应的__init__()方法就会被调用：

```
x = MyClass()
```

当然，__init__()方法可以有参数，参数通过__init__()传递到类的实例化操作上。例如：

```
class Complex:
    def __init__(self, realpart, imagpart):
        self.r = realpart
        self.i = imagpart
x = Complex(3.0, -4.5)
print(x.r, x.i)    # 输出结果：3.0 -4.5
```

3.12.7 __new__和__init__的区别有哪些?

__new__是在实例对象创建之前被调用的，用于创建实例，而__init__是当实例对象创建完成后被调用的，可以用来设置对象属性的一些初始值。也就是，__new__在__init__之前被调用，__new__的返回值（实例）将传递给__init__方法的第一个参数，然后__init__给这个实例做一些初始化的工作。其中，__new__()不是一定要有，只有继承自 object 的类才有，该方法可以 return 父类（通过 super(当前类名, cls).__new__())出来的实例，或者直接是 object 的__new__出来的实例）。值得注意的是，在定义子类时没有重新定义__new__()时，Python 默认调用该类父类的__new__()方法来构造该类实例，如果该类父类也没有重写__new__()，那么将一直追溯至 object 的__new__()方法，因为 object 是所有新式类的基类。如果子类中重写了__new__()方法，那么可以自由选择任意一个其他的新式类。

具体来说，__new__和__init__的区别如下所示：

（1）首先用法不同

__new__()在__init__()之前被调用，用于创建实例，是类级别的方法，是静态方法。如果__new__()创建的是当前类的实例，那么会自动调用__init__()函数，通过 return 调用的__new__()的参数 cls 来保证是当前类实例，如果是其他类的类名，那么创建返回的是其他类实例，就不会调用当前类的__init__()函数；__init__()用于初始化实例，所以该方法是在实例对象创建后被调用，它是实例级别的方法，用于设置对象属性的一些初始值。

（2）传入参数不同

__new__()至少有一个参数 cls，代表当前类，此参数在实例化时由 Python 解释器自动识别；__init__()至少有一个参数 self，就是这个__new__()返回的实例，__init__()在__new__()的基础上完成一些初始化的操作。

（3）返回值不同

__new__()必须有返回值，返回实例对象；__init__()不需要返回值。只有在__new__返回一个新创建属于该类的实例时当前类的__init__才会被调用。

（4）作用区别

__new__()方法主要用于继承一些不可变的 class，例如 int、str、tuple，提供一个自定义这些类的实例化过程的途径，一般通过重载__new__()方法来实现。__new__和__init__的主要区别在于__new__是用来创造一个类的实例的（constructor），而__init__是用来初始化一个实例的（initializer）。当类中同时出现__new__()和__init__()时，先调用__new__()，再调用__init__()。

下例是一个关于__init__和__new__的程序：

```
class new_init(object):
    def __new__(cls):
        #__new__函数首先被调用
        #__new__作为构造器，起创建一个类实例 new_init 的作用
        print('__new__ is called')
        return super(new_init, cls).__new__(cls)

    def __init__(self):
        #__init__作为初始化器，起初始化一个已被创建的实例的作用
        # __init__函数在__new__函数返回一个实例的时候被调用，
        #并且这个实例作为 self 参数被传入了__init__函数
        print('__init__ is called')
        print('self is: ', self)

new_init()
```

运行结果：

```
__new__ is called
```

```
__init__ is called
self is:  <__main__.new_init object at 0x00000214AC546CC0>
<__main__.new_init at 0x214ac546cc0>
```

如果__new__函数返回一个已经存在的实例（不论是哪个类的），那么__init__不会被调用：

```
obj = 996
# obj can be an object from any class, even object.__new__(object)

class returnExistedObj(object):
    def __new__(cls):
        print('__new__ is called')
        return obj

    def __init(self):
        print('__init__ is called')

returnExistedObj()
```

运行结果：

```
__new__ is called
Out[65]:
996
```

如果在__new__函数中不返回任何对象，那么不会有任何对象被创建，__init__函数也不会被调用来初始化对象。

```
obj = 996

class notReturnObj(object):
    def __new__(cls):
        print("__new__ is called")

    def __init__(self):
        print("__init__ is called")

print(notReturnObj())
```

运行结果：

```
__new__ is called
None
```

3.12.8　__repr__和__str__有什么区别?

首先给出一个两者的使用示例，然后结合示例来分析它们的区别。

```
>>> # 原始类
class OriginalClass(object):

    def __init__(self, value = "I love Python!"):
        self.value = value

>>> o = OriginalClass()
>>> o
<__main__.OriginalClass object at 0x0000000003383C88>
>>> print(o)
<__main__.OriginalClass object at 0x0000000003383C88>

>>> # 重写__repr__方法
class ReprClass(OriginalClass):
```

```
    def __repr__(self):
        return 'ReprClass value:%s' % self.value

>>> r = ReprClass()
>>> r
ReprClass value:I love Python!
>>> print(r)
ReprClass value:I love Python!

>>> # 重写__str__方法
class StrClass(OriginalClass):

    def __str__(self):
        return 'StrClass value:%s' % self.value

>>> s=StrClass()
>>> s
<__main__.StrClass object at 0x000000000337E400>
>>> print(s)
StrClass value:I love Python!
```

从上面控制台程序中可以看出，在没有重写__str__和__repr__方法时，不管是直接输出还是调用 print 输出，打印结果都是对象的内存地址，显然这种输出结果不是很友好。当只有重写__repr__方法时，不管是直接输出还是 print 函数输出，都会调用__repr__函数从而输出__repr__函数返回的内容。如果只重写了__str__方法，那么直接输出的仍然对象的内存地址，而 print 输出的则是 str 方法返回的内容。

总结一下两者的区别，__repr__和__str__这两个方法都是用于显示输出结果，__str__是面向用户的，而__repr__是面向程序员的。

- 调用 repr()函数时内部会调用对应的__repr__函数，调用 str()函数时内部会调用对应的__str__函数。
- %r 格式化对应的是调用 repr()函数，%s 格式化对应的是调用 repr()函数。
- __str__和__repr__都用于显示输出的内容，但是__str__显示的结果更加友好。
- 当调用 print 函数时，对应调用的是__str__函数；当直接在终端输出对象时，调用的是__repr__函数。

3.12.9 什么是类方法、静态方法和实例方法?

被@classmethod 修饰的方法叫作类方法，也叫类函数。类方法可以通过类名调用，也可以通过对象名调用，但是一般都通过类名调用。类方法必须有一个参数，一般写为 cls，cls 代表就是当前类。

被@staticmethod 修饰的方法叫作静态方法，也叫静态函数。静态方法可以通过类名调用，也可以通过对象名调用，但是一般都通过类名调用。

类里面定义的普通方法称之为实例方法，也可称为对象方法、成员方法。实例方法通过对象名调用。实例方法必须有一个参数，一般这个参数被命名为 self。

示例：

```
class MethodTest:

    name = 'haha'

    #成员函数，实例方法、对象方法、成员方法
    def instanceMethod(self):
        print('instance method')

    #@classmethod 表示类方法
    #必须有一个参数，习惯上写成 cls，表示当前类
    @classmethod
```

```
    def classMethod(cls):
        #可以调用类变量、类方法、静态方法
        print(cls.name)
        print('class method')

    #静态方法，没有必须写的参数
    @staticmethod
    def staticMethod():
        print(MethodTest.name)
        print('static method')

#通过类名调用类方法和静态方法，推荐的做法
MethodTest.classMethod()
MethodTest.staticMethod()
#MethodTest.instanceMethod() # 不能调用成员方法

#类方法和静态方法也可以通过对象调用，不推荐
m = MethodTest()
m.classMethod()
m.staticMethod()
```

运行结果：

```
haha
class method
haha
static method
haha
class method
haha
static method
```

3.12.10　什么是私有属性和私有方法?

私有属性：以__开头的成员属性为类的私有属性，私有属性在类的外部不能直接访问，但是在类里面可以直接访问，所以可以通过这种方法控制这个属性。

可以自定义 set 方法和 get 方法，来获取或者修改这个变量的值，也可以通过官方提供的装饰器@property 和@方法名.setter（这里的方法名指的是@property 修饰的获取私有变量值的方法）来实现两个方法，例如：

```
@property
    def age(self):
        return self.__age

    @age.setter
    def age(self, age):
        self.__age = age
```

私有方法：如果在成员方法前面加上__，那么这个方法就变成了私有方法，在类的外部不能直接访问，在类的内部可以直接访问。

3.12.11　Python 如何实现单例模式?

单例模式（Singleton Pattern）是一种常用的软件设计模式，该模式的主要目的是确保某一个类只有一个实例存在。当希望在整个系统中，某个类只能出现一个实例时，单例对象就能派上用场。

例如，某个服务器程序的配置信息存放在一个文件中，客户端通过一个 AppConfig 的类来读取配置文件的信息。如果在程序运行期间，有很多地方都需要使用配置文件的内容，即很多地方都需要创建 AppConfig 对象的实例，那么这就会导致系统中存在多个 AppConfig 的实例对象，而这样会严重浪费内

存资源，尤其是在配置文件内容很多的情况下。事实上，类似 AppConfig 这样的类，在程序运行期间只需要存在一个实例对象。

单例模式应用的场景如下：

① 在资源共享的情况下，避免由于资源操作时导致的性能或损耗等。例如日志文件，应用配置。

② 在控制资源的情况下，方便资源之间的互相通信。例如线程池等。

单例模式的应用实例包括：a．网站的计数器；b．应用配置；c．多线程池；d．数据库配置，数据库连接池；e．应用程序的日志应用等。

在 Python 中，可以用多种方法来实现单例模式，例如使用模块、使用装饰器、使用类、基于__new__方法实现或基于 metaclass 方式实现等。

（1）使用模块

其实，Python 的模块就是天然的单例模式，因为模块在被第一次导入时，会生成.pyc 文件，当第二次导入时，就会直接加载.pyc 文件，而不会再次执行模块代码。因此，只需把相关的函数和数据定义在一个模块中，就可以获得一个单例对象了。如果真的想要一个单例类，那么可以考虑这样做：

```
class Singleton(object):
    def foo(self):
        pass
singleton = Singleton()
```

将上面的代码保存在文件 mysingleton.py 中，在使用时，直接在其他文件中导入此文件中的对象，这个对象即是单例模式的对象。

```
from a import singleton
```

再给出一个单例模式的示例：

```
class A(object):
    __instance = None
    def __new__(cls, *args,**kwargs):

        if  cls.__instance is None:
            cls.__instance = object.__new__(cls)
            return cls.__instance
        else:
            return cls.__instance
```

（2）使用装饰器

```
def Singleton(cls):
    _instance = {}

    def _singleton(*args, **kargs):
        if cls not in _instance:
            _instance[cls] = cls(*args, **kargs)
        return _instance[cls]

    return _singleton

@Singleton
class A(object):
    a = 1

    def __init__(self, x=0):
        self.x = x

a1 = A(2)
a2 = A(3)
```

（3）基于__new__方法实现

当实例化一个对象时，是先执行了类的__new__方法（如果没有重写这个方法，那么会默认调用object.__new__）来实例化对象；然后再执行类的__init__方法，对这个对象进行初始化，所以可以基于这个原理来实现单例模式。

```
import threading
class Singleton(object):
    _instance_lock = threading.Lock()

    def __init__(self):
        pass


    def __new__(cls, *args, **kwargs):
        if not hasattr(Singleton, "_instance"):
            with Singleton._instance_lock:
                if not hasattr(Singleton, "_instance"):
                    Singleton._instance = object.__new__(cls)
        return Singleton._instance

obj1 = Singleton()
obj2 = Singleton()
print(obj1,obj2)

def task(arg):
    obj = Singleton()
    print(obj)

for i in range(10):
    t = threading.Thread(target=task,args=[i,])
    t.start()
```

3.12.12　其他

【真题272】self表示什么含义？

答案：self表示当前对象，本质上存放的是当前对象的地址，哪个对象调用这个成员方法，那么self就指向这个对象。如果方法中有其他参数，那么直接写在self后面，传参时，不用管self，直接传递其他参数即可。

【真题273】__str__方法有什么作用？

答案：该方法会在打印对象的时候自动调用，该方法必须返回一个字符串，一般都用来返回该对象的信息。

【真题274】抽象方法的作用是什么？

答案：抽象方法（@abstractmethod）一般只用来定义，不用实现，包含抽象方法的类不能直接创建对象。

```
from abc import ABC, abstractmethod

#3.4 以后，需要继承 ABC 这个类
class Student(ABC):

    def run(self):
        print('run')

    #抽象方法,一般不用写具体的逻辑
    @abstractmethod
    def abstractMathod(self):
```

```
        '''抽象方法'''
        #print('')

#包含抽象方法的类，称为抽象类，通过抽象类，不能直接创建对象
#ss = Student()

#子类继承抽象类，重写抽象方法
class ManStudent(Student):

    def abstractMathod(self):
        print('hahahahah')

ms = ManStudent()
ms.abstractMathod()
```

运行结果：

```
Hahahahah
```

【真题 275】请回答以下问题？

```
def add_end(L= []):
    L.append('END')
    return L
print(add_end()) # 输出什么？
print(add_end()) # 再次调用输出什么？为什么？
```

答案：输出结果：

```
['END']
['END', 'END']
```

函数的默认参数在编译时分配内存空间。如果没有提供参数，那么所有的调用都会使用默认的参数，也就是说使用的是同一段内存地址的同一对象。

【真题 276】下面这段代码的输出结果是什么？请解释。

```
class Parent(object):
  x=1
class Child1(Parent):
  pass
class Child2(Parent):
  pass

print(Parent.x,Child1.x,Child2.x)
Child1.x=2
print(Parent.x,Child1.x,Child2.x)
Parent.x=3
print(Parent.x,Child1.x,Child2.x)
```

答案：输出结果为

```
1 1 1
1 2 1
3 2 3
```

第一个 print 语句中的 x 都指向父类的类属性 x，所以三个类的属性都一样，指向同一块内存地址；第二行更改 Child1.x，Child1 的 x 指向了新的内存地址；第三行更改 Parent.x，Parent 的 x 指向了新的内存地址。

让很多人感到疑惑的是，最后一行的输出竟然不是“3 2 1”而是“3 2 3”。为什么修改了 Parent.X 的值会影响到 Child2.x，但是同时又没有改变 Child1.x 的值呢？

这个问题的关键在于，在 Python 中，类中的变量在内部被当作字典处理。如果一个变量名在当前

类的字典中没有被发现，系统将会在这个类的祖先（例如，它的父类）中继续寻找，直到找到为止（如果一个变量名在这个类和这个类的祖先中都没有，那么将会引发一个AttributeError错误）。

因此，在父类中将变量x赋值为1，那么x变量将可以被当前类和所有这个类的子类引用。这就是为什么第一个print语句输出为“1 1 1”。

接下来，如果它的子类覆盖了这个值（例如，执行Child1.x=2），那么这个变量的值仅仅在这个子类中发生了改变。这就是为什么第二个print语句输出“1 2 1”。

最后，如果父类改变了这个变量的值（例如，执行Parent.x=3），那么所有没有覆盖这个参数值的子类（在这个例子中覆盖了参数的就是Child2）都会受到影响，这就是为什么第三个print语句的输出为“3 2 3”。

【真题277】Python中如何动态获取和设置对象的属性？

答案：可以使用hasattr、getattr和setattr方法。

hasattr(object,name)可以判断一个对象里面是否有name属性或者name方法，返回bool值。若有name特性则返回True，否则返回False。需要注意的是name要用括号括起来。

getattr(object, name[,default])可以获取对象object的属性或者方法。若存在则打印出来，若不存在则打印出默认值，默认值可选。需要注意的是，如果是返回的对象的方法，那么返回的是方法的内存地址。如果需要运行这个方法，那么可以在后面添加一对括号。

setattr(object, name, values)可以给对象的属性赋值，若属性不存在，则先创建再赋值。

下面的示例首先判断一个对象的属性是否存在，若不存在则添加该属性：

```
class test():
    name="xinxiaoting"
    def run(self):
            return "HelloWord"

t=test()
if not hasattr(t,"age"):
    # getattr(t, "age", setattr(t, "age", "18")) #age 属性不存在时，设置该属性
    setattr(t, "age", "18")
print(getattr(t, "age"))   #可检测设置成功
```

【真题278】如何快速对学生的成绩进行评级：

60分以下评为F

60～70评为D

...

90分以上为A

答案：可以使用bisect模块：

```
import bisect
import sys

def grade(score, breakpoint=[60, 70, 80, 90], grades = 'FDCBA'):
    i = bisect.bisect(breakpoint, score)
    return grades[i]

if __name__ == '__main__':
    level = grade(64)
    print(level)
```

运行结果：

```
D
```

【真题279】为了让下面这段代码运行，需要增加哪些代码？

```
class A(object):
    def __init__(self, a, b):
        self.__a = a
        self.__b = b

    def myprint(self):
        print('a=', self.__a, 'b=', self.__b)

a1 = A(10,20)
a1.myprint()

a1(80)
```

答案：为了能让对象实例能被直接调用，需要实现__call__方法，如下所示：

```
class A:
    def __init__(self, a, b):
        self.__a = a
        self.__b = b

    def myprint(self):
        print('a=', self.__a, 'b=', self.__b)

    def __call__(self, num):
        print('call:', num + self.__a)

a1 = A(10, 20)
a1.myprint()

a1(80)
```

运行结果：

```
a= 10 b= 20
call: 90
```

【真题 280】下面这段代码输出什么？

```
class B:
    def fn(self):
        print('B fn')

    def __init__(self):
        print("B INIT")


class A(object):
    def fn(self):
        print('A fn')

    def __new__(cls,a):
            print("NEW", a)
            if a>10:
                return super(A, cls).__new__(cls)
            return B()

    def __init__(self,a):
        print("INIT", a)

a1 = A(5)
a1.fn()
a2=A(20)
a2.fn()
```

答案：使用__new__方法，可以决定返回那个对象，也就是在创建对象之前，这个方法可以用于设计模式的单例、工厂模式。__init__是创建对象时调用的。

运行结果：

```
NEW 5
B INIT
B fn
NEW 20
INIT 20
A fn
```

【真题 281】什么是元类？

答案：在 Python 中，一切皆为对象，而元类是用来创建类的“东西”，类也是元类的实例。所以，在 Python 中，除了 type 以外，所有的对象要么是类的实例，要么是元类的实例。type 实际上是它自己的元类。元类主要的用途是用来创建 API，例如 django 的 ORM。

【真题 282】面向对象中带双下划线的特殊方法有哪些？

答案：面向对象中带双下划线的特殊方法如下：

- __new__：生成实例。
- __init__：初始化实例的属性。
- __call__：使用“实例对象加()”会执行调用__call__方法。
- __del__：当对象在内存中被释放时，自动触发执行。如当 del obj 或者应用程序运行完毕时，执行该方法里边的内容。
- __enter__和__exit__：在 Python 中实现了__enter__和__exit__方法，即支持上下文管理器协议。上下文管理器就是支持上下文管理器协议的对象，它是为了 with 而生。当 with 语句在开始运行时，会在上下文管理器对象上调用__enter__方法。with 语句运行结束后，会在上下文管理器对象上调用__exit__方法。
- __module__：表示当前操作的对象在哪个模块。
- __class__：表示当前操作的对象的类是什么。
- __doc__：类的描述信息，该描述信息无法被继承。
- __str__：print 函数被调用的时候会输出__str__的返回值。它的意义是得到便于人们阅读的信息。
- __repr__：改变对象的字符串显示，交互式解释器。__repr__存在的目的在于调试，便于开发者使用。
- __format__：自定义格式化字符串。
- __slots__：一个类变量用来限制实例可以添加的属性的数量和类型。

示例：

```
class Foo:
    def __init__(self,name):
        self.name=name

    def __getitem__(self, item):
        print(self.__dict__[item])

    def __setitem__(self, key, value):
        self.__dict__[key]=value
    def __delitem__(self, key):
        print('del obj[key]时,我执行')
        self.__dict__.pop(key)
    def __delattr__(self, item):
        print('del obj.key 时,我执行')
        self.__dict__.pop(item)
```

```
f1=Foo('sb')
f1['age']=18
f1['age1']=19
del f1.age1
del f1['age']
f1['name']='alex'
print(f1.__dict__)
```

运行结果：

```
del obj.key 时,我执行
del obj[key]时,我执行
{'name': 'alex'}
```

【真题 283】Python 的魔法方法指的是什么？

答案：魔法方法就是可以给类增加魔力的特殊方法，如果一个对象实现（重载）了这些方法中的某一个，那么这个方法就会在特殊的情况下被 Python 所调用，程序员可以定义自己想要的行为，而这一切都是自动发生的。它们经常是两个下划线包围来命名的（例如__init__，__lt__），Python 的魔法方法是非常强大的，所以了解其使用方法也变得尤为重要，常见的 Python 的魔法方法如下：

- __init__构造器，当一个实例被创建的时候会调用的初始化方法。但是它并不是实例化调用的第一个方法。
- __new__才是实例化对象调用的第一个方法，它只取下 cls 参数，并把其他参数传给__init__。__new__很少使用，但是也有它适合的场景，尤其是当类继承自一个像元组或者字符串这样不经常改变的类型的时候。
- __call__允许一个类的实例像函数一样被调用。
- __getitem__定义获取容器中指定元素的行为，相当于 self[key]。
- __getattr__定义当用户试图访问一个不存在属性的时候的行为。
- __setattr__定义当一个属性被设置的时候的行为。
- __getattribute__定义当一个属性被访问的时候的行为。

【真题 284】在面向对象中怎么实现只读属性？

答案：将对象私有化，通过公有方法提供一个读取数据的接口。

```
class person:
        def __init__(self,x):
            self.__age = 10;
        def age(self):
            return self.__age;
t = person(22)
# t.__age = 100
print(t.age())
```

最好的方法：

```
class MyCls(object):
    __weight = 50

@property #以访问属性的方式来访问 weight 方法
def weight(self):
  return self.__weight

if __name__ == '__main__':
  obj = MyCls()
  obj.weight = 12
  print(obj.weight)
```

【真题 285】以下代码的输出结果是什么？

```
class Person:
    name ="aaa"

p1 =Person()
p2 = Person()
p1.name= "bbb"

print(p1.name,p2.name)
print(Person.name)
```

答案：结果为

```
bbb aaa
aaa
```

【真题286】以下代码的输出结果是什么？

```
a = [1,2,3,4,5,6,7]
b =filter(lambda x:x>5,a)
for i in b :
   print(i)
a = map(lambda x:x*2,[1,2,3])
print(list(a))
```

答案：结果为

```
6
7
[2, 4, 6]
```

【真题287】请简化以下代码。

```
l = []
for i in range(10):
   l.append(i**2)
print(l)
```

答案：简化后的代码为

```
print([x**2 for x in range(10)])
```

运行结果为

```
[0, 1, 4, 9, 16, 25, 36, 49, 64, 81]
```

【真题288】Python新式类和经典类的区别有哪些？

答案：凡是继承了object的类都是新式类，在Python 3里只有新式类。在Python 2里面继承object的是新式类，没有写父类的是经典类，经典类目前在Python里基本没有被应用。

3.13 正则表达式

正则表达式，又称正规表示式、正规表示法、正规表达式、规则表达式、常规表示法（英语：Regular Expression，在代码中常简写为regex、regexp或RE），是计算机科学的一个概念。

正则表达式使用单个字符串来描述、匹配一系列满足某个句法规则的字符串。在很多文本编辑器里，正则表达式通常被用来检索或替换那些匹配某个模式的文本。例如，匹配电话、邮箱或URL等字符串信息；在爬虫中，通过正则可以获取网页中指定的内容。

3.13.1 正则表达式的一些语法

（1）正则表达式修饰符（可选标志）

正则表达式可以包含一些可选标志修饰符来控制匹配的模式。修饰符被指定为一个可选的标志。多

个标志可以通过按位 OR（|）它们来指定，例如，re.I|re.M 被设置成 I 和 M 标志：

修饰符	描述
re.I	使匹配对大小写不敏感
re.L	做本地化识别（locale-aware）匹配
re.M	多行匹配，影响^和$
re.S	使.匹配包括换行在内的所有字符
re.U	根据 Unicode 字符集解析字符。这个标志影响\w、\W、\b、\B
re.X	该标志通过给予更灵活的格式以便将正则表达式写得更易于理解

（2）正则表达式模式

模式字符串使用特殊的语法来表示一个正则表达式：

- 字母和数字表示它们自身。一个正则表达式模式中的字母和数字匹配同样的字符串。
- 多数字母和数字前加一个反斜杠时会拥有不同的含义。
- 标点符号只有被转义时才匹配自身，否则它们表示特殊的含义。
- 反斜杠本身需要使用反斜杠转义。
- 由于正则表达式通常都包含反斜杠，所以最好使用原始字符串来表示它们。模式元素（例如 r'\t'，等价于\\t）匹配相应的特殊字符。

下表列出了正则表达式模式语法中的特殊元素。如果使用模式的同时提供了可选的标志参数，那么某些模式元素的含义会改变。

模式	描述
re*	匹配 0 个或多个的表达式
re+	匹配 1 个或多个的表达式
re?	匹配 0 个或 1 个由前面的正则表达式定义的片段，非贪婪方式
re{n}	匹配 n 个前面的表达式。例如，“o{2}”不能匹配“Bob”中的“o”，但是能匹配“food”中的两个 o
re{n,}	精确匹配 n 个前面表达式。例如，“o{2,}”不能匹配“Bob”中的“o”，但能匹配“foooood”中的所有 o “o{1,}”等价于“o+”，“o{0,}”则等价于“o*”
re{n,m}	匹配 n 到 m 次由前面的正则表达式定义的片段，贪婪方式
a|b	匹配 a 或 b
(re)	匹配括号内的表达式，也表示一个组
(?imx)	正则表达式包含三种可选标志：i、m 或 x。只影响括号中的区域
(?-imx)	正则表达式关闭 i、m 或 x 可选标志。只影响括号中的区域
(?:re)	类似(...)，但是不表示一个组
(?imx:re)	在括号中使用 i、m 或 x 可选标志
(?-imx:re)	在括号中不使用 i、m 或 x 可选标志
(?#...)	注释
(?!re)	前向否定界定符。与肯定界定符相反；当所含表达式不能在字符串当前位置匹配时成功
(?>re)	匹配的独立模式，省去回溯
\w	匹配数字字母下划线
\W	匹配非数字字母下划线

（续）

模式	描述
\s	匹配任意空白字符，等价于[\t\n\r\f]
\S	匹配任意非空字符
\d	匹配任意数字，等价于[0-9]
\D	匹配任意非数字
\A	匹配字符串开始
\Z	匹配字符串结束，如果存在换行，只匹配到换行前的结束字符串
\z	匹配字符串结束
\G	匹配最后匹配完成的位置
\b	匹配一个单词边界，也就是指单词和空格间的位置。例如，'er\b'可以匹配“never”中的'er'，但不能匹配“verb”中的'er'
\B	匹配非单词边界。'er\B'能匹配“verb”中的'er'，但不能匹配“never”中的'er'
\n,\t,等。	匹配一个换行符，匹配一个制表符等
\1...\9	匹配第n个分组的内容
\10	匹配第n个分组的内容，如果它经匹配。否则指的是八进制字符码的表达式

（3）字符类

实例	描述
[Pp]ython	匹配“Python”或“python”
rub[ye]	匹配“ruby”或“rube”
[aeiou]	匹配中括号内的任意一个字母
[0-9]	匹配任何数字。类似于[0123456789]
[a-z]	匹配任何小写字母
[A-Z]	匹配任何大写字母
[a-zA-Z0-9]	匹配任何字母及数字
[^aeiou]	除了aeiou字母以外的所有字符
[^0-9]	匹配除了数字外的字符
.	匹配除“\n”之外的任何单个字符。要匹配包括'\n'在内的任何字符，请使用像'[.\n]'的模式
\d	匹配一个数字字符，等价于[0-9]
\D	匹配一个非数字字符，等价于[^0-9]
\s	匹配任何空白字符，包括空格、制表符、换页符等。等价于[\f\n\r\t\v]
\S	匹配任何非空白字符，等价于[^\f\n\r\t\v]
\w	匹配包括下划线的任何单词字符，等价于'[A-Za-z0-9_]'
\W	匹配任何非单词字符，等价于'[^A-Za-z0-9_]'
^	匹配字符串的开头
$	匹配字符串的末尾
[...]	用来表示一组字符，单独列出：[amk]匹配'a'、'm'或'k'
[^...]	不在[]中的字符：[^abc]匹配除了a、b、c之外的字符

3.13.2　re 模块有哪些常用的函数?

re 模块使 Python 语言拥有处理全部的正则表达式功能。re 模块也提供了与这些方法功能完全一致的函数，这些函数使用一个模式字符串作为它们的第一个参数。

re 模块常见的函数有 match、search、findall、finditer、compile、sub、split 函数。

（1）match

match 尝试从字符串的起始位置匹配一个模式，如果正则表达式匹配成功，那么返回匹配对象，如果匹配失败，或不是起始位置匹配成功的话，那么 match()就返回 None。

函数语法：

```
re.match(pattern, string, flags=0)
```

函数参数说明：

参数	描述
pattern	匹配的正则表达式
string	要匹配的字符串
flags	标志位，用于控制正则表达式的匹配方式，例如：是否区分大小写、多行匹配等

可以使用 group(num)或 groups()匹配对象函数来获取匹配表达式。

匹配对象方法	描述
group(num=0)	匹配的整个表达式的字符串，group()可以一次输入多个组号，在这种情况下它将返回一个包含所组所对应值的元组
groups()	返回一个包含所有小组字符串的元组，从 1 到所含的小组号

需要注意的是，函数 span()可以得到匹配字符串在源字符串中位置，是一个元组。

```
import re

#match，从字符串开始位置判断，是否满足匹配的规则，如果不满足，返回 None
#第一个参数，正则表达式的匹配规则，第二个参数，待判断的字符串

m = re.match('www', 'Www.mobiletrain.org', re.I)
if m != None:
    print(m.group()) #获得匹配的数据
    print(m.span()) #获得匹配的数据的下标的范围
```

运行结果：

```
Www
(0, 3)
```

（2）search

从源字符串中，任意的位置开始查找，返回第一个符合规则的匹配对象，匹配失败返回 None。其语法形式和 match 一样。

```
import re

print(re.search('www', 'www.mobiletrain.org'))
print(re.search('www', 'aaawwwww.mobiletrain.orgwww'))
print(re.search('www', 'aww.mobiletrain.org'))
```

运行结果：

```
<_sre.SRE_Match object; span=(0, 3), match='www'>
```

```
<_sre.SRE_Match object; span=(3, 6), match='www'>
None
```

（3）findall

在字符串中找到正则表达式所匹配的所有子串，并返回一个列表，如果没有找到匹配的，则返回空列表。需要注意的是：match 和 search 是匹配一次，而 findall 匹配所有。

语法格式为

```
findall(string[,pos[,endpos]])
```

参数：

- string 待匹配的字符串。
- pos 可选参数，指定字符串的起始位置，默认为 0。
- endpos 可选参数，指定字符串的结束位置，默认为字符串的长度。

查找字符串中的所有数字：

```
import re

pattern = re.compile(r'\d+')   # 查找数字
result1 = pattern.findall("'lhrxxt 123 google 456')
result2 = pattern.findall('lhr88xxt123google456', 0, 10)

print(result1)
print(result2)
```

运行结果：

```
['123', '456']
['88', '12']
```

（4）finditer

和 findall 类似，在字符串中找到正则表达式所匹配的所有子串，并把它们作为一个迭代器返回。其语法形式和 match 一样。

```
import re

it = re.finditer(r"\d+","12a32bc43jf3")
for match in it:
    print (match.group() )
```

运行结果：

```
12
32
43
3
```

（5）compile

compile 函数用于编译正则表达式，该函数根据一个模式字符串和可选的标志参数生成一个正则表达式（Pattern）对象，供 match()和 search()这两个函数使用。

语法格式为

```
re.compile(pattern[, flags])
```

参数：

- pattern：一个字符串形式的正则表达式。
- flags 可选，表示匹配模式，例如忽略大小写，多行模式等，具体参数为
  - re.I 忽略大小写。
  - re.L 表示特殊字符集\w、\W、\b、\B、\s、\S 依赖于当前环境。

- re.M 多行模式。
- re.S 即为'.'并且包括换行符在内的任意字符（'.'不包括换行符）。
- re.U 表示特殊字符集\w、\W、\b、\B、\d、\D、\s、\S 依赖于 Unicode 字符属性数据库。
- re.X 为了增加可读性，忽略空格和'#'后面的注释。

```
import re
pattern = re.compile(r'\d+')                          # 用于匹配至少一个数字
m = pattern.match('one12twothree34four')              # 查找头部，没有匹配
print(m)
m = pattern.match('one12twothree34four', 2, 10) # 从'e'的位置开始匹配，没有匹配
print(m)
m = pattern.match('one12twothree34four', 3, 10) # 从'1'的位置开始匹配，正好匹配
print(m)                                              # 返回一个 Match 对象
print(m.group(0))     # 可省略 0
print(m.start(0))     # 可省略 0
print(m.end(0))       # 可省略 0
print(m.span(0))      # 可省略 0
```

运行结果：

```
None
None
<_sre.SRE_Match object; span=(3, 5), match='12'>
12
3
5
(3, 5)
```

在上面的代码中，当匹配成功时返回一个 Match 对象，其中：

- group([group1,…])方法用于获得一个或多个分组匹配的字符串，当要获得整个匹配的子串时，可直接使用 group()或 group(0)。
- start([group])方法用于获取分组匹配的子串在整个字符串中的起始位置（子串第一个字符的索引），参数默认值为 0。
- end([group])方法用于获取分组匹配的子串在整个字符串中的结束位置（子串最后一个字符的索引+1），参数默认值为 0。
- span([group])方法返回(start(group),end(group))。

（6）sub

Python 的 re 模块提供了 re.sub 用于替换字符串中的匹配项。

语法：

```
re.sub(pattern, repl, string, count=0)
```

参数：

- pattern：正则中的模式字符串。
- repl：替换的字符串，也可为一个函数。
- string：要被查找替换的原始字符串。
- count：模式匹配后替换的最大次数，默认 0 表示替换所有的匹配。

```
import re

phone = "2004-959-559 # 这是一个电话号码"

# 删除注释
num = re.sub(r'#.*$', "", phone)
print("电话号码 : ", num)
```

```
# 移除非数字的内容
num = re.sub(r'\D', "", phone)
print("电话号码 : ", num)
```

运行结果：

```
电话号码 :  2004-959-559
电话号码 :  2004959559
```

repl 参数也可以是一个函数。以下实例中将字符串中匹配的数字乘以 2：

```
import re

# 将匹配的数字乘于 2
def double(matched):
    value = int(matched.group('value'))
    return str(value * 2)

s = 'A23G4HFD567'
print(re.sub('(?P<value>\d+)', double, s))
```

运行结果：

```
A46G8HFD1134
```

（7）split

split 方法按照能够匹配的子串将字符串分割后返回列表，它的使用形式如下：

```
re.split(pattern, string[, maxsplit=0, flags=0])
```

参数：

参数	描述
pattern	匹配的正则表达式
string	要匹配的字符串
maxsplit	分隔次数，maxsplit=1 分隔一次，默认为 0，不限制次数
flags	标志位，用于控制正则表达式的匹配方式，如：是否区分大小写，多行匹配等

```
import re
print(re.split('\W+', 'lhrxxt, lhrxxt, lhrxxt.'))
print(re.split('(\W+)', ' lhrxxt, lhrxxt, lhrxxt.'))
print(re.split('\W+', ' lhrxxt, lhrxxt, lhrxxt.', 1))
print(re.split('a*', 'hello world'))    # 对于一个找不到匹配的字符串而言，split 不会对其做出分割
```

运行结果：

```
['lhrxxt', 'lhrxxt', 'lhrxxt', '']
['', ' ', 'lhrxxt', ', ', 'lhrxxt', ', ', 'lhrxxt', '.', '']
['', 'lhrxxt, lhrxxt, lhrxxt.']
['hello world']
```

3.13.3　用 Python 匹配 HTML tag 的时候，<.*>和<.*?>有什么区别？

<.*>是贪婪匹配，会返回最大的匹配值，而<.*?>是非贪婪匹配。贪婪匹配表示能多匹配就多匹配，正则表达式都是贪婪匹配的。

例如：

```
import re
s = '<html><head><title>Title</title>'
print(re.match('<.*>', s).group())
```

会返回字符串 s 的所有内容，而

```
import re
s = '<html><head><title>Title</title>'
print(re.match('<.*?>', s).group())
```

则会返回“<html>”。

3.13.4 Python 里面 search()和 match()的区别

match()函数只检测正则表达式是不是在 string 的开始位置匹配，search()会扫描整个 string 查找匹配，直到找到一个匹配，也就是说 match()只有在 0 位置匹配成功的话才有返回，如果不是开始位置匹配成功的话，那么 match()就返回 None。

例如：

```
print(re.match('super', 'superstition').span())
```

会返回(0, 5)，而以下代码：

```
print(re.match('super', 'insuperable'))
```

则返回 None。

search()会扫描整个字符串并返回第一个成功的匹配。

例如：

```
print(re.search('super', 'superstition').span())
```

返回(0, 5)，而以下代码：

```
print(re.search('super', 'insuperable').span())
```

返回(2, 7)。

3.13.5 如何用 Python 来进行查询和替换一个文本字符串?

可以使用 re 模块的 sub()方法来进行查询和替换，例如：

```
import re
p = re.compile('(blue|white|red)')
print(p.sub('colour','blue socks and red shoes'))
print(p.sub('colour','blue socks and red shoes', count=1))
```

运行结果：

```
colour socks and colour shoes
colour socks and red shoes
```

subn()方法执行的效果跟 sub()一样，只不过它会返回一个二维数组，包括替换后的新的字符串和总共替换的数量。

例如：

```
import re
p = re.compile('(blue|white|red)')
print(p.subn('colour','blue socks and red shoes'))
print(p.subn('colour','blue socks and red shoes', count=1))
```

运行结果：

```
('colour socks and colour shoes', 2)
('colour socks and red shoes', 1)
```

3.13.6　其他

【真题 289】有这样一个 URL，foobar/homework/2019-10-20/xiaomaimiao，其中 2019-10-20 和 xiaomaimiao 是变量，请用正则表达式进行解析，获取这 2 个变量的值，要求尽量准确。

答案：程序如下所示：

```
import re
str1 = 'foobar/homework/2019-10-20/xiaomaimiao'
url_compile = re.compile('foobar/homework/(?P<date>\d{4}-\d{1,2}-\d{1,2})/(?P<username>\w+)')

result = re.search(url_compile,str1)
print(result.group('date'))
print(result.group('username'))
```

运行结果：

```
2019-10-20
Xiaomaimiao
```

【真题 290】如何用 Python 来进行查询和替换一个文本字符串？

答案：可以使用 re 模块中的 sub()函数或者 subn()函数来进行查询和替换。

```
>>> import re
>>>p=re.compile('blue|white|red')
>>>print(p.sub('colour','blue socks and red shoes'))
colour socks and colourshoes
>>>print(p.sub('colour','blue socks and red shoes',count=1))
colour socks and redshoes
```

subn()方法执行的效果跟 sub()一样，不过它会返回一个二维数组，包括替换后的新的字符串和总共替换的数量。

【真题 291】<div class="nam">中国</div>，用正则匹配出标签里面的内容“中国”，其中 class 的类名是不确定的。

答案：程序如下所示：

```
import re
str='<div class="nam">中国</div>'
res=re.findall(r'<div class=".*">(.*?)</div>',str)
print(res)
```

【真题 292】字符串 a="not 404 found 张三 99 深圳"，每个词中间是空格，用正则过滤掉英文和数字，最终输出“张三　深圳”。

答案：程序如下所示：

```
import re
a = "not 404 found 张三 99 深圳"

list=a.split(" ")
print(list)

res=re.findall('\d+|[a-zA-Z]+',a)
print(res)

for i in res:
    if i in list:
        list.remove(i)
new_str=" ".join(list)
print(new_str)
```

运行结果：

```
['not', '404', 'found', '张三', '99', '深圳']
['not', '404', 'found', '99']
张三 深圳
```

【真题 293】a="张明 98 分"，用 re.sub，将 98 替换为 100。

答案：程序如下所示：

```
import re
a="张明 98 分"
res=re.sub(r"\d+","100",a)
print(res)
```

运行结果：

```
张明 100 分
```

【真题 294】正则匹配，匹配日期 2018-03-20，其中，url='https://sycm.taobao.com/bda/tradinganaly/overview/get_summary.json?dateRange=2018-03-20%7C2018-03-20&dateType=recent1&device=1&token=ff25b109b&_=1521595613462'。

答案：提取一段特征语句，用(.*?)匹配即可：

```
import re
url='https://sycm.taobao.com/bda/tradinganaly/overview/get_summary.json?dateRange=2018-03-20%7C2018-03-20&dateType=recent1
&device=1&token=ff25b109b&_=1521595613462'
res=re.findall(r'dateRange=(.*?)%7C(.*?)&',url)
print(res)
```

运行结果：

```
[('2018-03-20', '2018-03-20')]
```

【真题 295】s="info:xiaoZhang 33 shandong"，用正则切分字符串输出['info', 'xiaoZhang', '33', 'shandong']。

答案：|表示或，根据冒号或者空格切分：

```
import  re
s="info:xiaoZhang 33 shandong"
res=re.split(':| ',s)
print(res)
```

【真题 296】正则匹配以 163.com 结尾的邮箱。

答案：程序如下所示：

```
import  re
email_list=['lhrbestxxt@163.com','lhrbestxxt@163.comheihei','.com.xw@qq.com']

for email in email_list:
    ret=re.match("[\w]{4,20}@163\.com$",email)
    if ret:
        print("%s 符合邮件地址规定，结果是：%s" %(email,ret.group()))
    else:
        print("%s 不符合要求" %email)
```

结果：

```
lhrbestxxt@163.com 符合邮件地址规定，结果是：lhrbestxxt@163.com
lhrbestxxt@163.comheihei 不符合要求
.com.xw@qq.com 不符合要求
```

【真题 297】请匹配出变量 A='json({"Adam":95,"Lisa":85,"Bart":59})'中的 json 字符串。

答案：程序如下所示：

```
import  re
A = 'json({"Adam":95,"Lisa":85,"Bart":59})'
```

```
b = re.search(r'json.*?({.*?}).*',A,re.S)
print(b.group(1))
```

【真题 298】请使用正则表达式提取出字符串 s ='12j33jk12ksdjfkj23jk4h1k23h'中的所有数字。

答案：程序如下所示：

```
import re
s ='12j33jk12ksdjfkj23jk4h1k23h'
b=re.findall("\d",s)
b="".join(b)
print(b)
```

3.14 办公自动化

3.14.1 Python 如何操作 Word?

有两种方式可以操作 Word，分别是 win32com 模块和 docx 模块，其中 win32com 模块只对 Windows 平台有效。而 docx 模块不依赖操作系统，跨平台。这个模块在使用前需要进行安装，安装命令如下：

```
pip install python-docx
```

（1）win32com 模块

```
# coding=utf-8
import win32com
from win32com.client import Dispatch, DispatchEx

#调用系统 word 功能，可以处理 doc 和 docx 两种文件
word = Dispatch('Word.Application')   # 打开 word 应用程序
#mw = win32com.client.Dispatch("kwps.application") #WPS
# word = DispatchEx('Word.Application') #启动独立的进程
word.Visible = 0   # 后台运行,不显示
word.DisplayAlerts = 0   # 不警告
path = 'D:\驾照考试--李华荣.docx'   # word 文件路径
doc = word.Documents.Open(FileName=path, Encoding='gbk')
# content = doc.Range(doc.Content.Start, doc.Content.End)
# content = doc.Range()
print('----------------')
print('段落数: ', doc.Paragraphs.count)

# 利用下标遍历段落
for i in range(len(doc.Paragraphs)):
    para = doc.Paragraphs[i]
    print(para.Range.text)
print('-------------------------')

# 直接遍历段落
for para in doc.paragraphs:
    print(para.Range.text)
    # print(para)   #只能用于文档内容全英文的情况

doc.Close()   # 关闭 word 文档
# word.Quit   #关闭 word 程序
```

（2）docx 模块

```
import docx

def read_docx(file_name):
    doc = docx.Document(file_name)
```

```
    content = '\n'.join([para.text for para in doc.paragraphs])
    return content

print(read_docx('D:\驾照考试--李华荣.docx'))
```

3.14.2 Python 如何操作 Excel?

Excel 电子表格文档称为工作簿。单个工作簿保存在扩展名为.xlsx 的文件中。每个工作簿可以包含多个工作表（也称为工作表）。用户当前正在查看的工作表（或在关闭 Excel 之前最后查看的工作表）称为活动工作表。每个工作表都有列（由 A 开头的字母寻址）和行（从 1 开始的数字寻址），特定列和行的框称为单元格。

在 Python 中，有两种方式可以操作 Excel，分别是 win32com 模块和 xlrd、xlwt 模块，xlrd 用来读 excel，xlwt 是用来写 excel 的库。

在使用前首先需要安装模块，安装命令如下所示：

```
pip install xlrd
pip install xlwt
```

（1）win32com 模块

1）读取 Excel 内容。

```
import os
import win32com.client

#经测试 kwps、ket、kwpp 对应的是金山文件、表格和演示
#获取 excel 对象
#xl = win32com.client.Dispatch('excel.application')#也可以读取
xl = win32com.client.Dispatch('ket.application')

file = os.path.join(os.getcwd(), 'test.xlsx')
#打开文件
xlBook = xl.Workbooks.Open(file)

#根据编号或者 sheet 名称获取 sheet 对象
sht = xlBook.Worksheets('Sheet1')# 1 也可以

# 获取单元格数据，位置从(1,1)开始
v = sht.Cells(1, 1).Value

#关闭
xlBook.Close(SaveChanges=0)
xl.Quit()
```

2）写数据。

```
import os
import win32com.client

#获取 excel 对象
#xl = win32com.client.Dispatch('excel.application')#也可以读取
xl = win32com.client.Dispatch('ket.application')

#新建时，默认会有一个 Sheet1
xlBook = xl.Workbooks.Add()
#根据编号或者 sheet 名称获取 sheet 对象
sht = xlBook.Worksheets('Sheet1')

#设置单元格值
sht.Cells(1, 1).Value = 123
```

```
xlBook.SaveAs(os.path.join(os.getcwd(), 'lhraxxt.xlsx'))
xlBook.Close(SaveChanges=0)
xl.Quit()
```

（2）xlrd、xlwt 模块

```
import xlwt

# workbook = xlwt.Workbook(encoding='utf-8')#创建 workbook  其实就是 execl，
# worksheet = workbook.add_sheet('my_worksheet') #创建表，如果想创建多个，直接在后面再 add_sheet
# worksheet.write(0,0,label ='Row 0,Column 0 Value') #3 个参数，第一个参数表示行，从 0 开始，第二个参数表示列,从 0 开始，第三个参数表示插入的数值
# workbook.save('./download/execl_lhr.xlsx')  #写完记得一定要保存

def set_style(name, height, bold=False):
    style = xlwt.XFStyle()  # 初始化样式
    font = xlwt.Font()  # 为样式创建字体
    font.name = name
    font.bold = bold
    font.colour_index = 2
    font.height = height
    style.font = font
    return style

#写 excel
def write_excel():

    f = xlwt.Workbook(encoding='gbk')  # 创建工作薄
    # 创建个人信息表
    sheet1 = f.add_sheet(u'个人信息', cell_overwrite_ok=True)
    rowTitle = [u'编号', u'姓名', u'性别', u'年龄']
    rowDatas = [[u'张一', u'男', u'18'], [u'李二', u'女', u'20'], [u'黄三', u'男', u'38'], [u'刘四', u'男', u'88']]

    for i in range(0,len(rowTitle)):
        sheet1.write(0,i,rowTitle[i],set_style('Times New Roman',220,True)) #后面是设置样式

    for k in range(0,len(rowDatas)):    #先遍历外层的集合，即每行数据
        rowDatas[k].insert(0,k+1)    #每一行数据插上编号即为每一个人插上编号
        for j in range(0,len(rowDatas[k])): #再遍历内层集合
            sheet1.write(k+1,j,rowDatas[k][j])          #写入数据,k+1 表示先去掉标题行，另外每一行数据也会变化,j 正好表示第一列数据的变化，rowdatas[k][j] 插入数据

    # 创建个人收入表
    sheet1 = f.add_sheet(u'个人收入表',cell_overwrite_ok=True)
    rowTitle2 = [u'编号',u'姓名',u'学历',u'工资']
    rowDatas2 = [[u'张一',u'本科',u'8000'],[u'李二',u'硕士',u'10000'],[u'黄三',u'博士',u'20000'],[u'刘四',u'教授',u'50000']]

    for i in range(0,len(rowTitle2)):
        sheet1.write(0,i,rowTitle2[i])

    for k in range(0,len(rowDatas2)):    #先遍历外层的集合
        rowDatas2[k].insert(0,k+1)    #每一行数据插上编号即为每一个人插上编号
        for j in range(0,len(rowDatas2[k])): #再遍历内层集合
            sheet1.write(k+1,j,rowDatas2[k][j])  #写入数据,k+1 表示先去掉标题行，另外每一行数据也会变化,j 正好表示第一列数据的变化，rowdatas[k][j] 插入数据

    f.save('./download/excel_write_base.xlsx')

if __name__ == '__main__':
    #generate_workbook()
    #read_excel()
    write_excel()
```

运行结果：

	A	B	C	D	E
1	编号	姓名	性别	年龄	
2	1	张一	男	18	
3	2	李二	女	20	
4	3	黄三	男	38	
5	4	刘四	男	88	
6					

3.15 系统编程

3.15.1 什么是任务、进程和线程？

操作系统可以同时运行多个任务。例如，可以一边在用浏览器上网，一边通过音乐播放器听音乐，这就是操作系统的多任务。操作系统会轮流让各个任务交替执行，任务 1 执行一定的时间后，切换到任务 2，任务 2 执行一定的时间，再切换到任务 3，……，这样反复执行下去。从执行方式上来看，每个任务都是交替执行的，但是，由于 CPU 的执行速度实在是太快了，给用户的感觉就像所有任务都在同时执行一样。

真正的并行执行多任务只能在多核 CPU 上实现，但是，由于任务数量远远多于 CPU 的核心数量，所以，操作系统也会自动把很多任务轮流调度到每个核心上执行。

对于操作系统来说，一个任务就是一个进程（Process）。一个运行的程序（代码）就是一个进程，没有运行的代码叫程序。进程是系统进行资源分配和调度的一个独立单位，进程拥有自己独立的内存空间，所以进程间数据不共享，创建和销毁进程的开销比较大。例如，打开一个浏览器就是启动一个浏览器进程，打开一个记事本就启动了一个记事本进程，打开两个记事本就启动了两个记事本进程，打开一个 Word 就启动了一个 Word 进程。

有些进程不止同时做一件事，例如使用金山卫士，它可以同时进行木马扫描、漏洞检测以及优化设置等功能。在一个进程内部，要同时做多件事，就需要同时运行多个“子任务”，把进程内的这些“子任务”称为线程（Thread）。线程是调度执行的最小单位，也叫执行路径，不能独立存在，必须依赖于进程存在。一个进程至少有一个线程，叫主线程，而多个线程共享内存（数据共享，共享全局变量），从而极大地提高了程序的运行效率。

一个进程至少有一个线程。多个线程可以同时执行，多线程的执行方式和多进程是一样的，也是由操作系统在多个线程之间快速切换，让每个线程都短暂地交替运行，看起来就像同时执行一样。当然，真正地同时执行多线程需要多核 CPU 才可能实现。

前面编写的所有的 Python 程序，都是执行单任务的进程，也就是只有一个线程。如果需要同时执行多个任务怎么办？主要有两种解决方案：一种是启动多个进程，每个进程虽然只有一个线程，但多个进程可以一块执行多个任务。还有一种方法是启动一个进程，在一个进程内启动多个线程，这样多个线程也可以一块执行多个任务。

线程是进程的基本单位，一个进程至少要有一个线程，如果只有一个线程，那么这个线程称之为主线程（Main Thread），如果创建其他线程，就称为子线程。

协程是一种用户态的轻量级线程，协程的调度完全由用户控制。协程拥有自己的寄存器上下文和栈。协程调度切换时，会将寄存器上下文和栈保存到其他地方，在切回的时候，恢复先前保存的寄存器上下文和栈，这样通过直接操作栈的方式做切换基本没有内核切换的开销，可以不加锁的访问全局变量，所以上下文的切换非常快。

3.15.2　thread 模块中的 start_new_thread()函数的作用是什么?

Python 提供多线程模块 thread 及 threading，以及队列 Queue，其中 thread 相对比较基础，不容易控制，可以使用 thead 参看底层堆栈内存，官方建议使用 threading 模块，thread 模块在 Python 3 版本中被重命名为_thread。

调用 thread 模块中的 start_new_thread()函数可以产生新线程。语法如下：

```
thread.start_new_thread ( function, args[, kwargs] )
```

参数说明：

- function：线程函数。
- args：传递给线程函数的参数，它必须是个 tuple 类型。
- kwargs：可选参数。

```
import _thread
import time

# 为线程定义一个函数
def print_time(threadName, delay):
    count = 0
    while count < 5:
        time.sleep(delay)
        count += 1
        print("%s: %s" % (threadName, time.ctime(time.time())))

# 创建两个线程
try:
    _thread.start_new_thread(print_time, ("Thread-1", 2,))
    _thread.start_new_thread(print_time, ("Thread-2", 4,))
except:
    print("Error: unable to start thread")

while 1:
    pass
```

运行结果：

```
Thread-1: Thu Jan 10 14:59:42 2019
Thread-1: Thu Jan 10 14:59:44 2019
Thread-2: Thu Jan 10 14:59:44 2019
Thread-1: Thu Jan 10 14:59:46 2019
Thread-2: Thu Jan 10 14:59:48 2019
Thread-1: Thu Jan 10 14:59:48 2019
Thread-1: Thu Jan 10 14:59:50 2019
Thread-2: Thu Jan 10 14:59:52 2019
Thread-2: Thu Jan 10 14:59:56 2019
Thread-2: Thu Jan 10 15:00:00 2019
```

线程的结束一般依靠线程函数的自然结束；也可以在线程函数中调用 thread.exit()来抛出 SystemExit exception，达到退出线程的目的。

3.15.3　使用 Threading 模块如何创建线程?

Python 通过两个标准库 thread 和 threading 提供对线程的支持。thread 提供了低级别的、原始的线程以及一个简单的锁。

thread 类提供了以下方法：

- run()：用以表示线程活动的方法。

- start()：启动线程活动。
- join([time])：等待至线程中止。这阻塞调用线程直至线程的 join()方法被调用中止-正常退出或者抛出未处理的异常-或者是可选的超时发生。
- isAlive()：返回线程是否活动的。
- getName()：返回线程名。
- setName()：设置线程名。

threading 模块提供的方法包括：

- threading.currentThread()：返回当前的线程变量。
- threading.enumerate()：返回一个包含正在运行的线程的 list。正在运行指线程启动后、结束前，不包括启动前和终止后的线程。
- threading.activeCount()：返回正在运行的线程数量，与 len(threading.enumerate())有相同的结果。

使用 threading 模块创建线程的方式为：自定义一个继承自 threading.Thread 的类，然后重写__init__方法和 run 方法。

```
import threading
import time

exitFlag = 0

class myThread(threading.Thread):   # 继承父类 threading.Thread
    def __init__(self, threadID, name, counter):
        threading.Thread.__init__(self)
        self.threadID = threadID
        self.name = name
        self.counter = counter

    def run(self):   # 把要执行的代码写到 run 函数里面 线程在创建后会直接运行 run 函数
        print("Starting " + self.name)
        print_time(self.name, self.counter, 5)
        print("Exiting " + self.name)

def print_time(threadName, delay, counter):
    while counter:
        if exitFlag:
            (threading.Thread).exit()
        time.sleep(delay)
        print("%s: %s" % (threadName, time.ctime(time.time())))
        counter -= 1

# 创建新线程
thread1 = myThread(1, "Thread-1", 1)
thread2 = myThread(2, "Thread-2", 2)

# 开启线程
thread1.start()
thread2.start()

print("Exiting Main Thread")
```

运行结果：

```
Starting Thread-1
Starting Thread-2
Exiting Main Thread
Thread-1: Thu Jan 10 15:15:08 2019
Thread-1: Thu Jan 10 15:15:09 2019
Thread-2: Thu Jan 10 15:15:09 2019
```

```
Thread-1: Thu Jan 10 15:15:10 2019
Thread-1: Thu Jan 10 15:15:11 2019
Thread-2: Thu Jan 10 15:15:11 2019
Thread-1: Thu Jan 10 15:15:12 2019
Exiting Thread-1
Thread-2: Thu Jan 10 15:15:13 2019
Thread-2: Thu Jan 10 15:15:15 2019
Thread-2: Thu Jan 10 15:15:17 2019
Exiting Thread-2
```

3.15.4 如何保证线程之间的同步?

若多个线程共同对某个数据修改，则可能出现不可预料的结果，为了保证数据的正确性，需要对多个线程进行同步。

使用 thread 对象的 Lock 和 Rlock 可以实现简单的线程同步，这两个对象都有 acquire 方法和 release 方法，对于那些需要每次只允许一个线程操作的数据，可以将其操作放到 acquire 和 release 方法之间。

多线程的优势在于可以同时运行多个任务。但是当线程需要共享数据时，可能存在数据不同步的问题。

考虑这样一种情况：一个列表里所有元素都是 0，线程 set 从后向前把所有元素改成 1，而线程 print 负责从前往后读取列表并打印。那么，可能线程 set 开始改的时候，线程 print 便来打印列表了，输出就成了一半 0 一半 1，这就是数据的不同步。为了避免这种情况，引入了锁的概念。

锁有两种状态——锁定和未锁定。每当一个线程例如 set 要访问共享数据时，必须先获得锁；如果已经有别的线程例如 print 获得锁了，那么就让线程 set 暂停，也就是同步阻塞；等到线程 print 访问完毕，释放锁以后，再让线程 set 继续。

经过这样的处理，打印列表时要么全部输出 0，要么全部输出 1，不会再出现一半 0 一半 1 的情况。

```
import threading
import time

class myThread(threading.Thread):
    def __init__(self, threadID, name, counter):
        threading.Thread.__init__(self)
        self.threadID = threadID
        self.name = name
        self.counter = counter

    def run(self):
        print("Starting " + self.name)

        # 获得锁，成功获得锁定后返回 True
        # 可选的 timeout 参数不填时将一直阻塞直到获得锁定
        # 否则超时后将返回 False
        threadLock.acquire()
        print_time(self.name, self.counter, 3)
        # 释放锁
        threadLock.release()

def print_time(threadName, delay, counter):
    while counter:
        time.sleep(delay)
        print("%s: %s" % (threadName, time.ctime(time.time())))

        counter -= 1

threadLock = threading.Lock()
threads = []
```

```
# 创建新线程
thread1 = myThread(1, "Thread-1", 1)
thread2 = myThread(2, "Thread-2", 2)

# 开启新线程
thread1.start()
thread2.start()

# 添加线程到线程列表
threads.append(thread1)
threads.append(thread2)

# 等待所有线程完成
for t in threads:
    t.join()
print("Exiting Main Thread")
```

运行结果：

```
Starting Thread-1
Starting Thread-2
Thread-1: Thu Jan 10 15:20:26 2019
Thread-1: Thu Jan 10 15:20:27 2019
Thread-1: Thu Jan 10 15:20:28 2019
Thread-2: Thu Jan 10 15:20:30 2019
Thread-2: Thu Jan 10 15:20:32 2019
Thread-2: Thu Jan 10 15:20:34 2019
Exiting Main Thread
```

3.15.5 Queue 模块的主要作用是什么?

Python 的 Queue 模块中提供了同步的、线程安全的队列类，包括 FIFO（先入先出）队列 Queue、LIFO（后入先出）队列 LifoQueue 和优先级队列 PriorityQueue。这些队列都实现了锁原语，能够在多线程中直接使用。可以使用队列来实现线程间的同步。

Queue 模块中的常用方法：

- Queue.qsize()：返回队列的大小。
- Queue.empty()：如果队列为空，那么返回 True，反之 False。
- Queue.full()：如果队列满了，那么返回 True，反之 False。
- Queue.full 与 maxsize 大小对应。
- Queue.get([block[,timeout]])：获取队列，timeout 等待时间。
- Queue.get_nowait()：相当 Queue.get(False)。
- Queue.put(item)：写入队列，timeout 等待时间。
- Queue.put_nowait(item)：相当 Queue.put(item,False)。
- Queue.task_done()：在完成一项工作之后，Queue.task_done()函数向任务已经完成的队列发送一个信号。
- Queue.join()：等到队列为空，再执行其他的操作。

下面给出 Queue 模块的一个示例：

```
import queue
import threading
import time

exitFlag = 0

class myThread(threading.Thread):
```

```
    def __init__(self, threadID, name, q):
        threading.Thread.__init__(self)
        self.threadID = threadID
        self.name = name
        self.q = q

    def run(self):
        print
        "Starting " + self.name
        process_data(self.name, self.q)
        print
        "Exiting " + self.name

def process_data(threadName, q):
    while not exitFlag:
        queueLock.acquire()
        if not workQueue.empty():
            data = q.get()
            queueLock.release()
            print("%s processing %s" % (threadName, data))

        else:
            queueLock.release()
        time.sleep(1)

threadList = ["Thread-1", "Thread-2", "Thread-3"]
nameList = ["One", "Two", "Three", "Four", "Five"]
queueLock = threading.Lock()
workQueue = queue.Queue(10)
threads = []
threadID = 1

# 创建新线程
for tName in threadList:
    thread = myThread(threadID, tName, workQueue)
    thread.start()
    threads.append(thread)
    threadID += 1

# 填充队列
queueLock.acquire()
for word in nameList:
    workQueue.put(word)
queueLock.release()

# 等待队列清空
while not workQueue.empty():
    pass

# 通知线程是时候退出
exitFlag = 1

# 等待所有线程完成
for t in threads:
    t.join()
print("Exiting Main Thread")
```

运行结果：

```
Thread-2 processing One
Thread-1 processing Two
Thread-3 processing Three
```

```
Thread-3 processing Four
Thread-1 processing Five
Exiting Main Thread
```

3.15.6 什么是进程池?

如果创建的子进程不多，那么可以直接使用 Process 类创建，然后执行，但是如果需要上百个甚至更多，那么手动去创建并管理大量的子进程就显得特别烦琐，而且进程的创建与销毁的代码也很大，此时进程池就派上用场了。

Pool 类可以提供指定数量的进程供用户调用，当有新的请求提交到 Pool 中时，如果进程池还没有满，那么就会创建一个新的进程来执行请求。如果进程池满了，那么请求就会先等待，直到进程池中有进程结束，才会创建新的进程来执行这些请求。

进程池的示例：

```
from multiprocessing import Pool
import os, random

def task(name):
    print('Run task %s (%s)...' % (name, os.getpid()))
    time.sleep(random.random() * 3)

if __name__=='__main__':
    print('parent process %s'%os.getpid())

    p = Pool(5)#最大进程数 5 个

    for i in range(8):
        #向进程池中添加子进程
        p.apply_async(task, args=(i,))

    print('Waiting for all subprocesses done...')

    #对 Pool 对象调用 join()方法会等待所有子进程执行完毕，
    #调用 join()之前必须先调用 close()，
    #调用 close()之后就不能继续添加新的 Process 了
    p.close()
    p.join()
    #time.sleep(2)
    print('All subprocesses done.')
```

在上例中，几个函数的作用如下：

- apply_async(func[,args[,kwds]])：使用非阻塞方式调用 func（并行执行，堵塞方式必须等待上一个进程退出才能执行下一个进程），args 为传递给 func 的参数列表，kwds 为传递给 func 的关键字参数列表。
- close()：关闭 Pool，使其不再接受新的任务。
- terminate()：不管任务是否完成，立即终止。
- join()：主进程阻塞，等待子进程的退出，必须在 close 或 terminate 之后使用。

需要注意的是，父子进程的执行没有确定的先后顺序，具体执行顺序取决于计算机的调度算法。

3.15.7 其他

【真题 299】下面是一个单线程的代码，请改写成多线程的程序：

```
start = "http://google.com"
queue = [start]
visited = {start}
```

```
    while queue:
        url = queue.pop(0)
        print(url)
        for next_url in extract_url(url):
            if next_url not in visited:
                queue.append(next_url)
            visited.add(next_url)
```

答案：多线程代码：

```
    from concurrent.futures import ThreadPoolExecutor

    start = "http://google.com"
    queue = [start]
    visited = {start}
    pool = ThreadPoolExecutor(10)

    def func(url):
        for next_url in extract_url(url):
            if next_url not in visited:
                queue.append(next_url)
            visited.add(next_url)

    while queue:
        url = queue.pop(0)
        pool.submit(func,url)
    pool.shutdown(wait=True)
```

【真题 300】Python 的 GIL 是什么？

答案：GIL（Global Interpreter Lock）是 Python 的全局解释器锁，同一进程中假如有多个线程运行，一个线程在运行 Python 程序的时候会霸占 Python 解释器（加了一把锁即 GIL），使该进程内的其他线程无法运行，等该线程运行完后其他线程才能运行。如果线程运行过程中遇到耗时操作，那么解释器锁解开，使其他线程运行。所以在多线程中，线程的运行仍是有先后顺序的，并不是同时进行。对 Python 解释器主循环的访问由全局解释器锁（GIL）来控制，正是这个锁能保证同一时刻只有一个线程在运行。

多进程中因为每个进程都能被系统分配资源，相当于每个进程有了一个 Python 解释器，所以多进程可以实现多个进程的同时运行，缺点是进程系统资源开销大。

【真题 301】线程中 start 方法和 run 方法的区别有哪些？

答案：若调用 start，则先执行主进程，后执行子进程；若调用 run，则相当于正常的函数调用，将按照程序的顺序执行。

【真题 302】什么是多线程竞争？

答案：线程是非独立的，同一个进程里线程是数据共享的。当各个线程访问数据资源时会出现竞争状态。即数据几乎同步会被多个线程占用，造成数据混乱，即所谓的线程不安全。锁可以用于解决多线程竞争。锁确保了某段关键代码（共享数据资源）只能由一个线程从头到尾完整地执行，锁能解决多线程资源竞争下的原子操作问题。但是，锁阻止了多线程并发执行，包含锁的某段代码实际上只能以单线程模式执行，效率就大大地下降了。

【真题 303】什么是线程安全，什么是互斥锁？

答案：每个对象都对应于一个可称为“互斥锁”的标记，这个标记用来保证在任一时刻，只能有一个线程访问该对象。同一个进程中的多线程之间是共享系统资源的，多个线程同时对一个对象进行操作，一个线程操作尚未结束，另一个线程已经对其进行操作，导致最终结果出现错误，此时需要对被操作对象添加互斥锁，保证每个线程对该对象的操作都得到正确的结果。

【真题 304】什么是同步、异步、阻塞和非阻塞？

答案：同步：多个任务之间有先后顺序执行，一个执行完才能执行下一个任务。

异步：多个任务之间没有先后顺序，可以同时执行。一个任务可能在必要的时候获取另一个同时执行的任务的结果，这称之为回调。

阻塞：如果卡住了调用者，那么调用者不能继续往下执行，就是说调用者阻塞了。

非阻塞：如果不会卡住，那么可以继续执行，就是非阻塞的。

同步异步相对于多任务而言，阻塞非阻塞相对于代码执行而言。

【真题 305】什么是僵尸进程和孤儿进程？怎么避免僵尸进程？

答案：

孤儿进程：父进程退出，子进程还在运行的这些子进程都是孤儿进程。孤儿进程将被 init 进程（进程号为 1）所收养，并由 init 进程对它们完成状态收集工作。

僵尸进程：进程使用 fork 创建子进程，如果子进程退出，而父进程并没有调用 wait 或 waitpid 获取子进程的状态信息，那么子进程的进程描述符仍然保存在系统中的这些进程是僵尸进程。

避免僵尸进程的方法：

① fork 两次用孙子进程去完成子进程的任务。

② 用 wait()函数使父进程阻塞。

③ 使用信号量，在 signal handler 中调用 waitpid，这样父进程不用阻塞。

【真题 306】Python 中的进程与线程的使用场景？

答案：Python 中多线程只能共用一个 CPU，但是多进程可以充分利用多个 CPU。多进程适合 CPU 密集型操作（CPU 操作指令比较多，例如位数多的浮点运算）。多线程适合在 I/O 密集型操作（读写数据操作较多的，例如爬虫）。

【真题 307】并行（Parallel）和并发（Concurrent）的区别有哪些？

答案：

并发（Concurrent）：指两个或多个事件在同一时间间隔内发生，即交替做不同的事，多线程是并发的一种形式。例如垃圾回收时，用户线程与垃圾收集线程同时执行（但不一定是并行的，可能会交替执行），用户程序在继续运行，而垃圾收集程序运行于另一个 CPU 上。

并行（Parallel）：指两个或者多个事件在同一时刻发生，即同时做不同的事。例如垃圾回收时，多条垃圾收集线程并行工作，但此时用户线程仍然处于等待状态。

实现并行的库是 multiprocessing，而实现并发的库是 threading。程序需要执行较多的读写、请求和回复任务的需要大量的 I/O 操作，I/O 密集型操作使用并发更好。CPU 运算量大的程序，使用并行会更好。

【真题 308】线程是并发还是并行，进程是并发还是并行？

答案：线程是并发，进程是并行；进程之间相互独立，是系统分配资源的最小单位，同一个线程中的所有线程共享资源。

【真题 309】I/O 密集型和 CPU 密集型的区别有哪些？

答案：

I/O 密集型：系统运作，大部分的状况是 CPU 在等 I/O（硬盘/内存）的读/写。

CPU 密集型：大部分时间用来做计算、逻辑判断等 CPU 动作的程序称之 CPU 密集型。

【真题 310】多线程交互，访问数据，如果访问到了就不访问了，那么怎么避免重读？

答案：创建一个已访问数据列表，用于存储已经访问过的数据，并加上互斥锁，在多线程访问数据的时候先查看数据是否已经在已访问的列表中，若已存在就直接跳过。

3.16 网络编程

Python 提供了两个级别的网络服务：

- 低级别的网络服务支持基本的 Socket，它提供了标准的 BSD Sockets API，可以访问底层操作系统 Socket 接口的全部方法。
- 高级别的网络服务模块 SocketServer，它提供了服务器中心类，可以简化网络服务器的开发。

Socket 又称“套接字”，应用程序通常通过“套接字”向网络发出请求或者应答网络请求，使主机之间或者一台计算机上的进程之间可以通信。

下面给出一个简单的服务端和客户端的通信程序。

（1）服务端代码

使用 socket 模块的 socket 函数来创建一个 socket 对象。socket 对象可以通过调用其他函数来设置一个 socket 服务。可以通过调用 bind(hostname,port)函数来指定服务的 port(端口)。接着，调用 socket 对象的 accept 方法。该方法等待客户端的连接，并返回 connection 对象，表示已连接到客户端。

创建一个服务端的主要步骤如下：

① 调用 socket 函数创建一个套接字。

② 调用 bind 函数绑定 IP 和 port。

③ 调用 listen 函数使套接字可以监听指定的端口。

④ 调用 accept 函数等待客户端的链接。

⑤ 调用 recv、send 函数接收发送数据。

完整代码如下：

```
#!/usr/bin/python3
# 文件名：server.py
# 导入 socket、sys 模块
import socket
import sys

# 创建 socket 对象
serversocket = socket.socket( socket.AF_INET, socket.SOCK_STREAM)

# 获取本地主机名
host = socket.gethostname()

port = 9999
# 绑定端口号
serversocket.bind((host, port))

# 设置最大连接数，超过后排队
serversocket.listen(5)

while True:
    # 建立客户端连接
    clientsocket,addr = serversocket.accept()
    print("链接地址: %s" % str(addr))

    msg='欢迎访问查看 Python 笔试面试宝典！'+ "\r\n"
    clientsocket.send(msg.encode('utf-8'))
    clientsocket.close()
```

（2）客户端

方法 socket.connect(hosname,port)可以打开一个 TCP 连接，连接后就可以从服务端获取数据，操作完成后需要关闭连接。

完整代码如下：

```
# 文件名：client.py

# 导入 socket、sys 模块
import socket
```

```
import sys

# 创建 socket 对象
s = socket.socket(socket.AF_INET, socket.SOCK_STREAM)


# 获取本地主机名
host = socket.gethostname()

# 设置端口号
port = 9999

# 连接服务，指定主机和端口
s.connect((host, port))

# 接收小于 1024 字节的数据
msg = s.recv(1024)

s.close()
print (msg.decode('utf-8'))
```

现在打开两个终端，第一个终端执行 server.py 文件：

```
$ python3 server.py
```

第二个终端执行 client.py 文件：

```
$ python3 client.py
```

输出内容：

```
欢迎访问查看 Python 笔试面试宝典！
```

这时再打开第一个终端，就会看到有以下信息输出：

```
链接地址： ('192.168.59.59', 33397)
```

3.16.1 Python 网络编程有哪些常用模块?

以下列出了 Python 网络编程的一些重要模块：

协议	功能用处	端口号	Python 模块
HTTP	网页访问	80	httplib, urllib, xmlrpclib
NNTP	阅读和张贴新闻文章，俗称为“帖子”	119	nntplib
FTP	文件传输	20	ftplib, urllib
SMTP	发送邮件	25	smtplib
POP3	接收邮件	110	poplib
IMAP4	获取邮件	143	imaplib
Telnet	命令行	23	telnetlib
Gopher	信息查找	70	gopherlib, urllib

3.16.2 Socket 对象内建方法有哪些?

函数	描述
服务器端套接字	
bind()	绑定地址(host,port)到套接字，在 AF_INET 下以元组(host,port)的形式表示地址
listen()	开始 TCP 监听。backlog 指定在拒绝连接之前，操作系统可以挂起的最大连接数量。该值至少为 1，大部分应用程序设为 5 就可以了
accept()	被动接受 TCP 客户端连接，（阻塞式）等待连接的到来

（续）

函数	描述
客户端套接字	
connect()	主动初始化TCP服务器连接。一般address的格式为元组（hostname,port），如果连接出错，返回socket.error错误
connect_ex()	connect()函数的扩展版本，出错时返回出错码，而不是抛出异常
公共用途的套接字函数	
recv()	接收TCP数据，数据以字符串形式返回，bufsize指定要接收的最大数据量。flag提供有关消息的其他信息，通常可以忽略
send()	发送TCP数据，将string中的数据发送到连接的套接字。返回值是要发送的字节数量，该数量可能小于string的字节大小
sendall()	完整发送TCP数据，完整发送TCP数据。将string中的数据发送到连接的套接字，但在返回之前会尝试发送所有数据。成功返回None，失败则抛出异常
recvfrom()	接收UDP数据，与recv()类似，但返回值是（data，address）。其中data是包含接收数据的字符串，address是发送数据的套接字地址
sendto()	发送UDP数据，将数据发送到套接字，address是形式为（ipaddr，port）的元组，指定远程地址。返回值是发送的字节数
close()	关闭套接字
getpeername()	返回连接套接字的远程地址。返回值通常是元组（ipaddr，port）
getsockname()	返回套接字自己的地址。通常是一个元组（ipaddr，port）
setsockopt(level, optname,value)	设置给定套接字选项的值
getsockopt(level, optname[.buflen])	返回套接字选项的值
settimeout(timeout)	设置套接字操作的超时期，timeout是一个浮点数，单位是秒。值为None表示没有超时期。一般，超时期应该在刚创建套接字时设置，因为它们可能用于连接的操作（如connect()）
gettimeout()	返回当前超时期的值，单位是秒，如果没有设置超时期，则返回None
fileno()	返回套接字的文件描述符
setblocking(flag)	如果flag为0，则将套接字设为非阻塞模式，否则将套接字设为阻塞模式（默认值）。非阻塞模式下，如果调用recv()没有发现任何数据，或send()调用无法立即发送数据，那么将引起socket.error异常
makefile()	创建一个与该套接字相关连的文件

3.16.3 如何用Python来发送邮件?

smtp是发送邮件的协议，Python内置对smtp的支持，可以发送纯文本邮件、HTML邮件以及带附件的邮件。Python对smtp支持有smtplib和email两个模块，email负责构造邮件，smtplib负责发送邮件。

使用Python的smtplib发送邮件十分简单，只要掌握了各种邮件类型的构造方法，正确设置好邮件头，就可以顺利发出。构造一个邮件对象就是一个Messag对象，如果构造一个MIMEText对象，那么就表示一个文本邮件对象。如果构造一个MIMEImage对象，那么就表示一个作为附件的图片。如果要把多个对象组合起来，那么就用MIMEMultipart对象，而MIMEBase可以表示任何对象。它们的继承关系如下：

```
Message
+- MIMEBase
   +- MIMEMultipart
   +- MIMENonMultipart
      +- MIMEMessage

      +- MIMEText
      +- MIMEImage
```

这种嵌套关系就可以构造出任意复杂的邮件。可以通过email.mime文档（https://docs. python.org/3/library/email.mime.html）查看它们所在的包以及详细的用法。

以下程序可以从lhrbest@aliyun.com发送一个文本邮件到646634621@qq.com邮件地址：

```
from email.mime.text import MIMEText
from email.header import Header
import smtplib

# 输入 Email 地址和口令:
from_addr = 'lhrbest@aliyun.com'
password = 'lhr123456'
# 输入收件人地址:
to_addr = '646634621@qq.com'
# 输入 SMTP 服务器地址:
smtp_server = 'smtp.aliyun.com'

#第一个参数就是邮件正文
#传入'plain'表示纯文本
msg = MIMEText('你好，小婷', 'plain', 'utf-8')
#设置发件方，收件方，主题
msg['From'] = Header('lhraxxt <%s>' %from_addr)
msg['To'] = Header('xiaoting<%s>' %to_addr)
msg['Subject'] = Header('今天天气不错，去看 3D 电影吧。', 'utf-8').encode()

server = smtplib.SMTP(smtp_server, 25) # SMTP 协议默认端口是 25
server.set_debuglevel(1)#打印交互信息
#登录 smtp 服务器
server.login(from_addr, password)
#发送邮件
server.sendmail(from_addr, [to_addr], msg.as_string())
server.quit()
```

3.16.4 使用 Python 如何收取邮件?

收取邮件就是编写一个 MUA 作为客户端，从 MDA 把邮件获取到用户的电脑或者手机上。收取邮件最常用的协议是 POP 协议，目前版本号是 3，俗称 POP3。

Python 内置一个 poplib 模块，实现了 POP3 协议，可以直接用来收邮件。注意到 POP3 协议收取的不是一个已经可以阅读的邮件本身，而是邮件的原始文本，这和 SMTP 协议很像，SMTP 发送的也是经过编码后的一大段文本。要把 POP3 收取的文本变成可以阅读的邮件，还需要用 email 模块提供的各种类来解析原始文本，变成可阅读的邮件对象。

所以，收取邮件分两步：

第一步：用 poplib 把邮件的原始文本下载到本地。

第二步：用 email 解析原始文本，还原为邮件对象。

```
#! /usr/bin/env python
#coding=utf-8
import sys
import time
import poplib
import smtplib
#邮件发送函数
def send_mail():
    try:
        handle = smtplib.SMTP('smtp.126.com',25)
        handle.login('XXXX@126.com','**********')

        msg = 'To: XXXX@qq.com\r\nFrom:XXXX@126.com\r\nSubject:hello\r\n'
        handle.sendmail('XXXX@126.com','XXXX@qq.com',msg)
```

```
            handle.close()
            return 1
        except:
            return 0
#邮件接收函数
def accpet_mail():
    try:
        p=poplib.POP3('pop.126.com')
        p.user('pythontab@126.com')
        p.pass_('**********')
        ret = p.stat() #返回一个元组:(邮件数,邮件尺寸)
       #p.retr('邮件号码')方法返回一个元组:(状态信息,邮件,邮件尺寸)
    except poplib.error_proto,e:
        print "Login failed:",e
        sys.exit(1)

#运行当前文件时，执行 sendmail 和 accpet_mail 函数
if __name__ == "__main__":
    send_mail()
    accpet_mail()
```

3.16.5 如何用 Python 来发送短信?

需要借助已有的短信平台，例如互亿无线、秒滴等。然后，编写代码，将验证码信息发送给短信平台，短信平台将数据发送给指定号码的手机。

以下代码是使用互亿无线平台发送短信：

```
import http.client
import urllib

host = "106.ihuyi.com"
sms_send_url = "/webservice/sms.php?method=Submit"

# 用户名是登录用户中心->验证码短信->产品总览->APIID
account = "C39153559"
# 密码 查看密码请登录用户中心->验证码短信->产品总览->APIKEY
password = "c1df34eca310f1fddeef25fb9f740fd4"

def send_sms(text, mobile):
    params = urllib.parse.urlencode(
        {'account': account, 'password': password, 'content': text, 'mobile': mobile, 'format': 'json'})
    headers = {"Content-type": "application/x-www-form-urlencoded", "Accept": "text/plain"}
    conn = http.client.HTTPConnection(host, port=80, timeout=30)
    conn.request("POST", sms_send_url, params, headers)
    response = conn.getresponse()
    response_str = response.read()
    conn.close()
    return response_str

if __name__ =='__main__':
    mobile = "15178493139"
    text = "您的验证码是：167654。请不要把验证码泄露给其他人。"

    print(send_sms(text, mobile))
```

3.17 其他真题

【真题 311】关于 Python 程序的运行性能方面，有什么手段能提升性能？

答案：可以从以下几个方面去考虑：

① 使用多进程，充分利用机器的多核性能。

② 对于性能影响较大的部分代码，可以使用 C 或 C++编写。

③ 对于 I/O 阻塞造成的性能影响，可以使用 I/O 多路复用来解决。

④ 尽量使用 Python 的内置函数。

⑤ 尽量使用局部变量。

⑥ 使用生成器，因为可以节约大量内存。

⑦ 循环代码优化，避免过多重复代码的执行。

⑧ 核心模块用 Cython、PyPy 等，提高效率。

⑨ 若有多个 if 条件判断，则可以把最有可能先发生的条件放到前面写，这样可以减少程序判断的次数，提高效率。

【真题 312】您最熟悉的 Unix 环境是____，Unix 下查询环境变量的命令是___，查询脚本定时任务的命令是_____？

答案：AIX、env、crontab。

【真题 313】介绍一下 Python 中 webbrowser 的用法。

答案：webbrowser 模块提供了一个高级接口来显示基于 Web 的文档，大部分情况下只需要简单的调用 open()方法。webbrowser 定义了异常：exception webbrowser.Error。当浏览器控件发生错误是会抛出这个异常。webbrowser 有以下方法：

- webbrowser.open(url[,new=0[,autoraise=1]])：这个方法是在默认的浏览器中显示 URL，如果 new=0，那么 URL 会在同一个浏览器窗口下打开，如果 new=1，会打开一个新的窗口，如果 new=2，会打开一个新的 tab，如果 autoraise＝true，窗口会自动增长。
- webbrowser.open_new(url)：在默认浏览器中打开一个新的窗口来显示 URL，否则，在仅有的浏览器窗口中打开 URL。
- webbrowser.open_new_tab(url)：在默认浏览器中当开一个新的 tab 来显示 URL，否则跟 open_new()一样。
- webbrowser.get([name])：根据 name 返回一个浏览器对象，如果 name 为空，那么返回默认的浏览器。
- webbrowser.register(name,construtor[,instance])：注册一个名字为 name 的浏览器，如果这个浏览器类型被注册过，那么就可以用 get()方法来获取。

【真题 314】请简述一下 Django 的 ORM。

答案：ORM（Object-Relation Mapping）意为对象-关系映射，实现了数据模型与数据库的解耦，通过简单的配置就可以轻松更换数据库，而不需要修改代码只需要面向对象编程，ORM 操作本质上会根据对接的数据库引擎，翻译成对应的 SQL 语句，所有使用 Django 开发的项目无需关心程序底层使用的是 MySQL、Oracle 还是 SQLite，如果数据库迁移，那么只需要更换 Django 的数据库引擎即可。

Django、ORM、数据库的关系如下图所示：

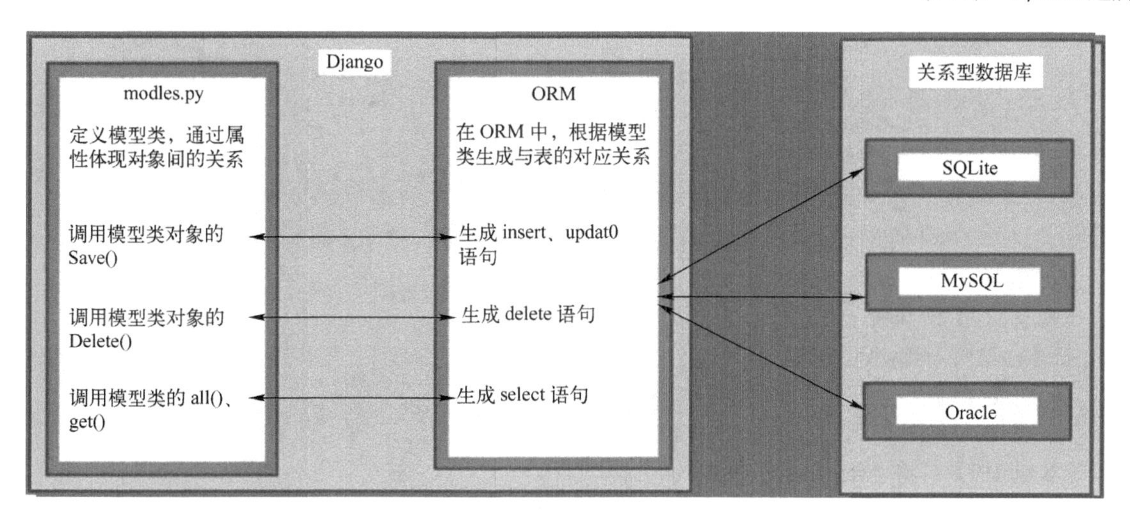

【真题315】在Python程序中遇到Bug时如何处理？

答案：可以从以下几个方面着手处理：

① 细节上的错误，通过print()打印，能执行到print()说明一般上面的代码没有问题，分段检测程序是否有问题；如果是js的话那么可以看alert或console.log日志。

② 如果涉及一些第三方框架，可以去查官方文档或者一些技术博客。

③ 对于Bug的管理与归类总结，一般测试将测试出的Bug用Teambin等Bug管理工具进行记录，然后一条一条进行修改，修改的过程也是理解业务逻辑和提高自己编程逻辑缜密性的方法。

【真题316】编写一个函数实现将IP地址转换成一个整数。

例如，10.3.9.12转换规则为

10	00001010
3	00000011
9	00001001
12	00001100

再将以上二进制拼接起来计算十进制结果：00001010 00000011 00001001 00001100 = ？

答案：程序如下所示：

```
def v1(addr):
    # 取每个数
    id = [int(x) for x in addr.split(".")]
    print(id)
    return sum(id[i] << [24, 16, 8, 0][i] for i in range(4))

print(v1("10.3.9.12"))
```

运行结果：

```
[10, 3, 9, 12]
167971084
```

【真题317】给定一个有序列表，请输出要插入的值k所在的索引位置？

答案：程序如下所示：

```
def index(list, key):
    if key <= list[0]:
        position = 0
        return  position
    elif key >=list[-1]:
        position = len(list)
```

```
                return   position
        else:
            for i in range(len(list)):
                if key>=list[i] and list[i+1]>=key:
                    position = i+1
                    return   position

print(index([1,3,5,9],6))
```

运行结果：3。

【真题 318】请判断一个字符串是否以 er 结尾？

答案：使用 endswith 函数，例如：

```
Str1="nihaoer"
print(Str1.endswith("er"))
```

【真题 319】请将“#teacher#”两侧的#去掉。

答案：使用 replace 函数：

```
str="#tea#"
b=str.replace("#","").strip()
```

【真题 320】请使用 map 函数将[1,2,3,4]处理成[1,0,1,0]。

答案：程序如下所示：

```
def f(x):
  if x%2==0:
      return 0
  else:
      return 1

b=map(f,[1,2,3,4])
print(list(b))
```

【真题 321】请使用 filter 函数将[1,2,3,4]处理成[2,4]？

答案：程序如下所示：

```
def f(x):
  if x%2==0:
      return x

b=filter(f,[1,2,3,4])
print(list(b))
```

【真题 322】Python 如何处理上传文件？

答案：Python 中使用 get 方法实现上传文件，下面就是用 get 上传文件的例子，client 用来发送 get 请求，server 用来接收请求。请求端代码：

```
#-*- coding:utf-8 -*-
import requests   #需要安装 requests 库 pip install requests
with open('test.txt', 'rb') as f:
    requests.get('http://服务器 IP 地址:端口', data=f)

#Python 接口测试之 requests 上传文件
url = ''
files = open('文件名')
response = requests.post(url, file=files)
```

【真题 323】请列举使用过的 Python 代码检测工具。

答案：常用的 Python 代码检测工具有如下几个：

① PEP8 是一种 Python 代码规范指南，其目的是为了保持代码的一致性、可读性。

② Pylint 库默认使用的代码风格是 PEP8，可以找不符合代码风格标准和有潜在问题的代码，目前在 eclipse 的 pydev 插件中也集成了 Pylint。

③ Pyflakes 通过解析源文件，不检查代码风格，分析程序并且检查各种错误。无须导入，在模块中使用是安全的。由于它是单独检查各个文件，因此它相当快，当然检测范围也有一定的局限。

④ Flake8 库将 PEP8、Pyflakes（类似 Pylint）、McCabe（代码复杂性检查器）和第三方插件整合到一起，以检查 Python 代码风格和质量的一个 Python 工具，允许通过配置文件来自定义检查的内容。

⑤ Isort 库能将项目中导入的库按字母顺序排序，并将其正确划分为不同部分（例如标准库、第三方库、自建的库等），提高了代码的可读性。

⑥ Autopep8 可以自动格式化指定的模块中的代码，包括重新缩进行、修复缩进、删除多余的空格，并重构常见的比较错误（例如布尔值和 None 值）移动应用自动化测试 Appium。

⑦ Yapf 是另一种有自己的配置项列表的重新格式化代码的工具。它与 Autopep8 的不同之处在于它不仅会指出代码中违反 PEP8 规范的地方，还会对没有违反 PEP8 但代码风格不一致的地方重新格式化，旨在令代码的可读性更强。

⑧ PyChecker 是 Python 代码的静态分析工具，它能够帮助查找 Python 代码的 Bug，而且能够对代码的复杂度和格式等提出警告。从官网下载最新版本的 PyChecker 之后，解压安装即可：

```
python setup.py install
```

下面给出安装这些库的命令：

```
pip install pep8 #安装 Pep8 库
pip install pylint #安装 Pylint 库
pip install flake8  #安装 Flake8 库
pip install isort  #安装 Isort 库
pip install autopep8 #安装 Autopep8 库
pip install yapf #安装 Yapf 库
pip install pyflakes #安装 Pyflakes 库
pip install yapf #安装 Yapf 库
```

【真题 324】请简述标准库中 functools.wraps 的作用。

答案：Python 使用装饰器可以对函数进行一些外部功能的扩展，但是，在使用过程中，由于装饰器的加入导致解释器认为函数本身发生了改变，在某些情况下（例如测试时）会导致一些问题。Python 通过 functool.wraps 解决了这个问题。在编写装饰器时，在实现前加入@functools.wraps(func)可以保证装饰器不会对被装饰函数造成影响。

【真题 325】全局变量和局部变量的区别有哪些？如何在 function 里面给一个全局变量赋值？

答案：在函数内部定义的变量，叫局部变量。当这个函数被调用的时候，这个变量存在，当这个函数执行完成之后，因为函数都已经结束了，所有函数里面定义的变量的生命周期也就结束了。在一个函数中定义的局部变量，只能在这个函数中使用，不能在其他的函数中使用。

在函数外边定义的变量，叫作全局变量。所有的函数都可以使用全局变量，如果函数需要修改全局变量的值，那么需要在这个函数中，使用 global xxx 进行说明。

【真题 326】请分别使用匿名函数和推导式这两种方式将[0,1,2,3,4,5]中的元素求乘积，并打印输出元组。

答案：程序如下所示：

```
print(tuple(map(lambda x: x * x, [0, 1, 2, 3, 4, 5])))
print(tuple(i*i for i in [0, 1, 2, 3, 4, 5]))
```

【真题 327】用 reduce 计算 n 的阶乘（n!=1×2×3×...×n）。

答案：程序如下所示：

```
print(reduce(lambda x, y: x*y, range(1, n)))
```

【真题 328】筛选并打印输出 100 以内能被 3 整除的数的集合。

答案：程序如下所示：

```
print(set(filter(lambda n: n % 3 == 0, range(1, 100))))
```

【真题 329】请用一行代码实现。text = 'Obj{"Name": "pic", "data": [{"name": "async", "number": 9, "price": "$3500"}, {"name": "Wade", "number": 3, "price": "$5500"}], "Team": "Hot"'。打印文本中的球员身价元组，例如($3500, $5500)。

答案：程序如下所示：

```
print(tuple(i.get("price") for i in json.loads(re.search(r'\[(.*)\]', text).group(0))))
```

【真题 330】Python 中汉字转拼音的库是哪个？

答案：Python 中提供了汉字转拼音的库，名字叫作 PyPinyin，可以用于汉字注音、排序及检索等场合，是基于 hotto/pinyin 这个库开发的，它有以下几个特性：

- 根据词组智能匹配最正确的拼音。
- 支持多音字。
- 简单的繁体支持，注音支持。
- 支持多种不同拼音/注音风格。

通过 pip 安装 pypinyin 即可：

```
pip3 install pypinyin
```

安装完成之后导入一下这个库，如果不报错，那么就说明安装成功了：

```
import pypinyin
```

使用示例：

```
from pypinyin import pinyin
print(pinyin('中心'))
print(pinyin('朝阳', heteronym=True))
```

运行结果：

```
[['zhō ng'], ['xī n']]
[['zhā o', 'cháo'], ['yáng']]
```

可以看到结果会是一个二维的列表，每个元素都另外成了一个列表，其中包含了每个字的读音。

【真题 331】什么是词云图？

答案：词云图，也叫文字云，是对文本中出现频率较高的“关键词”予以视觉化的展现，它过滤掉大量的低频低质的文本信息，使得浏览者只要一眼扫过文本就可领略文本的主旨。当我们手中有一篇文档，例如书籍、小说或电影剧本等，若想快速了解其主要内容是什么，那么可以通过绘制 WordCloud 词云图，通过关键词（高频词）就可视化直观地展示出来，非常方便。

Python 中的词云用的是 wordcloud 包，安装方法：

```
pip install wordcloud
conda install -c conda-forge wordcloud
```

wordcloud 类的定义如下所示：

```
class WordCloud(object):
    def __init__(self, font_path=None, width=400, height=200, margin=2,
                 ranks_only=None, prefer_horizontal=.9, mask=None, scale=1,
                 color_func=None, max_words=200, min_font_size=4,
                 stopwords=None, random_state=None, background_color='black',
                 max_font_size=None, font_step=1, mode="RGB",
                 relative_scaling=.5, regexp=None, collocations=True,
                 colormap=None, normalize_plurals=True):
```

```
        pass
```

常用的参数含义：

```
font_path : string //字体路径，需要展现什么字体就把该字体路径+后缀名写上，如：font_path = '黑体.ttf'
width : int (default=400) //输出的画布宽度，默认为 400 像素
height : int (default=200) //输出的画布高度，默认为 200 像素
prefer_horizontal : float (default=0.90) //词语水平方向排版出现的频率，默认 0.9 （所以词语垂直方向排版出现频率为 0.1 ）
mask : nd-array or None (default=None) //如果参数为空，则使用二维遮罩绘制词云。如果 mask 非空，设置的宽高值将被忽略，遮罩形状被 mask 取代。除全白（#FFFFFF）的部分将不会绘制，其余部分会用于绘制词云。如：bg_pic = imread('读取一张图片.png')，背景图片的画布一定要设置为白色（#FFFFFF），然后显示的形状为不是白色的其他颜色。可以用 ps 工具将自己要显示的形状复制到一个纯白色的画布上再保存，就 ok 了
scale : float (default=1) //按照比例进行放大画布，如设置为 1.5，则长和宽都是原来画布的 1.5 倍
min_font_size : int (default=4) //显示的最小的字体大小
font_step : int (default=1) //字体步长，如果步长大于 1，会加快运算但是可能导致结果出现较大的误差
max_words : number (default=200) //要显示的词的最大个数
stopwords : set of strings or None //设置需要屏蔽的词，如果为空，则使用内置的 STOPWORDS
background_color : color value (default="black") //背景颜色，如 background_color='white',背景颜色为白色
max_font_size : int or None (default=None) //显示的最大的字体大小
mode : string (default="RGB") //当参数为"RGBA"并且 background_color 不为空时，背景为透明
relative_scaling : float (default=.5) //词频和字体大小的关联性
color_func : callable, default=None //生成新颜色的函数，如果为空，则使用 self.color_func
regexp : string or None (optional) //使用正则表达式分隔输入的文本
collocations : bool, default=True //是否包括两个词的搭配
colormap : string or matplotlib colormap, default="viridis" //给每个单词随机分配颜色，若指定 color_func，则忽略该方法
fit_words(frequencies)  //根据词频生成词云
generate(text)  //根据文本生成词云
generate_from_frequencies(frequencies[, ...])  //根据词频生成词云
generate_from_text(text)  //根据文本生成词云
process_text(text)  //将长文本分词并去除屏蔽词（此处指英语，中文分词还是需要自己用别的库先行实现，使用上面的 fit_words(frequencies) ）
recolor([random_state, color_func, colormap])  //对现有输出重新着色。重新上色会比重新生成整个词云快很多
to_array()  //转化为 numpy array
to_file(filename)  //输出到文件
```

中文文本需要通过分词获得单个的词语，对中文分词还会用到一个包 jieba，jieba 是优秀的中文分词第三方库，需要额外安装：

```
pip install jieba
```

如果要生成中文词云，那么还需要加字体“font_path= r'C:\Windows\Fonts\simfang.ttf'”。

第 4 章　数据结构与算法

4.1 排序

排序是算法的入门知识，其思想可以用于很多算法中，而且因为排序算法实现代码较少，应用较为广泛，所以在程序员面试笔试中，求职者经常会被问及排序算法及其相关的问题。虽然排序算法名目繁多，各不相同，但万变不离其宗，只要熟悉了算法思想，灵活运用它们也并非难事。

一般在面试笔试中，最常考的排序算法是快速排序和归并排序，而插入排序、冒泡排序、堆排序、基数排序、桶排序等算法也经常会被提及。而排序算法的考察形式往往也较为常见，就是面试官要求求职者现场写代码，同时也会要求求职者分析各类排序算法的优劣、使用场景、时间复杂度以及空间复杂度等，所以，求职者熟练掌握各类排序算法思想及其特点是非常有必要的。

4.1.1 如何进行选择排序?

选择排序是一种简单直观的排序算法，它的基本原理如下：对于给定的一组记录，经过第一轮比较后得到最小记录，然后将该记录与第一个记录进行交换；接着对不包括第一个记录以外的其他记录进行第二轮比较，得到最小记录并与第二个记录进行位置交换；重复该过程，直到进行比较的记录只有一个时为止。以数组{38, 65, 97, 76, 13, 27, 49}为例（假设要求为升序排列），具体步骤如下：

第一次排序后：13 [65 97 76 38 27 49]

第二次排序后：13 27 [97 76 38 65 49]

第三次排序后：13 27 38 [76 97 65 49]

第四次排序后：13 27 38 49 [97 65 76]

第五次排序后：13 27 38 49 65 [97 76]

第六次排序后：13 27 38 49 65 76 [97]

最后排序结果：13 27 38 49 65 76 97

示例代码如下：

```
def   select_sort(lists):
    # 选择排序
    count = len(lists)
    for   i   in   range(0, count):
        min = i
        for   j   in   range(i + 1, count):
            if   lists[min] > lists[j]:
                min = j
        lists[min], lists[i] = lists[i], lists[min]
    return   lists

if   __name__=="__main__":
    lists=[3,4,2,8,9,5,1]
    print('排序前序列为:',)
    for   i   in   (lists):
        print(i,)
    print('\n 排序后结果为:', )
    for   i   in   (select_sort(lists)):
        print(i,)
```

程序的运行结果为

```
排序前序列为: 3 4 2 8 9 5 1
排序后结果为: 1 2 3 4 5 8 9
```

选择排序是一种不稳定的排序方法，最好、最坏和平均情况下的时间复杂度都为 $O(n^2)$，空间复杂度为 $O(1)$。

4.1.2 如何进行插入排序?

对于给定的一组记录，初始时假设第一个记录自成一个有序序列，其余的记录为无序序列；接着从第二个记录开始，按照记录的大小依次将当前处理的记录插入到其之前的有序序列中，直至最后一个记录插入到有序序列中为止。以数组{38, 65, 97, 76, 13, 27, 49}为例（假设要求为升序排列），直接插入排序具体步骤如下：

第一步插入 38 以后：[38] 65 97 76 13 27 49。

第二步插入 65 以后：[38 65] 97 76 13 27 49。

第三步插入 97 以后：[38 65 97] 76 13 27 49。

第四步插入 76 以后：[38 65 76 97] 13 27 49。

第五步插入 13 以后：[13 38 65 76 97] 27 49。

第六步插入 27 以后：[13 27 38 65 76 97] 49。

第七步插入 49 以后：[13 27 38 49 65 76 97]。

示例代码如下：

```
def  insert_sort(lists):
    # 插入排序
    count = len(lists)
    for  i  in  range(1, count):
        key = lists[i]
        j = i - 1
        while  j >= 0:
            if  lists[j] > key:
                lists[j + 1] = lists[j]
                lists[j] = key
            j -= 1
    return  lists

if  __name__=="__main__":
    lists=[3,4,2,8,9,5,1]
    print('排序前序列为:',)
    for  i  in  lists:
        print(i,)
    print('\n 排序后结果为:',)
    for  i  in  (insert_sort(lists)):
        print(i,)
```

程序的运行结果为

```
排序前序列为: 3 4 2 8 9 5 1
排序后结果为: 1 2 3 4 5 8 9
```

插入排序是一种稳定的排序方法，最好情况下的时间复杂度为 $O(n)$，最坏情况下的时间复杂度为 $O(n^2)$，平均情况下的时间复杂度为 $O(n^2)$。空间复杂度为 $O(1)$。

4.1.3 如何进行冒泡排序?

冒泡排序顾名思义就是整个过程就像气泡一样往上升，单向冒泡排序的基本思想是（假设由小到大排序)：对于给定的 n 个记录，从第一个记录开始依次对相邻的两个记录进行比较，当前面的记录大于后面的记录时，交换其位置，进行一轮比较和换位后，n 个记录中的最大记录将位于第 n 位；然后对前（n-1）个记录进行第二轮比较；重复该过程直到进行比较的记录只剩下一个时为止。

以数组{36, 25, 48, 12, 25, 65, 43, 57}为例（假设要求为升序排列），具体排序过程如下：

初始状态：[36 25 48 12 25 65 43 57]。

1 次排序：[25 36 12 25 48 43 57 65]。

2 次排序：[25 12 25 36 43 48] 57 65]。

3 次排序：[12 25 25 36 43] 48 57 65]。

4 次排序：[12 25 25 36] 43 48 57 65]。

5 次排序：[12 25 25] 36 43 48 57 65]。

6 次排序：[12 25] 25 36 43 48 57 65]。

7 次排序：[12] 25 25 36 43 48 57 65]。

示例代码如下：

```
def bubble_sort(lists):
    # 冒泡排序
    for i in range(len(lists)-1):
        for j in range(len(lists)-i-1):
            if lists[j] > lists[j+1]:
                lists[j], lists[j+1] = lists[j+1], lists[j]
    return lists

if  __name__=="__main__":
    lists=[3,4,2,8,9,5,1]
    print('排序前序列为:',)
    for  i  in  lists:
        print(i,)
    print('\n 排序后结果为:',)
    for  i  in  (bubble_sort(lists)):
        print(i,)
```

程序的运行结果为

```
排序前序列为: 3 4 2 8 9 5 1
排序后结果为: 1 2 3 4 5 8 9
```

冒泡排序是一种稳定的排序方法，最好的情况下的时间复杂度为 O(n)，最坏情况下时间复杂度为 $O(n^2)$，平均情况下的时间复杂度为 $O(n^2)$。空间复杂度为 O(1)。

4.1.4 如何进行归并排序?

归并排序是利用递归与分治技术将数据序列划分成为越来越小的半子表，再对半子表排序，最后再用递归步骤将排好序的半子表合并成为越来越大的有序序列。其中“归”代表的是递归的意思，即递归地将数组折半地分离为单个数组。例如，数组[2, 6, 1, 0]会先折半，分为[2, 6]和[1, 0]两个子数组，然后再折半将数组分离，分为[2]、[6]和[1]、[0]。“并”就是将分开的数据按照从小到大或者从大到小的顺序再放到一个数组中。如上面的[2]、[6]合并到一个数组中是[2, 6]，[1]、[0]合并到一个数组中是[0, 1]，然后再将[2, 6]和[0, 1]合并到一个数组中即为[0, 1, 2, 6]。

具体而言，归并排序算法的原理如下：对于给定的一组记录（假设共有 n 个记录），首先将每两个相邻的长度为 1 的子序列进行归并，得到 n/2（向上取整）个长度为 2 或 1 的有序子序列，再将其两两归并，反复执行此过程，直到得到一个有序序列为止。

所以，归并排序的关键就是两步：第一步，划分子表；第二步，合并半子表。以数组{49, 38, 65, 97, 76, 13, 27}为例（假设要求为升序排列），排序过程如下：

```
初始关键字：[49]  [38]  [65]  [97]  [76]  [13]  [27]
一次归并后：[38  49]  [65  97]  [13  76]  [27]
二次归并后：[38  49  65  97]  [13  27  76]
三次归并后：[13  27  38  49  65  76  97]
```

示例代码如下：

```
def  merge(left, right):
    i, j = 0, 0
    result = []
    while  i < len(left) and j < len(right):
        if  left[i] <= right[j]:
            result.append(left[i])
            i += 1
        else:
            result.append(right[j])
            j += 1
    result += left[i:]
    result += right[j:]
    return  result

def  merge_sort(lists):
    # 归并排序
    if  len(lists) <= 1:
        return  lists
    num = len(lists) / 2
    left = merge_sort(lists[:num])
    right = merge_sort(lists[num:])
    return  merge(left, right)

if  __name__=="__main__":
    lists=[3,4,2,8,9,5,1]
    print('排序前序列为:',)
    for  i  in  lists:
        print(i,)
    print('\n 排序后结果为:', )
    for  i  in  (merge_sort(lists)):
        print(i,)
```

程序的运行结果为

```
排序前序列为 3 4 2 8 9 5 1
排序后结果为 1 2 3 4 5 8 9
```

二路归并排序的过程需要进行 $\log_2^n$ 次。每一趟归并排序的操作，就是将两个有序子序列进行归并，而每一对有序子序列归并时，记录的比较次数均小于等于记录的移动次数，记录移动的次数均等于文件中记录的个数 n，即每一趟归并的时间复杂度为 O(n)。因此二路归并排序在最好、最坏和平均情况的时间复杂度为 $O(n\log_2^n)$，而且是一种稳定的排序方法，空间复杂度为 O(n)。

4.1.5　如何进行快速排序？

快速排序是一种非常高效的排序算法，它采用“分而治之”的思想，把大的拆分为小的，小的再拆分为更小的。其原理是：对于一组给定的记录，通过一趟排序后，将原序列分为两部分，其中前部分的所有记录均比后部分的所有记录小，然后再依次对前后两部分的记录进行快速排序，递归该过程，直到序列中的所有记录均有序为止。

具体算法步骤如下：

1）分解：将输入的序列 array[m,…,n]划分成两个非空子序列 array [m,…,k]和 array [k+1,…,n]，使 array [m,…,k]中任一元素的值不大于 array [k+1,…,n]中任一元素的值。

2）递归求解：通过递归调用快速排序算法分别对 array [m,…,k]和 array [k+1,…,n]进行排序。

3）合并：由于对分解出的两个子序列的排序是就地进行的，所以在 array [m,…,k]和 array [k+1,…,n]都排好序后，不需要执行任何计算，array [m,…,n]就已排好序。

以数组{49, 38, 65, 97, 76, 13, 27, 49}为例（假设要求为升序排列）。

第一次排序过程如下：

初始化关键字 [49 38 65 97 76 13 27 49]。

第一次交换后：[27 38 65 97 76 13 49 49]。

第二次交换后：[27 38 49 97 76 13 65 49]。

j 向左扫描，位置不变，第三次交换后：[27 38 13 97 76 49 65 49]。

i 向右扫描，位置不变，第四次交换后：[27 38 13 49 76 97 65 49]。

j 向左扫描 [27 38 13 49 76 97 65 49]。

整个排序过程如下：

初始化关键字 [49 38 65 97 76 13 27 49]。

一次排序之后：[27 38 13] 49 [76 97 65 49]。

二次排序之后：[13] 27 [38] 49 [49 65]76 [97]。

三次排序之后： 13 27 38 49 49 [65]76 97。

最后的排序结果：13 27 38 49 49 65 76 97。

示例代码如下：

```
def  quick_sort(lists, left, right):
    # 快速排序
    if  left >= right:
        return  lists
    key = lists[left]
    low = left
    high = right
    while  left < right:
        while  left < right and lists[right] >= key:
            right -= 1
        lists[left] = lists[right]
        while  left < right and lists[left] <= key:
            left += 1
        lists[right] = lists[left]
    lists[right] = key
    quick_sort(lists, low, left - 1)
    quick_sort(lists, left + 1, high)
    return  lists

if  __name__=="__main__":
    lists=[3,4,2,8,9,5,1]
    print('排序前序列为:',)
    for  i  in  (lists):
        print(i,)
    print('\n 排序后结果为:', )
    for  i  in  (quick_sort(lists,0,len(lists)-1)):
        print(i,)
```

程序的运行结果为

```
排序前序列为 3 4 2 8 9 5 1
排序后结果为 1 2 3 4 5 8 9
```

当初始的序列整体或局部有序时，快速排序的性能将会下降，此时快速排序将退化为冒泡排序。

快速排序的相关特点如下：

（1）最坏时间复杂度

最坏情况是指每次区间划分的结果都是基准关键字的左边（或右边）序列为空，而另一边的区间中的记录项仅比排序前少了一项，即选择的基准关键字是待排序的所有记录中最小或者最大的。例如，若选取第一个记录为基准关键字，当初始序列按递增顺序排列时，每次选择的基准关键字都是所有记录中的最小者，这时记录与基准关键字的比较次数会增多。因此，在这种情况下，需要进行（n−1）次区间划分。对于第 k（0<k<n）次区间划分，划分前的序列长度为（n−k+1），需要进行（n−k）次记录的比较。当 k 从 1～(n−1)时，进行的比较次数总共为 n(n−1)/2，所以在最坏情况下快速排序的时间复杂度为 $O(n^2)$。

（2）最好时间复杂度

最好情况是指每次区间划分的结果都是基准关键字左右两边的序列长度相等或者相差为 1，即选择的基准关键字为待排序的记录中的中间值。此时，进行的比较次数总共为 $nlog_2^n$，所以在最好情况下快速排序的时间复杂度为 O(nlogn)。

（3）平均时间复杂度

快速排序的平均时间复杂度为 O(nlogn)。虽然快速排序在最坏情况下的时间复杂度为 $O(n^2)$，但是在所有平均时间复杂度为 $O(nlog_2^n)$的算法中，快速排序的平均性能是最好的。

（4）空间复杂度

快速排序的过程中需要一个栈空间来实现递归。当每次对区间的划分都比较均匀时（即最好情况），递归树的最大深度为$\lceil log_2^n \rceil+1$（$\lceil log_2^n \rceil$为向上取整）；当每次区间划分都使得有一边的序列长度为 0 时（即最好情况），递归树的最大深度为 n。在每轮排序结束后比较基准关键字左右的记录个数，对记录多的一边先进行排序，此时，栈的最大深度可降为 log_2^n。因此，快速排序的平均空间复杂度为 $O(log_2^n)$。

（5）基准关键字的选取

基准关键字的选择是决定快速排序算法性能的关键。常用的基准关键字的选择有以下几种方式：

1）三者取中。三者取中是指在当前序列中，将其首、尾和中间位置上的记录进行比较，选择三者的中值作为基准关键字，在划分开始前交换序列中的第一个记录与基准关键字的位置。

2）取随机数。取 left（左边）和 right（右边）之间的一个随机数 m(left≤m≤right)，用 n[m]作为基准关键字。这种方法使得 n[left]～n[right]之间的记录是随机分布的，采用此方法得到的快速排序一般称为随机的快速排序。

需要注意快速排序与归并排序的区别与联系。快速排序与归并排序的原理都是基于分治思想，即首先把待排序的元素分成两组，然后分别对这两组排序，最后把两组结果合并起来。

而它们的不同点在于，进行的分组策略不同，后面的合并策略也不同。归并排序的分组策略是假设待排序的元素存放在数组中，那么其把数组前面一半元素作为一组，后面一半元素作为另外一组。而快速排序则是根据元素的值来分组，即大于某个值的元素放在一组，而小于某个值的元素放在另外一组，该值称为基准值。所以，对整个排序过程而言，基准值的挑选非常重要，如果选择不合适，太大或太小，那么所有的元素都分在一组了。对于快速排序和归并排序来说，如果分组策略越简单，那么后面的合并策略就越复杂，因为快速排序在分组时，已经根据元素大小来分组了，而合并的时候，只需把两个分组合并起来就行了，归并排序则需要对两个有序的数组根据大小进行合并。

4.1.6 如何进行希尔排序?

希尔排序也称为“缩小增量排序”。它的基本原理是：首先将待排序的元素分成多个子序列，使得每个子序列的元素个数相对较少，对各个子序列分别进行直接插入排序，待整个待排序序列“基本有序后”，再对所有元素进行一次直接插入排序。

具体步骤如下：

1）选择一个步长序列 $t1$，$t2$，…，tk，满足 $ti>tj(i<j)$，$tk=1$。

2）按步长序列个数 k，对待排序序列进行 k 趟排序。

3）每趟排序，根据对应的步长 ti，将待排序列分割成 ti 个子序列，分别对各个子序列进行直接插入排序。

需要注意的是，当步长因子为 1 时，所有元素作为一个序列来处理，其长度为 n。以数组{26, 53, 67, 48, 57, 13, 48, 32, 60, 50}（假设要求为升序排列），步长序列{5, 3, 1}为例。具体步骤如下：

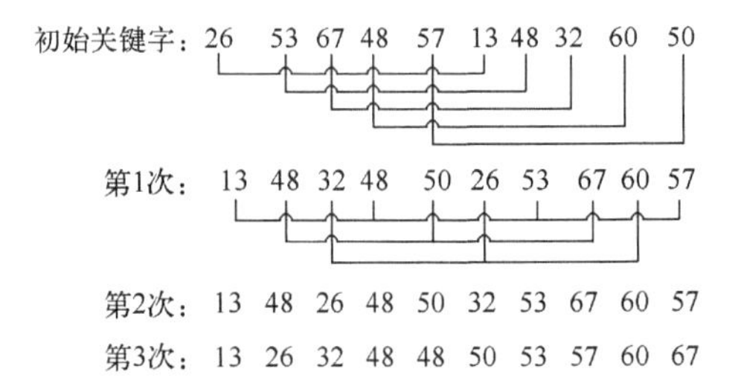

示例代码如下：

```
def   shell_sort(lists):
    # 希尔排序
    count = len(lists)
    step = 2
    group = count / step
    while   group > 0:
        for   i   in   range(0, group):
            j = i + group
            while   j < count:
                k = j - group
                key = lists[j]
                while   k >= 0:
                    if   lists[k] > key:
                        lists[k + group] = lists[k]
                        lists[k] = key
                    k -= group
                j += group
        group /= step
    return   lists

if   __name__=="__main__":
    lists=[3,4,2,8,9,5,1]
    print('排序前序列为:',)
    for   i   in   (lists):
        print(i,)
    print('\n 排序后结果为:', )
    for   i   in   (shell_sort(lists)):
        print(i,)
```

程序的运行结果为

```
排序前序列为 3 4 2 8 9 5 1
排序后结果为 1 2 3 4 5 8 9
```

希尔排序的关键并不是随便地分组后各自排序，而是将相隔某个“增量”的记录组成一个子序列，实现跳跃式的移动，使得排序的效率提高。希尔排序是一种不稳定的排序方法，平均时间复杂度为

$O(nlog_2^n)$，最差情况下的时间复杂度为 $O(n^s)(1<s<2)$，空间复杂度为 O(1)。

4.1.7　如何进行堆排序?

堆是一种特殊的树形数据结构，其每个结点都有一个值，通常提到的堆都是指一棵完全二叉树，根结点的值小于（或大于）两个子结点的值，同时根结点的两个子树也分别是一个堆。

堆排序是一树形选择排序，在排序过程中，将 R[1,⋯,N]看成是一棵完全二叉树的顺序存储结构，利用完全二叉树中双亲结点和孩子结点之间的内在关系来选择最小的元素。

堆一般分为大顶堆和小顶堆两种不同的类型。对于给定 n 个记录的序列(r(1),r(2),⋯,r(n))，当且仅当满足条件(r(i)≥r(2i),i=1,2,⋯,n)时称之为大顶堆，此时堆顶元素必为最大值。对于给定 n 个记录的序列(r(1),r(2),⋯,r(n))，当且仅当满足条件(r(i)≤r(2i+1),i=1,2,⋯,n)时称之为小顶堆，此时堆顶元素必为最小值。

堆排序的思想是对于给定的 n 个记录，初始时把这些记录看作为一棵顺序存储的二叉树，然后将其调整为一个大顶堆，然后将堆的最后一个元素与堆顶元素（即二叉树的根结点）进行交换后，堆的最后一个元素即为最大记录；接着将前（n−1）个元素（即不包括最大记录）重新调整为一个大顶堆，再将堆顶元素与当前堆的最后一个元素进行交换后得到次大的记录，重复该过程直到调整的堆中只剩一个元素时为止，该元素即为最小记录，此时可得到一个有序序列。

堆排序主要包括两个过程：一是构建堆；二是交换堆顶元素与最后一个元素的位置。

示例代码如下：

```
def  adjust_heap(lists, i, size):
    lchild = 2 * i + 1
    rchild = 2 * i + 2
    maxs = i
    if  i < size / 2:
        if  lchild < size and lists[lchild] > lists[maxs]:
            maxs = lchild
        if  rchild < size and lists[rchild] > lists[maxs]:
            maxs = rchild
        if  maxs != i:
            lists[maxs], lists[i] = lists[i], lists[maxs]
            adjust_heap(lists, maxs, size)

def  build_heap(lists, size):
    for  i  in  range(0, (size/2))[::-1]:
        adjust_heap(lists, i, size)

def  heap_sort(lists):
    size = len(lists)
    build_heap(lists, size)
    for  i  in  range(0, size)[::-1]:
        lists[0], lists[i] = lists[i], lists[0]
        adjust_heap(lists, 0, i)

if  __name__=="__main__":
    lists=[3,4,2,8,9,5,1]
    print('排序前序列为:',)
    for  i  in  lists:
        print(i,)
    print('\n 排序后结果为:', )
    heap_sort(lists)
    for  i  in  lists:
        print(i,)
```

程序的运行结果为

```
排序前序列为 3 4 2 8 9 5 1
排序后结果为 1 2 3 4 5 8 9
```

堆排序方法对记录较少的文件效果一般，但对于记录较多的文件还是很有效的，其运行时间主要耗费在创建堆和反复调整堆上。堆排序即使在最坏情况下，其时间复杂度也为 $O(n\log_2^n)$。它是一种不稳定的排序方法。

4.1.8 如何进行基数排序?

基数排序（radix sort）属于“分配式排序”（distribution sort），又称“桶子法”（bucket sort 或 bin sort），排序的过程就是将最低位优先法用于单关键字的情况。下面以[73, 22, 93, 43, 55, 14, 28, 65, 39, 81]为例来介绍排序的基本思想。

（1）根据个位数把这些数字分配到编号为 0～9 的桶子中，如下所示：

桶编号	桶中的数
0	
1	81
2	22
3	73　93　43
4	14
5	55　65
6	
7	
8	28
9	39

（2）接下来将这些桶子中的数值重新串接起来，成为以下的数列：

81, 22, 73, 93, 43, 14, 55, 65, 28, 39。

接着再十位数来分配：

桶编号	桶中的数
0	
1	14
2	22　28
3	39
4	43
5	55
6	65
7	73
8	81
9	93

（3）接下来将这些桶子中的数值重新串接起来，成为以下的数列：

14, 22, 28, 39, 43, 55, 65, 73, 81, 93。

此时数组的排序已经完成了；如果排序的对象有三位数以上，那么持续进行以上的动作直至最高位数为止。示例代码如下：

```
import  math
```

```
def  radix_sort(lists, radix=10):
    k = int(math.ceil(math.log(max(lists), radix)))
    bucket = [[]  for  i  in  range(radix)]
    for  i  in  range(1, k+1):
        for  j  in  lists:
            bucket[j/(radix**(i-1)) % (radix**i)].append(j)
        del lists[:]
        for  z  in  bucket:
            lists += z
            del z[:]
    return  lists

if  __name__=="__main__":
    lists=[3,4,2,8,9,5,1]
    print('排序前序列为:',)

    for  i  in  lists:
        print(i,)
    print('\n 排序后结果为:',)
    for  i  in  (radix_sort(lists)):
        print(i,)
```

程序的运行结果为

```
排序前序列为 3 4 2 8 9 5 1
排序后结果为 1 2 3 4 5 8 9
```

LSD 的基数排序适用于位数小的数列，如果位数多的话，那么使用 MSD 的效率会比较好。MSD 的方式与 LSD 相反，是由高位数为基底开始进行分配，但在分配之后并不马上合并回一个数组中，而是在每个“桶子”中建立“子桶”，将每个桶子中的数值按照下一数位的值分配到“子桶”中。在进行完最低位数的分配后再合并回单一的数组中。

将要排序的元素分配至某些“桶”中，以达到排序的作用，基数排序法是属于稳定性的排序，其时间复杂度为 O(nlog(r)m)，其中 r 为所采取的基数，而 m 为堆数。

在某些时候，基数排序法的效率高于其他的稳定性排序法。

4.2 大数据

计算机硬件的扩容确实可以极大地提高程序的处理速度，但考虑到其技术、成本等方面的因素，它并非一条放之四海而皆准的途径。而随着互联网技术的发展，机器学习、深度学习、大数据、人工智能、云计算、物联网以及移动通信技术的发展，每时每刻，数以亿万计的用户产生着数量巨大的信息，海量数据时代已经来临。由于通过对海量数据的挖掘能有效地揭示用户的行为模式，加深对用户需求的理解，提取用户的集体智慧，从而为研发人员决策提供依据，提升产品用户体验，进而占领市场，所以当前各大互联网公司研究都将重点放在了海量数据分析上，但是，只寄希望于硬件扩容是很难满足海量数据分析需要的，如何利用现有条件进行海量信息处理已经成为各大互联网公司亟待解决的问题。所以，海量信息处理正日益成为当前程序员笔试面试中一个新的亮点。

不同于常规量级数据中提取信息，在海量信息中提取有用数据，会存在以下几个方面的问题：首先，数据量过大，数据中什么情况都可能存在，如果信息数量只有 20 条，那么人工可以逐条进行查找、比对，可是当数据规模扩展到上百条、数千条、数亿条，甚至更多时，仅仅只通过人工已经无法解决存在的问题，必须通过工具或者程序进行处理。其次，对海量数据信息处理，还需要有良好的软硬件配置，合理使用工具，合理分配系统资源，通常情况下，如果需要处理的数据量非常大，超过了 TB 级，那么小型机、大型工作站是要考虑的，普通的计算机如果有好的方法，那么也可以考虑，例如通过联机做成工作集群。最后，对海量数据信息处理时，要求很高的处理方法和技巧，如何进行数据挖掘算法的设计以及如何进行数据的存储访问等都是研究的难点。

针对海量数据的处理，可以使用的方法非常多，常见的方法有 Hash（字典）法、Bit-map（位图）法、Bloom filter 法、数据库优化法、倒排索引法、外排序法、Trie 树、堆、双层桶法以及 MapReduce 法等。其中，**Hash 法、Bit-map（位图）法、Trie 树、堆等方法的考察频率最高、使用范围最为广泛，是读者需要重点掌握的方法。**

4.2.1 如何从大量的 url 中找出相同的 url?

- **题目描述：**

给定 a、b 两个文件，各存放 50 亿个 url，每个 url 各占 64B，内存限制是 4GB，请找出 a、b 两个文件共同的 url。

- **分析解答：**

由于每个 url 需要占 64B，所以 50 亿个 url 占用空间的大小为 50 亿×64=5GB×64=320GB。由于内存大小只有 4GB，因此不可能一次性把所有的 url 都加载到内存中处理。对于这个类型的题目，一般都需要使用分治法，即把一个文件中的 url 按照某一特征分成多个文件，使得每个文件的内容都小于 4GB，这样就可以把这个文件一次性读到内存中进行处理了。对于本题而言，主要的实现思路如下：

1）遍历文件 a，对遍历到的 url 求 hash(url)%500，根据计算结果把遍历到的 url 分别存储到 a0,a1,a2,…,a499（计算结果为 i 的 url 存储到文件 ai 中），这样每个文件的大小大约为 600MB。当某一个文件中 url 的大小超过 2GB 的时候，可以按照类似的思路把这个文件继续分为更小的子文件（例如：如果 a1 大小超过 2GB，那么可以把文件继续分成 a11,a12…）。

2）使用同样的方法遍历文件 b，把文件 b 中的 url 分别存储到文件 b0,b1,…,b499 中。

3）通过上面的划分，与 ai 中 url 相同的 url 一定在 bi 中。由于 ai 与 bi 中所有 url 的大小不会超过 4GB，因此可以把它们同时读入到内存中进行处理。具体思路：遍历文件 ai，把遍历到的 url 存入到 hash_set 中，接着遍历文件 bi 中的 url，如果这个 url 在 hash_set 中存在，那么说明这个 url 是这两个文件共同的 url，可以把这个 url 保存到另外一个单独的文件中。当把文件 a0～a499 都遍历完成后，就找到了两个文件共同的 url。

4.2.2 如何从大量数据中找出高频词?

- **题目描述：**

有一个 1GB 大小的文件，文件里面每一行是一个词，每个词的大小不超过 16B，内存大小限制是 1MB，要求返回频数最高的 100 个词。

- **分析解答：**

由于文件大小为 1GB，而内存大小只有 1MB，因此不可能一次把所有的词读入到内存中处理，因此也需要采用分治的方法，把一个大的文件分解成多个小的子文件，从而保证每个文件的大小都小于 1MB，进而可以直接被读取到内存中处理。具体的思路如下：

1）遍历文件，对遍历到的每一个词，执行如下 Hash 操作：hash(x)%2000，将结果为 i 的词存放到文件 ai 中，通过这个分解步骤，可以使每个子文件的大小大约为 400KB 左右，如果这个操作后某个文件的大小超过 1MB 了，那么可以采用相同的方法对这个文件继续分解，直到文件的大小小于 1MB 为止。

2）统计出每个文件中出现频率最高的 100 个词。最简单的方法为使用字典来实现，具体实现方法为，遍历文件中的所有词，对于遍历到的词，如果在字典中不存在，那么把这个词存入字典中（键为这个词，值为 1），如果这个词在字典中已经存在了，那么把这个词对应的值加 1。遍历完后可以非常容易地找出出现频率最高的 100 个词。

3）第 2）步找出了每个文件出现频率最高的 100 个词，这一步可以通过维护一个小顶堆来找出所有词中出现频率最高的 100 个。具体方法为，遍历第一个文件，把第一个文件中出现频率最高的 100 个词构建成一个小顶堆。（如果第一个文件中词的个数小于 100，那么可以继续遍历第 2 个文件，直到构建好有 100 个结点的小顶堆为止）。继续遍历，如果遍历到的词的出现次数大于堆顶上词的出现次数，那么可以用新遍历到的词替换堆顶的词，然后重新调整这个堆为小顶堆。当遍历完所有文件后，这个小顶堆中的词就是出现频率最高的 100 个词。当然这一步也可以采用类似归并排序的方法把所有文件中出现频率最高的 100 个词排序，最终找出出现频率最高的 100 个词。

- **引申：怎么在海量数据中找出重复次数最多的一个**

前面的算法是求解 top100，而这道题目只是求解 top1，可以使用同样的思路来求解。唯一不同的是，在求解出每个文件中出现次数最多的数据后，接下来从各个文件中出现次数最多的数据中找出出现次数最多的数不需要使用小顶堆，只需要使用一个变量就可以完成。方法很简单，此处不再赘述。

4.2.3　如何在大量的数据中找出不重复的整数?

- **题目描述：**

在 2.5 亿个整数中找出不重复的整数，注意，内存不足以容纳这 2.5 亿个整数。

- **分析解答：**

由于这道题目与前面的题目类似，也是无法一次性把所有数据加载到内存中，因此也可以采用类似的方法求解。

- **方法一：分治法**

采用 Hash 的方法，把这 2.5 亿个数划分到更小的文件中，从而保证每个文件的大小不超过可用的内存的大小。然后对于每个小文件而言，所有的数据可以一次性被加载到内存中，因此可以使用字典或 set 来找到每个小文件中不重复的数。当处理完所有的文件后就可以找出这 2.5 亿个整数中所有的不重复的数。

- **方法二：位图法**

对于整数相关的算法的求解，位图法是一种非常实用的算法。对于本题而言，如果可用的内存空间超过 1GB 就可以使用这种方法。具体思路为：假设整数占用 4B（如果占用 8B，那么求解思路类似，只不过需要占用更大的内存），4B 也就是 32 位，可以表示的整数的个数为 2^{32}。由于本题只查找不重复的数，而不关心具体数字出现的次数，因此可以分别使用 2bit 来表示各个数字的状态：用 00 表示这个数字没有出现过，01 表示出现过 1 次，10 表示出现了多次，11 暂不使用。

根据上面的逻辑，在遍历这 2.5 亿个整数的时候，如果这个整数对应的位图中的位为 00，那么修改成 01，如果为 01 那么修改为 10，如果为 10 那么保持原值不变。这样当所有数据遍历完成后，可以再遍历一遍位图，位图中为 01 的对应的数字就是没有重复的数字。

4.2.4　如何在大量的数据中判断一个数是否存在?

- **题目描述：**

在 2.5 亿个整数中找出不重复的整数，注意，内存不足以容纳这 2.5 亿个整数。

- **分析解答：**

显然数据量太大，不可能一次性把所有的数据都加载到内存中，那么最容易想到的方法当然是分治法。

- **方法一：分治法**

对于大数据相关的算法题，分治法是一个非常好的方法。针对这道题而言，主要的思路是：可以根据实际可用内存的情况，确定一个 Hash 函数，例如 hash(value)%1000，通过这个 Hash 函数可以把这 2.5 亿个数字划分到 1000 个文件中(a1，a2，…，a1000)，然后再对待查找的数字使用相同的 Hash 函数求出 Hash 值，假设计算出的 Hash 值为 i，如果这个数存在，那么它一定在文件 ai 中。通过这种方法就可以把题目的问题转换为文件 ai 中是否存在这个数。那么在接下来的求解过程中可以选用的思路比较多，如下所示：

1）由于划分后的文件比较小了，可以直接被装载到内存中，可以把文件中所有的数字都保存到 hash_set 中，然后判断待查找的数字是否存在。

2）如果这个文件中的数字占用的空间还是太大，那么可以用相同的方法把这个文件继续划分为更小的文件，然后确定待查找的数字可能存在的文件，然后在相应的文件中继续查找。

● **方法二：位图法**

对于这类判断数字是否存在、判断数字是否重复的问题，位图法是一种非常高效的方法。这里以 32 位整型为例，它可以表示数字的个数为 2^{32}。可以申请一个位图，让每个整数对应位图中的一个 bit，这样 2^{32} 个数需要位图的大小为 512MB。具体实现的思路是：申请一个 512MB 大小的位图，并把所有的位都初始化为 0；接着遍历所有的整数，对遍历到的数字，把相应位置上的 bit 设置为 1。最后判断待查找的数对应的位图上的值是多少，如果是 0，那么表示这个数字不存在，如果是 1，那么表示这个数字存在。

4.2.5 如何查询最热门的查询串？

● **题目描述：**

搜索引擎会通过日志文件把用户每次检索使用的所有查询串都记录下来，每个查询串的长度为 1～255B。

假设目前有 1000 万个记录（这些查询串的重复度比较高，虽然总数是 1000 万，但如果除去重复后，那么不超过 300 万个。一个查询串的重复度越高，说明查询它的用户越多，也就是越热门），请统计最热门的 10 个查询串，要求使用的内存不能超过 1GB。

● **分析解答：**

从题目中可以发现，每个查询串最长为 255B，1000 万个字符串需要占用 2.55GB 内存，因此无法把所有的字符串全部读入到内存中处理。对于这类型的题目，分治法是一个非常实用的方法。

● **方法一：分治法**

对字符串设置一个 Hash 函数，通过这个 Hash 函数把字符串划分到更多更小的文件中，从而保证每个小文件中的字符串都可以直接被加载到内存中处理，然后求出每个文件中出现次数最多的 10 个字符串；最后通过一个小顶堆统计出所有文件中出现最多的 10 个字符串。

从功能角度出发，这种方法是可行的，但是由于需要对文件遍历两遍，而且 Hash 函数也需要被调用 1000 万次，所以性能不是很好，针对这道题的特殊性，下面介绍另外一种性能较好的方法。

● **方法二：字典法**

虽然字符串的总数比较多，但是字符串的种类不超过 300 万个，因此可以考虑把所有字符串出现的次数保存在一个字典中（键为字符串，值为字符串出现的次数）。字典所需要的空间为 300 万*（255+4）=3MB*259=777MB（其中，4 表示用来记录字符串出现次数的整数占用 4B）。由此可见 1G 的内存空间是足够用的。基于以上的分析，本题的求解思路如下：

1）遍历字符串，如果字符串在字典中不存在，那么直接存入字典中，键为这个字符串，值为 1。如果字符串在字典中已经存在了，那么把对应的值直接加 1。这一步操作的时间复杂度为 O(N)，其中 N 为字符串的数量。

2）在第一步的基础上找出出现频率最高的 10 个字符串。可以通过小顶堆的方法来完成，遍历字典的前 10 个元素，并根据字符串出现的次数构建一个小顶堆，然后接着遍历字典，只要遍历到的字符串的出现次数大于堆顶字符串的出现次数，就用遍历的字符串替换堆顶的字符串，然后把堆调整为小顶堆。

3）对所有剩余的字符串都遍历一遍，遍历完成后堆中的 10 个字符串就是出现次数最多的字符串。这一步的时间复杂度为 O(Nlog10)。

● **方法三：trie 树法**

方法二中使用字典来统计每个字符串出现的次数。当这些字符串有大量相同前缀的时候，可以考虑使用 trie 树来统计字符串出现的次数。可以在树的结点中保存字符串出现的次数，0 表示没有出现。具体的实现方法为，在遍历的时候，在 trie 树中查找，如果找到，那么把结点中保存的字符串出现的次数加 1，否则为这个字符串构建新的结点，构建完成后把叶子结点中字符串的出现次数设置为 1。这样遍历完字符串后就可以知道每个字符串的出现次数，然后通过遍历这个树就可以找出出现次数最多的字符串。

trie 树经常被用来统计字符串的出现次数。它的另外一个大的用途就是字符串查找，判断是否有重复的字符串等。

4.2.6　如何统计不同电话号码的个数?

● **题目描述：**

已知某个文件内包含一些电话号码，每个号码为 8 位数字，统计不同号码的个数。

● **分析解答：**

这个题目从本质上而言也是求解数据重复的问题，对于这类问题，一般而言，首先会考虑位图法。对于本题而言，8 位电话号码可以表示的范围是：0000 0000～9999 9999，如果用 1bit 表示一个号码，那么总共需要 1 亿个 bit，总共需要大约 100MB 的内存。

通过上面的分析可知，这道题的主要思路是：申请一个位图并初始化为 0，然后遍历所有电话号码，把遍历到的电话号码对应的位图中的 bit 设置为 1。当遍历完成后，如果 bit 值为 1，那么表示这个电话号码在文件中存在，否则这个 bit 对应的电话号码在文件中不存在。所以 bit 值为 1 的数量即为不同电话号码的个数。

那么对于这道题而言，最核心的算法是如何确定电话号码对应的是位图中的哪一位。下面重点介绍这个转化的方法，这里使用下面的对应方法。

00000000 对应位图最后一位：0x0000…000001。

00000001 对应位图倒数第二位：0x0000…0000010（1 向左移一位）。

00000002 对应位图倒数第三位：0x0000…0000100（1 向左移 2 位）。

00000012 对应位图的倒数十三为：0x0000…0001 0000 0000 0000。

通常而言，位图都是通过一个整数数组来实现的（这里假设一个整数占用 4B）。由此可以得出通过电话号码获取位图中对应位置的方法如下（假设电话号码为 P）：

1）通过 P/32 就可以计算出该电话号码在 bitmap 数组的下标。（因为每个整数占用 32bit，通过这个公式就可以确定这个电话号码需要移动多少个 32 位，也就是可以确定它对应的 bit 在数组中的位置。）

2）通过 P%32 就可以计算出这个电话号码在这个整型数字中具体的 bit 的位置，也就是 1 这个数字对应的左移次数。因此可以通过把 1 向左移 P%32 位然后把得到的值与这个数组中的值做或运算，这样就可以把这个电话号码在位图中对应的为设置为 1。

这个转换的操作可以通过一个非常简单的函数来实现：

```
def  phoneToBit(phone):
    bitmap [phone / (8*4)] |= 1<<(phone%(8*4))    # bitmap 表示申请的位图
```

4.2.7　如何从 5 亿个数中找出中位数?

● **题目描述：**

从 5 亿个数中找出中位数。数据排序后，位置在最中间的数值就是中位数。当样本数为奇数时，中位数=(N+1)/2；当样本数为偶数时，中位数为 N/2 与 1+N/2 的均值（那么 10G 个数的中位数，就是第 5G 大的数与第 5G+1 大的数的平均值了）。

● **分析解答：**

如果这道题目没有内存大小的限制，那么可以把所有的数字排序后找出中位数，但是最好的排序算法的时间复杂度都是 O(NlogN)（N 为数字的个数）。这里介绍另外一种求解中位数的算法：双堆法。

● **方法一：双堆法**

这种方法的主要思路是维护两个堆，一个大顶堆，一个小顶堆，且这两个堆需要满足如下两个特性：

特性一：大顶堆中最大的数值小于等于小顶堆中最小的数。

特性二：保证这两个堆中的元素个数的差不能超过 1。

当数据总数为偶数的时候，当这两个堆建立好以后，中位数显然就是两个堆顶元素的平均值。当数据总数为奇数的时候，根据两个堆的大小，中位数一定在数据多的堆的堆顶。对于本题而言，具体实现思路是：维护两个堆 maxHeap 与 minHeap，这两个堆的大小分别为 max_size 和 min_size。然后开始遍历数字。对于遍历到的数字 data：

1）如果 data<maxHeap 的堆顶元素，那么此时为了满足特性 1，只能把 data 插入到 maxHeap 中。为了满足特性二，需要分以下几种情况讨论。

a）如果 max_size≤min_size，那么说明大顶堆元素个数小于小顶堆元素个数，此时把 data 直接插入大顶堆中，并把这个堆调整为大顶堆。

b）如果 max_size>min_size，那么为了保持两个堆元素个数的差不超过 1，此时需要把 maxHeap 堆顶的元素移动到 minHeap 中，接着把 data 插入到 maxHeap 中。同时通过对堆的调整分别让两个堆保持大顶堆与小顶堆的特性。

2）如果 maxHeap 堆顶元素≤data≤minHeap 堆顶元素，那么为了满足特性一，此时可以把 data 插入任意一个堆中，为了满足特性二，需要分以下几种情况讨论：

a）如果 max_size<min_size，那么显然需要把 data 插入到 maxHeap 中。

b）如果 max_size>min_size，那么显然需要把 data 插入到 minHeap 中。

c）如果 max_size==min_size，那么可以把 data 插入到任意一个堆中。

3）如果 data>maxHeap 的堆顶元素，那么此时为了满足特性一，只能把 data 插入到 minHeap 中。为了满足特性二，需要分以下几种情况讨论。

a）如果 max_size≥min_size，那么把 data 插入到 minHeap 中。

b）如果 max_size<min_size，那么需要把 minHeap 堆顶元素移到 maxHeap 中，然后把 data 插入到 minHeap 中。

通过上述方法可以把 5 亿个数构建两个堆，两个堆顶元素的平均值就是中位数。

这种方法由于需要把所有的数据都加载到内存中，当数据量很大的时候，由于无法把数据一次性加载到内存中，因此这种方法比较适用于数据量小的情况。对于本题而言，5 亿个数字，每个数字在内存中占 4B，5 亿个数字需要的内存空间为 2GB 内存。当可用的内存不足 2GB 时，显然不能使用这种方法，因此下面介绍另外一种方法。

● **方法二：分治法**

分治法的核心思想为把一个大的问题逐渐转换为规模较小的问题来求解。对于本题而言，顺序读取这 5 亿个数字。

1）对于读取到的数字 num，如果它对应的二进制中最高位为 1，那么把这个数字写入到 f1 中，如果最高位是 0，那么写入到 f0 中。通过这一步就可以把这 5 亿个数字划分成两部分，而且 f0 中的数字都大于 f1 中的数字（因为最高位是符号位）。

2）通过上面的划分可以非常容易地知道中位数是在 f0 中还是在 f1 中，假设 f1 中有 1 亿个数，那么中位数一定在文件 f0 中从小到大是第 1.5 亿个数与它后面的一个数求平均值。

3）对于 f0 可以用次高位的二进制的值继续把这个文件一分为二，使用同样的思路可以确定中位数是哪个文件中的第几个数。直到划分后的文件可以被加载到内存的时候，把数据加载到内存中后排序，从而找出中位数。

需要注意的是，这里有一种特殊情况需要考虑，当数据总数为偶数的时候，如果把文件一分为二后发现两个文件中的数据有相同的个数，那么中位数就是数据总数小的文件中的最大值与数据总数大的文件中的最小值的平均值。对于求一个文件中所有数据的最大值或最小值，可以使用前面介绍的分治法进行求解。

4.2.8 如何找出排名前 500 的数?

● **题目描述：**

有 20 个数组，每个数组有 500 个元素，并且是有序排列好的，现在如何在这 20×500 个数中找出排名前 500 的数？

● **分析解答：**

对于求 top k 的问题，最常用的方法为堆排序方法。就本题而言，假设数组降序排列，可以采用如下方法：

1）首先建立大顶堆，堆的大小为数组的个数，即 20，把每个数组最大的值（数组第一个值）存放到堆中。Python 中 heapq 是小顶堆，通过对输入和输出的元素分别取相反数来实现大顶堆的功能。

2）接着删除堆顶元素，保存到另外一个大小为 500 的数组中，然后向大顶堆插入删除的元素所在数组的下一个元素。

3）把堆调整为大顶堆，然后重复步骤 2），直到获取到 500 个数为止。

为了在堆中取出一个数据后，能知道它是从哪个数组中取出的，从而可以从这个数组中取下一个值，可以设置一个数组，数组中带入每个元素在原数组中的位置。为了便于理解，把题目进行简化：三个数组，每个数组有 5 个元素且有序，找出排名前 5 的数。

```
import  heapq

def  getTop(data):
    rowSize = len(data)
    columnSize = len(data[0])
    result3 = [None]* columnSize
    # 保持一个最小堆，这个堆存放来自 20 个数组的最小数
    heap=[]
    i=0
    while  i < rowSize:
        arr=(None,None,None)#数组设置三个变量，分别为数值，数值来源的数组，数值在数组中的次序 index
        arr=(-data[i][0],i,0)
        heapq.heappush(heap,arr)
        i +=1
    num = 0
    while  num < columnSize:
        # 删除顶点元素
        d = heapq.heappop(heap)
        result3[num] = -d[0]
        num +=1
        if  (num >= columnSize):
            break
        # 将 value 置为该数原数组里的下一个数
        arr=(-data[d[1]][d[2] + 1],d[1],d[2] + 1)
        heapq.heappush(heap,arr)
    return  result3

if  __name__=="__main__":
    data =[[29, 17, 14, 2, 1],[19, 17, 16, 15, 6],[30, 25, 20, 14, 5]]
    print(getTop(data))
```

程序的运行结果为

```
[30, 29, 25, 20, 19]
```

通过把 ROWS 改成 20，COLS 改成 50，并构造相应的数组，就能实现题目的要求。对于升序排列的数组，实现方式类似，只不过是从数组的最后一个元素开始遍历。

第5章　数据库相关

该部分主要考察数据库的基础理论和使用 Python 来操作数据库的基本过程。

5.1 数据库基础理论

5.1.1 数据库的常见分类有哪些?

数据库可以按照存储模型、关系型/非关系型来进行分类，其分类如下图所示：

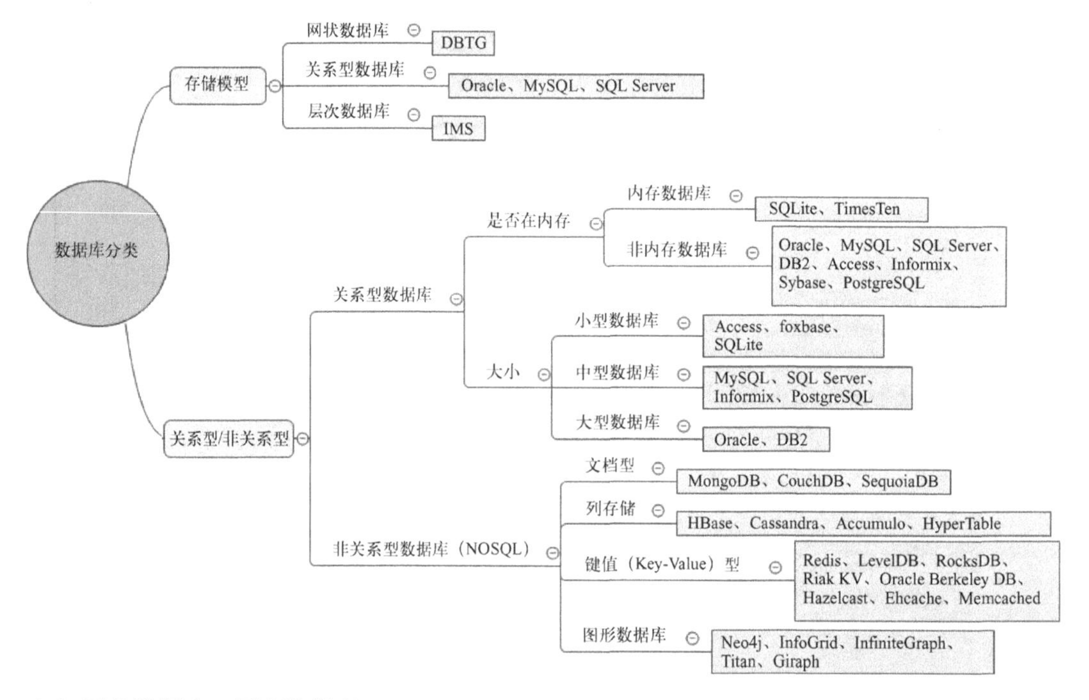

（1）网状数据库、层次数据库

数据库若按照使用的数据存储模型来划分，则可以把数据库分为网状数据库（Network Database）、关系型数据库（Relational Database）和层次数据库（Hierarchical Database）。其中，商业中使用最广泛的数据库主要是关系型数据库，例如，Oracle、MySQL、DB2、SQL Server 等。

网状数据库（Network Database）是指处理以记录类型为结点的网状数据模型的数据库，处理方法是将网状结构分解成若干棵二级树结构，称为系，其代表是 DBTG（DataBase Task Group，数据库任务组）系统。系类型是两个或两个以上的记录类型之间联系的一种描述。在一个系类型中，有一个记录类型处于主导地位，称为系主记录类型，其他称为成员记录类型。系主和成员之间的联系是一对多的关系。1969 年美国的 CODASYL 组织提出了一份“DBTG 报告”，此后，根据 DBTG 报告实现的系统一般称为 DBTG 系统。现有的网状数据库系统大都是采用 DBTG 方案。DBTG 系统是典型的三级结构体系：子模式、模式、存储模式。相应的数据定义语言分别称为子模式定义语言（SubSchema Data Definition Language，SSDDL），模式定义语言（Schema Data Definition Language，SDDL），设备介质控制语言（Device Medium Control Language，DMCL），另外，还有数据操纵语言（Data Manipulation Language，DML）。

层次数据库（Hierarchical Database）也叫树状数据库，它是将数据组织成有向有序的树结构，并用“一对多”的关系联结不同层次的数据库。最著名最典型的层次数据库是 IBM 公司的 IMS（Information Management System）数据库。IMS 是 IBM 公司研制的最早的大型数据库管理系统，其数据库模式是多个物理数据库记录型（Physical Data Base Record，PDBR）的集合。每个 PDBR 对应层次数据模型的一个层次模式。各个用户所需数据的逻辑结构称为外模式，每个外模式是一组逻辑数据库记录型（Logical Data Base Record，LDBR）的集合。LDBR 是应用程序所需的局部逻辑结构。

（2）关系型数据库

RDBMS（Relational Database Management System，关系型数据库管理系统）是 E.F.Codd 博士在其发表的论文《大规模共享数据银行的关系型模型》（Communications of the ACM 杂志 1970 年 6 月刊）基础上设计出来的。关系型数据库是将数据组织为相关的行和列的系统，而管理关系型数据库的计算机软件就是 RDBMS。它通过数据、关系和对数据的约束三者组成的数据模型来存放和管理数据。自关系型数据库管理系统被提出以来，RDBMS 获得了长足的发展，许多企业的在线交易处理系统、内部财务系统、客户管理系统等大多采用了 RDBMS。

关系型数据库，顾名思义是建立在关系模型基础上的数据库，借助于集合代数等数学概念和方法来处理数据库中的数据。现实世界中的各种实体以及实体之间的各种联系均用关系模型来表示。结构化查询语言（Structured Query Language，SQL）就是一种基于关系型数据库的语言，这种语言执行对关系型数据库中数据的检索和操作。关系模型由关系数据结构、关系操作集合和关系完整性约束三部分组成。截至 2017 年，业界普遍使用的关系型数据库管理系统产品有 Oracle、MySQL、DB2 以及 SQL Server 等。若按照大小来分类的话，则关系型数据库可以简单分为如下几类：

- 小型数据库：Access、foxbase、SQLite。
- 中型数据库：MySQL、SQL Server、Informix。
- 大型数据库：Oracle、DB2。

RDBMS 的特点如下所示：

① 数据以表格的形式出现。

② 每一行存储着一条单独的记录。

③ 每个列作为一条记录的一个属性而存在。

④ 许多的行和列组成一张表。

⑤ 若干的表组成数据库。

（3）内存数据库

内存数据库，顾名思义就是将数据放在内存中直接操作的数据库。相对于磁盘，内存的数据读写速度要高出几个数量级，将数据保存在内存中相比从磁盘上访问能够极大地提高应用的性能，典型的内存数据库有 SQLite 和 TimesTen。SAP 公司专门开发了一款大型的内存数据库 HANA，并且在逐步占领市场，而传统的数据库巨头 Oracle 公司开发的 TimesTen 也是一款内存数据库。可以预见，内存数据库将会是未来的一个发展趋势。

（4）Oracle、MySQL、SQL Server

Oracle 数据库，又名 Oracle RDBMS，或简称 Oracle，是甲骨文公司的一款关系型数据库管理系统。它是数据库领域一直处于领先地位的产品。可以说 Oracle 数据库系统是目前世界上流行的关系型数据库管理系统，系统可移植性好、使用方便、功能强大，适用于各类大、中、小及微机环境。它是一种高效率、可靠性好、适应高吞吐量的数据库解决方案。

MySQL 是一个关系型数据库管理系统，由瑞典 MySQL AB 公司开发，目前属于 Oracle 公司。MySQL 是最流行的关系型数据库管理系统，在 Web 应用方面，MySQL 是最好的 RDBMS（Relational Database Management System，关系型数据库管理系统）应用软件之一，广泛地应用于互联网行业。

SQL Server（Microsoft SQL Server，MS Server）是由 Microsoft 开发和推广的关系型数据库管理系统（DBMS），它最初是由 Microsoft、Sybase 和 Ashton-Tate 三家公司共同开发的，并于 1988 年推出了第一

个 OS/2 版本。SQL Server 是一个全面的数据库平台，使用集成的商业智能（Business Intelligence，BI）工具提供了企业级的数据管理。SQL Server 数据库引擎为关系型数据和结构化数据提供了更安全可靠的存储功能，使用户可以构建和管理用于业务的高可用和高性能的数据应用程序。SQL Server 近年来不断更新版本，目前最新的版本是 SQL Server 2016，并且微软正在研发基于 Linux 版本的 SQL Server，可见 SQL Server 在关系型数据库中也占有一席之地。

下表介绍了常见的关系型数据库的特点及其适用场景：

	非内存数据库				内存数据库	
代表数据库	Oracle	MySQL	SQL Server	DB2	SQLite	TimesTen
开发公司	甲骨文	瑞典 MySQL AB 公司开发，后被 Oracle 收购	微软	IBM	D.RichardHipp	1992 始于惠普实验室研究项目，1996 年 TimesTen 公司成立，2005 年被 Oracle 收购
最新版本	12cR2	MySQL 5.7	SQL Server 2016	V10.5	SQLite 3	12.1.0.3.0
软件支持平台	Linux、AIX、Windows	Linux、AIX、Windows	Windows，Linux 版 SQL Server 预览版已发布	Linux、AIX、Windows	Linux、Windows	Linux、AIX、Windows
适用场景	大型业务，如电信、移动、联通、公安系统	1.Web 网站系统 2.日志记录系统 3.数据仓库系统 4.嵌入式系统	免费，适用于小型企业	主要用于移动计算	嵌入式数据库项目、需要数据库的小型桌面软件、需要数据库的手机软件	响应时间极高的系统
安装包大小	>2G	300M	3G	500M	5M	200M

（5）非关系型数据库

NoSQL（Not Only SQL），泛指非关系型的数据库，即“不仅仅是 SQL”。随着 Web2.0 的兴起，传统的关系型数据库在应付 Web2.0 网站，特别是超大规模和高并发的 SNS（Social Network Site，社交网）类型的 Web2.0 纯动态网站时已经显得力不从心，暴露了很多难以克服的问题，而非关系型数据库则由于其本身的特点得到了非常迅速的发展。NoSQL 数据库的产生就是为了解决大规模数据集合多重数据种类带来的挑战，尤其是大数据应用难题。NoSQL 的拥护者们提倡运用非关系型的数据存储，相对于铺天盖地的关系型数据库运用，这一概念无疑是一种全新的思维的注入。

NoSQL 数据库大约有四大分类：键值（Key-Value）数据库、列存储数据库、文档型数据库和图形（Graph）数据库。

① 对于键值（Key-Value）数据库，主要会使用到一个哈希表，这个表中有一个特定的键和一个指向特定数据的指针。Key-Value 模型对于信息系统来说，其优势在于简单、易部署，但是如果只对部分值进行查询或更新，那么键值数据库就显得效率低下了。常见的键值数据库有：Redis、LevelDB、RocksDB、Riak KV、Oracle Berkeley DB、Hazelcast、Ehcache、Memcached 等。

② 对于列存储数据库，通常是用来应对分布式存储的海量数据，键仍然存在，但是它们的特点是键指向了多个列。常见的列存储数据库有：HBase、Cassandra、Accumulo、HyperTable 等。

③ 对于文档型数据库，其灵感来自于 Lotus Notes 办公软件，而且它与第一种键值存储类似。这种类型的数据模型是版本化的文档，半结构化的文档以特定的格式存储，例如 JSON。文档型数据库可以看作是键值数据库的升级版，允许它们之间嵌套键值，而且文档型数据库比键值数据库的查询效率更高。常见的文档型数据库有：CouchDB、MongoDB 等。国内也有文档型数据库 SequoiaDB，该数据库已经开源。

如果说 Oracle 是关系型数据库的王者，那么 MongoDB 可以说是非关系型数据库的霸主。MongoDB

是一个基于分布式文件存储的数据库，它由 C++语言编写，旨在为 Web 应用提供可扩展的高性能数据存储解决方案。它支持的数据结构非常松散，因此，可以存储比较复杂的数据类型。MongoDB 最大的特点是支持的查询语言非常强大，其语法有点类似于面向对象的查询语言，几乎可以实现类似关系型数据库单表查询的绝大部分功能，而且还支持对数据建立索引。

④ 对于图形（Graph）数据库，它与其他行列以及刚性结构的 SQL 数据库不同，它是使用灵活的图形模型，并且能够扩展到多台服务器上。NoSQL 数据库没有标准的查询语言（SQL），因此，进行数据库查询需要制定数据模型。许多 NoSQL 数据库都有 REST 式的数据接口或者查询 API。常见的图形数据库有：Neo4j、InfoGrid、InfiniteGraph、Titan、Giraph 等。

下表介绍了常见的非关系型数据库的优缺点及其应用场景：

分类	键值（Key-Value）数据库	列存储数据库	文档型数据库	图形（Graph）数据库
简介	主要会使用到一个哈希表，这个表中有一个特定的键和一个指向特定数据的指针。Key-Value 模型对于信息系统来说，其优势在于简单、易部署，但是如果只对部分值进行查询或更新，那么键值数据库就显得效率低下了。键值数据库特点包含：以键为索引的存储方式，访问速度极快	通常是用来应对分布式存储的海量数据，键仍然存在，但是它们的特点是键指向了多个列	对于文档型数据库，其灵感来自于 Lotus Notes 办公软件，而且它与第一种键值存储类似。这种类型的数据模型是版本化的文档，半结构化的文档以特定的格式存储，例如 JSON。文档型数据库可以看作是键值数据库的升级版，允许它们之间嵌套键值，而且文档型数据库比键值数据库的查询效率更高	对于图形（Graph）数据库，它与其他行列以及刚性结构的 SQL 数据库不同，它是使用灵活的图形模型，并且能够扩展到多台服务器上。NoSQL 数据库没有标准的查询语言（SQL），因此，进行数据库查询需要制定数据模型。许多 NoSQL 数据库都有 REST 式的数据接口或者查询 API
特点	以键为索引的存储方式，访问速度极快	以列相关存储架构进行数据存储，适合于批量数据处理和即席查询	面向集合存储，模式自由，使用高效的二进制数据存储等	以节点、关系、属性为基础存储数据，善于处理大量复杂、互连接、低结构化的数据
数据库举例	Redis、LevelDB、RocksDB、Riak KV、Oracle Berkeley DB（Oracle BDB）、Hazelcast、Ehcache、Memcached、Tokyo Cabinet/Tyrant、Dynamo、FoundationDB、MemcacheDB、Aerospike、Voldemort	HBase、Cassandra、Accumulo、HyperTable、Druid、Vertica	CouchDB、MongoDB、Sequoia DB、CouchBase、MarkLogic、Clusterpoint	Neo4J、InfoGrid、Infinite Graph、OrientDB、ArangoDB、MapGraph
典型应用场景	内容缓存，主要用于处理大量数据的高访问负载，也用于一些日志系统等，高读取、快速检索	分布式的文件系统，适合于批量数据处理和即席查询	Web 应用（与 Key-Value 类似，Value 是结构化的，不同的是数据库能够了解 Value 的内容），适用于数据变化较少，执行预定义查询，进行数据统计的应用程序以及需要提供数据版本支持的应用程序	社交网络，推荐系统等，专注于构建关系图谱、社会关系，公共交通网络，地图及网络拓谱
数据模型	Key 指向 Value 的键值对，通常用 HASH TABLE 来实现	以列簇式存储，将同一列数据存在一起	Key-Value 对应的键值对，Value 为结构化数据	图结构
优点	查找速度快	查找速度快，可扩展性强，更容易进行分布式扩展	数据结构要求不严格，表结构可变，不像关系型数据库一样需要预先定义表结构	利用图结构相关算法。例如最短路径寻址，N 度关系查找等
缺点	数据无结构化，通常只被当作字符串或者二进制数据	功能相对局限	查询性能不高，而且缺乏统一的查询语法	很多时候需要对整个图做计算才能得出需要的信息，而且这种结构不太好作分布式的集群方案

下表总结了 MongoDB、Riak KV、Hypertable 和 HBase 这四个产品的主要特性：

特性	MongoDB	Riak KV	HyperTable	HBase
逻辑数据模型	文档	键值（Key-Value）	列存储	列存储
CAP 支持	CA	AP	CA	CA
动态添加删除节点	支持（很快在下一发布中就会加入）	支持	支持	支持
多 DC 支持	支持	不支持	支持	支持
接口	多种特定语言 API（Java，Python，Perl，C#等）	HTTP 之上的 JSON	REST，Thrift，Java	C++，Thrift
持久化模型	磁盘	磁盘	内存加磁盘（可调的）	内存加磁盘（可调的）
相对性能	更优（C++编写）	最优（Erlang 编写）	更优（C++编写）	优（Java 编写）
商业支持	10gen.com	Basho Technologies	Hypertable Inc	Cloudera

（6）行存储和列存储

将表放入存储系统中的方法有两种：行存储（Row Storage）和列存储（Column Storage），绝大部分数据库是采用行存储的。行存储法是将各行放入连续的物理位置，这很像传统的记录和文件系统，然后由数据库引擎根据每个查询提取需要的列。列存储法是将数据按照列存储到数据库中，与行存储类似。列存储是相对于传统关系型数据库的行存储来说的，简单来说两者的区别就是如何组织表，列存储将所有记录中相同字段的数据聚合存储，而行存储将每条记录的所有字段的数据聚合存储。Sybase 在 2004 年左右就推出了列存储的 Sybase IQ 数据库系统，主要用于在线分析、数据挖掘等查询密集型应用。

列存储不同于传统的关系型数据库，其数据在表中是按行存储的，列方式所带来的重要好处之一就是，由于查询中的选择规则是通过列来定义的，因此整个数据库是自动索引化的。按列存储每个字段的数据聚集存储，在查询时，只需要少数几个字段的时候，能大大减少读取的数据量，一个字段的数据聚集存储，那就更容易为这种聚集存储设计更好的压缩或解压算法。

应用行存储的数据库系统称为行式数据库，同理，应用列存储的数据库系统称为列式数据库。随着列式数据库的发展，传统的行式数据库加入了列式存储的支持，形成具有两种存储方式的数据库系统。

传统的关系型数据库，如 Oracle、DB2、MySQL、SQL Server 等采用行式存储法，当然传统的关系型数据库也在不断发展中。随着 Oracle 12c 推出了 In Memory 组件，使得 Oracle 数据库具有了双模式数据存放方式，从而能够实现对混合类型应用的支持：传统的以行形式保存的数据满足 OLTP 应用；列形式保存的数据满足以查询为主的 OLAP 应用。新兴的 Hbase、HP Vertica、EMC Greenplum 等分布式数据库采用列存储，当然这些数据库也有对行式存储的支持例如 HP Vertica。随着传统关系型数据库与新兴的分布式数据库不断地发展，列式存储与行式存储会不断融合，数据库系统会呈现双模式数据存放方式，这也是商业竞争的需要。

行存储和列存储的区别如下表所示：

项目	列存储（Column Storage）	行存储（Row Storage）
存储模型	DSM（Decomposition Storage Model）	NSM（N-ary Storage Model）
存储数据的方式	按列存储，一行数据包含一个列或者多个列，每个列一单独一个 cell 来存储数据	按行存储，把一行数据作为一个整体来存储
索引	数据即索引	没有索引的查询使用大量 I/O
使用场合	适用于 OLAP、数据仓库、数据挖掘等查询密集型应用，不适合用在 OLTP，或者更新操作，尤其是插入、删除操作频繁的场合	适用于 OLTP 系统，插入更新等频繁的系统

（续）

项目	列存储（Column Storage）	行存储（Row Storage）
优点	1）每个字段的数据聚集存储，在查询只需要少数几个字段的时候，能大大减少读取的数据量，大幅降低系统的 I/O，尤其是在海量数据查询时，I/O 向来是系统的主要瓶颈之一，据 C-Store、MonetDB 的作者调查和分析，查询密集型应用的特点之一就是查询一般只关心少数几个字段，而相对应的，NSM 中每次必须读取整条记录； 2）既然是一个字段的数据聚集存储，那就更容易为这种聚集存储设计更好的压缩/解压算法，换句话说，列式存储天生就是适合压缩，因为同一列里面的数据类型是相同	从查询来说，行存储比较适合随机查询，并且 RDBMS 大多提供二级索引，在整行数据的读取上，要优于列式存储

由于设计上的不同，列式数据库在并行查询处理和压缩上更有优势。而且数据是以列为单元存储，完全不用考虑数据建模或者说建模更简单了。要查询计算哪些列上的数据，直接读取列就行。没有万能的数据库，列式数据库也并非万能，只不过给 DBA 提供了更多的选择，DBA 需根据自己的应用场景自行选择。

【真题 332】下面系统中，不属于关系型数据库管理系统的是（　　）

A．Oracle　　B、SQL Server　　C．IMS　　D．DB2

答案：C。

常用的关系型数据库管理系统主要有 Oracle、SQL Server、DB2、MySQL 等，而 IMS 是 IBM 公司开发的一种层次数据库。

所以，本题的答案为 C。

【真题 333】从计算机软件系统的构成看，DBMS 是建立在（　　）之上的软件系统

A．硬件系统　　B．操作系统　　C．语言处理系统　　D．编译系统

答案：B。

从计算机软件系统的构成看，DBMS 是建立在操作系统之上的软件系统，是操作系统的用户。操作系统负责计算机系统的进程管理、作业管理、存储器管理、设备管理以及文件管理等，因此，DBMS 对数据的组织、管理和存取离不开操作系统的支持。当 DBMS 遇到创建和撤销进程、进程通信以及读/写磁盘等要求时，必须请求操作系统的服务。

本题中，对于选项 A，DBMS 不能直接建立在硬件系统上。所以，选项 A 错误。

对于选项 B，DBMS 是建立在操作系统之上的软件系统，是操作系统的用户。所以，选项 B 正确。

对于选项 C，语言处理系统是和 DBMS 并行的系统，DBMS 不能建立在语言处理系统之上。所以，选项 C 错误。

对于选项 D，编译系统是建立的硬件系统之上的系统。所以，选项 D 错误。

所以，本题的答案为 B。

【真题 334】在关系数据库中，用来表示实体之间联系的是（　　）

A．树结构　　B．网结构　　C．线性表　　D．二维表

答案：D。

在关系数据库中用二维表来表示实体之间的联系。可以把数据看成一个二维表，而每一个二维表称为一个关系。所以，选项 D 正确。

5.1.2 事务的概念及其 4 个特性是什么？

事务（Transaction）是一个操作序列。这些操作要么都做，要么都不做，是一个不可分割的工作单位。事务通常以 BEGIN TRANSACTION 开始，以 COMMIT 或 ROLLBACK 操作结束，COMMIT 即提交，提交事务中所有的操作、事务正常结束。ROLLBACK 即回滚，撤销已做的所有操作，回滚到事务开始时的状态。事务是数据库系统区别于文件系统的重要特性之一。

对于事务可以举一个简单的例子：转账，有 A 和 B 两个用户，A 用户转 100 到 B 用户，如下所示：

A：---->支出 100，则 A−100。

B：---->收到 100，则 B+100。

A--->B 转账，对应如下 SQL 语句：

```
UPDATE  ACCOUNT SET MONEY=MONEY - 100 WHERE NAME='A';
UPDATE  ACCOUNT SET MONEY=MONEY + 100 WHERE NAME='B';
```

事务有 4 个特性，一般都称之为 ACID 特性，如下表所示：

名称	简介	举例
原子性（Atomicity）	所谓原子性是指事务在逻辑上是不可分割的操作单元，其所有语句要么都执行，要么都撤销执行。当每个事务运行结束时，可以选择“提交”所做的数据修改，并将这些修改永久应用到数据库中	假设有两个账号，A 账号和 B 账号。A 账号转给 B 账号 100 元，这里有两个动作在里面，①A 账号减去 100 元，②B 账号增加 100 元，这两个动作不可分割即原子性
一致性（Consistency）	事务是一种逻辑上的工作单元。一个事务就是一系列在逻辑上相关的操作指令的集合，用于完成一项任务，其本质是将数据库中的数据从一种一致性状态转换到另一种一致性状态，以体现现实世界中的状况变化。至于数据处于什么样的状态算是一致状态，这取决于现实生活中的业务逻辑以及具体的数据库内部实现	拿转账来说，假设用户 A 和用户 B 两者的钱加起来一共是 5000，那么不管 A 和 B 之间如何转账，转几次账，事务结束后两个用户的钱相加起来应该还得是 5000，这就是事务的一致性
隔离性（Isolation）	隔离性是针对并发事务而言的，所谓并发是指数据库服务器同时处理多个事务，如果不采取专门的控制机制，那么并发事务之间可能会相互干扰，进而导致数据出现不一致或错误的状态。隔离性就是要隔离并发运行的多个事务间的相互影响。关于事务的隔离性，数据库提供了多种隔离级别，后面的章节会介绍到	隔离性即要达到这么一种效果：对于任意两个并发的事务 T1 和 T2，在事务 T1 看来，T2 要么在 T1 开始之前就已经结束，要么在 T1 结束之后才开始，这样每个事务都感觉不到有其他事务在并发地执行
持久性（Durability）	事务的持久性（也叫永久性）是指一旦事务提交成功，其对数据的修改是持久性的。数据更新的结果已经从内存转存到外部存储器上，此后即使发生了系统故障，已提交事务所做的数据更新也不会丢失	当开发人员在使用 JDBC（Java DataBase Connectivity，Java 数据库连接）操作数据库时，在提交事务后，提示用户事务操作完成，那么这个时候数据就已经存储在磁盘上了。即使数据库重启，该事务所做的更改操作也不会丢失

5.1.3 事务的 4 种隔离级别（Isolation Level）分别是什么？

当多个线程都开启事务操作数据库中的数据时，数据库系统要能进行隔离操作，以保证各个线程获取数据的准确性，所以，对于不同的事务，采用不同的隔离级别会有不同的结果。如果不考虑事务的隔离性，那么会发生下表所示的 3 种问题：

现象	简介	举例
脏读（Dirty Read）	一个事务读取了已被另一个事务修改、但尚未提交的数据。当一个事务正在多次修改某个数据，而在这个事务中这多次的修改都还未提交，这时另外一个并发的事务来访问该数据时，就会造成两个事务得到的数据不一致	用户 A 向用户 B 转账 100 元，对应 SQL 命令如下所示： UPDATE ACCOUNT SET MONEY=MONEY + 100 WHERE NAME='B'; （此时 A 通知 B） UPDATE ACCOUNT SET MONEY=MONEY - 100 WHERE NAME='A'; 当只执行第一条 SQL 时，A 通知 B 查看账户，B 发现钱确实已到账（此时即发生了脏读），而之后无论第二条 SQL 是否执行，只要该事务不提交，所有操作就都将回滚，那么当 B 以后再次查看账户时就会发现钱其实并没有转成功
不可重复读（Nonrepeatable Read）	在同一个事务中，同一个查询在 TIME1 时刻读取某一行，在 TIME2 时刻重新读取这一行数据的时候，发现这一行的数据已经发生修改，可能被更新了（UPDATE），也可能被删除了（DELETE）	事务 T1 在读取某一数据，而事务 T2 立即修改了这个数据并且提交事务给数据库，事务 T1 再次读取该数据就得到了不同的结果，发生了不可重复读
幻读（Phantom Read，也叫幻影读、幻像读、虚读）	在同一事务中，当同一查询多次执行的时候，由于其他插入（INSERT）操作的事务提交，会导致每次返回不同的结果集。幻读是事务非独立执行时发生的一种现象	事务 T1 对一个表中所有的行的某个数据项执行了从“1”修改为“2”的操作，这时事务 T2 又在这个表中插入了一行数据，而这个数据项的数值还是“1”并且提交给数据库。而操作事务 T1 的用户如果再查看刚刚修改的数据，那么会发现还有一行没有修改，其实这行是从事务 T2 中添加的，就好像产生幻觉一样，这就是发生了幻读

不可重复读是由于事务并发修改同一条记录导致的，要避免这种情况，最简单的方法就是对要修改

的记录加锁，这会导致锁竞争加剧，影响性能。另一种方法是通过 MVCC 可以在无锁的情况下，避免不可重复读。

幻读是由于并发事务增加记录导致的，这个不能像不可重复读通过记录加锁解决，因为对于新增的记录根本无法加锁。需要将事务串行化，才能避免幻读。

脏读和不可重复读的区别：脏读是某一事务读取了另一个事务未提交的脏数据，而不可重复读则是在同一个事务范围内多次查询同一条数据却返回了不同的数据值，这是由于在查询间隔期间，该条数据被另一个事务修改并提交了。

幻读和不可重复读的区别：幻读和不可重复读都是读取了另一个事务中已经提交的数据，不同的是不可重复读多次查询的都是同一个数据项，针对的是对同一行数据的修改或删除（UPDATE、DELETE），而幻读针对的是一个数据整体（例如，数据的条数），主要是 INSERT 操作。

在 SQL 标准中定义了 4 种隔离级别，每一种级别都规定了一个事务中所做的修改，哪些是在事务内和事务间可见的，哪些是不可见的。较低级别的隔离通常可以执行更高的并发，系统的开销也更低。SQL 标准定义的四个隔离级别为 Read Uncommitted（未提交读）、Read Committed（提交读）、Repeatable Read（可重复读）、Serializable（可串行化），下面分别介绍。

（1）Read Uncommitted（未提交读，读取未提交内容）

在该隔离级别，所有事务都可以看到其他未提交事务的执行结果，即在未提交读级别，事务中的修改，即使没有提交，对其他事务也都是可见的，该隔离级别很少用于实际应用。读取未提交的数据，也被称之为脏读（Dirty Read）。该隔离级别最低，并发性能最高。

（2）Read Committed（提交读，读取提交内容）

这是大多数数据库系统的默认隔离级别。它满足了隔离的简单定义：一个事务只能看见已经提交事务所做的改变。换句话说，一个事务从开始直到提交之前，所做的任何修改对其他事务都是不可见的。

（3）Repeatable Read（可重复读）

可重复读可以确保同一个事务，在多次读取同样的数据的时候，得到同样的结果。可重复读解决了脏读的问题，不过理论上，这会导致另一个棘手的问题：幻读（Phantom Read）。MySQL 数据库中的 InnoDB 和 Falcon 存储引擎通过 MVCC（Multi-Version Concurrent Control，多版本并发控制）机制解决了该问题。需要注意的是，多版本只是解决不可重复读问题，而加上间隙锁（也就是它这里所谓的并发控制）才解决了幻读问题。

（4）Serializable（可串行化、序列化）

这是最高的隔离级别，它通过强制事务排序，强制事务串行执行，使之不可能相互冲突，从而解决幻读问题。简言之，它是在每个读的数据行上加上共享锁。在这个级别，可能导致大量的超时现象和锁竞争。实际应用中也很少用到这个隔离级别，只有在非常需要确保数据的一致性而且可以接受没有并发的情况下，才考虑用该级别。这是花费代价最高但是最可靠的事务隔离级别。

隔离级别	Read Uncommitted（未提交读，读取未提交内容）	Read Committed（提交读，读取提交内容）	Repeatable Read（可重复读）	Serializable（可串行化、序列化）
简介	在该隔离级别，所有事务都可以看到其他未提交事务的执行结果，即在未提交读级别，事务中的修改，即使没有提交，对其他事务也都是可见的，该隔离级别很少用于实际应用。读取未提交的数据，也被称之为脏读（Dirty Read）。该隔离级别最低，并发性能最高	这是大多数数据库系统的默认隔离级别。它满足了隔离的简单定义：一个事务只能看见已经提交事务所做的改变。换句话说，一个事务从开始直到提交之前，所做的任何修改对其他事务都是不可见的。提交读是 Oracle 数据库默认的事务隔离级别	可重复读可以确保同一个事务，在多次读取同样的数据的时候，得到同样的结果。可重复读解决了脏读的问题，不过理论上，这会导致另一个棘手的问题：幻读（Phantom Read）。MySQL 数据库中的 InnoDB 和 Falcon 存储引擎通过 MVCC（Multi-Version Concurrent Control，多版本并发控制）机制解决了该问题。需要注意的是，多版本只是解决不可重复读问题，而加上间隙锁（也就是它这里所谓的并发控制）才解决了幻读问题。可重复读是 MySQL 数据库的默认隔离级别	这是最高的隔离级别，它通过强制事务排序，强制事务串行执行，使之不可能相互冲突，从而解决幻读问题。简言之，它是在每个读的数据行上加上共享锁。在这个级别，可能导致大量的超时现象和锁竞争。实际应用中也很少用到这个隔离级别，只有在非常需要确保数据的一致性而且可以接受没有并发的情况下，才考虑用该级别。这是花费代价最高但是最可靠的事务隔离级别

（续）

隔离级别	Read Uncommitted（未提交读，读取未提交内容）	Read Committed（提交读，读取提交内容）	Repeatable Read（可重复读）	Serializable（可串行化、序列化）
脏读	允许			
不可重复读	允许	允许		
幻读	允许	允许	允许	
默认级别数据库		Oracle、SQL Server	MySQL	
并发性能	最高	比 Read Uncommitted 低	比 Read Committed 低	最低

不同的隔离级别有不同的现象，并有不同的锁和并发机制，隔离级别越高，数据库的并发性能就越差，4 种事隔离级别与并发性能的关系：

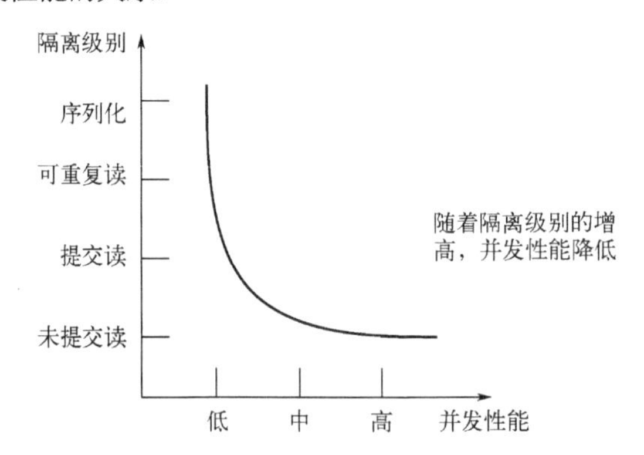

5.1.4 Oracle、MySQL 和 SQL Server 中的事务隔离级别

Oracle、MySQL 和 SQL Server 中的事务隔离级别参考下表：

	Oracle	MySQL	SQL Server
支持	Read Committed（提交读）、Serializable（可串行化）	Read Uncommitted（未提交读）、Read Committed（提交读）、Repeatable Read（可重复读）、Serializable（可串行化）	Read Uncommitted（未提交读）、Read Committed（提交读）、Repeatable Read（可重复读）、Serializable（可串行化）、Snapshot（快照）、Read Committed Snapshot（已经提交读隔离）
默认	Read Committed（提交读）	Repeatable Read（可重复读）	Read Committed（提交读）
设置语句	Oracle 可以设置的隔离级别有： SET TRANSACTION ISOLATION LEVEL READ COMMITTED; --提交读 SET TRANSACTION ISOLATION LEVEL SERIALIZABLE; --可串行化，不支持 SYS 用户 注意：Oracle 不支持脏读。SYS 用户不支持 Serializable（可串行化）隔离级别	MySQL 可以设置的隔离级别有（其中，GLOBAL 表示系统级别，SESSION 表示会话级别）： SET GLOBAL|SESSION TRANSACTION ISOLATION LEVEL READ UNCOMMITTED;--未提交读 SET GLOBAL|SESSION TRANSACTION ISOLATION LEVEL READ COMMITTED;--提交读 SET GLOBAL|SESSION TRANSACTION ISOLATION LEVEL REPEATABLE READ;--可重复读	SQL Server 可以设置的隔离级别有： SET TRANSACTION ISOLATION LEVEL READ UNCOMMITTED;--未提交读 SET TRANSACTION ISOLATION LEVEL READ COMMITTED;--提交读 SET TRANSACTION ISOLATION LEVEL REPEATABLE READ;--可重复读 SET TRANSACTION ISOLATION LEVEL SERIALIZABLE;--可串行化 ALTER DATABASE TEST SET ALLOW_SNAPSHOT_ISOLATION ON; --快照

（续）

	Oracle	MySQL	SQL Server
设置语句		SET GLOBAL|SESSION TRANSACTION ISOLATION LEVEL SERIALIZABLE;--可串行化	ALTER DATABASE TEST SET READ_COMMITTED_SNAPSHOT ON;--已经提交读隔离
查询SQL	SELECT S.SID,S.SERIAL#, CASE BITAND (T.FLAG, POWER(2, 28)) WHEN 0 THEN 'READ COMMITTED' ELSE 'SERIALIZABLE' END AS ISOLATI- ON_LEVEL FROM V$TRANSACTION T JOIN V$SESSION S ON T.ADDR = S.TADDR AND S.SID = SYS_CONTEXT('USERENV', 'SID');	MySQL 数据库查询当前会话的事务隔离级别的 SQL 语句为： SELECT @@TX_ISOLATION; MySQL 数据库查询系统的事务隔离级别的 SQL 语句为： SELECT @@GLOBAL.TX_ISOLATION; 当然，也可以同时查询： SELECT @@GLOBAL.TX_ISOLATION, @@TX_ISOLATION;	DBCC USEROPTIONS

（1）Oracle 中的事务隔离级别

Oracle 数据库支持 Read Committed（提交读）和 Serializable（可串行化）这两种事务隔离级别，提交读是 Oracle 数据库默认的事务隔离级别，Oracle 不支持脏读。SYS 用户不支持 Serializable（可串行化）隔离级别。

Oracle 可以设置的隔离级别有：

```
SET TRANSACTION ISOLATION LEVEL READ COMMITTED;  --提交读
SET TRANSACTION ISOLATION LEVEL SERIALIZABLE;  --可串行化，不支持 SYS 用户
```

Oracle 数据库查询当前会话的事务隔离级别的 SQL 语句为

```
SELECT S.SID,
       S.SERIAL#,
       CASE BITAND(T.FLAG, POWER(2, 28))
         WHEN 0 THEN 'READ COMMITTED'
         ELSE 'SERIALIZABLE'
       END AS ISOLATION_LEVEL
  FROM V$TRANSACTION T
  JOIN V$SESSION S
    ON T.ADDR = S.TADDR
   AND S.SID = SYS_CONTEXT('USERENV', 'SID');
```

Oracle 中使用如下脚本可以开始一个事务：

```
DECLARE
     TRANS_ID VARCHAR2(100);
BEGIN
     TRANS_ID := DBMS_TRANSACTION.LOCAL_TRANSACTION_ID(TRUE);
END;
```

示例如下：

```
SYS@orclasm > SET TRANSACTION ISOLATION LEVEL READ UNCOMMITTED;
SET TRANSACTION ISOLATION LEVEL READ UNCOMMITTED
                                             *
ERROR at line 1:
ORA-02179: valid options: ISOLATION LEVEL { SERIALIZABLE | READ COMMITTED }

SYS@orclasm > SET TRANSACTION ISOLATION LEVEL SERIALIZABLE;
SET TRANSACTION ISOLATION LEVEL SERIALIZABLE
```

```
*
ERROR at line 1:
ORA-08178: illegal SERIALIZABLE clause specified for user INTERNAL

SYS@orclasm > conn lhr/lhr
Connected.
LHR@orclasm > SET TRANSACTION ISOLATION LEVEL SERIALIZABLE;

Transaction set.

LHR@orclasm > SET TRANSACTION ISOLATION LEVEL READ COMMITTED;
SET TRANSACTION ISOLATION LEVEL READ COMMITTED
*
ERROR at line 1:
ORA-01453: SET TRANSACTION must be first statement of transaction

LHR@orclasm > commit;

Commit complete.

LHR@orclasm > SET TRANSACTION ISOLATION LEVEL READ COMMITTED;

Transaction set.

LHR@orclasm > conn / as sysdba
Connected.
SYS@orclasm > SET TRANSACTION ISOLATION LEVEL READ COMMITTED;

Transaction set.
```

（2）MySQL 中的事务隔离级别

MySQL 数据库支持 Read Uncommitted（未提交读）、Read Committed（提交读）、Repeatable Read（可重复读）和 Serializable（可串行化）这 4 种事务隔离级别，其中，可重复读是 MySQL 数据库的默认隔离级别。

MySQL 可以设置的隔离级别有（其中，GLOBAL 表示系统级别，SESSION 表示会话级别）：

```
SET GLOBAL|SESSION TRANSACTION ISOLATION LEVEL READ UNCOMMITTED;--未提交读
SET GLOBAL|SESSION TRANSACTION ISOLATION LEVEL READ COMMITTED;--提交读
SET GLOBAL|SESSION TRANSACTION ISOLATION LEVEL REPEATABLE READ;--可重复读
SET GLOBAL|SESSION TRANSACTION ISOLATION LEVEL SERIALIZABLE;--可串行化
```

MySQL 数据库查询当前会话的事务隔离级别的 SQL 语句为

```
SELECT @@TX_ISOLATION;
```

MySQL 数据库查询系统的事务隔离级别的 SQL 语句为

```
SELECT @@GLOBAL.TX_ISOLATION;
```

当然，也可以同时查询：

```
SELECT @@GLOBAL.TX_ISOLATION, @@TX_ISOLATION;
```

（3）SQL Server 中的事务隔离级别

SQL Server 共支持 6 种事务隔离级别，分别为 Read Uncommitted（未提交读）、Read Committed（提交读）、Repeatable Read（可重复读）、Serializable（可串行化）、Snapshot（快照）、Read Committed Snapshot（已经提交读隔离）。SQL Server 数据库默认的事务隔离级别是 Read Committed（提交读）。

获取事务隔离级别：

```
DBCC USEROPTIONS
```

SQL Server 可以设置的隔离级别有：

```
SET TRANSACTION ISOLATION LEVEL READ UNCOMMITTED;--未提交读
SET TRANSACTION ISOLATION LEVEL READ COMMITTED;--提交读
SET TRANSACTION ISOLATION LEVEL REPEATABLE READ;--可重复读
SET TRANSACTION ISOLATION LEVEL SERIALIZABLE;--可串行化
ALTER DATABASE TEST SET ALLOW_SNAPSHOT_ISOLATION ON; --快照
ALTER DATABASE TEST SET READ_COMMITTED_SNAPSHOT ON;--已经提交读隔离
```

5.1.5 什么是范式?

当设计关系型数据库时，需要遵从不同的规范要求，设计出合理的关系型数据库，这些不同的规范要求被称为不同的范式（Normal Form），越高的范式数据库冗余越小。应用数据库范式可以带来许多好处，但是最主要的目的是为了消除重复数据，减少数据冗余，让数据库内的数据更好地组织，让磁盘空间得到更有效地利用。范式的缺点：范式使查询变得相当复杂，在查询时需要更多的连接，一些复合索引的列由于范式化的需要被分割到不同的表中，导致索引策略不佳。

5.1.6 什么是第一、二、三、BC 范式?

所谓“第几范式”，是表示关系的某一种级别，所以经常称某一关系 R 为第几范式。目前关系型数据库有六种范式：第一范式（1NF）、第二范式（2NF）、第三范式（3NF）、巴斯-科德范式（BCNF）、第四范式（4NF）和第五范式（5NF，又称完美范式）。满足最低要求的范式是第一范式（1NF）。在第一范式的基础上进一步满足更多规范要求的称为第二范式（2NF），其余范式以此类推。一般说来，数据库只需满足第三范式（3NF）就行了。满足高等级的范式的先决条件是必须先满足低等级范式。

在关系数据库中，关系是通过表来表示的。在一个表中，每一行代表一个联系，而一个关系就是由许多的联系组成的集合。所以，在关系模型中，关系用来指代表，而元组用来指代行，属性就是表中的列。对于每一个属性，都存在一个允许取值的集合，称为该属性的域。

下表介绍范式中会用到的一些常用概念。

概念		简介
表	实体（Entity）	就是实际应用中要用数据描述的事物，它是现实世界中客观存在并可以被区别的事物，一般是名词。例如“一个学生”“一本书”“一门课”等。需要注意的是，这里所说的“事物”不仅是看得见摸得着的“东西”，它也可以是虚拟的，例如说“老师与学校的关系”
	数据项（Data Item）	即字段（Fields）也可称为域、属性、列。数据项是数据的不可分割的最小单位。数据项可以是字母、数字或两者的组合。通过数据类型（逻辑的、数值的、字符的等）及数据长度来描述。数据项用来描述实体的某种属性。数据项包含数据项的名称、编号、别名、简述、数据项的长度、类型、数据项的取值范围等内容。教科书上解释为：“实体所具有的某一特性”，由此可见，属性一开始是个逻辑概念，例如说，“性别”是“人”的一个属性。在关系数据库中，属性又是个物理概念，属性可以看作是“表的一列”
	数据元素（Data Element）	数据元素是数据的基本单位。数据元素也称元素、行、元组、记录（Record）。一个数据元素可以由若干个数据项组成。表中的一行就是一个元组
码	码	也称为键（Key），它是数据库系统中的基本概念。所谓码就是能唯一标识实体的属性，它是整个实体集的性质，而不是单个实体的性质，包括超码、候选码、主码和全码
	超码	超码是一个或多个属性的集合，这些属性的组合可以在一个实体集中唯一地标识一个实体。如果 K 是一个超码，那么 K 的任意超集也是超码，也就是说如果 K 是超码，那么所有包含 K 的集合也是超码
	候选码	在一个超码中，可能包含了无关紧要的属性，如果对于一些超码，它们的任意真子集都不能成为超码，那么这样的最小超码称为候选码
	主码	从候选码中挑一个最少键的组合，它就叫主码（主键，Primary Key）。每个主码应该具有下列特征：1.唯一的。2.最小的（尽量选择最少键的组合）。3.非空。4.不可更新的（不能随时更改）
	全码	如果一个码包含了所有的属性，这个码就是全码（All-key）
	外码	关系模式 R 中的一个属性或属性组 X 并非 R 的码，但 X 是另一个关系模式的码，则称 X 是 R 的外码，也称外键（Foreign Key）。例如，在 SC（Sno，Cno，Grade）中，Sno 不是码，但 Sno 是关系模式 S（Sno，Sdept，Sage）的码，则 Sno 是关系模式 SC 的外码。主码与外码一起提供了表示关系间联系的手段

（续）

概念		简介
主属性		一个属性只要在任何一个候选码中出现过，这个属性就是主属性（Prime Attribute）
非主属性		与主属性相反，没有在任何候选码中出现过，这个属性就是非主属性（Nonprime Attribute）或非码属性（Non-key Attribute）
依赖表（Dependent Table）		也称为弱实体（Weak Entity）是需要用父表标识的子表
关联表（Associative Table）		是多对多关系中两个父表的子表
函数依赖	函数依赖	函数依赖是指关系中一个或一组属性的值可以决定其他属性的值。函数依赖就像一个函数 y=f(x)一样，x 的值给定后，y 的值也就唯一地确定了，写作 X→Y。函数依赖不是指关系模式 R 的某个或某些关系满足的约束条件，而是指 R 的一切关系均要满足的约束条件
	完全函数依赖	在一个关系中，若某个非主属性数据项依赖于全部关键字称之为完全函数依赖。例如，在成绩表（学号，课程号，成绩）关系中，（学号，课程号）可以决定成绩，但是学号不能决定成绩，课程号也不能决定成绩，所以“（学号，课程号）→成绩”就是完全函数依赖
	传递函数依赖	指的是如果存在“A→B→C”的决定关系，则 C 传递函数依赖于 A

下表列出了各种范式：

范式	特征	详解	举例
第一范式（1NF）	每一个属性不可再分	所谓第一范式（1NF）是指在关系模型中，对域添加的一个规范要求，所有的域都应该是原子性的，即数据库表的每一列都是不可分割的原子数据项，而不能是集合、数组、记录等非原子数据项。即当实体中的某个属性有多个值时，必须将其拆分为不同的属性。在符合第一范式（1NF）表中的每个域值只能是实体的一个属性或一个属性的一部分。简而言之，第一范式就是无重复的域。需要注意的是，在任何一个关系型数据库中，第一范式（1NF）是对关系模式的设计基本要求，一般设计时都必须满足第一范式（1NF）。不过有些关系模型中突破了 1NF 的限制，这种称为非 1NF 的关系模型。换句话说，是否必须满足 1NF 的最低要求，主要依赖于所使用的关系模型。不满足 1NF 的数据库就不是关系数据库。满足 1NF 的表必须要有主键且每个属性不可再分	由“职工号”“姓名”“电话号码”组成的职工表，由于一个人可能有一个办公电话和一个移动电话，所以，这时可以将其规范化为 1NF。将电话号码分为“办公电话”和“移动电话”两个属性，即职工表（职工号，姓名，办公电话，移动电话）
第二范式（2NF）	符合 1NF，并且非主属性完全依赖于码	在 1NF 的基础上，每一个非主属性必须完全依赖于码（在 1NF 基础上，消除非主属性对主键的部分函数依赖）。 第二范式（2NF）是在第一范式（1NF）的基础上建立起来的，即满足第二范式（2NF）必须先满足第一范式（1NF）。第二范式（2NF）要求数据库表中的每个实例或记录必须可以被唯一地区分。选取一个能区分每个实体的属性或属性组，作为实体的唯一标识。 第二范式（2NF）要求实体的属性完全依赖于主关键字。所谓完全依赖是指不能存在仅依赖主关键字一部分的属性，如果存在，那么这个属性和主关键字的这一部分应该分离出来形成一个新的实体，新实体与原实体之间是一对多的关系。为实现区分通常需要为表加上一个列，以存储各个实例的唯一标识。简而言之，第二范式就是在第一范式的基础上属性完全依赖于主键。 所有单关键字的数据库表都符合第二范式，因为不可能存在组合关键字	在选课关系表（学号，课程号，成绩，学分）中，码为组合关键字（学号，课程号）。但是，由于非主属性学分仅仅依赖于课程号，对关键字（学号，课程号）只是部分依赖，而不是完全依赖，所以，此种方式会导致数据冗余、更新异常、插入异常和删除异常等问题，其设计不符合 2NF。解决办法是将其分为两个关系模式：学生表（学号，课程号，分数）和课程表（课程号，学分），新关系通过学生表中的外键字课程号联系，在需要时通过两个表的连接来取出数据
第三范式（3NF）	符合 1NF，并且每个非主属性既不部分依赖于码也不传递依赖于码（在 2NF 基础上消除传递依赖）	如果关系模式 R 是第二范式，且每个非主属性都不传递依赖于 R 的码，则称 R 是第三范式的模式。第三范式（3NF）是第二范式（2NF）的一个子集，即满足第三范式（3NF）必须满足第二范式（2NF）。满足第三范式的数据库表应该不存在如下依赖关系： 关键字段→非关键字段 x→非关键字段 y 假定学生关系表为（学号，姓名，年龄，所在学院，学院地点，学院电话），关键字为单一关键字“学号”，因为存在如下决定关系： （学号）→（姓名，年龄，所在学院，学院地点，学院电话） 这个关系是符合 2NF 的，但是不符合 3NF，因为存在如下决定关系： （学号）→（所在学院）→（学院地点，学院电话）	学生表（学号，姓名，课程号，成绩），其中学生姓名若无重名，所以，该表有两个候选码（学号，课程号）和（姓名，课程号），则存在函数依赖：学号→姓名，（学号，课程号）→成绩，（姓名，课程号）→成绩，唯一的非主属性成绩对码不存在部分依赖，也不存在传递依赖，所以，属于第三范式

（续）

范式	特征	详解	举例
第三范式（3NF）		即存在非关键字段“学院地点”“学院电话”对关键字段“学号”的传递函数依赖。它也会存在数据冗余、更新异常、插入异常和删除异常的情况。把学生关系表分为如下两个表： 学生：（学号，姓名，年龄，所在学院）； 学院：（学院，地点，电话）。 这样的数据库表是符合第三范式的，消除了数据冗余、更新异常、插入异常和删除异常	
BCNF（Boyce-Codd Normal Form）	在 1NF 基础上，任何非主属性不能对主键子集依赖（在 3NF 基础上消除对主键子集的依赖）	若关系模式 R 是第一范式，且每个属性（包括主属性）既不存在部分函数依赖也不存在传递函数依赖于 R 的候选键，这种关系模式就是 BCNF 模式。即在第三范式的基础上，数据库表中如果不存在任何字段对任一候选关键字段的传递函数依赖则符合 BCNF。BCNF 是修正的第三范式，有时也称扩充的第三范式。 BCNF 是第三范式（3NF）的一个子集，即满足 BCNF 必须满足第三范式（3NF）。通常情况下，BCNF 被认为没有新的设计规范加入，只是对第二范式与第三范式中设计规范要求更强，因而被认为是修正第三范式，也就是说，它事实上是对第三范式的修正，使数据库冗余度更小。这也是 BCNF 不被称为第四范式的原因。 对于 BCNF，在主键的任何一个真子集都不能决定于主属性。关系中 U 主键，若 U 中的任何一个真子集 X 都不能决定于主属性 Y，则该设计规范属性 BCNF。例如：在关系 R 中，U 为主键，A 属性是主键中的一个属性，若存在 A->Y，Y 为主属性，则该关系不属于 BCNF	假设仓库管理关系表（仓库号，存储物品号，管理员号，数量），满足一个管理员只在一个仓库工作；一个仓库可以存储多种物品。则存在如下关系： （仓库号，存储物品号）→（管理员号，数量） （管理员号，存储物品号）→（仓库号，数量） 所以（仓库号，存储物品号）和（管理员号，存储物品号)都是仓库管理关系表的候选码，表中的唯一非关键字段为数量，它是符合第三范式的。但是，由于存在如下决定关系： （仓库号）→（管理员号） （管理员号)→（仓库号） 即存在关键字段决定关键字段的情况，所以其不符合 BCNF 范式。把仓库管理关系表分解为二个关系表：仓库管理表（仓库号，管理员号）和仓库表（仓库号，存储物品号，数量），这样的数据库表是符合 BCNF 范式的，消除了删除异常、插入异常和更新异常

四种范式之间存在如下关系：

$$\text{BCNF} \subseteq \text{3NF} \subseteq \text{2NF} \subseteq \text{1NF}$$

学习了范式，为了巩固理解，接下来设计一个论坛的数据库，该数据库中需要存放如下信息：

① 用户：用户名，EMAIL，主页，电话，联系地址。

② 帖子：发帖标题，发帖内容，回复标题，回复内容。

第一次可以将数据库设计为仅仅存在一张表：

用户名 EMAIL 主页 电话 联系地址 发帖标题 发帖内容 回复标题 回复内容

这个数据库表符合第一范式，但是没有任何一组候选关键字能决定数据库表的整行，唯一的关键字段用户名也不能完全决定整个元组。所以，需要增加“发帖 ID”、“回复 ID”字段，即将表修改为

用户名 EMAIL 主页 电话 联系地址 发帖 ID 发帖标题 发帖内容 回复 ID 回复标题 回复内容

这样数据表中的关键字（用户名，发帖 ID，回复 ID）能决定整行：

（用户名，发帖 ID，回复 ID）→（EMAIL，主页，电话，联系地址，发帖标题，发帖内容，回复标题，回复内容）

但是，这样的设计不符合第二范式，因为存在如下决定关系：

（用户名）→（EMAIL，主页，电话，联系地址）

（发帖 ID）→（发帖标题，发帖内容）

（回复 ID）→（回复标题，回复内容）

即非关键字段部分函数依赖于候选关键字段，很明显，这个设计会导致大量的数据冗余和操作异常。

因此，需要对这张表进行分解，具体可以分解为（带下划线的为关键字）：

① 用户信息：用户名，EMAIL，主页，电话，联系地址。

② 帖子信息：发帖 ID，标题，内容。

③ 回复信息：回复 ID，标题，内容。

④ 发贴：用户名，发帖 ID。

⑤ 回复：发帖 ID，回复 ID。

这样的设计是满足第 1、2、3 范式和 BCNF 范式要求的，但是这样的设计是不是最好的呢？不一定。

观察可知，第 4 项“发帖”中的“用户名”和“发帖 ID”之间是 1:N 的关系，因此，可以把“发帖”合并到第 2 项的“帖子信息”中；第 5 项“回复”中的“发帖 ID”和“回复 ID”之间也是 1:N 的关系，因此，可以把“回复”合并到第 3 项的“回复信息”中。这样可以一定程度地减少数据冗余，新的设计如下所示：

① 用户信息：用户名，EMAIL，主页，电话，联系地址。

② 帖子信息：用户名，发帖 ID，标题，内容。

③ 回复信息：发帖 ID，回复 ID，标题，内容。

数据库表 1 显然满足所有范式的要求。

数据库表 2 中存在非关键字段“标题”、“内容”对关键字段“发帖 ID”的部分函数依赖，满足第二范式的要求，但是这一设计并不会导致数据冗余和操作异常。

数据库表 3 中也存在非关键字段“标题”“内容”对关键字段“回复 ID”的部分函数依赖，也不满足第二范式的要求，但是与数据库表 2 相似，这一设计也不会导致数据冗余和操作异常。

由此可以看出，并不一定要强行满足范式的要求，对于 1:N 关系，当 1 的一边合并到 N 的那边后，N 的那边就不再满足第二范式了，但是这种设计反而比较好。

对于 M:N 的关系，不能将 M 一边或 N 一边合并到另一边去，这样会导致不符合范式要求，同时导致操作异常和数据冗余。

对于 1:1 的关系，可以将左边的 1 或者右边的 1 合并到另一边去，设计导致不符合范式要求，但是并不会导致操作异常和数据冗余。

所以，满足范式要求的数据库设计是结构清晰的，同时可避免数据冗余和操作异常。这并意味着不符合范式要求的设计一定是错误的，在数据库表中存在 1:1 或 1:N 关系这种较特殊的情况下，合并导致的不符合范式要求反而是合理的。

所以，在数据库设计的时候，一定要时刻考虑范式的要求。

【真题 335】下列关于关系模型的术语中，所表达的概念与二维表中的“行”的概念最接近的术语是（　　）

A．属性　　B．关系　　C．域　　D．元组

答案：D。

二维表中的“行”即关系模型中的“元组”，二维表中的“列”即关系模型中的“属性”。

本题中，对于选项 A，属性作为表中的列的概念。所以，选项 A 错误。

对于选项 B，关系代表的是表和表之间的联系。所以，选项 B 错误。

对于选项 C，域和选项 A 中的属性是一致的。所以，选项 C 错误。

对于选项 D，二维表中的“行”即关系模型中的“元组”。所以，选项 D 正确。

所以，本题的答案为 D。

【真题 336】在一个关系 R 中，如果每个数据项都是不可再分割的，那么 R 一定属于（　　）

A．第一范式　　B．第二范式　　C．第三范式　　D．第四范式

答案：A。

例如，帖子表中只能出现发帖人的 ID，不能同时出现发帖人的 ID 与发帖人的姓名，否则，只要出

现同一发帖人 ID 的所有记录，它们中的姓名部分都必须严格保持一致，这就是数据冗余。

本题中，在一个关系 R 中，若每个数据项都是不可再分割的，那么根据前面的解析应该属于第一范式，所以，选项 A 正确。

所以，本题的答案为 A。

【真题 337】一个关系模式为 Y（X1，X2，X3，X4），假定该关系存在着如下函数依赖：（X1，X2）→X3，X2→X4，则该关系属于（　　）

A．第一范式　　B．第二范式　　C．第三范式　　D．第四范式

答案：A。

对于本题而言，这个关系模式的候选键为{X1，X2}，因为 X2→X4，说明有非主属性 X4 部分依赖于候选键{X1，X2}，所以，这个关系模式不为第二范式。

所以，本题的答案为 A。

【真题 338】如果关系模式 R 所有属性的值域中每一个值都不可再分解，并且 R 中每一个非主属性完全函数依赖于 R 的某个候选键，那么 R 属于（　　）

A．第一范式（1NF）　　B．第二范式（2NF）

C．第三范式（3NF）　　D．BCNF 范式

答案：B。

如果关系 R 中所有属性的值域都是单纯域，那么关系模式 R 是第一范式。符合第一范式的特点就有：①有主关键字；②主键不能为空；③主键不能重复；④字段不可以再分。如果关系模式 R 是第一范式的，而且关系中每一个非主属性不部分依赖于主键，那么称关系模式 R 是第二范式的。很显然，本题中的关系模式 R 满足第二范式的定义。所以，选项 B 正确。

【真题 339】设有关系模式 R（职工名，项目名，工资，部门名，部门经理）

如果规定，每个职工可参加多个项目，各领一份工资；每个项目只属于一个部门管理；每个部门只有一个经理。

① 试写出关系模式 R 的基本函数依赖和主码。

② 说明 R 不是 2NF 模式的理由，并把 R 分解成 2NF。

③ 进而将 R 分解成 3NF，并说明理由。

答案：①根据题意，可知有如下的函数依赖关系：

（职工名，项目名）→工资

项目名→部门名

部门名→部门经理

所以，主键为（职工名，项目名）。

② 根据（1），由于部门名、部门经理只是部分依赖于主键，所以该关系模式不是 2NF。应该做如下分解：

R1（项目名，部门名，部门经理）

R2（职工名，项目名，工资）

以上两个关系模式都是 2NF 模式

③ R2 已经是 3NF，但 R1 不是，因为部门经理传递依赖于项目名，故应该做如下分解：

R11（项目名，部门名）

R12（部门名，部门经理）

分解后形成的三个关系模式 R11、R12、R2 均是 3NF 模式。

5.1.7　什么是反范式?

数据库设计要严格遵守范式，这样设计出来的数据库，虽然思路很清晰，结构也很合理，但是有时候却要在一定程度上打破范式设计。因为范式越高，设计出来的表可能越多，关系可能越复杂，但是性

能却不一定会很好，因为表一多，就增加了关联性。特别是在高可用的 OLTP 数据库中，这一点表现得很明显，所以就引入了反范式。

不满足范式的模型，就是反范式模型。反范式跟范式所要求的正好相反，在反范式的设计模式中，可以允许适当的数据冗余，用这个冗余可以缩短查询获取数据的时间。反范式其本质上就是用空间来换取时间，把数据冗余在多个表中，当查询时就可以减少或者避免表之间的关联。反范式技术也可以称为反规范化技术。

反范式的优点：减少了数据库查询时表之间的连接次数，可以更好地利用索引进行筛选和排序，从而减少了 I/O 数据量，提高了查询效率。

反范式的缺点：数据存在重复和冗余，存在部分空间浪费。另外，为了保持数据的一致性，则必须维护这部分冗余数据，因此增加了维护的复杂性。所以，在进行范式设计时，要在数据一致性与查询之间找到平衡点，因为符合业务场景的设计才是好的设计。

在 RDBMS 模型设计过程中，常常使用范式来约束模型，但在 NoSQL 模型中则大量采用反范式。常见的数据库反范式技术包括：

- 增加冗余列：在多个表中保留相同的列，以减少表连接的次数。冗余法以空间换取时间，把数据冗余在多个表中，当查询时可以减少或者是避免表之间的关联。
- 增加派生列：表中增加可以由本表或其他表中数据计算生成的列，减少查询时的连接操作并避免计算或使用集合函数。
- 表水平分割：根据一列或多列的值将数据放到多个独立的表中，主要用于表的规模很大、表中数据相对独立或数据需要存方到多个介质的情况。
- 表垂直分割：对表按列进行分割，将主键和一部分列放到一个表中，主键与其他列放到另一个表中，在查询时减少 I/O 次数。

举例，有学生表与课程表，假定课程表要经常被查询，而且在查询中要显示学生的姓名，则查询语句为

```
SELECT CODE,NAME,SUBJECT FROM COURSE C,STUDENT S WHERE S.ID=C.CODE WHERE CODE=?
```

如果这个语句被大范围、高频率执行，那么可能会因为表关联造成一定程度的影响，现在，假定评估到学生改名的需求是非常少的，那么，就可以把学生姓名冗余到课程表中。注意：这里并没有省略学生表，只不过是把学生姓名冗余在了课程表中，如果万一有很少的改名需求，只要保证在课程表中改名正确即可。

那么，修改以后的语句可以简化为

```
SELECT CODE,NAME,SUBJECT FROM COURSE C WHERE CODE=?
```

范式和反范式的对例如下表所示：

模型	优点	缺点
范式化模型	数据没有冗余，更新容易	当表的数量比较多，查询设计需要很多关联模型（Join）时，会导致查询性能低下
反范式化模型	数据冗余将带来很好的读取性能（因为不需要 Join 很多表，而且通常反范式模型很少做更新操作）	需要维护冗余数据，从目前 NoSQL 的发展可以看到，对磁盘空间的消耗是可以接受的

5.1.8 索引的使用原则有哪些？

① 在大表上建立索引才有意义。

② 在 WHERE 子句或是连接条件经常引用的列上建立索引。

③ 索引的层次不要超过 4 层。

④ 如果某属性常作为最大值和最小值等聚集函数的参数，那么考虑为该属性建立索引。

⑤ 表的主键、外键必须有索引。

⑥ 创建了主键和唯一约束后会自动创建唯一索引。

⑦ 经常与其他表进行连接的表，在连接字段上应该建立索引。

⑧ 经常出现在 WHERE 子句中的字段，特别是大表的字段，应该建立索引。

⑨ 要索引的列经常被查询，并只返回表中的行的总数的一小部分。

⑩ 对于那些查询中很少涉及的列、重复值比较多的列尽量不要建立索引。

⑪ 经常出现在关键字 ORDER BY、GROUP BY、DISTINCT 后面的字段，最好建立索引。

⑫ 索引应该建在选择性高的字段上。

⑬ 索引应该建在小字段上，对于大的文本字段甚至超长字段，不适合建索引。对于定义为 CLOB、TEXT、IMAGE 和 BIT 的数据类型的列不适合建立索引。

⑭ 复合索引的建立需要进行仔细分析。正确选择复合索引中的前导列字段，一般是选择性较好的字段。

⑮ 如果单字段查询很少甚至没有，那么可以建立复合索引；否则考虑单字段索引。

⑯ 如果复合索引中包含的字段经常单独出现在 WHERE 子句中，那么分解为多个单字段索引。

⑰ 如果复合索引所包含的字段超过 3 个，那么仔细考虑其必要性，考虑减少复合的字段。

⑱ 如果既有单字段索引，又有这几个字段上的复合索引，那么一般可以删除复合索引。

⑲ 频繁进行 DML 操作的表，不要建立太多的索引。

⑳ 删除无用的索引，避免对执行计划造成负面影响。

“水可载舟，亦可覆舟”，索引也一样。索引有助于提高检索性能，但过多或不当的索引也会导致系统低效。

5.1.9　什么是存储过程？它有什么优点？

存储过程是用户定义的一系列 SQL 语句的集合，涉及特定表或其他对象的任务，用户可以调用存储过程，而函数通常是数据库已定义的方法，它接收参数并返回某种类型的值并且不涉及特定用户表。

存储过程用于执行特定的操作，可以接受输入参数、输出参数、返回单个或多个结果集。在创建存储过程时，既可以指定输入参数（IN），也可以指定输出参数（OUT），通过在存储过程中使用输入参数，可以将数据传递到执行部分；通过使用输出参数，可以将执行结果传递到应用环境。存储过程可以使对数据库的管理、显示数据库及其用户信息的工作更加容易。

存储过程存储在数据库内，可由应用程序调用执行。存储过程允许用户声明变量并且可包含程序流、逻辑以及对数据库的查询。

具体而言，存储过程的优点如下所示：

① 存储过程增强了 SQL 语言的功能和灵活性。存储过程可以用流控制语句编写，有很强的灵活性，可以完成复杂的判断和运算。

② 存储过程可保证数据的安全性。通过存储过程可以使没有权限的用户在权限控制之下间接地存取数据库中的数据，从而保证数据的安全。

③ 通过存储过程可以使相关的动作在一起发生，从而维护数据库的完整性。

④ 在运行存储过程前，数据库已对其进行了语法和句法分析，并给出了优化执行方案。这种已经编译好的过程可极大地改善 SQL 语句的性能。由于执行 SQL 语句的大部分工作已经完成，所以，存储过程能以极快的速度执行。

⑤ 可以降低网络的通信量，因为不需要通过网络来传送很多 SQL 语句到数据库服务器。

⑥ 把体现企业规则的运算程序放入数据库服务器中，以便集中控制。当企业规则发生变化时，在数据库中改变存储过程即可，无须修改任何应用程序。企业规则的特点是要经常变化，如果把体现企业规则的运算程序放入应用程序中，那么当企业规则发生变化时，就需要修改应用程序，工作量非常之大

（修改、发行和安装应用程序）。如果把体现企业规则的运算放入存储过程中，那么当企业规则发生变化时，只要修改存储过程就可以了，应用程序无须任何变化。

5.1.10 存储过程和函数的区别是什么?

存储过程和函数都是存储在数据库中的程序，可由用户直接或间接调用，它们都可以有输出参数，都是由一系列的 SQL 语句组成。

具体而言，存储过程和函数的不同点如下所示：

① 标识符不同。函数的标识符为 FUNCTION，存储过程为 PROCEDURE。

② 函数必须有返回值，且只能返回一个值，而存储过程可以有多个返回值。

③ 存储过程无返回值类型，不能将结果直接赋值给变量；函数有返回值类型，在调用函数时，除了用在 SELECT 语句中，在其他情况下必须将函数的返回值赋给一个变量。

④ 函数可以在 SELECT 语句中直接使用，而存储过程不能，例如：假设已有函数 FUN_GETAVG() 返回 NUMBER 类型绝对值。那么，SQL 语句“SELECT FUN_GETAVG (COL_A) FROM TABLE”是合法的。

存储过程和函数都可以有输出参数，都是由一系列的 SQL 语句组成。

5.1.11 触发器的作用、优缺点有哪些?

触发器（TRIGGER）是数据库提供给程序员和 DBA 用来保证数据完整性的一种方法，它是与表事件相关的特殊的存储过程，是用户定义在表上的一类由事件驱动的特殊过程。触发器的执行不是由程序调用，也不是由手工启动，而是由事件来触发的，其中，事件是指用户对表的增（INSERT）、删（DELETE）、改（即更新 UPDATE）等操作。触发器经常被用于加强数据的完整性约束和业务规则等。

触发器与存储过程的区别在于：存储过程是由用户或应用程序显式调用的，而触发器是不能被直接调用的，而是由一个事件来触发运行，即触发器是当某个事件发生时自动地隐式运行。

具体而言，触发器有如下作用：

① 可维护数据库的安全性、一致性和完整性。

② 可在写入数据表前，强制检验或转换数据。

③ 当触发器发生错误时，异常的结果会被撤销。

④ 部分数据库管理系统可以针对数据定义语言（DDL）使用触发器，称为 DDL 触发器，还可以针对视图定义替代触发器（INSTEAD OF）。

触发器的优点：触发器可通过数据库中的相关表实现级联更改。从约束的角度而言，触发器可以定义比 CHECK 更为复杂的约束。与 CHECK 约束不同的是，触发器可以引用其他表中的列。例如，触发器可以使用另一个表中的数据来比较更新的数据，以及执行其他操作，如修改数据或显示用户定义错误信息。触发器也可以评估数据修改前后的表的状态，并根据其差异采取对策。一个表中的多个同类触发器（INSERT、UPDATE 或 DELETE）允许采取多个不同的对策以响应同一个修改语句。

当然，虽然触发器功能强大，可以轻松可靠地实现许多复杂的功能，但是它也具有一些缺点，滥用会造成数据库及应用程序的维护困难。在数据库操作中，可以通过关系、触发器、存储过程及应用程序等来实现数据操作。同时，规则、约束、缺省值也是保证数据完整性的重要保障。如果对触发器过分地依赖，那么势必会影响数据库的结构，同时增加了维护的复杂性。

对于触发器，需要特别注意以下几点内容：

① 触发器在数据库里以独立的对象存储。

② 存储过程通过其他程序来启动运行或直接启动运行，而触发器是由一个事件来启动运行。即触发器是当某个事件发生时自动地隐式运行。

③ 触发器被事件触发。运行触发器称为触发或点火（FIRING），用户不能直接调用触发器。

④ 触发器不能接收参数。

5.1.12 什么是视图？视图的作用是什么？

视图是由从数据库的基本表中选取出来的数据组成的逻辑窗口，它不同于基本表，它是一个虚拟表，其内容由查询定义。在数据库中，存放的只是视图的定义而已，而不存放数据，这些数据仍然存放在原来的基本表结构中。只有在使用视图的时候，才会执行视图的定义，从基本表中查询数据。

同真实的表一样，视图包含一系列带有名称的列和行数据。但是，视图并不在数据库中以存储的数据值集形式存在。行和列数据来自由定义视图的查询所引用的表，并且在引用视图时动态生成。对其中所引用的基础表而言，视图的作用类似于筛选。定义视图可以来自当前或其他数据库的一个或多个表，或者其他视图。分布式查询也可用于定义使用多个异类源数据的视图。如果有几台不同的服务器分别存储不同地区的数据，那么当需要将这些服务器上相似结构的数据组合起来的时候，这种方式就非常有用。

通过视图进行查询没有任何限制，用户可以将注意力集中在其关心的数据上，而非全部数据，这样就大大提高了运行效率与用户满意度。如果数据来源于多个基本表结构，或者数据不仅来自于基本表结构，还有一部分数据来源于其他视图，并且搜索条件又比较复杂，需要编写的查询语句就会比较烦琐，此时定义视图就可以使数据的查询语句变得简单可行。定义视图可以将表与表之间的复杂的操作连接和搜索条件对用户不可见，用户只需要简单地对一个视图进行查询即可，所以，视图虽然增加了数据的安全性，但是不能提高查询的效率。

视图看上去非常像数据库的物理表，对它的操作同任何其他的表一样。当通过视图修改数据时，实际上是在改变基表（即视图定义中涉及的表）中的数据；相反地，基表数据的改变也会自动反映在由基表产生的视图中。由于逻辑上的原因，有些 Oracle 视图可以修改对应的基表，有些则不能（仅仅能查询）。

数据库视图的作用有以下几点：

① 隐藏了数据的复杂性，可以作为外模式，提供了一定程度的逻辑独立性。

② 有利于控制用户对表中某些列或某些机密数据的访问，提高了数据的安全性。

③ 能够简化结构，执行复杂查询操作。

④ 使用户能以多种角度、更灵活地观察和共享同一数据。

5.1.13 什么是 SQL 注入？

所谓 SQL 注入（SQL Injection），就是通过把 SQL 命令插入到 WEB 表单提交或输入域名或页面请求的查询字符串，最终达到欺骗服务器执行恶意的 SQL 命令的目的。例如，在代码中使用下面的 SQL 语句：SQL="SELECT TOP 1 * FROM USER WHERE NAME='"+NAME+"'AND PASSWORD='"+PASSWORD+"'"来验证用户名和密码是否正确，其中，NAME 和 PASSWORD 是用户输入的内容，当用户输入用户名为 AA，密码为“BB 或'A'='A'”，那么拼接出来的 SQL 语句就为“SELECT TOP 1 * FROM USER WHERE NAME='AA' AND PASSWORD='BB' OR 'A'='A'”，那么只要 USER 表中有数据，这条 SQL 语句就会有返回结果。这就达到了 SQL 注入的目的。

作为 DBA，永远不要信任用户的输入，相反，必须认定用户输入的数据永远都是不安全的，对用户输入的数据必须都进行过滤处理。

为了防止 SQL 注入，需要注意以下几个要点：

① 永远不要信任用户的输入。可以通过正则表达式或限制长度的方式对用户的输入进行校验；对单引号进行转换等。

② 永远不要使用动态拼装 SQL，可以使用参数化的 SQL 或者直接使用存储过程进行数据查询、存取。

③ 永远不要使用管理员权限的数据库连接，建议为每个应用赋予单独的权限。

④ 不要把机密信息直接存放，建议对密码或敏感信息进行加密或 Hash 处理。

⑤ 应用的异常信息应该给出尽可能少的提示，最好使用自定义的错误信息对原始错误信息进行包装。

⑥ SQL 注入的检测一般采取辅助软件或借助网站平台，软件一般采用 SQL 注入检测工具 JSKY，网站平台就有亿思网站安全平台检测工具：MDCSOFT SCAN 等。采用 MDCSOFT-IPS 可以有效地防御 SQL 注入、XSS（Cross Site Scripting，跨站脚本攻击，为了不和层叠样式表（Cascading Style Sheets，CSS）的缩写混淆，故将跨站脚本攻击缩写为 XSS）攻击等。

5.1.14 什么是 MVCC?

在介绍 MVCC 概念之前，可以先来设想一下数据库系统里的一个问题：在多用户的系统里，假设有多个用户同时读写数据库里的一行记录，那么怎么保证数据的一致性呢？一个基本的解决方法是对这一行记录加上一把锁，将不同用户对同一行记录的读写操作完全串行化执行，由于同一时刻只有一个用户在操作，因此一致性不存在问题。但是，它存在明显的性能问题：读会阻塞写，写也会阻塞读，整个数据库系统的并发性能将大打折扣。

MVCC（Multi-Version Concurrent Control，多版本并发控制）广泛使用于数据库系统。MVCC 的目标是在保证数据一致性的前提下，提供一种高并发的访问性能。在 MVCC 协议中，每个用户在连接数据库时看到的是一个具有一致性状态的镜像，每个事务在提交到数据库之前对其他用户均是不可见的。当事务需要更新数据时，不会直接覆盖以前的数据，而是生成一个新的版本的数据，因此一条数据会有多个版本存储，但是同一时刻只有最新的版本号是有效的。因此，读的时候就可以保证总是以当前时刻的版本的数据可以被读到，不论这条数据后来是否被修改或删除。

可以将 MVCC 看成行级锁的一种妥协，它在许多情况下避免了使用锁，同时可以提供更小的开销。根据实现的不同，它可以允许非阻塞读，在写操作进行时，只锁定需要的记录。MVCC 会保存某个时间点上的数据快照，这意味着事务可以看到一个一致的数据视图，而不管它们需要运行多久。这同时也意味着不同的事务在同一个时间点看到的同一个表的数据可能是不同的。

使用 MVCC 多版本并发控制比锁定模型的主要优点是，在 MVCC 里，对检索（读）数据的锁要求与写数据的锁要求不冲突，所以，读不会阻塞写，而写也从不阻塞读。在数据库里也有表和行级别的锁定机制，用于给那些无法轻松接受 MVCC 行为的应用。不过，恰当地使用 MVCC 总会提供比锁更好的性能。

大多数的 MySQL 事务型存储引擎，例如 InnoDB、Falcon 以及 PBXT 都不使用简单的行锁机制，它们都和 MVCC 机制来一起使用。MVCC 不只使用在 MySQL 中，Oracle、PostgreSQL，以及其他一些数据库系统也同样使用它。

5.1.15 锁的作用有哪些?

锁（Lock）机制用于管理对共享资源的并发访问，用于多用户的环境下，可以保证数据库的完整性和一致性。以商场的试衣间为例，每个试衣间都可供多个消费者使用，因此，可能出现多个消费者同时需要使用试衣间试衣服。为了避免冲突，试衣间装了锁，某一个试衣服的人在试衣间里把锁锁住了，其他顾客就不能再从外面打开了，只能等待里面的顾客试完衣服，从里面把锁打开，外面的人才能进去。

当多个用户并发地存取数据时，在数据库中就会产生多个事务同时存取同一数据的情况。若对并发操作不加控制，则就有可能会读取和存储到不正确的数据，破坏数据库的完整性和一致性。当事务在对某个数据对象进行操作前，先向系统发出请求，对其加锁。加锁后事务就对该数据对象有了一定的控制。

5.1.16 更新丢失指的是什么?

更新丢失是指多个用户通过应用程序访问数据库时，由于查询数据并返回到页面和用户修改完毕点击保存按钮将修改后的结果保存到数据库这个时间段（即修改数据在页面上停留的时间）在不同用户之间可能存在偏差，从而最先查询数据并且最后提交数据的用户会把其他用户所作的修改覆盖掉。当两个或多个事务选择同一行数据，然后基于最初选定的值更新该行时，会发生丢失更新问题。每个事务都不知道其他事务的存在。最后的更新将重写由其他事务所做的更新，这将导致数据丢失。

简单来说，更新丢失就是两个事务都同时更新一行数据，一个事务对数据的更新把另一个事务对数据的更新覆盖了。这是因为系统没有执行任何的锁操作，因此并发事务并没有被隔离开来。Serializable 可以防止更新丢失问题的发生。其他的三个隔离级别都有可能发生更新丢失问题。Serializable 虽然可以防止更新丢失，但是效率太低，通常数据库不会用这个隔离级别，所以，需要其他的机制来防止更新丢失，例如悲观锁和乐观锁。

更新丢失可以分为以下两类：

第一类丢失更新：在 A 事务撤销时，把已经提交的 B 事务的更新数据覆盖了。这种错误可能造成很严重的问题，通过下面的账户取款转账就可以看出来：

时间	取款事务 A	转账事务 B
T1	开始事务	
T2		开始事务
T3	查询账户余额为 1000 元	
T4		查询账户余额为 1000 元
T5		汇入 100 元把余额改为 1100 元
T6		提交事务
T7	取出 100 元把余额改为 900 元	
T8	撤销事务	
T9	余额恢复为 1000 元（丢失更新）	

A 事务在撤销时，“不小心”将 B 事务已经转入账户的金额给抹去了。

第二类丢失更新：在 A 事务提交时覆盖了 B 事务已经提交的数据，造成 B 事务所做操作丢失：

时间	转账事务 A	取款事务 B
T1		开始事务
T2	开始事务	
T3		查询账户余额为 1000 元
T4	查询账户余额为 1000 元	
T5		取出 100 元把余额改为 900 元
T6		提交事务
T7	汇入 100 元	
T8	提交事务	
T9	把余额改为 1100 元（丢失更新）	

上面的例子里由于支票转账事务覆盖了取款事务对存款余额所做的更新，导致银行最后损失了 100 元，相反，如果转账事务先提交，那么用户账户将损失 100 元。

5.1.17　悲观锁和乐观锁

各种大型数据库所采用的锁的基本理论是一致的，但在具体实现上各有差别。乐观锁和悲观锁不是数据库中真正存在的锁，只是人们在解决更新丢失时的不同的解决方案，体现的是人们看待事务的态度。下表列出了悲观锁和乐观锁及其更新丢失的解决方案：

名称	悲观锁（Pessimistic Lock）	乐观锁（Optimistic Lock）
描述	顾名思义，很悲观。每次去读数据的时候，都认为别的事务会修改数据，所以，每次在读数据的时候都会上锁，防止其他事务读取或修改这些数据，这样导致其他事务会被阻塞，直到这个事务结束	顾名思义，很乐观。每次去拿数据的时候都认为别人不会修改，所以，不会上锁，但是在更新的时候会判断在此期间别人有没有去更新这个数据。乐观锁一般通过增加时间戳字段来实现。认为数据不会被其他用户修改，所以，只需要修改屏幕上的信息而不需要锁
应用场景	数据更新比较频繁的场合	数据更新不频繁，查询比较多的场合，这样可以提高吞吐量
更新丢失解决方案	试图在更新之前把行锁住，使用 SELECT…FOR UPDATE 然后更新数据	1. 使用版本列的乐观锁定增加 NUMBER 或 TIMESTAMP 或 DATE 列，通过增加一个时间戳列，可以知道最后修改时间。每次修改行时，检查数据库中这一列的值与最初读出的值是否匹配。若匹配的话则修改数据且通过触发器来负责递增 NUMBER、DATE、TIMESTAMP。 2. 使用校验和的乐观锁定用基数据本身来计算一个“虚拟的”版本列，生成散列值进行比较。数据库独立性好，从 CPU 使用和网络传输方面来看，资源开销量大。 3. 使用 ORA_ROWSCN 的乐观锁定建立在 Oracle SCN 的基础上，在建表时，需要启用 ROWDEPENDENCIES，防止整个数据块的 ORA_ROWSCN 向前推进。可以用 SCN_TO_TIMESTAMP(ORA_ROWSCN)将 SCN 转换为时间格式。将原先的悲观锁机制修改为乐观锁来控制并发，可以使用 ORA_ROWSCN，这样可以无须增加新列。也可以通过 SCN_TO_TIMESTAMP 来获取最后修改时间

5.1.18 什么是死锁（DeadLock）？

由于资源占用是互斥的，当某几个进程提出申请对方进程占用的资源后，相关进程在无外力协助下，永远分配不到对方进程申请的资源而无法继续运行，这就产生了一种特殊现象——**死锁**。死锁是当程序中两个或多个进程发生永久阻塞（等待）时，而每个进程都在等待被其他进程占用并阻塞了的资源的一种数据库状态。例如，如果进程 A 锁住了记录 1 并等待记录 2，而进程 B 锁住了记录 2 并等待记录 1，那么这两个进程就发生了死锁。

在计算机系统中，如果系统的资源分配策略不当，更常见的可能是程序员写的程序有错误等情况下，那么会导致进程因竞争资源不当而产生死锁的现象。

1．产生原因

（1）系统资源不足。

（2）进程运行推进的顺序不合适。

（3）资源分配不当。

（4）占用资源的程序崩溃等。

首先，如果系统资源充足，进程的资源请求都能够得到满足，那么死锁出现的可能性就很低，否则，就会因争夺有限的资源而陷入死锁。其次，进程运行推进顺序与速度不同，也可能会产生死锁。

2．产生条件

（1）互斥条件：一个资源每次只能被一个进程使用。

（2）请求与保持条件：当一个进程因请求资源而被阻塞时，对已获得的资源不会释放。

（3）不可剥夺条件：进程已获得的资源，在未使用完之前，不能强行被剥夺。

（4）循环等待条件：若干进程之间形成一种首尾相接的循环等待资源关系。

这四个条件是死锁的必要条件，只要系统发生死锁，这些条件必然成立，而只要上述条件之一不满足，就不会发生死锁。

3．解决方法

理解了死锁的原因，尤其是产生死锁的四个必要条件，就可以最大限度地避免、预防和解除死锁。所以，在系统设计、进程调度等方面注意如何不让产生死锁的条件成立，如何确定资源的合理分配算法，避免进程永久占据系统资源。此外，也要防止进程在处于等待状态的情况下占用资源。在系统运行过程中，对进程发出的每一个资源进行动态检查，并根据检查结果决定是否分配资源，若分配后系统可能发生死锁，则不予分配，否则予以分配。因此，对资源的分配要给予合理的规划。

5.2 Python 操作数据库

5.2.1 SQLite 数据库

SQLite 是一种嵌入式数据库，它的数据库就是一个文件。由于 SQLite 本身是 C 写的，而且体积很小，所以，经常被集成到各种应用程序中，甚至在 iOS 和 Android 的 App 中都可以集成。Python 就内置了 SQLite3，所以，在 Python 中使用 SQLite，不需要安装任何东西，直接使用。

Python 定义了一套操作数据库的 API 接口，任何数据库要连接到 Python，只需要提供符合 Python 标准的数据库驱动即可。由于 SQLite 的驱动内置在 Python 标准库中，因此可以直接来操作 SQLite 数据库。

在 Python 中操作数据库时，要先导入数据库对应的驱动，然后通过 Connection 对象和 Cursor 对象操作数据。在数据库操作完毕之后，要确保打开的 Connection 对象和 Cursor 对象都正确地被关闭，否则，资源就会泄露。

Python 连接到 SQLite 数据库示例：

```
# 导入 SQLite 驱动
import sqlite3,os
# 连接到 SQLite 数据库
# 数据库文件是 lhrtest.db
# 如果文件不存在，那么会自动在当前目录创建一个数据库文件:
conn = sqlite3.connect('lhrtest.db')

# db_file = os.path.join(os.path.dirname(__file__), 'lhrtest.db')
# if os.path.isfile(db_file):
#       os.remove(db_file)
# conn = sqlite3.connect(db_file)

# 创建一个 Cursor:
cursor = conn.cursor()
# 执行一条 SQL 语句，创建 user 表:
cursor.execute('create table user(id varchar(20) primary key, name varchar(20))')
# 继续执行一条 SQL 语句，插入一条记录:
cursor.execute('insert into user (id, name) values (\'1\', \'xiaomaimiao\')')
# 通过 rowcount 获得插入的行数:
print(cursor.rowcount)
# 执行查询语句:
cursor.execute('select * from user where id=?', ('1',))
# 获得查询结果集:
values = cursor.fetchall()
print(values)
# 关闭 Cursor:
cursor.close()
# 提交事务:
conn.commit()
# 关闭 Connection:
conn.close()
```

运行结果：

```
1
[('1', 'xiaomaimiao')]
```

在程序运行完毕后，会在程序的当前目录下生成一个 lhrtest.db 文件，如下所示：

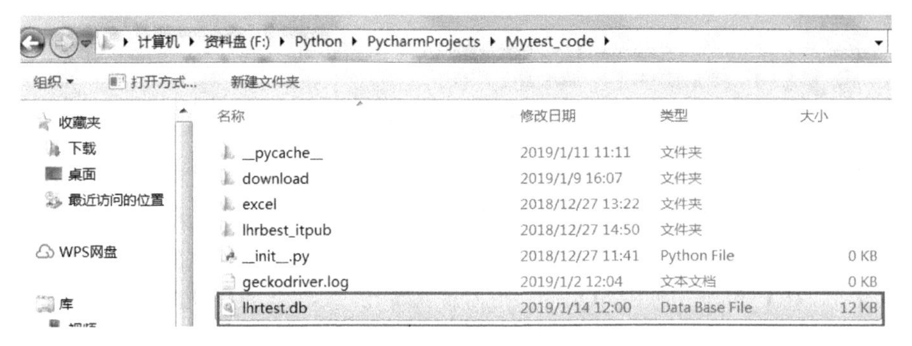

可以使用 SQLLite 的客户端查看数据库文件的内容：

```
D:\Program files\Python\Python36-32\sqlite\sqlite3.exe
sqlite> .open "F:\\Python\\PycharmProjects\\Mytest_code\\lhrtest.db"
sqlite> select * from user;
1|xiaomaimiao
sqlite>
```

使用 Python 的 DB API 时，只要搞清楚 Connection 和 Cursor 对象，打开后一定记得关闭，就可以放心地使用。在使用 Cursor 对象执行 INSERT、UPDATE、DELETE 语句时，执行结果由 rowcount 返回影响的行数，就可以拿到执行结果。在使用 Cursor 对象执行 SELECT 语句时，通过 featchall()可以拿到结果集。结果集是一个 list，每个元素都是一个 tuple，对应一行记录。如果 SQL 语句带有参数，那么需要把参数按照位置传递给 execute()方法，有几个?占位符就必须对应几个参数，例如：

```
cursor.execute('select*from user where name=?and pwd=?',('abc','password'))
```

5.2.2 MySQL 数据库

由于 MySQL 服务器以独立的进程运行，并通过网络对外服务，所以，需要支持 Python 的 MySQL 驱动来连接到 MySQL 服务器。MySQL 官方提供了 mysql-connector-python 驱动，但是安装的时候需要给 pip 命令加上参数--allow-external：

```
$ pip install mysql-connector-python --allow-external mysql-connector-python
```

如果上面的命令安装失败，那么可以试试另一个驱动：

```
$ pip install mysql-connector
```

使用 Python 访问 MySQL 数据库的流程：

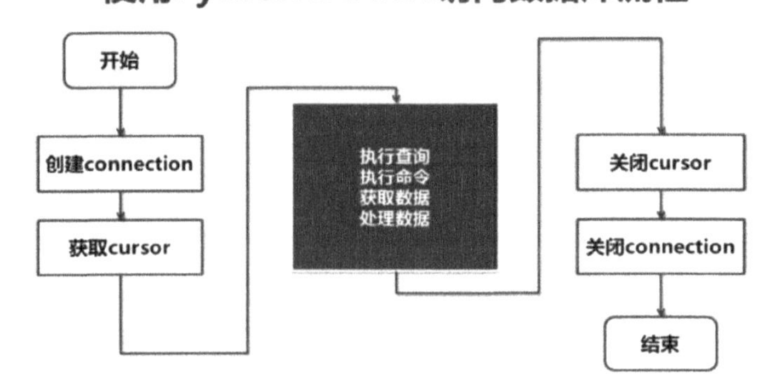

Python 连接到 MySQL 数据库示例：

```
# 导入 MySQL 驱动:
import mysql.connector
# 注意把 password 设为 root 口令，需要提前创建好 lhrdb 数据库
conn = mysql.connector.connect(user='root', password='lhr', database='lhrdb',host='127.0.0.1',port=3306)
cursor = conn.cursor()
# 创建 user 表:
cursor.execute('drop table if exists user')
cursor.execute('create table user (id varchar(20) primary key, name varchar(20))')
# 插入一行记录，注意 MySQL 的占位符是%s:
cursor.execute('insert into user (id, name) values (%s, %s)', ['1', 'xiaomaimiao'])
cursor.execute('insert into user (id, name) values (%s, %s)', ['2', 'xiaotinger'])
print(cursor.rowcount)
# 提交事务:
conn.commit()
cursor.close()
# 运行查询:
cursor = conn.cursor()
cursor.execute('select * from user where id = %s', ('1',))
values = cursor.fetchall()
print(values)
# 关闭 Cursor 和 Connection:
cursor.close()
conn.close()
```

运行结果：

```
1
[('1', 'xiaomaimiao')]
```

在 MySQL 中查询：

```
mysql> select * from user;
+----+-------------+
| id | name        |
+----+-------------+
| 1  | xiaomaimiao |
| 2  | xiaotinger  |
+----+-------------+
2 rows in set (0.00 sec)
```

需要注意的是：

- 执行 INSERT 等操作后要调用 commit()提交事务。
- MySQL 的 SQL 占位符是%s。

【真题 340】什么是 PyMySQL？

答案：PyMySQL 是在 Python3.x 版本中用于连接 MySQL 服务器的一个库，Python2 中则使用 MySQLdb。PyMySQL 遵循 Python 数据库 API v2.0 规范，并包含了 pure-Python MySQL 客户端库。

在使用 PyMySQL 之前，需要确保 PyMySQL 已安装。

PyMySQL 下载地址：https://github.com/PyMySQL/PyMySQL。

如果还未安装，那么可以使用以下命令安装最新版的 PyMySQL：

```
$pip3 install PyMySQL
```

示例：

```
import pymysql
```

```
# 打开数据库连接
db = pymysql.connect(user='root', password='lhr', database='lhrdb',host='127.0.0.1',port=3306)
# 使用 cursor() 方法创建一个游标对象 cursor
cursor = db.cursor()
# 使用 execute()  方法执行 SQL 查询
cursor.execute("SELECT VERSION()")
# 使用 fetchone() 方法获取单条数据.
data = cursor.fetchone()
print ("Database version : %s " % data)
# 关闭数据库连接
db.close()
```

运行结果：

```
Database version : 5.7.17-log
```

【真题 341】Python 如何批量往 MySQL 数据库插入数据？

答案：批量插入使用 executemany()方法，该方法的第二个参数是一个元组列表，包含了需要插入的数据：

```
# 导入 MySQL 驱动:
import mysql.connector
# 注意把 password 设为你的 root 口令，需要提前创建好 lhrdb 数据库
conn = mysql.connector.connect(user='root', password='lhr', database='lhrdb',host='127.0.0.1',port=3306)
cursor = conn.cursor()
# 创建 user 表:
cursor.execute('drop table if exists sites')
cursor.execute('create table sites (name varchar(20) primary key, url varchar(200))')

# 插入多行记录，注意 MySQL 的占位符是%s:
sql = "insert into sites (name, url) values (%s, %s)"
val = [
    ('Google', 'https://www.google.com'),
    ('Github', 'https://www.github.com'),
    ('Taobao', 'https://www.taobao.com'),
    ('itpub', 'http://blog.itpub.net/26736162/')
]

cursor.executemany(sql, val)

# 提交事务:
conn.commit()
print(cursor.rowcount, "条记录插入成功。")

cursor.close()
# 运行查询:
cursor = conn.cursor()
cursor.execute('select * from sites')
values = cursor.fetchall()
for x in values:
  print(x)
# 关闭 Cursor 和 Connection:
cursor.close()
conn.close()
```

运行结果：

```
4 条记录插入成功。
```

```
('Github', 'https://www.github.com')
('Google', 'https://www.google.com')
('itpub', 'http://blog.itpub.net/26736162/')
('Taobao', 'https://www.taobao.com')
```

5.2.3 MongoDB 数据库

Python 要连接 MongoDB 需要 MongoDB 驱动，如下：

```
pip install pymongo
```

在 MongoDB 中，数据库只有在内容插入后才会创建。就是说，数据库创建后要创建集合（数据表）并插入一个文档（记录），数据库才会真正创建。

```
#!/usr/bin/env python
# -*- coding:utf-8 -*-
from pymongo import MongoClient

settings = {
    "ip":'127.0.0.1',                #ip
    "port":27017,                    #端口
    "db_name" : "lhrdb",             #数据库名字
    "set_name" : "lhrtest_set"       #集合名字
}

class MyMongoDB(object):
    def __init__(self):
        try:
            self.conn = MongoClient(settings["ip"], settings["port"])
        except Exception as e:
            print(e)
        self.db = self.conn[settings["db_name"]]
        self.my_set = self.db[settings["set_name"]]

    def insert(self,dic):
        print("inser...")
        self.my_set.insert(dic)

    def update(self,dic,newdic):
        print("update...")
        self.my_set.update(dic,newdic)

    def delete(self,dic):
        print("delete...")
        self.my_set.remove(dic)

    def dbfind(self,dic):
        print("find...")
        data = self.my_set.find(dic)
        for result in data:
            print(result["name"],result["age"])

def main():
    dic={"name":"zhangsan","age":18}
    mongo = MyMongoDB()
    mongo.insert(dic)
    mongo.dbfind({"name":"zhangsan"})
```

```
        mongo.update({"name":"zhangsan"},{"$set":{"age":"25"}})
        mongo.dbfind({"name":"zhangsan"})

        mongo.delete({"name":"zhangsan"})
        mongo.dbfind({"name":"zhangsan"})

if __name__ == "__main__":
        main()
```

运行结果：

```
inser...
find...
zhangsan 18
update...
find...
zhangsan 25
delete...
find...
```

5.2.4 Redis 数据库

Redis（REmote DIctionary Server）提供两个类 Redis 和 Strictredis 用于实现 Redis 的命令，Strictredis 用于实现大部分官方的命令，并使用官方的语法和命令，Redis 是 Strictredis 的子类，用于向后兼容旧版本的 Redis-Py。

Redis 连接实例是线程安全的，可以将 Redis 连接实例设置为一个全局变量，直接使用。如果需要另一个 Redis 实例（Redis 数据库）时，就需要重新创建 Redis 连接实例来获取一个新的连接。同理，Python 的 Redis 没有实现 SELECT 命令。

安装 Redis 驱动：

```
pip install redis
```

连接 redis，加上 decode_responses=True，写入的键值对中的 value 为 str 类型，不加这个参数写入的则为字节类型。

（1）直接连接 Redis 数据库

```
import redis    # 导入 redis 模块，通过 python 操作 redis 也可以直接在 redis 主机的服务端操作缓存数据库

r = redis.Redis(host='127.0.0.1',password='lhr', port=6379, decode_responses=True)    # host 是 redis 主机，需要 redis 服务端和客户
端都启动 redis 默认端口是 6379
r.set('name', 'lhraxxt')          # key 是"foo" value 是"bar" 将键值对存入 redis 缓存
print(r['name'])
print(r.get('name'))    # 取出键 name 对应的值
print(type(r.get('name')))
```

运行结果：

```
lhraxxt
lhraxxt
<class 'str'>
```

（2）连接池连接 Redis 数据库

redis-py 使用 connection pool 来管理对一个 redis server 的所有连接，避免每次建立、释放连接的开销。默认每个 Redis 实例都会维护一个自己的连接池。

可以直接建立一个连接池，然后作为参数 Redis，这样就可以实现多个 Redis 实例共享一个连接池。

```
import redis      # 导入 redis 模块，通过 python 操作 redis 也可以直接在 redis 主机的服务端操作缓存数据库

pool = redis.ConnectionPool(host='localhost',password='lhr', port=6379, decode_responses=True)    # host 是 redis 主机，需要 redis 服务端和客户端都起着 redis 默认端口是 6379
r = redis.Redis(connection_pool=pool)
r.set('gender', 'male')          # key 是"gender" value 是"male" 将键值对存入 redis 缓存
print(r.get('gender'))                    # gender 取出键 male 对应的值
```

运行结果：

```
male
```

【真题 342】Redis 数据库有哪些特点？

答案：Redis 是一个开源的、内存中的、键值（Key-Value）数据库。它使用 ANSI C 语言编写、遵守 BSD（Berkeley Software Distribution，伯克利软件发行版）协议、支持网络、可基于内存亦可持久化的日志型数据库，并提供多种语言的 API。由于 Redis 支持多种类型的数据结构，如字符串（Strings）、散列（Hashes）、列表（Lists）、集合（Sets）、有序集合（Sorted Sets）与范围查询，Bitmaps、Hyperloglogs 和地理空间（Geospatial）等，所以 Redis 通常被称为数据结构服务器。Redis 内置了复制（Replication）、LUA 脚本（Lua scripting）、LRU 驱动事件（LRU eviction）、事务（Transactions）和不同级别的磁盘持久化（Persistence），并通过 Redis 哨兵（Sentinel）和自动分区（Cluster）提供高可用性（High Availability）。

Redis 是基于内存的，因此对于内存是有非常高的要求，会把数据实时写到内存中，再定时同步到文件。Redis 可以当作数据库来使用，但是有缺陷，在可靠性上没有 Oracle 关系型数据库稳定。Redis 可以作为持久层的 Cache 层，它可以缓存计数、排行榜样和队列（订阅关系）等数据库结构。

Redis 的优点如下所示：

- 完全居于内存，数据实时的读写内存，定时闪回到文件中，性能极高，读写速度快，Redis 能支持超过 100K/s 的读写频率。
- 支持高并发，官方宣传支持 10 万级别的并发读写。
- 支持机器重启后，重新加载模式，不会丢失数据。
- 支持主从模式复制，支持分布式。
- 丰富的数据类型。Redis 支持 Strings、Lists、Hashes、Sets 及 Ordered Sets 数据类型。
- 原子。Redis 的所有操作都是原子性的。
- 丰富的特性。Redis 还支持 Publish/Subscribe 等特性。
- 开源。

Redis 的缺点如下所示：

- 数据库容量受到物理内存的限制，不能用作海量数据的高性能读写。
- 没有原生的可扩展机制，不具有自身可扩展能力，要依赖客户端来实现分布式读写。
- Redis 使用最佳方式是全部数据 In-Memory。虽然 Redis 也提供持久化功能，但实际更多的是一个 disk-backed 功能，跟传统意义上的持久化有比较大的区别。
- 现在的 Redis 适合的场景主要局限在较小数据量的高性能操作和运算上。
- 相比于关系型数据库，由于其存储结构相对简单，因此 Redis 并不能对复杂的逻辑关系提供很好的支持。
- Redis 不支持复杂逻辑查询，不适合大型项目要求。

Redis 可以适用于以下场景：

- 在非可靠数据存储中，可以作为数据持久层或者数据缓存区。
- 对于读写压力比较大、实时性要求比较高的场景下。
- 关系型数据库不能胜任的场景（如在 SNS 订阅关系）。
- 订阅-发布系统。Pub/Sub 从字面上理解就是发布（Publish）与订阅（Subscribe），在 Redis 中，

可以设定对某一个 Key 值进行消息发布及消息订阅，当一个 Key 值上进行了消息发布后，所有订阅它的客户端都会收到相应的消息。这一功能最明显的用法就是用作实时消息系统，例如普通的即时聊天、群聊等功能。

- 事务（Transactions）。虽然 Redis 的 Transactions 提供的并不是严格的 ACID 的事务（例如一串用 EXEC 提交执行的命令，如果在执行中服务器宕机，那么会有一部分命令执行了，剩下的没执行），但是这些 Transactions 还是提供了基本的命令打包执行的功能（在服务器不出问题的情况下，可以保证一连串的命令是顺序在一起执行的）。

5.3 其他

【真题 343】试列出至少三种目前流行的大型数据库的名称:_____、_____、_____。

答案：Oracle、MySQL、Microsoft SQL Server。

【真题 344】有表 list，并有字段 A、B、C，类型都是整数。表中有如下几条记录：

A	B	C
2	7	9
5	6	4
3	11	9

现在对该表一次完成以下操作：

1．查询出 B 和 C 列的值，要求按 B 列升序排列。

2．写出一条新的记录，值为{7,9,8}。

3．查询 C 列，要求消除重复的值，按降序排列。

写出完成以上操作的标准的 SQL 语句，并且写出操作 3 的结果。

答案：SQL 代码如下所示：

```
create table list(A int ,B int,C int);
select B,C from list order by B;
insert into list values(7,9,8)
select distinct(C) from list order by 1 desc;
```

【真题 345】列出几种常见的关系型数据库和非关系型数据库？（每种至少两个）

答案：关系型：Oracle、MySQL、SQLServer、DB2；非关系型：Redis、MongoDB、Cassandra。

【真题 346】写出 MySQL 中 5 条常用 SQL 语句。

答案：增删改查命令如下：

```
show databases;
show tables;
desc 表名;
select * from 表名;
delete from 表名 where id=5;
update students set gender=0,hometown="北京" where id=5
```

【真题 347】简述 MySQL 和 Redis 区别。

答案：Redis 属于内存型非关系数据库，数据保存在内存中，速度快。MySQL 属于关系型数据库，数据保存在磁盘中，检索的话，会有一定的 I/O 操作，访问速度相对慢。

【真题 348】Redis 和 Memcached 有哪些优缺点？

答案：

1．Redis 不仅支持简单的 key_value 类型，还支持字典、字符串、列表、集合、有序集合类型。

2．内存使用效率对比，使用简单的 key-value 存储的话，Memcached 的内存利用率更高，而如果 Redis 采用 hash 结构来作 key-value 存储，由于其组合式的压缩，其内存利用率会高于 Memcached。

3．性能对比：由于 Redis 只使用单核，而 Memcached 可以使用多核，所以平均每一个核上 Redis 在存储小数据时比 Memcached 性能更高。而在 100k 以上的数据中，Memcached 性能要高于 Redis。

4．Redis 虽然是基于内存的存储系统，但是它本身是支持内存数据的持久化的，而且提供两种主要的持久化策略：RDB 快照和 AOF 日志，而 Memcached 是不支持数据持久化操作的。

5．集群管理不同，Memcached 本身并不支持分布式，因此只能在客户端通过像一致性哈希这样的分布式算法来实现 Memcached 的分布式存储。

【真题 349】Redis 中数据库默认是多少个 DB 及作用？

答案：Redis 默认支持 16 个数据库，可以通过配置 databases 来修改这一数字。客户端与 Redis 建立连接后会自动选择 0 号数据库，不过可以随时使用 SELECT 命令更换数据库。Redis 支持多个数据库，并且每个数据库的数据是隔离的，不能共享，并且基于单机才有，如果是集群就没有数据库的概念。

【真题 350】Python 连接 Redis 数据库的模式有哪几种？

答案：直接连接：

```
import redis
r=redis.Redis(host='192.168.59.10',port=6379)
r.set('foo','Bar')
print r.get('foo')

from redis import StrictRedis

# 使用默认方式连接到数据库
redis = StrictRedis(host='localhost', port=6379, db=0)

# 使用 url 方式连接到数据库
redis = StrictRedis.from_url('redis://@localhost:6379/1')
```

连接池：

```
import redis
pool=redis.ConnectionPool(host='192.168.59.10',port=6379)

r=redis.Redis(connection_pool=pool)
r.set('foo','Bar')
print r.get('foo')

from redis import StrictRedis,ConnectionPool

# 使用默认方式连接到数据库
pool = ConnectionPool(host='localhost', port=6379, db=0)
redis = StrictRedis(connection_pool=pool)

# 使用 url 方式连接到数据库
pool = ConnectionPool.from_url('redis://@localhost:6379/1')
redis = StrictRedis(connection_pool=pool)
```

构造 URL 方式连接到数据库，有以下三种模式：

```
redis://[:password]@host:port/db        # TCP 连接
rediss://[:password]@host:port/db       # Redis TCP+SSL 连接
unix://[:password]@/path/to/socket.sock?db=db       # Redis Unix Socket 连接
```

【真题 351】如果 Redis 中的某个列表中的数据量非常大，如何实现循环显示每一个值？

答案：如果一个列表在 Redis 中保存了 10w 个值，那么需要将所有值全部循环并显示，请问如何实现？

```
def list_scan_iter(name,count=3):
    start = 0
    while True:
        result = conn.lrange(name, start, start+count-1)
        start += count
        if not result:
            break
        for item in result:
            yield item

for val in list_scan_iter('num_list'):
    print(val)
```

适用场景：投票系统，script-redis。

【真题 352】SELECT 语句完整的执行顺序是什么？

答案：SQL 语言不同于其他编程语言的最明显特征是处理代码的顺序。在大多数据库语言中，代码按编码顺序被处理。但在 SQL 语句中，第一个被处理的子句是 FROM，而不是第一出现的 SELECT。

SQL 查询处理的步骤序号：

（1）FROM<left_table>

（2）<join_type>JOIN<right_table>

（3）ON<join_condition>

（4）WHERE<where_condition>

（5）GROUP BY<group_by_list>

（6）WITH{CUBE|ROLLUP}

（7）HAVING<having_condition>

（8）SELECT

（9）DISTINCT

（10）ORDER BY<order_by_list>

（11）<TOP_specification><select_list>

以上每个步骤都会产生一个虚拟表，该虚拟表被用作下一个步骤的输入。这些虚拟表对调用者（客户端应用程序或者外部查询）不可用。只有最后一步生成的表才会给调用者。如果没有在查询中指定某一个子句，那么将跳过相应的步骤。

逻辑查询处理阶段简介：

（1）FROM：对 FROM 子句中的前两个表执行笛卡尔积（交叉连接），生成虚拟表 VT1。

（2）ON：对 VT1 应用 ON 筛选器，只有那些使为真才被插入到 TV2。

（3）OUTER(JOIN):如果指定了 OUTER JOIN（相对于 CROSS JOIN 或 INNER JOIN），保留表中未找到匹配的行将作为外部行添加到 VT2，生成 TV3。如果 FROM 子句包含两个以上的表，则对上一个连接生成的结果表和下一个表重复执行步骤（1）到步骤（3），直到处理完所有的表位置。

（4）WHERE：对 TV3 应用 WHERE 筛选器，只有使为 true 的行才插入 TV4。

（5）GROUP BY：按 GROUP BY 子句中的列列表对 TV4 中的行进行分组，生成 TV5。

（6）CUTE|ROLLUP：把超组插入 VT5，生成 VT6。

（7）HAVING：对 VT6 应用 HAVING 筛选器，只有使为 true 的组插入到 VT7。

（8）SELECT：处理 SELECT 列表，产生 VT8。

（9）DISTINCT：将重复的行从 VT8 中删除，产品 VT9。

（10）ORDER BY：将 VT9 中的行按 ORDER BY 子句中的列列表顺序，生成一个游标（VC10）。

（11）TOP：从 VC10 的开始处选择指定数量或比例的行，生成表 TV11，并返回给调用者。

总结一下，SELECT 语句完整的执行顺序：

（1）FROM 子句组装来自不同数据源的数据。

（2）WHERE 子句基于指定的条件对记录行进行筛选。

（3）GROUP BY 子句将数据划分为多个分组。

（4）使用聚集函数进行计算。

（5）使用 HAVING 子句筛选分组。

（6）计算所有的表达式。

（7）SELECT 的字段。

（8）使用 ORDER BY 对结果集进行排序。

【真题 353】MySQL 怎么限制 IP 访问？

答案：可以通过以下命令进行限制：

grant all privileges on.to '数据库中用户名'@'IP 地址' identified by '数据库密码';

【真题 354】用 SELECT 语句输出每个城市中心距离市中心大于 20km 酒店数？假设表名为 hotel_table。

答案：SQL 如下所示：

```
select count（hotel）i from hotel_table where distance>20 group by city;
```

第 6 章　爬虫基础知识

6.1 什么是爬虫？

网络爬虫（又被称为网页蜘蛛，网络机器人或网页追逐者），是一种按照一定的规则，自动地抓取万维网信息的程序或者脚本。另外一些不常使用的名字还有蚂蚁、自动索引、模拟程序或者蠕虫等，网络爬虫简称爬虫。

爬虫通俗地讲就是通过程序去获取 Web 页面上自己想要的数据，也就是自动抓取网页数据的程序。一般来说，只要能通过浏览器访问的数据都可以通过爬虫获取到。爬虫的本质就是模拟浏览器打开网页，然后获取网页中所需要的那部分数据。

浏览器打开网页的过程包括：当在浏览器中输入地址后，经过 DNS 服务器查找到服务器主机，向服务器发送一个请求，服务器经过解析后再返还给用户浏览器结果，包括 html、js、css 等文件内容，在浏览器解析这些数据后，最终呈现给用户，即用户在浏览器上看到的结果。所以用户看到的浏览器的结果就是由 html 代码构成的。爬虫就是为了获取这些内容，通过分析和过滤 html 代码，从中获取想要的文本、图片及视频等资源。

6.2 爬虫的基本流程有哪些？

可以分为以下几个流程：

（1）发起请求

通过 HTTP 库向目标站点发起请求，即发送一个 Request，请求可以包含额外的 Header 等信息，等待服务器响应。

（2）获取响应内容

如果服务器能正常响应，会得到一个 Response，Response 的内容便是所要获取的页面内容，类型可能是 Html、Json 字符串、二进制数据（图片或者视频）等类型。

（3）解析内容

如果得到的内容是 Html，可以用正则表达式、页面解析库进行解析。如果是 Json，可以直接转换为 Json 对象解析。如果是二进制数据（图片或者视频），可以保存或者进一步的处理。

（4）保存数据

保存形式多样，可以存为文本，也可以保存到数据库，或者保存特定格式的文件。

6.3 Request 中包含了哪些内容？

（1）请求方式

请求主要有 GET 和 POST 两种类型，另外还有 HEAD、PUT、DELETE 及 OPTIONS 等请求方式。

GET：向指定的资源发出“显示”请求。使用 GET 方法只用于读取数据，而不应当被用于产生“副作用”的操作中，其中一个原因是 GET 可能会被网络蜘蛛等随意访问。

POST：向指定资源提交数据，请求服务器进行处理（例如提交表单或者上传文件）。数据被包含在请求文本中。这个请求可能会创建新的资源或修改现有资源，或二者皆有。

GET 和 POST 的区别是：GET 请求是通过 URL 直接传递请求数据，数据信息可以在 URL 中直接看到，例如浏览器访问；而 POST 请求是放在请求头中的，用户是无法直接看到的。

HEAD：与 GET 方法一样，都是向服务器发出指定资源的请求。只不过服务器将不传回资源的文本部分。其好处在于，使用这个方法可以在不必传输全部内容的情况下，就可以获取其中“关于该资源的信息”（元信息或称元数据）。

PUT：向指定资源位置上传最新内容。

OPTIONS：这个方法可使服务器传回该资源所支持的所有 HTTP 请求方法。用“*”来代替资源名称，向 Web 服务器发送 OPTIONS 请求，可以测试服务器功能是否正常运作。

DELETE：请求服务器删除 Request-URL 所标识的资源。

（2）请求 URL

URL（Uniform Resource Locator）即统一资源定位符，也就是大家常见的网址。统一资源定位符是对可以从互联网上得到的资源的位置和访问方法的一种简洁的表示，是互联网上标准资源的地址。互联网上的每个文件都有一个唯一的 URL，它包含的信息有文件的位置以及浏览器应该怎么处理它。

URL 的格式由三个部分组成：

第一部分是协议（或称为服务方式）。

第二部分是存有该资源的主机 IP 地址（有时也包括端口号）。

第三部分是主机资源的具体地址，如目录和文件名等。

爬虫爬取数据时必须要有一个目标 URL 才可以获取数据，因此，它是爬虫获取数据的基础。

（3）请求头

包含请求时的头部信息，例如，Accept、Accept-Encoding、Accept-Language、Connection、User-Agent、Host、Referer、Cookies 等信息。详解见下表。

Header	解释	示例
Accept	指定客户端能够接收的内容类型	Accept: text/plain, text/html
Accept-Charset	浏览器可以接受的字符编码集	Accept-Charset: iso-8859-5
Accept-Encoding	指定浏览器可以支持的 web 服务器返回内容压缩编码类型	Accept-Encoding: compress, gzip
Accept-Language	浏览器可接受的语言	Accept-Language: en,zh
Accept-Ranges	可以请求网页实体的一个或者多个子范围字段	Accept-Ranges: bytes
Authorization	HTTP 授权的授权证书	Authorization: Basic QWxhZGRpbjpvcGVuIHNlc2FtZQ==
Cache-Control	指定请求和响应遵循的缓存机制	Cache-Control: no-cache
Connection	表示是否需要持久连接（HTTP 1.1 默认进行持久连接）	Connection: close
Cookie	HTTP 请求发送时，会把保存在该请求域名下的所有 Cookie 值一起发送给 web 服务器	Cookie: $Version=1; Skin=new;
Content-Length	请求的内容长度	Content-Length: 348
Content-Type	请求的与实体对应的 MIME 信息	Content-Type: application/x-www-form-urlencoded
Date	请求发送的日期和时间	Date: Tue, 15 Nov 2010 08:12:31 GMT
Expect	请求的特定的服务器行为	Expect: 100-continue
From	发出请求的用户的 Email	From: user@email.com
Host	指定请求的服务器的域名和端口号	Host: www.zcmhi.com
If-Match	只有请求内容与实体相匹配才有效	If-Match: “737060cd8c284d8af7ad3082f209582d”
If-Modified-Since	如果请求的部分在指定时间之后被修改则请求成功，未被修改则返回 304 代码	If-Modified-Since: Sat, 29 Oct 2010 19:43:31 GMT
If-None-Match	如果内容未改变返回 304 代码，参数为服务器先前发送的 Etag，与服务器回应的 Etag 比较判断是否改变	If-None-Match: “737060cd8c284d8af7ad3082f209582d”
If-Range	如果实体未改变，服务器发送客户端丢失的部分，否则发送整个实体。参数也为 Etag	If-Range: “737060cd8c284d8af7ad3082f209582d”
If-Unmodified-Since	只在实体在指定时间之后未被修改才请求成功	If-Unmodified-Since: Sat, 29 Oct 2010 19:43:31 GMT

（续）

Header	解释	示例
Max-Forwards	限制信息通过代理和网关传送的时间	Max-Forwards: 10
Pragma	用来包含实现特定的指令	Pragma: no-cache
Proxy-Authorization	连接到代理的授权证书	Proxy-Authorization:Basic QWxhZGRpbjpvcGVuIHNlc2FtZQ==
Range	只请求实体的一部分，指定范围	Range: bytes=500-999
Referer	先前网页的地址，当前请求网页紧随其后，即来路	Referer: http://www.zcmhi.com/archives/71.html
TE	表示 Transfer-Encoding，客户端愿意接受的传输编码类型。deflate 表示采用了 zlib 结构的传输编码格式；trailers 表示客户端期望在采用分块传输编码的响应中接收载字段	TE: trailers,deflate;q=0.5
Upgrade	向服务器指定某种传输协议以便服务器进行转换（如果支持）	Upgrade: HTTP/2.0, SHTTP/1.3, IRC/6.9, RTA/x11
User-Agent	User-Agent 的内容包含发出请求的用户信息	User-Agent: Mozilla/5.0 (Linux; X11)
Via	通知中间网关或代理服务器地址，通信协议	Via: 1.0 fred, 1.1 nowhere.com (Apache/1.1)
Warning	关于消息实体的警告信息	Warn: 199 Miscellaneous warning

（4）请求体

请求是携带的数据，如提交表单数据时候的表单数据(POST)。下图为百度主页的访问请求的 Request 内容：

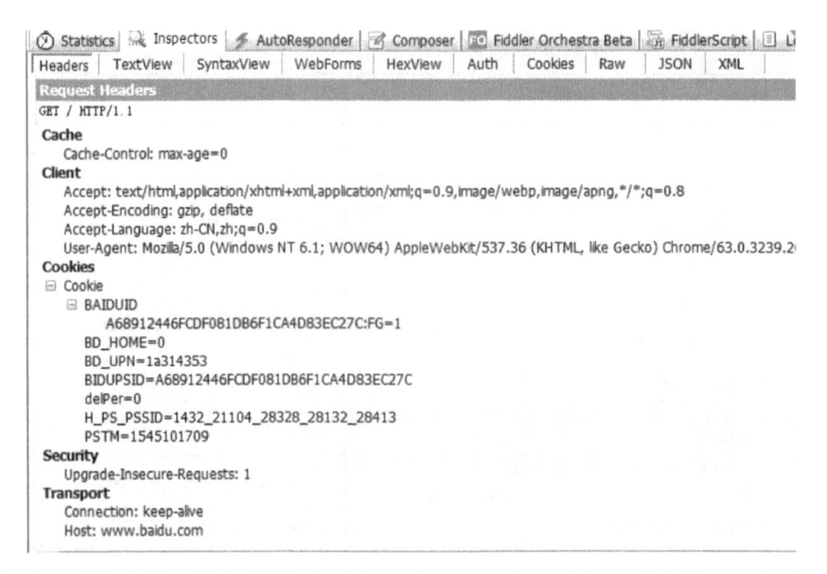

6.4 Response 中包含了哪些内容?

所有 HTTP 响应的第一行都是状态行，依次是当前 HTTP 版本号，3 位数字组成的状态代码，以及描述状态的短语，彼此由空格分隔。

（1）响应状态

有多种响应状态，如：200 代表成功，301 跳转，404 找不到页面，502 服务器错误。

（2）响应头

如内容类型、类型的长度、服务器信息、设置 Cookie 等。

（3）响应体

最主要的部分，包含请求资源的内容，如网页 HTML、图片和二进制数据等。下图为百度主页的访问请求的 Response 内容：

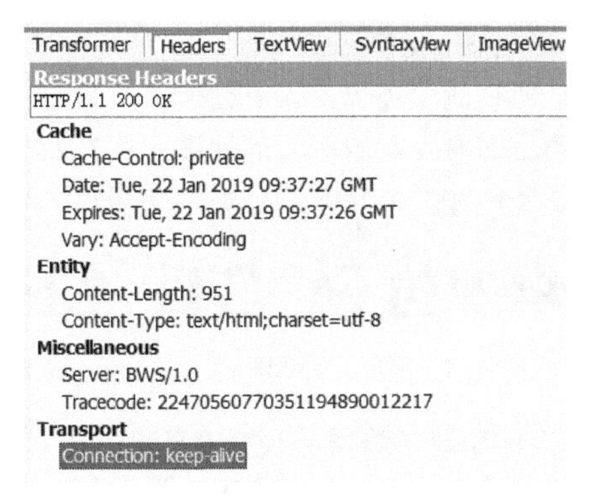

每个参数的详解如下表所示：

Header	解释	示例
Accept-Ranges	表明服务器是否支持指定范围请求及哪种类型的分段请求	Accept-Ranges: bytes
Age	从原始服务器到代理缓存形成的估算时间（以秒计，非负）	Age: 12
Allow	对某网络资源的有效的请求行为，不允许则返回 405	Allow: GET, HEAD
Cache-Control	告诉所有的缓存机制是否可以缓存及哪种类型	Cache-Control: no-cache
Content-Encoding	web 服务器支持的返回内容压缩编码类型	Content-Encoding: gzip
Content-Language	响应体的语言	Content-Language: en,zh
Content-Length	响应体的长度	Content-Length: 348
Content-Location	请求资源可替代的备用的另一地址	Content-Location: /index.htm
Content-MD5	返回资源的 MD5 校验值	Content-MD5: Q2hlY2sgSW50ZWdyaXR5IQ==
Content-Range	在整个返回体中本部分的字节位置	Content-Range: bytes 21010-47021/47022
Content-Type	返回内容的 MIME 类型	Content-Type: text/html; charset=utf-8
Date	原始服务器消息发出的时间	Date: Tue, 15 Nov 2010 08:12:31 GMT
ETag	请求变量的实体标签的当前值	ETag: “737060cd8c284d8af7ad3082f209582d”
Expires	响应过期的日期和时间	Expires: Thu, 01 Dec 2010 16:00:00 GMT
Last-Modified	请求资源的最后修改时间	Last-Modified: Tue, 15 Nov 2010 12:45:26 GMT
Location	用来重定向接收方到非请求 URL 的位置来完成请求或标识新的资源	Location: http://www.zcmhi.com/archives/94.html
Pragma	包括实现特定的指令，它可应用到响应链上的任何接收方	Pragma: no-cache
Proxy-Authenticate	它指出认证方案和可应用到代理的该 URL 上的参数	Proxy-Authenticate: Basic
refresh	应用于重定向或一个新的资源被创造，在 5s 之后重定向（由网景提出，被大部分浏览器支持）	Refresh: 5; url= http://www.zcmhi.com/archives/94.html
Retry-After	如果实体暂时不可取，通知客户端在指定时间之后再次尝试	Retry-After: 120
Server	web 服务器软件名称	Server: Apache/1.3.27 (Unix) (Red-Hat/Linux)
Set-Cookie	设置 Http Cookie	Set-Cookie: UserID=JohnDoe; Max-Age=3600; Version=1
Trailer	指出头域在分块传输编码的尾部存在	Trailer: Max-Forwards
Transfer-Encoding	文件传输编码	Transfer-Encoding:chunked
Vary	告诉下游代理是使用缓存响应还是从原始服务器请求	Vary: *
Via	告知代理客户端响应是通过哪里发送的	Via: 1.0 fred, 1.1 nowhere.com (Apache/1.1)
Warning	警告实体可能存在的问题	Warning: 199 Miscellaneous warning
WWW-Authenticate	表明客户端请求实体应该使用的授权方案	WWW-Authenticate: Basic

【真题 355】什么是 Request 和 Response？

答案：浏览器发送消息给网址所在的服务器，这个过程就是 HTTP Request。服务器收到浏览器发送的消息后，能够根据浏览器发送消息的内容，做相应的处理，然后把消息回传给浏览器，这个过程就是 HTTP Response 浏览器收到服务器的 Response 信息后，会对信息进行相应的处理，然后展示。

6.5 HTTP 请求中的 POST、GET 有什么区别？

区别主要有以下几点：

① GET 请求是通过 URL 直接传递请求数据，数据信息可以在 URL 中直接看到，例如在浏览器访问的时候，在 URL 中可以看到 GET 请求的参数；而 POST 请求是放在请求头中的，用户无法直接看到请求的参数。

② GET 提交有数据大小的限制，一般是不超过 1024B，而这种说法也不完全准确，HTTP 协议并没有设定 URL 字节长度的上限，而是浏览器做了些处理，所以长度依据浏览器的不同有所不同；POST 请求在 HTTP 协议中也没有做说明，一般来说是没有设置限制的，但是实际上浏览器也有默认值。总体来说，少量的数据使用 GET，大量的数据使用 POST。

③ GET 请求因为数据参数是暴露在 URL 中的，所以安全性比较低，例如密码是不能暴露的，就不能使用 GET 请求；POST 请求中，请求参数信息是放在请求头的，所以安全性较高。在实际使用的时候，涉及登录操作的时候，尽量使用 HTTPS 请求，因为 HTTPS 的安全性更好。GET 执行效率却比 POST 方法好。

建议：

① GET 方式的安全性较 POST 方式要差些，如果包含机密信息的话，那么建议用 POST 数据提交方式。

② 在做数据查询时，建议用 GET 方式；而在做数据添加、修改或删除时，建议用 POST 方式。

6.6 HTTP、HTTPS 协议有什么区别？

HTTP 协议是超文本传输协议，被用于在 Web 浏览器和网站服务器之间传递信息。HTTP 协议是以明文方式发送内容的，不提供任何形式的数据加密，而这也是很容易被黑客利用的地方，如果黑客截取了 Web 浏览器和网站服务器之间的传输信息，就可以直接读懂其中的信息，因此 HTTP 协议不适合传输一些重要的、敏感的信息，例如信用卡密码及支付验证码等。

HTTPS 协议就是为了解决 HTTP 协议的这一安全缺陷而出生的，为了数据传输的安全，HTTPS 在 HTTP 的基础上加入了 SSL 协议，SSL 依靠证书来验证服务器的身份，为浏览器和服务器之间的通信加密，这样即使黑客截取了发送过程中的信息，也无法破解读懂它，所以，网站及用户的信息便得到了最大的安全保障。

总体来说，HTTP 是超文本传输协议，信息是明文传输，HTTPS 则是具有安全性的 SSL 加密传输协议。HTTP 和 HTTPS 使用的是完全不同的连接方式，使用的端口也不一样，HTTP 默认是 80 端口，而 HTTPS 默认是 443 端口。

6.7 Cookie 和 Session 有什么区别？

Cookie 和 Session 之间有如下几点区别：

① Session 数据存放在服务器端，Cookie 数据存放在客户端（浏览器）。

② Session 的运行依赖 Session ID，而 Session ID 是存在 Cookie 中的，即如果浏览器禁用了 Cookie，那么同时 Session 也会失效。在存储 Session 时，键与 Cookie 中的 Session Id 相同，值是开发人员设置的

键值对信息，进行了 Base64 编码，过期时间由开发人员设置。

③ Cookie 安全性比 Session 差。

④ 单个 Cookie 保存的数据不能超过 4k，很多浏览器都限制一个站点最多保存 20 个 Cookie。

6.8 域名和 IP 之间有什么关系？如何查看某个域名对应的 IP 地址？

互联网（Internet）上有成千上百万台主机（host），为了区分这些主机，人们给每台主机都分配了一个专门的“地址”作为标识，称为 IP 地址。由于 IP 地址全是数字，为了便于用户记忆，Internet 上引进了域名服务系统 DNS（Domain Name System）。当用户键入某个域名的时候，这个信息首先到达提供此域名解析的服务器上，域名解析器会将此域名解析为相应网站的 IP 地址。完成这一任务的过程就称为域名解析。

可以使用 ping、nslookup 等工具来查看某个域名对应的 IP 地址。

6.9 在 HTTP 协议头中，keep-alive 字段有什么作用？

HTTP 协议采用“请求-应答”模式，当使用普通模式，即非 keep-alive 模式时，每个请求应答客户和服务器都要新建一个连接，完成之后立即断开连接（HTTP 协议为无连接的协议）。

当使用 keep-alive 模式（又称持久连接、连接重用）时，keep-alive 功能使客户端到服务器端的连接持续有效。当出现对服务器的后继请求时，keep-alive 功能避免了建立或者重新建立连接。

通过使用 keep-alive 机制，可以减少 TCP 连接建立次数，也意味着可以减少 time_wait 状态连接，以此提高性能和提高 httpd 服务器的吞吐率。更少的 TCP 连接意味着更少的系统内核调用，socket 的 accept()和 close()调用。

6.10 HTTP 常用的状态码（Status Code）有哪些？

当用户访问一个网页时，浏览器会向网页所在服务器发出请求。当浏览器接收并显示网页前，此网页所在的服务器会返回一个包含 HTTP 状态码的信息头（server header）用以响应浏览器的请求。HTTP 状态码的英文为 HTTP Status Code。

HTTP 状态码由三个十进制数字组成，第一个十进制数字定义了状态码的类型，HTTP 状态码共分为 5 种类型：

分类	分类描述
1**	信息，服务器收到请求，需要请求者继续执行操作
2**	成功，操作被成功接收并处理
3**	重定向，需要进一步的操作以完成请求
4**	客户端错误，请求包含语法错误或无法完成请求
5**	服务器错误，服务器在处理请求的过程中发生了错误

常见的 HTTP 状态码列表：

状态码	状态码英文名称	中文描述
100	Continue	继续。客户端应继续其请求
101	Switching Protocols	切换协议。服务器根据客户端的请求切换协议。只能切换到更高级的协议，例如，切换到 HTTP 的新版本协议
200	OK	请求成功。一般用于 GET 与 POST 请求
201	Created	已创建。成功请求并创建了新的资源
202	Accepted	已接受。已经接受请求，但未处理完成
203	Non-Authoritative Information	非授权信息。请求成功。但返回的 meta 信息不在原始的服务器，而是一个副本
204	No Content	无内容。服务器成功处理，但未返回内容。在未更新网页的情况下，可确保浏览器继续显示当前文档
205	Reset Content	重置内容。服务器处理成功，用户终端（例如：浏览器）应重置文档视图。可通过此返回码清除浏览器的表单域
206	Partial Content	部分内容。服务器成功处理了部分 GET 请求
300	Multiple Choices	多种选择。请求的资源可包括多个位置，相应可返回一个资源特征与地址的列表用于用户终端（例如：浏览器）选择
301	Moved Permanently	永久移动。请求的资源已被永久的移动到新 URL，返回信息会包括新的 URL，浏览器会自动定向到新 URL。今后任何新的请求都应使用新的 URL 代替
302	Found	临时移动。与 301 类似。但资源只是临时被移动。客户端应继续使用原有 URL
303	See Other	查看其他地址。与 301 类似。使用 GET 和 POST 请求查看
304	Not Modified	未修改。所请求的资源未修改，服务器返回此状态码时，不会返回任何资源。客户端通常会缓存访问过的资源，通过提供一个头信息指出客户端希望只返回在指定日期之后修改的资源
305	Use Proxy	使用代理。所请求的资源必须通过代理访问
306	Unused	已经被废弃的 HTTP 状态码
307	Temporary Redirect	临时重定向。与 302 类似。使用 GET 请求重定向
400	Bad Request	客户端请求的语法错误，服务器无法理解
401	Unauthorized	请求要求用户的身份认证
402	Payment Required	保留，将来使用
403	Forbidden	服务器理解请求客户端的请求，但是拒绝执行此请求
404	Not Found	服务器无法根据客户端的请求找到资源（网页）。通过此代码，网站设计人员可设置“您所请求的资源无法找到”的个性页面
405	Method Not Allowed	客户端请求中的方法被禁止
406	Not Acceptable	服务器无法根据客户端请求的内容特性完成请求
407	Proxy Authentication Required	请求要求代理的身份认证，与 401 类似，但请求者应当使用代理进行授权
408	Request Time-out	服务器等待客户端发送的请求时间过长，超时
409	Conflict	服务器完成客户端的 PUT 请求是可能返回此代码，服务器处理请求时发生了冲突
410	Gone	客户端请求的资源已经不存在。410 不同于 404，如果资源以前有现在被永久删除了，可使用 410 代码，网站设计人员可通过 301 代码指定资源的新位置
411	Length Required	服务器无法处理客户端发送的不带 Content-Length 的请求信息
412	Precondition Failed	客户端请求信息的先决条件错误
413	Request Entity Too Large	由于请求的实体过大，服务器无法处理，因此拒绝请求。为防止客户端的连续请求，服务器可能会关闭连接。如果只是服务器暂时无法处理，则会包含一个 Retry-After 的响应信息
414	Request-URI Too Large	请求的 URL 过长（URL 通常为网址），服务器无法处理
415	Unsupported Media Type	服务器无法处理请求附带的媒体格式
416	Requested range not satisfiable	客户端请求的范围无效
417	Expectation Failed	服务器无法满足 Expect 的请求头信息
500	Internal Server Error	服务器内部错误，无法完成请求
501	Not Implemented	服务器不支持请求的功能，无法完成请求
502	Bad Gateway	作为网关或者代理工作的服务器尝试执行请求时，从远程服务器接收到了一个无效的响应
503	Service Unavailable	由于超载或系统维护，服务器暂时的无法处理客户端的请求。延时的长度可包含在服务器的 Retry-After 头信息中
504	Gateway Time-out	充当网关或代理的服务器，未及时从远端服务器获取请求
505	HTTP Version not supported	服务器不支持请求的 HTTP 协议的版本，无法完成处理

6.11 常用的爬虫框架或者模块有哪些？谈谈它们的区别或者优缺点

Python 自带 urllib 和 urllib2，也可以使用第三方的 requests 库，或者 Scrapy 框架。

urllib 和 urllib2 模块都可以做与请求 URL 相关的操作，但它们提供了不同的功能。

urllib2.urlopen 可以接收一个 Request 对象或者 URL（在接受 Request 对象时候，并以此可以来设置一个 URL 的 headers），urllib.urlopen 只接收一个 URL。

由于 urllib 有 urlencode 方法可以将字符串以 URL 进行编码，但是 urllib2 没有，因此，urllib 和 urllib2 常会一起使用。urllib2 可以接收一个 Request 类的实例来设置 URL 请求的 headers，urllib 仅可以接受 URL。

requests 是一个 HTTP 库，它可以用来对 HTTP 进行请求，是一个强大的库，但是下载和解析部分需要自己处理，灵活性更高，高并发与分布式部署也非常灵活，对于功能可以更好实现。

Scrapy 是一个封装起来的框架，它包含了下载器、解析器、日志及异常处理，基于多线程，Scrapy 基于多线程和 Twisted 的方式处理，对于固定单个网站的爬取开发有优势，但是对于多网站爬取，在并发及分布式处理方面，显得不够灵活。

6.12 Scrapy 相关

6.12.1 什么是 Scrapy？它有哪些优缺点？

Scrapy 是基于 Twisted 的一个异步爬虫网络框架，其中一个功能是发送异步请求，检测 I/O 并自动切换。对于会阻塞线程的操作，例如访问文件、数据库或者 Web、产生新的进程并需要处理新进程的输出（如运行 shell 命令）或执行系统层次操作的代码（如等待系统队列），Twisted 提供了不会阻塞代码执行的方法。

Scrapy 的优点：

- Scrapy 是异步的。
- 采取可读性更强的 Xpath 代替了正则表达式。
- 强大的统计和 log 系统。
- 同时在不同的 URL 上爬行。
- 支持 shell 方式，方便独立调试。
- 适合开发 Middleware，方便开发一些统一的过滤器。
- 通过管道的方式存入数据库。

Scrapy 的缺点：基于 Python 的爬虫框架，扩展性比较差。基于 Twisted 框架，异步框架出错后是不会停掉其他任务的，因此数据出错后难以察觉。

6.12.2 Scrapy 框架中各组件的作用是什么？

Scrapy 框架主要由六大组件组成，它们分别是调试器（Scheduler）、下载器（Downloader）、爬虫（Spider）、中间件（Middleware）（包括下载中间件（Downloader Middlewares）和爬虫中间件（Spider Middlewares））、实体管道（Item Pipeline）和 Scrapy 引擎（Scrapy Engine）。Scrapy 框架图如下所示：

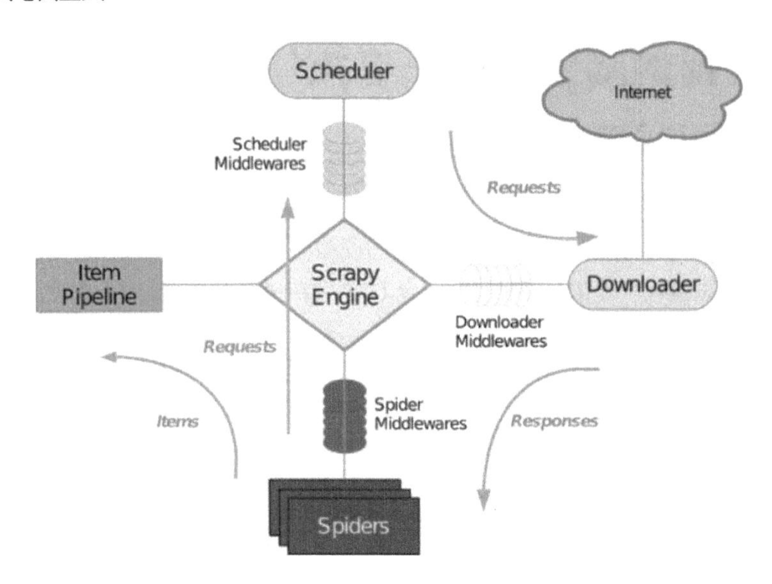

在上图中，每个组件的作用如下所示：

- **Scrapy Engine（引擎）**：负责 Spider、ItemPipeline、Downloader、Scheduler 之间的通信，信号及数据传递等。
- **Scheduler（调度器）**：负责接收引擎发送过来的 Request 请求，并按照一定的方式进行整理排列、入队，当引擎需要时，交还给引擎。
- **Downloader（下载器）**：负责下载 Scrapy Engine 发送的所有 Requests 请求，并将其获取到的 Responses 交还给 Scrapy Engine，由引擎交给 Spider 来处理。
- **Spiders（爬虫）**：负责处理所有 Responses，从中分析提取数据，获取 Item 字段需要的数据，并将需要跟进的 URL 提交给引擎，再次进入 Scheduler。
- **Item Pipeline（管道）**：负责处理 Spider 中获取到的 Item，并进行后期的处理（详细分析、过滤、存储等）的地方。
- **Downloader Middlewares（下载中间件）**：可以被当作是一个可以自定义扩展下载功能的组件，位于 Scrapy 引擎和下载器之间的框架，主要是处理 Scrapy 引擎与下载器之间的请求及响应。
- **Spider Middlewares（爬虫中间件）**：可以理解为是一个可以自定扩展和操作引擎和 Spider 中间通信的功能组件，介于 Scrapy 引擎和爬虫之间的框架，主要工作是处理蜘蛛的响应输入和请求输出，例如进入 Spider 的 Responses 和从 Spider 出去的 Requests。

6.12.3 其他

【真题 356】描述下 Scrapy 框架运行的机制？

答案：从 start_urls 里获取第一批 URL 并发送请求，请求由引擎交给调度器的请求队列，获取完毕后，调度器将请求队列里的请求交给下载器去获取请求对应的响应资源，并将响应交给自己编写的解析方法做提取处理：

① 如果提取出需要的数据，那么交给管道文件处理。

② 如果提取出的是 URL，那么继续执行之前的步骤（发送 URL 请求，并由引擎将请求交给调度器入队列...），直到请求队列里没有请求为止。

【真题 357】Scrapy 中如何实现记录爬虫的深度？

答案：DepthMiddleware 是一个用于追踪每个 Request 在被爬取的网站的深度的中间件，其可以用来限制爬取的最大深度或实现类似的作用。

```
class scrapy.contrib.spidermiddleware.depth.DepthMiddleware
```

DepthMiddleware 可以通过下列设置进行配置：

- DEPTH_LIMIT——爬取所允许的最大深度，如果为 0，那么没有限制。
- DEPTH_STATS——是否收集爬取状态。
- DEPTH_PRIORITY——是否根据其深度对 Request 安排优先级。

【真题 358】Scrapy 中的 pipelines 工作原理是什么？

答案：Scrapy 提供了 pipeline 模块来执行保存数据的操作。在创建的 Scrapy 项目中自动创建了一个 pipeline.py 文件，同时创建了一个默认的 Pipeline 类。可以根据需要自定义 Pipeline 类，然后在 settings.py 文件中进行配置即可。

【真题 359】Scrapy 的 pipelines 如何丢弃一个 item 对象？

答案：到 pipelines 的时候不执行持久化保存就会丢弃掉对应的对象。

【真题 360】Scrapy-Redis 组件的作用是什么？

答案：Scrapy-Redis 是一个 Scrapy 框架基于 Redis 数据库的组件，通过它可以快速实现简单分布式爬虫程序，常用于 Scrapy 项目的分布式开发和部署。该组件本质上提供了三大功能：

- scheduler——调度器。
- dupefilter——URL 去重规则（被调度器使用）。
- pipeline——数据持久化。

【真题 361】Scrapy-Redis 组件如何实现任务的去重？

答案：定义去重规则（被调度器调用并应用）：

1）Scrapy-Redis 内部会使用以下配置来连接 Redis：

```
# REDIS_HOST = 'localhost'                          # 主机名
# REDIS_PORT = 6379                                  # 端口
# REDIS_URL = 'redis://user:pass@hostname:9001'     # 连接 URL（优先于以上配置）
# REDIS_PARAMS  = {}                                 # Redis 连接参数          默认：REDIS_PARAMS
= {'socket_timeout': 30,'socket_connect_timeout': 30,'retry_on_timeout': True,'encoding': REDIS_ENCODING,}）
# REDIS_PARAMS['redis_cls'] = 'myproject.RedisClient' # 指定连接 Redis 的 Python 模块  默认：redis.StrictRedis
# REDIS_ENCODING = "utf-8"                           # redis 编码类型          默认：'utf-8'
```

2）去重规则通过 Redis 的集合完成，集合的 Key 为

```
key = defaults.DUPEFILTER_KEY % {'timestamp': int(time.time())}
```

默认配置：

```
DUPEFILTER_KEY = 'dupefilter:%(timestamp)s'
```

3）去重规则中将 URL 转换成唯一标识，然后在 Redis 中检查是否已经在集合中存在：

```
from scrapy.utils import request
from scrapy.http import Request

req = Request(url='http://blog.itpub.net/26736162/abstract/1/')
result = request.request_fingerprint(req)
print(result)
```

示例：

#URL 参数位置不同时，计算结果一致；

```
#默认请求头不在计算范围，include_headers 可以设置指定请求头

from scrapy.utils import request
from scrapy.http import Request

req = Request(url='http://www.baidu.com?name=8&id=1',callback=lambda x:print(x),cookies={'k1':'vvvvv'})
```

```
result = request.request_fingerprint(req,include_headers=['cookies',])
print(result)

req = Request(url='http://www.baidu.com?id=1&name=8',callback=lambda x:print(x),cookies={'k1':666})
result = request.request_fingerprint(req,include_headers=['cookies',])
print(result)
```

【真题 362】在 Scrapy 框架中如何设置代理？

答案：可以使用如下两种方式：

```
from scrapy.downloadermiddlewares.httpproxy import HttpProxyMiddleware
from urllib.request import getproxies
```

【真题 363】Scrapy 框架中如何实现大文件的下载？

答案：可以使用 FilesPipeline 或 ImagesPipeline 方法。

【真题 364】Scrapy 中如何实现限速？

答案：修改 setting 文件的 AUTOTHROTTLE_START_DELAY 参数，该参数表示开始下载时限速并延迟时间。

【真题 365】Scrapy 中如何实现暂定爬虫？

答案：可以使用类似“scrapy crawl zhihu -s JOBDIR=remain/001”的命令。

【真题 366】Scrapy 中如何进行自定制命令？

答案：在 spiders 同级创建任意目录，例如：commands。在其中创建 crawlall.py 文件（此处文件名就是自定义的命令）：

```
from scrapy.commands import ScrapyCommand
from scrapy.utils.project import get_project_settings

class Command(ScrapyCommand):

        requires_project = True

        def syntax(self):
            return '[options]'

        def short_desc(self):
            return 'Runs all of the spiders'

        def run(self, args, opts):
            spider_list = self.crawler_process.spiders.list()
            for name in spider_list:
                self.crawler_process.crawl(name, **opts.__dict__)
            self.crawler_process.start()
```

在 settings.py 中添加配置 COMMANDS_MODULE='项目名称.目录名称',然后在项目目录执行命令：scrapy crawlall 即可。

【真题 367】Scrapy 和 Scrapy-Redis 有什么区别？为什么选择 Redis 数据库？

答案：Scrapy 是一个 Python 爬虫框架，爬取效率极高，且具有高度定制性，但是不支持分布式。Scrapy-Redis 是一套基于 Redis 数据库、运行在 Scrapy 框架之上的组件，可以让 Scrapy 支持分布式策略，Slaver 端共享 Master 端 Redis 数据库里的 item 队列、请求队列和请求指纹集合。

为什么选择 Redis 数据库呢？因为 Redis 支持主从同步，而且数据都是缓存在内存中的，所以基于 Redis 的分布式爬虫，对请求和数据的高频读取效率非常高。

【真题 368】谈谈你对 Scrapy 的理解？

答案：Scrapy 是一个为了爬取网站数据，提取结构性数据而编写的应用框架，只需要实现少量代码，就能够快速地抓取到数据内容。Scrapy 使用了 Twisted 异步网络框架来处理网络通信，可以加快下载速度，不用自己去实现异步框架，并且包含了各种中间件接口，可以灵活的完成各种需求。

【真题 369】怎么让 Scrapy 框架发送一个 post 请求？

答案：可以使用 FormRequest。

【真题 370】怎么判断网站是否更新？

答案：使用 MD5 数字签名：每次下载网页时，把服务器返回的数据流 ResponseStream 先放在内存缓冲区，然后对 ResponseStream 生成 MD5 数字签名 S1，下次下载同样生成签名 S2，比较 S2 和 S1，如果相同，则页面没有更新，否则网页就有更新。

【真题 371】什么是增量爬取？

答案：增量爬取即保存上一次状态，本次抓取时会首先与上次比对，如果不在上次的状态中，那么便视为增量，并保存下来。对于 Scrapy 来说，上一次的状态是抓取的特征数据和上次爬取的 request 队列（URL 列表），request 队列可以通过 scrapy.core.scheduler 的 pending_requests 成员得到，在爬虫启动时导入上次爬取的特征数据，并且用上次 request 队列的数据作为 start url 进行爬取，只要是不在上一次状态中的数据便保存下来。

选用 BloomFilter 原因：对爬虫爬取数据的保存有多种形式，可以是数据库，可以是磁盘文件等，不管是数据库，还是磁盘文件，进行扫描和存储都有很大的时间和空间上的开销，为了从时间和空间上提升性能，故选用 BloomFilter 作为上一次爬取数据的保存。保存的特征数据可以是数据的某几项，即监控这几项数据，一旦这几项数据有变化，便视为增量持久化下来，根据增量的规则可以对保存的状态数据进行约束。例如：可以选网页更新的时间、索引次数或是网页的实际内容、cookie 的更新等。

【真题 372】爬虫向数据库存数据开始和结束都会发一条消息，这是 Scrapy 的哪个模块实现的？

答案：Scrapy 使用信号来通知事情发生，因此答案是 signals 模块。

【真题 373】如何设置爬取深度？

答案：Scrapy 中通过在 settings.py 中设置 depth_limit 的值可以限制爬取深度，这个深度是与 start_urls 中定义 URL 的相对值，也就是相对 URL 的深度。若定义 URL 为 http://www.domz.com/game/，而 depth_limit=1 那么限制爬取的只能是此 URL 下一级的网页。深度大于设置值的将被忽视。

6.13 应用实例

6.13.1 统计并存储标签中所有单词及数目

1）下载 https://en.wikipedia.org/wiki/Machine_translation 页面的内容并保存为 mt.html，需要编写代码来下载页面。

2）统计 mt.html 中<p>标签中所有单词以及数目并存储到 mt_word.txt 中。

文件 mt_word.txt 有如下几点要求：

a．每个单词一行。单词在前，单词出现的次数在后，中间用 Tab（\t）进行分隔。

b．单词要按照单词数目从多到少的顺序进行排列。例如说单词 a 出现了 100 次，单词 b 出现了 10 次，则单词 a 要在单词 b 的前面。

3）提取出 mt.html 中所有的年份信息（例如，页面中的 1629、1951 这些的四位数字就是年份）存储到 mt_year.txt 中。mt_year.txt 有如下几点要求：

a．每个年份是一行。

b．年份需要从过去到现在的顺序进行排列。例如，文章中出现了 2007 和 1997，则 1997 需要排在 2007 的前面。

要求：

1）仅限 Python 编程，而且仅仅可以使用 Python 自带的函数或库。

2）提交可执行的程序以及 mt.html、mt_word.txt、mt_year.txt。

3）限定在一个小时内完成。

答案：需要用到 requests、BeautifulSoup 和 re 模块，代码如下所示：

```
import requests
from bs4 import BeautifulSoup
import re
session = requests.session()
response = session.get(url="https://en.wikipedia.org/wiki/Machine_translation")
with open('mt.html','wb') as f:
    f.write(response.content)

# 解析页面，拿到所有的 p 标签中的文本
soup = BeautifulSoup(response.text,features="lxml")
tag2 = soup.find_all(name='p')
list_p = []
for i in tag2:
    list_p.append(i.get_text())

# 将所有的文本合并成一个字符串
str_p = ' '.join(list_p)
word_set = set()
for word in str_p.split():
    word = word.strip(',.()""/; ')
    word_set.add(word)
# word_dict = {}
word_list = []
for word in word_set:
    if word == '':
        continue
    # word_dict[word] = str_p.count(word)
    dict2 = {word:str_p.count(word)}
    word_list.append(dict2)

# 将单词按照数目反序排列，然后写入文件
blist = sorted(word_list,key = lambda x:list(x.values())[0],reverse =True)
with open('mt_word.txt','w') as f:
    for item in blist:
        for k,v in item.items():
            line = k + '\t' + str(v) + '\n'
            f.write(line)

year = re.compile(r'\d{4}')
years_list = re.findall(year,response.text)
years_list = sorted(list(set(years_list)))
with open('mt_year.txt','w') as f:
    for year in years_list:
        line = year + '\n'
        f.write(line)
```

6.13.2 使用 Python 爬虫爬取小麦苗博客的链接地址并保存到本地 Excel 中

小麦苗博客的地址为 http://blog.itpub.net/26736162/abstract/1/，爬取相关的链接地址并保存到本地 Excel 中。

完整代码如下所示：

```
import requests
import re
import xlwt
url = 'http://blog.itpub.net/26736162/list/%d/'
pattern = re.compile(r'<a target=_blank href="(.*?)" class="w750"><p class="title">(.*?)</p></a>')
def set_style(name, height,colour_index,horz=xlwt.Alignment.HORZ_LEFT,bold=False):
    style = xlwt.XFStyle()  # 初始化样式
    font = xlwt.Font()  # 为样式创建字体
    font.name = name
    font.bold = bold
    font.colour_index = colour_index  #1 白 2 红 3 绿 4 蓝 5 黄 0 = Black, 1 = White, 2 = Red, 3 = Green, 4 = Blue, 5 = Yellow, 6 = Magenta, 7 = Cyan
    font.height = height #0x190 是 16 进制，换成 10 进制为 400，然后除以 20，就得到字体的大小为 20
    style.font = font
    # 设置单元格对齐方式
    alignment = xlwt.Alignment()  # 创建 alignment
    alignment.horz = horz  # 设置水平对齐为居中，May be: HORZ_GENERAL, HORZ_LEFT, HORZ_CENTER, HORZ_RIGHT, HORZ_FILLED, HORZ_JUSTIFIED, HORZ_CENTER_ACROSS_SEL, HORZ_DISTRIBUTED
    alignment.vert = xlwt.Alignment.VERT_CENTER  # 设置垂直对齐为居中，May be: VERT_TOP, VERT_CENTER, VERT_BOTTOM, VERT_JUSTIFIED, VERT_DISTRIBUTED
    style.alignment = alignment  # 应用 alignment 到 style3 上
    # 设置单元格边框
    borders = xlwt.Borders()  # 创建 borders
    borders.left = xlwt.Borders.DASHED  # 设置左边框的类型为虚线 May be: NO_LINE, THIN, MEDIUM, DASHED, DOTTED, THICK, DOUBLE, HAIR, MEDIUM_DASHED, THIN_DASH_DOTTED, MEDIUM_DASH_DOTTED, THIN_DASH_DOT_ DOTTED, MEDIUM_DASH_DOT_DOTTED, SLANTED_ MEDIUM_DASH_DOTTED, or 0x00 through 0x0D.
    borders.right = xlwt.Borders.THIN  # 设置右边框的类型为细线
    borders.top = xlwt.Borders.THIN  # 设置上边框的类型为打点的
    borders.bottom = xlwt.Borders.THIN  # 设置底部边框类型为粗线
    borders.left_colour = 0x10  # 设置左边框线条颜色
    borders.right_colour = 0x20
    borders.top_colour = 0x30
    borders.bottom_colour = 0x40
    style.borders = borders  # 将 borders 应用到 style1 上
    return style
def init_excel():
    f = xlwt.Workbook(encoding='gbk')  # 创建工作薄
    # 创建个人信息表
    sheet1 = f.add_sheet(u'小麦苗 itpub 博客链接地址', cell_overwrite_ok=True)
    sheet1.col(0).width = 256 * 50
    sheet1.col(1).width = 256 * 50
    rowTitle = [u'博客文章标题', u'链接地址']
    #rowDatas = [[u'张一', u'男', u'18'], [u'李二', u'女', u'20'], [u'黄三', u'男', u'38'], [u'刘四', u'男', u'88']]
    for i in range(0, len(rowTitle)):
        sheet1.write(0, i, rowTitle[i], set_style('Courier New', 220, 2, xlwt.Alignment.HORZ_ CENTER, True))  # 后面是设置样式
    f.save('./download/excel_write_base.xlsx')
    return  f,sheet1
# 写 excel
def write_excel(rowDatas,f,rowIndex):
    f_excel=f[0]
    f_sheet=f[1]
    rowIndex= rowIndex if rowIndex == 0 else rowIndex*20
    for k in range(0, len(rowDatas)):  # 先遍历外层的集合，即每行数据
        for j in range(0, len(rowDatas[k])):  # 再遍历内层集合
```

```
                        if j == 1:
                            # 写入数据，k+1 表示先去掉标题行，另外每一行数据也会变化，j 正好表示第一列数据的变化，rowdatas[k][j] 插入数据
                            f_sheet.write(k +rowIndex+ 1, j,
                                          xlwt.Formula('HYPERLINK("%s","%s")' % (rowDatas[k][::-1][j], rowDatas[k][::-1][j])), set_style('Courier New', 180,4))
                        else:
                            f_sheet.write(k +rowIndex+ 1, j, rowDatas[k][::-1][j],set_style('Courier New', 180,0))
                        f_excel.save('./download/excel_write_base.xlsx')
    headers = {
        'User-Agent': 'Mozilla/5.0 (Windows NT 10.0; WOW64) AppleWebKit/537.36 (KHTML, like Gecko) Chrome/63.0.3239.84 Safari/537.36'}
    def loadHtml(page):
        if page >= 1:
            f=init_excel() #初始化一个 Excel 工作簿，包括 sheet
            for p in range(1, page + 1):
                url_itpub = url % (p)
                print(url_itpub)
                response = requests.get(url=url_itpub, headers=headers)
                response.encoding = 'utf-8'
                content = response.text
                # print(content)
                # Ctrl + Alt + V:提取变量
                items = pattern.findall(content)
                # print(items)
                # write2file(items)
                write_excel(items,f,p-1)
            pass
        else:
            print('请输入数字!!! ')
        pass
    if __name__ == '__main__':
        page = int(input('请输入需要爬取多少页：'))
        loadHtml(page)
```

运行结果如下所示：

	A	B
1	博客文章标题	链接地址
2	【爬虫】利用Python爬虫爬取小麦苗itpub博客的所有文章的连接	http://blog.itpub.net/26736162/viewspace-2286553/
3	火狐（Firefox）如何移除add security exception添加的网	http://blog.itpub.net/26736162/viewspace-2286064/
4	如何将网页保存成mhtml格式	http://blog.itpub.net/26736162/viewspace-2285988/
5	Windows下安装MongoDB	http://blog.itpub.net/26736162/viewspace-2285966/
6	【爬虫】python爬虫从入门到放弃	http://blog.itpub.net/26736162/viewspace-2285848/
7	【爬虫】网页抓包工具--Charles的使用教程	http://blog.itpub.net/26736162/viewspace-2285754/
8	【爬虫】网页抓包工具--Fiddler	http://blog.itpub.net/26736162/viewspace-2285735/
9	Tesseract-OCR的使用---提取图片中的文字（OneNote）	http://blog.itpub.net/26736162/viewspace-2285595/
10	【PDB升级】12.1.0.2的PDB升级到12.2.0.2的实验	http://blog.itpub.net/26736162/viewspace-2284343/

如果想把这些博客内容全部保存为 MHTML 格式，那么应该如何操作呢？首先应该了解一下什么是 MHTML。

网页归档（MIME HTML 或 MIME Encapsulation of Aggregate HTML Documents，又称单一档案网页、聚合 HTML 文档或网页封存档案）可以将一个多附件网页（如包含大量图片、Flash 动画、Java 小程序的网页）储存为单一档案，可用于发送 HTML 电子邮件，此单一档案即称为一网页封存档案，其副档名为.mht。这种格式有时被简称为 MHT。单个文件网页可将网站的所有元素（包括文本和图形）都保存到单个文件中。HTML 页面中的图形和其他功能必须分开存放，也需要原始文件上引用，而 MHTML 可以

把网页上的附件储存为单一网页。

将博客内容保存为 MHTML 格式的代码如下所示，主要用到了 win32api、win32con 和 webbrowser 包：

```
# coding=utf-8

import win32api
import win32con
import time
import webbrowser

import requests
import re
# 博客园
# url = 'https://www.cnblogs.com/lhrbest/default.html?page=%d'
# pattern=re.compile(r'class="postTitle2" href="(.*?)">')
url = 'http://blog.itpub.net/26736162/list/%d/'
pattern=re.compile(r'<a target=_blank href="(.*?)" class="w750"><p class="title">')
headers = {'User-Agent':'Mozilla/5.0 (Windows NT 10.0; WOW64) AppleWebKit/537.36 (KHTML, like Gecko) Chrome/63.0.3239.84 
Safari/537.36'}


webbrowser.register('QQBrowser', None, webbrowser.GenericBrowser(u'D:\Program Files (x86)\Tencent\QQBrowser\QQBrowser.exe'))

#将网页保存为 mhtml 格式
def save_mhtml(url):

    webbrowser.open_new_tab(url)

    time.sleep(2)


    # 按下 ctrl+s
    win32api.keybd_event(0x11, 0, 0, 0)
    win32api.keybd_event(0x53, 0, 0, 0)
    win32api.keybd_event(0x53, 0, win32con.KEYEVENTF_KEYUP, 0)
    win32api.keybd_event(0x11, 0, win32con.KEYEVENTF_KEYUP, 0)
    time.sleep(1)

    # 按下回车
    win32api.keybd_event(0x0D, 0, 0, 0)
    win32api.keybd_event(0x0D, 0, win32con.KEYEVENTF_KEYUP, 0)
    time.sleep(1)


    # 按下 ctrl+W
    win32api.keybd_event(0x11, 0, 0, 0)
    win32api.keybd_event(0x57, 0, 0, 0)
    win32api.keybd_event(0x57, 0, win32con.KEYEVENTF_KEYUP, 0)
    win32api.keybd_event(0x11, 0, win32con.KEYEVENTF_KEYUP, 0)


#for 循环调用 save_mhtml
def write2file(items):
        for item in items:
            save_mhtml(item)
```

```
def main_loadHtml(page):

    if page >= 1:

        for p in range(1,page+1):

            url_itpub = url%(p)
            print(url_itpub)

            response = requests.get(url=url_itpub,headers = headers)
            response.encoding = 'utf-8'

            content = response.text
            # print(content)

            # Ctrl + Alt + V:提取变量
            items = pattern.findall(content)
            # print(items)

            write2file(items)
        pass
    else:
        print('请输入数字！！！ ')
    pass


if __name__ =='__main__':
    page = int(input('请输入需要爬取多少页：'))
    main_loadHtml(page)
```

6.14 其他

【真题 374】Robots 协议是什么？

答案：Robots 协议（也称为爬虫协议、爬虫规则、机器人协议等）的全称是“网络爬虫排除标准”（Robots Exclusion Protocol），网站通过 Robots 协议告诉搜索引擎哪些页面可以抓取，哪些页面不能抓取。Robots 协议是网站国际互联网界通行的道德规范，其目的是保护网站数据和敏感信息，以确保用户个人信息和隐私不被侵犯。因为它不是命令，所以需要搜索引擎自觉遵守。

【真题 375】爬虫能爬取哪些数据？

答案：只要能请求到的连接，基本上都可以获取。可以是网页文本：例如 HTML 文档，Json 格式化文本等；可以是图片：获取到的是二进制文件，保存为图片格式；可以是视频：同样是二进制文件。

【真题 376】如何解析爬取到的数据？

答案：常用方法有：①直接处理；②Json 解析；③正则表达式处理；④BeautifulSoup 解析处理；⑤PyQuery 解析处理；⑥XPath 解析处理。

【真题 377】列举使用过的 Python 网络爬虫所用到的网络数据包。

答案：requests、urllib、urllib2、httplib2。

【真题 378】列举使用过的 Python 网络爬虫所用到的解析数据包。

答案：BeautifulSoup、pyquery、Xpath、lxml。

【真题 379】通过爬虫爬取到的数据有哪些保存方式？

答案：可以通过以下几种方式来保存：

- 文本：纯文本、Json 及 Xml 等。
- 关系型数据库：例如 MySQL、Oracle 及 SQL Server 等结构化数据库。
- 非关系型数据库：MongoDB、Redis 等 key-value 形式存储。

【真题 380】列举使用过的 Python 中的编码方式。

答案：UTF-8、ASCII、GBK。

【真题 381】列出比较熟悉的爬虫框架。

答案：Scrapy。

【真题 382】常见的反爬虫机制有哪些？

答案：可以通过以下几种方案来解决：

① 通过 Headers 反爬虫：解决策略，伪造 Headers。

从用户请求的 Headers 反爬虫是最常见的反爬虫策略。很多网站都会对 Headers 的 User-Agent 进行检测，还有一部分网站会对 Referer 进行检测（一些资源网站的防盗链就是检测 Referer）。如果遇到了这类反爬虫机制，那么还可以直接在爬虫中添加 Headers，将浏览器的 User-Agent 复制到爬虫的 Headers 中；或者将 Referer 值修改为目标网站域名。对于检测 Headers 的反爬虫，在爬虫中修改或者添加 Headers 就能很好地绕过。

② 基于用户行为反爬虫：动态变化 IP 或通过间隔登录来爬取数据，模拟普通用户的行为。

有一部分网站是通过检测用户行为来进行反爬虫的，例如同一 IP 短时间内多次访问同一页面，或者同一账户短时间内多次进行相同操作。

大多数网站都是前一种情况，对于这种情况，使用 IP 代理就可以解决。可以专门写一个爬虫，爬取网上公开的代理 IP，检测后全部保存起来。这样的代理 IP 爬虫经常会用到，最好自己准备一个。有了大量代理 IP 后可以每请求几次更换一个 IP，这在 requests 或者 urllib2 中很容易做到，这样就能很容易的绕过第一种反爬虫。

对于第二种情况，可以在每次请求后随机间隔几秒再进行下一次请求。有些有逻辑漏洞的网站，可以通过请求几次、退出登录、重新登录、继续请求来绕过同一账号短时间内不能多次进行相同请求的限制。

③ 基于动态页面的反爬虫：跟踪服务器发送的 Ajax 请求，模拟 Ajax 请求。

上述的几种情况大多都是出现在静态页面，还有一部分网站，需要爬取的数据是通过 Ajax 请求得到或者通过 JavaScript 生成的。对于这种情况，首先用 Fiddler 对网络请求进行分析。如果能够找到 Ajax 请求，也能分析出具体的参数和响应的具体含义，那么就能直接使用 requests 或者 urllib2 模拟 Ajax 请求，对响应的 Json 进行分析得到需要的数据。

能够直接模拟 Ajax 请求获取数据固然是极好的，但是有些网站把 Ajax 请求的所有参数全部加密了。用户根本没办法构造自己所需要的数据的请求。在这种情况下，可以使用 selenium+phantomJS 调用浏览器内核，并利用 phantomJS 执行 js 来模拟人为操作以及触发页面中的 js 脚本。从填写表单到点击按钮再到滚动页面，全部都可以模拟，不考虑具体的请求和响应过程，只是完完整整地把人浏览页面获取数据的过程模拟一遍。

用这套框架几乎能绕过大多数的反爬虫，因为它不是在伪装成浏览器来获取数据（上述的通过添加 Headers 一定程度上就是为了伪装成浏览器），它本身就是浏览器，phantomJS 就是一个没有界面的浏览器，只是操控这个浏览器的不是人。使用 selenium+phantomJS 能干很多事情，例如识别点触式（12306）或者滑动式的验证码，对页面表单进行暴力破解等。

【真题 383】列举几个常用的 dom 解析项目、插件。

答案：xml、libxml2、lxml、Xpath。

【真题 384】如何提高爬取效率？

答案：可以从以下几个方面考虑：

① 爬取方面，利用异步 I/O。

② 处理方面，利用消息队列做生产者消费者模型。

【真题 385】简述 BeautifulSoup 模块的作用及基本使用？

答案：BeautifulSoup 是一个模块，该模块用于接收一个 HTML 或 XML 字符串，然后将其进行格式化，之后便可以使用它提供的方法进行快速查找指定元素，从而使得在 HTML 或 XML 中查找指定元素变得简单，例如：

- 获取 title 信息 soup.title。
- 获取 title 的属性 soup.title.attrs。

【真题 386】有一个 html 文本字符串，请取出<a href="www.baidu.com">lhraxxt</a>这个 a 标签里面的 href 的链接地址？

答案：可以使用 BeautifulSoup 模块，如下所示：

```
from bs4 import BeautifulSoup
text = "<a href='www.baidu.com'>lhraxxt</a>"
the_html = BeautifulSoup(text,features='lxml')
print(the_html.find('a').attrs['href'])
```

运行结果：

```
www.baidu.com
```

【真题 387】请简述同源策略。

答案：同源策略需要同时满足三点要求：①协议相同；②域名相同；③端口相同。例如：

- http://www.test.com 与 https://www.test.com 不同源，因为它们的协议不同。
- http://www.test.com 与 http://www.admin.com 不同源，因为它们的域名不同。
- http://www.test.com 与 http://www.test.com:8081 不同源，因为它们端口不同。

只要不满足其中任意一个要求，就不符合同源策略，就会出现“跨域”。

【真题 388】爬虫过程中验证码怎么处理？

答案：可以使用 Scrapy 自带的功能或者一些付费接口来处理。

【真题 389】分布式爬虫主要解决什么问题？

答案：解决 IP、带宽、CPU 和 I/O 等。

【真题 390】简述 Requests 模块的作用及基本使用？

答案：使用 Requests 可以模拟浏览器发送的请求。

- 发送 get 请求：requests.get()。
- 发送 post 请求：requests.post()。
- 读取请求返回内容：requests.text()。
- 保存 Cookie：requests.cookie()。

【真题 391】简述 Selenium 模块的作用及基本使用？

答案：Selenium 是一套完整的 web 应用程序测试系统，包含了测试的录制（Selenium IDE）编写及运行（Selenium Remote Control）和测试的并行处理（Selenium Grid）。Selenium 的核心 Selenium Core 基于 JsUnit，完全由 JavaScript 编写，因此可以用于任何支持 JavaScript 的浏览器上。

Selenium 是一个自动化测试工具，可以模拟真实浏览器，而爬虫中使用它主要是为了解决 Requests 无法直接执行 JavaScript 代码的问题。Selenium 实现的原理是通过驱动浏览器，完全模拟浏览器的操作，例如跳转、输入、点击以及下拉等，以得到网页渲染之后的结果，可支持多种浏览器。

【真题 392】写爬虫是用多进程好？还是多线程好？为什么？

答案：多进程爬虫可以认为是分布式爬虫的基础，在单机上也可以用。因为一般大型的网站的服务器都是采用分布式部署的，可以采用多进程同时在不同的服务器器上进行爬取。

多线程爬虫的优势：

1）有效利用 CPU 时间。

2）极大减小下载出错、阻塞对抓取速度的影响，整体上提高下载的速度。

3）对于没有反爬虫限制的网站，下载速度可以多倍增加。

局限性：

1）对于有反爬的网站，速度提升有限。

2）提高了复杂度，对编码要求更高。

3）线程越多，每个线程获得的时间就越少，同时线程切换更频繁也带来额外开销。

4）线程之间资源竞争更激烈。

在实际的数据采集过程中，既考虑网速和响应的问题，也需要考虑自身机器的硬件情况，来设置多进程或多线程。因此，如果需要爬取的数据任务量很大，那么可以考虑多进程+多线程的机制。先创建多个进程完成不同的任务，然后每个进程内部再创建多个线程，最后完成需要爬取到的数据。

【真题 393】在不使用动态爬取的情况下，如何解决同时限制 IP、Cookie、Session（其中有一些是动态生成的）？

答案：解决限制 IP 可以使用代理 IP 地址池、服务器；不适用动态爬取的情况下可以使用反编译 JS 文件获取相应的文件，或者换用其他平台（例如手机端）可以获取相应的 Json 文件。

【真题 394】在爬虫的过程中，如何解决验证码的问题？

答案：图形验证码：干扰、杂色不是特别多的图片可以使用开源库 Tesseract 进行识别，太过复杂验证码则的需要借助第三方打码平台来处理。点击和拖动滑块验证码可以借助 Selenium、无图形界面浏览器（chromedirver 或者 phantomjs）和 pillow 包来模拟人的点击和滑动操作来解决，pillow 可以根据色差识别需要滑动的位置。

【真题 395】Cookie 过期如何处理？

答案：因为 Cookie 存在过期的现象，一个很好的处理方法就是自定义一个异常类，如果有异常的话，那么 Cookie 抛出异常类在执行程序。

【真题 396】HTTPS 有什么优点和缺点？

答案：优点包括以下内容：

① 使用 HTTPS 协议可认证用户和服务器，确保数据发送到正确的客户机和服务器。

② HTTPS 协议是由 SSL+HTTP 协议构建的可进行加密传输、身份认证的网络协议，要比 HTTP 协议安全，可防止数据在传输过程中被窃取、改变，从而确保数据的完整性。

③ HTTPS 是现行架构下最安全的解决方案，虽然不是绝对安全，但它大幅增加了中间人攻击的成本。

缺点包括以下内容：

① HTTPS 协议的加密范围也比较有限，在黑客攻击、拒绝服务攻击及服务器劫持等方面几乎起不到什么作用。

② HTTPS 协议还会影响缓存，增加数据开销和功耗，甚至已有安全措施也会受到影响也会因此而受到影响。

③ SSL 证书需要钱。功能越强大的证书费用越高。个人网站、小网站没有必要，一般不会用。

④ HTTPS 连接服务器端资源占用高很多，握手阶段比较费时，对网站的相应速度有负面影响。

⑤ HTTPS 连接缓存不如 HTTP 高效。

【真题 397】HTTPS 是如何实现数据的安全传输的？

答案：HTTPS 其实就是在 HTTP 跟 TCP 中间多加了一层加密层 TLS/SSL。SSL 是个加密套件，负责对 HTTP 的数据进行加密。TLS 是 SSL 的升级版。现在提到 HTTPS，加密套件基本指的是 TLS。原先是应用层将数据直接给到 TCP 进行传输，现在改成应用层将数据给到 TLS/SSL，将数据加密后，再给到 TCP 进行传输。

【真题 398】代理 IP 里的“透明”“匿名”和“高匿”分别指的是什么？

答案：透明代理的意思是客户端根本不需要知道有代理服务器的存在，但是它传送的仍然是真实的 IP。

普通匿名代理能隐藏客户机的真实 IP，但会改变用户的请求信息，服务器端有可能会认为使用了代理。不过使用此种代理时，虽然被访问的网站不能知道请求者的 IP 地址，但仍然可以知道请求者在使用代理，当然某些能够侦测 IP 的网页仍然可以查到请求者的 IP。

高匿名代理不改变客户机的请求，这样在服务器看来就像有个真正的客户浏览器在访问它，这时客户的真实 IP 是被隐藏的，服务器端不会认为请求者使用了代理。设置代理有以下两个好处：

① 让服务器以为不是同一个客户端在请求。

② 防止真实地址被泄露，防止被追究。

【真题 399】什么是 XPath？

答案：XPath（XML Path Language，XML 路径语言）是一门在 XML 文档中查找信息的语言，可用来在 XML 文档中对元素和属性进行遍历。XPath 的选择功能十分强大，它提供了非常简洁明了的路径选择表达式，几乎所有想要定位的节点都可以用 XPath 来选择。

XPath 的常用匹配规则包括：

```
/ 代表选取直接子节点
// 代表选择所有子孙节点
. 代表选取当前节点
.. 代表选取当前节点的父节点
@ 则是加了属性的限定，选取匹配属性的特定节点
```

【真题 400】lxml 库的作用有哪些？

答案：可以使用 lxml 库来解析 HTML 代码，同时 lxml 也继承了 libxml2 的特性自动修正 HTML 代码，利用 pip 安装即可：

```
pip install lxml
```

第7章　数据分析基础知识

数据分析是数学与计算机科学相结合的产物，在历史的年轮中具有极广泛的应用范围。什么是数据分析呢？数据分析是指用统计分析方法对收集来的大量数据进行清洗、分析和提取有用信息，最终形成结论的过程。在如今的大数据时代下，数据分析师需要具备哪些技能呢？答曰：一位合格的数据分析师需要具备良好的数学基础、一定的统计学知识和基本的编程能力。无论是产品、市场、企业运营还是管理者，都需要对大量的数据进行分析研究。数据分析可帮助人们做出精准的判断，以便采取适当行动，获得最大的利益。

在这个大数据时代，数据分析显得尤为重要。良好的数据分析，是保证一个公司长久发展的前提，而做好数据分析就不得不提一些常用的数据分析工具，例如集合了 180 多个科学库及其依赖项的 Anaconda、科学计算库（Pandas、NumPy、Scipy 等）和绘图工具（Matplotlib、Seaborn）等。

典型的数据分析包含以下三个步骤：

- 探索性数据分析：一般获得的数据是无规律、无背景和无业务关联的，需要对这些数据进行清洗，即查漏补缺，确保数据的真实有效性，然后通过图表、用户画像和行为轨迹等挖掘和揭示隐含在数据中的规律。
- 数据价值挖掘：在探索性分析的基础上利用算法、模型和数据挖掘等，进一步确定数据的价值，建立合理的模型。
- 建立业务：通过挖掘的数据价值，建立一定的业务，获取效益。

7.1　Anaconda 是什么？

Anaconda 是一个开源 Python 发行版，预装了 Conda、Python 和 Jupyter Notebook 等 180 多个科学库及其依赖项。更直观的理解就是，Anaconda 是一个支持 Linux、Mac 和 Windows 系统，集众多 Python 库和环境管理软件。Anaconda 可以在同一个机器上安装不同版本的软件包及其依赖项，并能够在不同的环境之间切换，可以很方便地解决多版本 Python 并存、切换以及各种第三方包安装问题。Anaconda 利用命令 Conda 来进行包和环境的管理，也可以使用 pip 进行包的管理，并且已经包含了 Python 相关的配套工具。本节的 Anaconda 版本是 Anaconda3-2019.03-Windows-x86_64.exe。

7.2　Jupyter Notebook 介绍

7.2.1　Jupyter Notebook 是什么？

Jupyter Notebook 是一款支持实时代码、数学方程、可视化和 Markdown 的 Web 化编译工具。在原始的 Python Shell 与 IPython 中，可视化是在单独的窗口中进行，而文字资料以及各种函数和类脚本包含在独立的文档中。但是，Jupyter Notebook 能将这一切集中到一处，让用户一目了然，是一款对新手非常友好的工具，特别适合做数据分析、数据挖掘、数据可视化和机器学习等。

在了解 Jupyter Notebook 之前，需要先了解下 Ipython Notebook。Ipython Notebook 是一个性能强大的 Python 终端，Ipython Notebook 是集文本、代码、图像和公式的展现于一体的超级 Python Web 界面。但是 Ipython Notebook 从 4.0 开始被改名成 Jupyter Notebook，换句话说，Jupyter Notebook 是由 Ipython Notebook 发展而来的，其本质上是在本地搭建了一个 Jupyter Notebook 的服务器。程序员在前端编辑代码，然后把代码块提交给本地的 Python 解释器解释执行，最后再把输出的信息回传给前端显示出来。所以，为了能够使用 Jupyter Notebook，必须首先在后台运行 Jupyter Notebook 的服务器。

- 安装 Jupyter Notebook 服务器

如果没有安装 Anaconda，那么可以通过命令的方式安装 Jupyter Notebook，例如：

```
pip install --upgrade pip
python -m pip install jupyter
```

- 启动 Jupyter Notebook 服务器

方法一：如果安装了 Anaconda，那么可以通过点击快捷键方式 Jupyter Notebook 启动。

方法二：在终端环境下执行 jupyter notebook 命令。

```
jupyter notebook
```

默认的 Jupyter Notebook 运行地址是 http://localhost:8888。重新安装 Jupyter Notebook 的命令如下所示：

```
pip uninstall jupyter notebook
pip install jupyter notebook
pip3 install --upgrade --force-reinstall --no-cache-dir jupyter    #也可以使用这个命令
```

- 关闭 Jupyter Notebook

关闭运行的的 Notebook：通过在服务器主页上选中 notebook 旁边的复选框，然后点击“Shutdown”（关闭）。

关闭整个 Jupyter Notebook 服务器：通过在终端中按两次〈Ctrl+C〉，可以立即关闭所有运行中的 Notebook，因此，在关闭前最好确保保存了已经完成了的代码。

- Jupyter Notebook 界面的密码设置和配置文件生成

使用命令“jupyter notebook password”可以设置 Jupyter Notebook 启动后进入 Web 界面的密码。使用命令“jupyter notebook --generate-config”可以重新生成 Jupyter Notebook 的配置文件，默认的配置文件为（USERNAME 为 OS 的用户名）：

Windows 环境：C:\Users\USERNAME\.jupyter\jupyter_notebook_config.py

Linux 环境：/home/USERNAME/.jupyter/jupyter_notebook_config.py

- 修改 Jupyter Notebook 的默认工作目录

首先，找到.jupyter 目录下的 jupyter_notebook_config.py 配置文件；然后，打开配置文件，并找到路径参数 c.NotebookApp.notebook_dir='，然后修改配置文件中的路径参数为自己的工作目录，如下所示：

```
c.NotebookApp.notebook_dir = 'C:\AI'
```

也可以在启动的时候直接运行如下命令：

```
jupyter notebok --notebook-dir='C:\AI'
```

或先 cd 到工作目录里边，再执行“jupyter notebok”也可以。

- 修改 Jupyter Notebook 默认浏览器

方法一：如果想指定打开的默认浏览器，那么可以在配置文件中配置以下选项：

```
import webbrowser
webbrowser.register('QQBrowser', None, webbrowser.GenericBrowser(u'D:\Program Files (x86)\ Tencent\QQBrowser\QQBrowser.exe'))
c.NotebookApp.browser = 'QQBrowser'
```

其中，“D:\Program Files (x86)\Tencent\QQBrowser\QQBrowser.exe”是想用的浏览器的路径和可执行文件名称。再次打开 notebook，就会弹出新修改的浏览器。

方法二：可以去控制面板→程序→默认程序→默认应用下修改 Web 浏览器为想用的浏览器。

7.2.2 Jupyter 的 Cell 是什么？

Cell 是 Jupyter Notebook 里面的小窗格，可以在里面填写 Code、Markdown 或者是文本，当把鼠标点击到 Cell 上面，就可以在工具栏的下拉框看到 Cell 的类别，同时也可以通过下拉框进行转换 Cell 格式。其中，一个 Cell 窗格就是一个代码块。

通过点击界面右上角 New 里面的 Python3，可以创建一个名为 Untitled.ipyb 的文件。点击 Code，表示编辑代码，运行后显示代码运行结果；点击 Markdown，表示编写 Markdown 文档，运行后输出 Markdown 格式的文档；点击 Raw NBConvert，表示普通文本，运行不会输出结果。作为一位成熟的 Python 程序员，不仅要熟悉窗口的命令，还要熟练运用它们的快捷键。

常用的 Code 模式下的快捷键包括：

- Y：Cell 切换到 Code 模式。
- M：Cell 切换到 Markdown 模式。
- R：Cell 切换到 Raw NBConvert 模式。
- A：在当前 Cell 的上面添加 Cell。
- B：在当前 Cell 的下面添加 Cell。
- Z：回退。
- D（双击）：删除当前 Cell。
- L：为当前 Cell 加上行号。
- Tab 键：代码自动补全。
- Shift+Enter：执行本单元代码，并跳转到下一单元。
- Shift+M：合并 Cell。
- Shift+J：或 Shift+Down 选择下一个 Cell。
- Shift+K：或 Shift+Up 选择上一个 Cell。
- Ctrl+Enter：执行本单元代码，留在本单元。
- Ctrl+O：收起或打开全部 Output。
- Ctrl+Shift+减号：在光标处，分隔 Cell。
- Esc+F：在代码中查找、替换，忽略输出。
- Esc+O：在 Cell 和输出结果间切换。

7.2.3 Markdown 模式常用命令包括哪些?

Cell 在 Markdown 模式下，可以往 Cell 里面插入图片、文本列表和数学公式等，然而 Markdown 并不是 Jupyter Notebook 特有的，它是一种文本编辑规范。常用的 Markdown 命令包括：

✓ #：1 级标题

✓ ##：2 级标题

✓ ###：3 级标题

✓ *斜体*：*斜体*

✓ **文本**：**加粗**

✓ 嵌入图片方法

方法一：`![title](img/picture.png)`

无论 Windows 还是 Linux 路径都是右斜 “/”，前面是 “!” 符号，title 是别名，且 ipynb 文件与 img 文件在同一个目录；

方法二：<img src='图片路径'>。

7.2.4 常用 Magic 魔法指令有哪些?

Magic 函数主要包含两大类，一类是行魔法（Line magic）前缀为%，一类是单元魔法（Cell magic）前缀为%%。执行命令 lsmagic 可以查看所有魔法命令：

```
In [ ]:lsmagic
```

运行结果：

```
Available line magics:
%alias  %alias_magic  %autoawait  %autocall  %automagic  %autosave  %bookmark  %cd  %clear  %cls  %colors  %conda  %config  %connect_info  %copy  %ddir  %debug  %dhist  %dirs  %doctest_mode  %echo  %ed  %edit  %env  %gui  %hist  %history  %killbgscripts  %ldir  %less  %load  %load_ext  %loadpy  %logoff  %logon  %logstart  %logstate  %logstop  %ls  %lsmagic  %macro  %magic  %matplotlib  %mkdir  %more  %notebook  %page  %pastebin  %pdb  %pdef  %pdoc  %pfile  %pinfo  %pinfo2  %pip  %popd  %pprint  %precision  %prun  %psearch  %psource  %pushd  %pwd  %pycat  %pylab  %qtconsole  %quickref  %recall  %rehashx  %reload_ext  %ren  %rep  %rerun  %reset  %reset_selective  %rmdir  %run  %save  %sc  %set_env  %store  %sx  %system  %tb  %time  %timeit  %unalias  %unload_ext  %who  %who_ls  %whos  %xdel  %xmode

Available cell magics:
%%!  %%HTML  %%SVG  %%bash  %%capture  %%cmd  %%debug  %%file  %%html  %%javascript  %%js  %%latex  %%markdown  %%perl  %%prun  %%pypy  %%python  %%python2  %%python3  %%ruby  %%script  %%sh  %%svg  %%sx  %%system  %%time  %%timeit  %%writefile

Automagic is ON, % prefix IS NOT needed for line magics.
```

下面对常用魔法命令做一简单介绍：

（1）行魔法

- %run：运行脚本文件的命令。

```
In [ ]:%run 脚本文件的地址
%run C:\AI\HelloWord.py
# 脚本一旦被加载进来，就可以在后面的代码中使用脚本中的业务逻辑
```

- %itmeit：测试一行代码性的魔法命令。

```
In [ ]:%itme 测试内容
```

- %pwd：查找当前目录，和 linux 一样。
- %matplotlib inline：图片嵌入在 Jupyter Notebook 里面，不以单独窗口显示。
- %load：加载一个文件里面的内容。
- %whos：查看当前变量、类型、信息。
- %reset：清除变量。
- %aimport：列出需要自动重载的模块和不需要重载的模块。
- %hist：查看历史命令。
- %ls:查看当前工作文件夹的文件。

（2）单元魔法

- 测试代码块（一个 Cell）的性能魔法命令：%%time。

```
In [ ]:%%itme 测试内容
```

- %%writefile：后面紧接着一个 this_cell.py，执行 Cell 后会在当前路径下生成一个 this_cell.py 的文件，内容就是 cell 里面的内容。

```
In [ ]:%%writefile this_cell.py
import numpy as np
print(np.random.randint(1, 9))
```

- %%script：魔法操作符，可以在一个子进程中运行其他语言的解释器，包括：bash、ruby、perl、zsh 和 R 等。

```
In [ ]:%%script <name>
```

- %%capture：用于捕获 stdout/err，可以直接显示，也可以存到变量里备用。

7.3 NumPy 介绍

NumPy、Pandas、Matplotlib 被称为机器学习三剑客，其中 NumPy（Numeric Python）是用 Python 实现科学计算的开源的扩展程序库，最重要的一个特点就是具有一个快速而灵活的大数据集容器 N 维数组对象（即 Ndarray），NumPy 主要包括以下几点：

1）由实际的数据和描述这些数据的元数据组成的一个强大的 N 维数组对象 ndarray。

2）比较成熟的（广播）函数库。

3）用于整合 C/C++和 Fortran 代码的工具包。

4）实用的线性代数、傅里叶变换和随机数生成函数。

数据分析中，NumPy 数组的维数也称为秩（Rank），秩其实是描述轴的数量或者维度的数量，是一个标量。数组属性 int_hape 的返回值是一个元组，这个元组描述了每个维度中数组的大小。元组的长度 len(ndarray.shape())即为秩的值，即维度。通常 NumPy 与 SciPy（Scientific Python，一款处理插值、积分、优化、图像处理、常微分方程数值解的 Python 工具包）和 Matplotlib（绘图库）一起使用，协同工作，高效解决问题。

7.3.1 常用的 Ndarray 创建方法有哪些?

Ndarray 是一个多维的数组对象，由实际的数据和描述这些数据的元数据组成，具有矢量算术运算能力和复杂的广播能力，并具有执行速度快和节省空间的特点。通常可以直接将数组看作是一种新的数据类型，就像 list、tuple、dict 一样，但数组中所有元素的类型必须是一致的。Python 支持的数据类型有整型、浮点型以及复数型，但这些类型不足以满足科学计算的需求，因此，NumPy 中添加了许多其他的数据类型，例如 bool、intp、intc、uint8、complex64 等。那么，NumPy 的数组对象是怎么创建的呢？下面详细讲解常用的几种创建方法。

（1）由 list 创建

NumPy 默认所有元素是 ndarray 类型，如果传进来的列表中包含不同的类型，那么统一默认为同一类型，类型的优先级为：str>float>int。

例如：

```
In [ ]:import numpy as np
m = np.array([[1, 2, 3], [4, 5, 6]])
m, type(m)
```

运行结果：

```
(array([[1, 2, 3],
        [4, 5, 6]]), numpy.ndarray)
```

例如：

```
In [ ]:import numpy as np
m2 = np.array([1, 3.14, 'xxt'])
m2, type(m2)
```

运行结果：

```
(array(['1', '3.14', 'xxt'], dtype='<U32'), numpy.ndarray)
```

（2）由 np.ones()函数创建

np.ones(shape, dtype=None, order='C')是由 1 组成的 ndarray，例如：

```
In [ ]:np.ones(shape=(3, 5), dtype=np.int8)
```

运行结果：

```
array([[1, 1, 1, 1, 1],
       [1, 1, 1, 1, 1],
       [1, 1, 1, 1, 1]], dtype=int8)
```

（3）由 np.zeros()函数创建

np.zeros(shape, dtype=float, order='C')是由 0 组成的 ndarray，例如：

```
In [ ]:np.zeros(shape=(2, 3), dtype=np.int8)
```

运行结果：

```
array([[0, 0, 0],
       [0, 0, 0]], dtype=int8)
```

（4）由 np.full()函数创建

np.full(shape, fill_value, dtype=None, order='C')创建的 ndarray 的每个值都是一样的，例如：

```
In [ ]:np.full(shape=(5, 3), fill_value=5.21)
```

运行结果：

```
array([[5.21, 5.21, 5.21],
       [5.21, 5.21, 5.21],
       [5.21, 5.21, 5.21],
       [5.21, 5.21, 5.21],
       [5.21, 5.21, 5.21]])
```

（5）由 np.eye()函数创建

np.eye(N, M=None, k=0, dtype=float)的 ndarray 是对角线为 1 其他位置为 0，例如：

```
In [ ]:np.eye(5)
```

运行结果：

```
array([[1., 0., 0., 0., 0.],
       [0., 1., 0., 0., 0.],
       [0., 0., 1., 0., 0.],
       [0., 0., 0., 1., 0.],
       [0., 0., 0., 0., 1.]])
```

（6）由 np.linspace()函数创建

np.linspace(start, stop, num=50, endpoint=True, retstep=False, dtype=None)，得到的是等分的 ndarray 元组。

```
In [ ]:np.linspace(1, 17, num=8, endpoint=False, retstep=True)
```

运行结果：

```
(array([ 1.,  3.,  5.,  7.,  9., 11., 13., 15.]), 2.0)
```

（7）由 np.arange()函数创建

np.arange([start,]stop, [step,]dtype=None)，得到的是左闭右开的等差 ndarray，例如：

```
In [ ]:np.arange(1, 15, step=2)
```

运行结果：

```
array([ 1,  3,  5,  7,  9, 11, 13])
```

（8）由 np.random 下的函数创建

np.random.randint(low, high=None, size=None, dtype='l')，得到的是随机整数 ndarray，例如：

```
In [ ]:np.random.randint(-19, 100, size=(2, 3))
```

运行结果：

```
array([[ 69,   57, -15],
       [ 75,   98,   70]])
```

np.random.randn(2,3)，得到的是标准正态分布的 ndarray，例如：

```
In [ ]:np.random.randn(2, 3)
```

运行结果：

```
array([[ 1.69885152,   1.48950049,   0.70329135],
       [-0.24697733,   0.64959834, -1.4686878 ]])
np.random.random(size=None)，生成左闭右开 0 到 1 的随机数，例如：
In [ ]:np.random.random(size=(2, 3))
```

运行结果：

```
array([[0.18973601, 0.58925185, 0.19179516],
       [0.37100585, 0.87251941, 0.80662179]])
```

7.3.2 Ndarray 的属性有哪几个？

Ndarray 常用的属性有 dtype、shape、ndim 和 size 等。其中，shape 函数是 numpy.core.fromnumeric 中的函数，它的功能是读取矩阵的长度，例如 shape[0]就是读取矩阵第一维度的长度。ndarray.shape 的返回值有几位数字，ndarray 就是几维数组。

其表示的意义如下：

属性	描述
dtype	返回数组元素的类型
ndim	返回数组的维度
shape	返回数组中的每个维度的大小，用 tuple 表示
size	返回数组中元素的个数，其值等于 shape 中所有整数的乘积
itemsize	返回数组中每个元素的字节大小
T	返回数组的转置
flat	返回一个数组的迭代器，对 flat 赋值将导致整个数组的元素被覆盖
real/imag	返回复数数组的实部/虚部
nbytes	返回数组占用的存储空间

例一：

```
In [ ]:nd = np.array([[[1, 2, 3], [4, 5, 6]], [[7, 8, 9], [10, 11, 12]]])
    # 表示 2 行 2 列的 3 个平面（plane）
    print('数据类型：', type(nd))
    print('NumPy 的形状：', nd.shape)
    print('NumPy 的维度', nd.ndim)
```

运行结果：

```
数据类型： <class 'numpy.ndarray'>
NumPy 的形状： (2, 2, 3)
NumPy 的维度 3
```

例二：

```
In [ ]:a = np.random.randint(1, 9, size=(5, 6))
In [ ]:print(a.ndim, a.dtype, a.shape, a.size)
```

运行结果：

```
2 int32(5,6)30
```

7.3.3 常用 Ndarray 方法

方法	解释
astype(dtype)	返回指定元素类型的数组副本
argmax()/argmin()	返回最大值/最小值的索引
copy()	返回的是数组的深复制
cumprod()	返回指定轴的累积
compress()	返回满足条件的元素构成的数组
flatten()	返回将原数组压缩成一维数组的复制（全新的数组）
fill(value)	返回将数组元素全部设定为标量值 value 的数组
mean()/var()/std()	返回数组元素的均值/方差/标准差
max()/min()/ptp()	返回数组元素的最大值/最小值/取值范围
reshape()	返回重组数组形状（shape）后的数组，不改变原数组元素的个数
resize()	返回给定数组形状（shape）的数组，原数组 shape 发生改变
ravel()	返回将原数组压缩成一维数组的视图，原数组不改变
sort()	返回按照指定轴和指定算法排序的数组
sum()	返回数组中所有元素的和
take()	返回一个从原数组中根据指定的索引获取对应元素的新数组
tolist()	返回一个列表，注意与直接使用 list(array)的区别
view()	返回一个使用相同内存，但使用不同的表示方法的数组

reshape()示例：

```
In [ ]:import numpy as np
    m = np.array([[1, 2, 3], [4, 5, 6]])
    m.reshape(3,2),m
```

运行结果：

```
(array([[1, 2],
        [3, 4],
        [5, 6]]), array([[1, 2, 3],
        [4, 5, 6]]))
```

resize()示例：

```
In [ ]:m.resize((5,5),refcheck=False)
    m
```

运行结果：

```
array([[1, 2, 3, 4, 5],
        [6, 0, 0, 0, 0],
        [0, 0, 0, 0, 0],
        [0, 0, 0, 0, 0],
        [0, 0, 0, 0, 0]])
```

ravel()示例：

```
In [ ]:m.ravel()[1] = 999
```

```
m.ravel(), m
```

运行结果：

```
array([[0.95722881, 0.96113685, 0.88194609],
       [0.01099685, 0.19606067, 0.41221774]])
```

flatten()示例：

```
In [ ]:m.flatten()[2] = 666
       m.flatten(), m
```

运行结果：

```
(array([  1, 999,   3,   4,   5,   6]), array([[  1, 999,   3],
        [  4,   5,   6]]))
```

sum()、mean()和 argmax()等示例：

```
In [ ]:m.sum(), m.mean(), m.max(), m.argmax(), m.var(), m.all(), m.std(), m.ptp(
       ), m.tolist()
```

运行结果：

```
(1018,
 169.66666666666666,
 999,
 1,
 137561.22222222225,
 True,
 370.8924671953075,
 998,
 [[1, 999, 3], [4, 5, 6]])
```

7.3.4　Ndarray 的基本操作

Ndarray 内部由指向数据的指针（内存或内存映射文件中的一块数据）、数据类型（或 dtype 描述在数组中的固定大小值的格子）、表示数组形状 shape 的元组和跨度元组 stride 四部分内容组成。可以对 Ndarray 做索引和切片的操作，如下所示：

索引：当以一维数组的索引方式访问一个二维数组的时候，获取的元素不再是一个标量而是一个一维数组。既然二维数组的索引返回的是一维数组，那么就可以按照一维数组的方式访问其中的某个标量了。在一维数组里，单个索引值返回对应的标量；在二维数组里，单个索引值返回对应的一维数组；而在多维数组里，单个索引值返回的是一个纬度低一点的数组。

切片：一维数组的切片语法格式为 array[index1:index2]，意思是从 index1 索引位置开始，到 index2 索引（不包括 index2）位置结束的一段数组。当把一个值赋值为一个切片时，该值会作用于此数组片段里每一个元素。因为二维数组的索引对应的是一维数组，因此二维数组的切片是一个由一维数组组成的片段。

（1）索引和切片的基本操作

一维数组和 Python 列表结构差不多，基本索引和切片得到的结果都是原始数组的视图，修改视图也会修改原始数组。若想得到副本而非视图，就需要进行显式的复制操作。索引是通过一个无符号整数值获取数组里的值，而切片是对数组里某个片段的描述。下面通过几个示例来说明它们之间的区别：

- 创建 Ndarray。

```
In [ ]:n = np.arange(10)**3
       nd = np.array([[1, 2, 3, 4, 5], [6, 7, 8, 9, 10], [11, 12, 13, 14, 15],
                      [16, 17, 18, 19, 100]])
```

```
        print('一维数组：', n)
        print('多维数组：', nd)
```

运行结果：

```
一维数组： [  0    1    8   27   64 125 216 343 512 729]
多维数组： [[  1    2    3    4    5]
            [  6    7    8    9   10]
            [ 11   12   13   14   15]
            [ 16   17   18   19 100]]
```

● 一维数组可以被索引、切片和迭代，就像列表和其他 Python 序列一样。

```
In [ ]:print('通过索引获取元素：', n[2], n[[1, 6]])
        print('通过切片获得所需元素：', n[0:6])
        print('通过切片获得所需元素：', n[::-1])
```

运行结果：

```
通过索引获取元素：  8 [  1 216]
通过切片获得所需元素：  [  0    1    8   27   64 125]
通过切片获得所需元素：  [729 512 343 216 125   64   27    8    1    0]
```

● 多维数组每个轴可以有一个索引，这些索引以逗号分隔的元组给出。

```
In [ ]:print('通过索引获取元素：',nd[2], nd[1, 2])
        print('通过切片获得所需元素：',nd[0:2,1:3])
```

运行结果：

```
通过索引获取元素：  [11 12 13 14 15] 8
通过切片获得所需元素：  [[2 3]
                          [7 8]]
```

（2）Numpy Array 的合并和重构

● np.vstack()函数执行的是上下合并，np.hstack()函数执行的是左右合并。

例如：

```
In[ ]:import numpy as np
        A = np.array([1, 1, 1])
        B = np.array([2, 2, 2])
        print('上下合并:',np.vstack((A, B)))
        print('左右合并:',np.hstack((A, B)))
```

运行结果：

```
上下合并: [[1 1 1]
           [2 2 2]]
左右合并: [1 1 1 2 2 2]
```

● Concatenate()合并函数，axis=0 表示纵向合并，axis=1 表示横向合并。

```
In[ ]:import numpy as np
        A = np.array([[1, 1, 1], [1, 1, 1]])
        B = np.array([[2, 2, 2], [2, 2, 2]])
        C = np.concatenate((A, B), axis=0)
        D = np.concatenate((A, B), axis=1)
        print('axis=0 纵向合并:', C)
        print('axis=1 横向合并:', D)
```

运行结果：

```
axis=0 纵向合并: [[1 1 1]
```

```
                    [1 1 1]
                    [2 2 2]
                    [2 2 2]]
axis=1 横向合并: [[1 1 1 2 2 2]
                 [1 1 1 2 2 2]]
```

● 使用 reshape 函数，可以改变 Array 的结构，即重构 array，其中参数是一个 tuple。

例如：

```
In[ ]:import numpy as np
    A = np.arange(12).reshape((3, 4))
    print(A)
```

运行结果：

```
[[0  1  2  3]
 [4  5  6  7]
 [8  9 10 11]]
```

（3）广播机制

广播机制是对两个形状不同的阵列进行数学计算的处理机制，即把较小的阵列“广播”到较大阵列相同的形状尺度上，使它们对等，从而可以进行数学计算。Numpy 数组间的基础运算是一对一，也就是 a.shape==b.shape，但是当两者不一样的时候，就会自动触发广播机制，是不是任何情况都可以呢？当然不是，广播的原则是两个数组的后缘维度（Trailing Dimension，即从末尾开始算起的维度）的轴长度相符，或其中的一方的长度为 1，则认为它们是广播兼容的，否则报错。

例一：

```
In[ ]:from numpy import array
    a = array([[[1, 2, 3], [5, 6, 7]], [[11, 12, 13], [15, 16, 17]]])
    b = array([1, 1, 1])
    c = array([[1, 1, 1], [2, 2, 2]])
    print('a 的形状:%s，b 的形状:%s，c 的形状:%s' % (a.shape, b.shape, c.shape))
    print('b 的轴长是 1，可广播：', a + b)
    print('a 和 c 后缘维度都是(2,3)，可广播：', a + c)
```

运行结果：

```
a 的形状:(2, 2, 3)，b 的形状:(3,)，c 的形状:(2, 3)
b 的轴长是 1，可广播：  [[[2  3  4]
                        [6  7  8]]

                        [[12 13 14]
                        [16 17 18]]]
a 和 c 尾部都是 3，可广播：  [[[2  3  4]
                            [7  8  9]]

                            [[12 13 14]
                            [17 18 19]]]
```

例二：

```
In[ ]:c = np.array([1.0, 2.0, 3.0])
    d = 2.0
    print('c * d = ', c * d)
```

运行结果：

```
c * d =  [2. 4. 6.]
```

例三：

```
In[ ]:h = np.arange(4)
      f = np.random.randint(1, 9, size=(4, 1))
      g = np.ones((3, 4))
      e = np.ones(5)
      print(h.shape, f.shape, g.shape, e.shape)
```

运行结果：

```
(4,) (4, 1) (3, 4) (5,)
```

执行以下广播操作：

```
In[ ]:print('h + g 运行结果：', h + g)
      print('h + g 运行结果：', h + f)
      #print('h + g 运行结果：', f + g)
      #ValueError: operands could not be broadcast together with shapes (4,1) (3,4)
      print('h + g 运行结果：', f + e)
```

运行结果：

```
h + g 运行结果：  [[1. 2. 3. 4.]
                  [1. 2. 3. 4.]
                  [1. 2. 3. 4.]]
h + g 运行结果：  [[ 7   8   9 10]
                  [ 8   9 10 11]
                  [ 3   4   5   6]
                  [ 3   4   5   6]]
h + g 运行结果：  [[8. 8. 8. 8. 8.]
                  [9. 9. 9. 9. 9.]
                  [4. 4. 4. 4. 4.]
                  [4. 4. 4. 4. 4.]]
```

7.3.5 NumPy 基本运算

最简单的运算就是给数组加上一个标量，然后每个元素都加上这个标量，当然也可以进行减法、乘法和除法运算。这些运算符还可以用于两个数组的运算。在 NumPy 中这些运算符是元素级的，即只用于位置相同的元素。Python 中是没有“--”或者“++”的自减自增运算，Python 对变量进行自增自减需要使用+=或-=运算符。这两个运算符与前面的加减乘除有一点不同，运算的结果不是赋值给一个新数组，而是修改实际数据。

NumPy 作为 Python 的常用科学计算库，能实现很多通用计算，像算数平方根 sqrt()、取对数 log()和求正弦 sin()函数等，都是对数组中的每一个元素逐一进行操作的。

- 一维数组运算。

```
In[ ]:import pandas as pd   # 导入 pandas 库并领命名为 pd
      a = np.array([10, 20, 30, 40])
      b = np.arange(4)
      c = b**2
      g = a / 2
      d = np.sin(a)
      e = np.cos(a)
      f = np.tan(a)
      print('加法 a+b:', a + b, '\n', '减法 a-b:', a - b, '\n', '乘 c:', c, '\n', '除 g:', g)
      print('正弦 d:', d, '\n', '余弦 e:', e)
      print('比较 b<3:', b < 3)
```

运行结果：

```
 加法 a+b: [10 21 32 43]
 减法 a-b: [10 19 28 37]
 乘 c: [0 1 4 9]
 除 g: [ 5. 10. 15. 20.]
正弦 d: [-0.54402111   0.91294525 -0.98803162   0.74511316]
 余弦 e: [-0.83907153   0.40808206   0.15425145 -0.66693806]
比较 b<3: [ True   True   True False]
```

● 多维数组运算。

```
In[ ]:a = np.array([[1, 1, 1, 1], [2, 2, 2, 2]])
      b = np.arange(1, 9).reshape((2, 4))
      s1 = a + b
      s2 = a - b
      s3 = a * b
      s4 = b / a
      s5 = b.dot(a.T)
      s6 = a.dot(b.T)
      print('加法 a+b:', s1, '\n', '减法 a-b:', s2, '\n', '乘法 a*b:', s3, '\n', '除法 b/a:', s4)
      print('矩阵转置 a.T:', a.T, '\n', '矩阵转置 b.T:', b.T)
      print('矩阵点乘 b.dot(a):', s5, '\n', '矩阵点乘 a.dot(b):', s6)
```

运行结果：

```
加法 a+b: [[2  3  4  5]
           [7  8  9 10]]
减法 a-b: [[ 0 -1 -2 -3]
           [-3 -4 -5 -6]]
乘法 a*b: [[ 1  2  3  4]
           [10 12 14 16]]
除法 b/a: [[1.  2.  3.  4. ]
           [2.5 3.  3.5 4. ]]
矩阵转置 a.T: [[1 2]
               [1 2]
               [1 2]
               [1 2]]
矩阵转置 b.T: [[1 5]
               [2 6]
               [3 7]
               [4 8]]
矩阵点乘 b.dot(a): [[10 20]
                    [26 52]]
矩阵点乘 a.dot(b): [[10 26]
                    [20 52]]
```

7.4 Pandas 介绍

Python 数据分析库 Pandas 是基于 NumPy 的一种工具，有 Series 和 DataFrame 两大核心数据结构，是 Python 机器学习三剑客之一。该库是为了解决数据分析任务而创建的，纳入了大量库和一些标准的数据模型、提供了高效地操作大型数据集所需的工具、以及提供了大量能使我们快速便捷地处理数据的函数和方法。它使 Python 成为强大而高效的数据分析环境的重要因素之一。应用 Pandas 库时一般都会用到 NumPy 库，在开始学习前先导入 Python 库：

```
In[ ]:import pandas as pd   # 导入 pandas 库并简写为 pd
```

```
import numpy as np   # 导入 numpy 库并简写为 np
from pandas import Series, DataFrame
```

7.4.1 Series

Series 对象是一个一维的数据类型，由索引 Index 和值 Values 组成的，一个 Index 对应一个 Value。其中 Index 是 Pandas 中的 Index 对象。Values 是 NumPy 中的数组对象。简单来说，Series 中每一个元素都有一个标签，类似于 Numpy 中带标签元素的数组，由一组一维数据（Ndarray 类型）Values 和与其相关的数据索引标签 Index 组成。其中，如果 Index 值缺省，那么整数链表[0,1,2,…,len(data)-1]将会被自动初始化为 Index，然后通过索引来访问数组中的数据。

（1）Series 的创建

由列表或 NumPy 数组创建，默认索引为 0 到 N-1 的整数型索引，例如：

```
In[ ]:s1 = Series(data=['数', '据', '分', '析'], index=['a', 'b', 'c', 'd'])
      s1
```

运行结果：

```
a    数
b    据
c    分
d    析
dtype: object
```

由字典创建，如果 Data 是字典结构，那么 Index 默认为字典中的 Key 值。如果在创建时 Index 被重新赋值，那么 Value 将会与新建的 Index 对应，如果 Index 值不在字典的 Key 值中，那么 Value 将会被初始化为 NaN，例如：

```
In[ ]:s2 = Series(data={'A': 11, 'B': 22, 'C': 33, 'D': 66})
      s3 = Series(
            data={
                'A': 11,
                'B': 22,
                'C': 33,
                'D': 66
            }, index=['A', 'B', 'c', 'd', 'e'])
      display(s2, s3)
```

运行结果：

```
A    11
B    22
C    33
D    66
dtype: int64
A    11.0
B    22.0
c     NaN
d     NaN
e     NaN
dtype: float64
```

由标量创建，如果 Data 是一个标量，那么 Index 值必须被初始化，Value 值将会重复对应到每一个 Index，例：

```
In[ ]:s4 = Series(6, index=['a', 'b', 'c', 'd'])
      s4
```

运行结果：

```
a    6
b    6
c    6
d    6
dtype: int64
```

（2）Series 的索引和切片

索引和切片是一个整体，通过位置或标签做索引和通过索引切片来获取所需要的数据，还可以使用中括号取单个索引（此时返回的是元素类型），或者中括号里一个列表取多个索引（此时返回的仍然是一个 Series 类型）。Series 的操作与 Ndarray 非常类似，因此可以应用 NumPy 中的大多数函数来操作 Series，下面对 Series 的索引和切片做简单介绍。

索引分为显式索引和隐式索引，其中显式索引使用 Index 中的元素作为索引值，注意 Index 是字符串，也称为标签索引，如果需要选择多个标签的值，用[[]]来表示（相当于内[]中包含一个列表），此时是闭区间用.loc[]（推荐）表示；隐式索引，使用整数作为索引值，也称为位置索引，从 0 开始数，[0]是 Series 第一个数，[1]是 Series 第二个数，是半开区间，左闭右开，Series 不能[-1]定位索引。

切片也分为位置索引切片和标签索引切片。位置索引切片和 list 写法一样，切片要领是前切后不切，意思是前端元素包含，后端元素不包含；用标签 Index 作切片是末端元素包含的。

● 显式索引和切片，例如：

```
In[ ]:display(s1.loc['a'], s1['b':'c'])
```

运行结果：

```
'数'
b    据
c    分
dtype: object
```

● 隐式索引和切片，例如：

```
In[ ]:display(s1.iloc[0], s1[::-1])
```

运行结果：

```
'数'
d    析
c    分
b    据
a    数
dtype: object
```

（3）Series 的属性

属性	说明
shape	获取 Series 形状
size	获取 Series 大小
index	获取 Series 元素的索引
values	获取 Series 元素的数组

通过 shape 获取形状，size 获取大小，index 获取索引，values 获取数组等，例如：

```
In[ ]:display(s2.shape, s2.size, s2.index, s2.values)
```

运行结果：

```
(4,)
4
Index(['A', 'B', 'C', 'D'], dtype='object')
array([11, 22, 33, 66], dtype=int64)
```

（4）Series 的常用函数

函数	说明
copy()	复制一个 Series
drop(index)	返回删除指定项的 Series
sort_index(ascending=True)	根据索引返回已排序的新对象
idxmax()	返回含有最大值的索引位置
idxmin()	返回含有最小值的索引位置

例：

```
In[ ]:s5 = s2.copy()
     display(s5, s5.idxmax(), s5.idxmin(), s5.drop('B'))
```

运行结果：

```
A     11
B     22
C     33
D     66
dtype: int64
'D'
'A'
A     11
C     33
D     66
dtype: int64
```

7.4.2 DataFrame

DataFrame 由按一定顺序排列的多列数据组成，结构类似于 Excel 或数据库表结构的数据结构，既有行索引，也有列索引。通过前面对Series的介绍可知其只有一列，而DataFrame有多列。可以将DataFrame想成是由相同索引的 Series 组成的 Dict 类型，DataFrame 设计初衷也是将 Series 的使用场景从一维拓展到多维。DataFrame 的单元格可以存放数值、字符串等，与 Excel 或数据库很像。DataFrame 有下三部分组成：

- 行索引：Index。
- 列索引：Columns。
- 值：Values（NumPy 的二维数组）。

（1）DataFrame 的创建

创建 DataFrame 最常用的方法是传递一个字典，以字典的键作为每一列的名称，以字典的值（一个数组）作为每一列，或者，通过读取 csv 文件、mat 文件等来创建。此外，DataFrame 会自动加上每一行的索引。与 Series 一样，若传入的列与字典的键不匹配，则相应的值为 NaN。例如：

```
In[ ]:d1 = DataFrame(data={
          'Python': np.random.randint(0, 100, size=5),
          'En': np.random.randint(0, 100, size=5),
          'Math': [56, 99, 66, 68, 88]
     },
```

```
                     index=list('abcde'))
        d1
```

运行结果：

```
        Python      En    Math
    a   71          78    56
    b   34          39    99
    c   72          41    66
    d   29          52    68
    e   99          32    88
```

当传入的列与字典的键不匹配时创建 DataFrame，例如：

```
In[ ]:d2 = DataFrame(data={
            'Python': np.random.randint(0, 100, size=5),
            'En': np.random.randint(0, 100, size=5),
            'Math': [56, 99, 66, 68, 88]
        },
                     index=list('abcde'),
                     columns=['Python', 'Math', 'En', 'Nature'])
        d2
```

运行结果：

```
        Python      Math      En    Nature
    a   35          56        46    NaN
    b   20          99        70    NaN
    c   94          66        96    NaN
    d   73          68        4     NaN
    e   20          88        19    NaN
```

通过指定标签的 Serises 创建 DataFrame，例如：

```
In[ ]:d3 = DataFrame(data=np.random.randint(0, 100, size=(5, 4)),
                    index=list('ABCDE'),
                    columns=['Python', 'Math', 'En', 'Nature'])
```

运行结果：

```
        Python      Math      En    Nature
    A   79          35        19    83
    B   67          54        21    75
    C   89          26        85    97
    D   93          59        23    31
    E   16          78        9     62
```

通过合并不同的 Serises 创建 DataFrame，例如：

```
In[ ]:d4 = DataFrame(data=[s3, s2]).stack().unstack(0)
      d4
```

运行结果：

```
    0   1
    A   1.0   11.0
    B   2.0   22.0
    c   3.0   NaN
    d   4.0   NaN
    e   5.0   NaN
    C   NaN   33.0
    D   NaN   66.0
```

除以上方法外，还可以通过读取文件来生成 DataFrame，例如 pd.read_csv()、pd.read_ excel()、pd.read_json()、pd.read_sql()、pd.read_table()、读取 mysql、mongoDB 或者读取 json 文件等。读取数据文件的方法中几个重要的参数解释如下：

参数	描述
header	默认第一行为 columns，如果指定 header=None，那么表明没有索引行，第一行就是数据
index_col	默认作为索引的为第一列，可以设为 index_col 为-1，表明没有索引列
nrows	表明读取的行数
se 或 delimiter	分隔符，read_csv 默认是逗号，而 read_table 默认是制表符\t
encoding	编码格式

读取文件创建 DataFrame，例如：

```
In[ ]:d5 = pd.read_csv('.\iris.csv')   #riris 是 sklearn 自带数据集
     d5.head(3), type(d5)   #读取前三行
```

运行结果：

```
(          sepal_length   sepal_width    petal_length    petal_width species
 0              5.1           3.5            1.4             0.2    setosa
 1              4.9           3.0            1.4             0.2    setosa
 2              4.7           3.2            1.3             0.2    setosa,
 pandas.core.frame.DataFrame)
```

（2）DataFrame 的索引与切片

DataFrame 对象是一个由行 Columns、列 Index 和值 NumPy 数组组成的表。为了方便学习 DataFrame，可以将其理解为是由多个 Series 组成的表格，其中的列相当于属性，行相当于样本。在分析 DataFrame 型数据时会遇到 axis 轴的概念。其中，axis=0 是把 columns 保存下来，沿着每一列向上下执行方法；而 axis=1 是把 index 保存下来，沿着每一行向左右执行对应的方法。可以通过类似字典的方式，也可通过属性的方式对 DataFrame 的列进行索引操作。返回的 Series 拥有原 DataFrame 相同的索引，且 name 属性已经设置好了，就是相应的列名。例如 d1['Python']和 d1.Python，两者返回的结果是一样的，d1[['Python','Math']]是获取两列。

使用.loc[]加 Index 来实现行显式索引，或使用.iloc[]加整数来实现行隐式索引，或使用.ix[]（现已弃用）来实现行索引，同样返回一个 Series，index 为原来的 columns。例如 d1.loc['a']和 d1.loc[0]返回结果是一样的；对于 DataFrame 获取行索引，不能使用[]，例如 df['a']是会报错的。

DataFrame 的数据是二维的，由行列组成，直接使用中括号时索引表示的是列索引，切片表示的是行切片。例如 d1['En']['b']和 d1.loc['b','En']运行结果是一样的。下面以 d5 为例，具体学习 DataFrame 的索引与切片操作。

d5 的形状展示：

```
In[ ]:display(d5.shape, d5.columns)
```

运行结果：

```
(150, 5)
Index(['sepal_length', 'sepal_width', 'petal_length', 'petal_width',
       'species'],
      dtype='object')
```

使用 loc、iloc 方法，提取指定行，例：

```
In[ ]:d5.loc[[2]]
```

运行结果：

```
sepal_length  sepal_width  petal_length  petal_width  species
2       4.7     3.2     1.3     0.2     setosa
```

提取指定列的某几行，例：

```
In[ ]:d6 = d5.iloc[0:3, 2]
     d6
```

运行结果：

```
0    1.4
1    1.4
2    1.3
Name: petal_length, dtype: float64
```

提取某几行某几列的数据，例：

```
In[ ]:d7 = d5.iloc[0:3, 1:3]
     d7
```

运行结果：

```
sepal_width  petal_length
0      3.5     1.4
1      3.0     1.4
2      3.2     1.3
```

按条件提取数据，例：

```
In[ ]:d8 = d5[d5['species'] == 'virginica']
     display(d8.shape, d8.head(3))
```

运行结果：

```
(50, 5)
sepal_length    sepal_width    petal_length    petal_width    species
100    6.3      3.3            6.0             2.5            virginica
101    5.8      2.7            5.1             1.9            virginica
102    7.1      3.0            5.9             2.1            virginica
```

7.4.3　Series 和 DataFrame 的运算

（1）Python 操作符与 Pandas 操作函数的对应关系

使用 Python 操作符：axis=0 是以列为单位操作（参数必须是列），对所有列都有效；axis=1 是以行为单位操作（参数必须是行），对所有行都有效。下表介绍了 Python 操作符与 Pandas 操作函数的对应关系：

Python Operator	Pandas Method(s)
+	add()
-	sub(), subtract()
*	mul(), multiply()
/	truediv(), div(), divide()
//	floordiv()
%	mod()
**	pow()

（2）简单运算

Series 和 DataFrame 在进行运算时，会根据行标和列标将对应位置的值对应运算，运算时如果无法对齐，则填充 NaN。如果某个索引在 Series 的 index 上或者是 DataFrame 的 columns 上找不到，那么参与运算的两个对象就会被重新索引并形成并集，然后索引不配对的地方就是 NaN 代替。默认情况之下，将会把 Series 的索引匹配到 DataFrame 的列，向下进行广播。

```
In[ ]:s1 = Series(
          np.random.randint(50, 150, size=3), index=['a', 'b', 'c'], name='Py')
      s2 = Series(
          np.random.randint(50, 150, size=3), index=['b', 'c', 'e'], name='AI')
      pd1 = DataFrame(
          np.random.randint(0, 100, size=(5, 4)),
          index=list('abcde'),
          columns=['Python', 'En', 'Math', 'Spider'])
      pd2 = DataFrame(
          np.random.randint(0, 100, size=(5, 4)),
          index=list('abcde'),
          columns=['Python', 'En', 'Math', 'Java'])
```

Series 加法运算就是将对应 index 位置的 values 相加，例如 s1 + s2，运行结果：

```
a      NaN
b    232.0
c    216.0
e      NaN
dtype: float64
```

Dataframe 加法运算就是将相同坐标的值相加，例如 pd1 + pd2，运行结果：

```
En    Java    Math    Python    Spider
a     30      NaN     40    76    NaN
b     18      NaN     75    145   NaN
c     185     NaN     94    97    NaN
d     97      NaN     191   144   NaN
e     141     NaN     137   154   NaN
```

7.4.4 Pandas 数据处理

利用 pandas 包进行数据分析时常见的操作有：创建对象、查看对象、缺失值处理、查重、轴转换和数据透视表、统计方法、读取文件和合并操作等。

（1）创建对象（以 DataFrame 为例）

```
In[ ]:import numpy as np
      import pandas as pd
      from pandas import Series, DataFrame
      d9 = DataFrame(
          data={
              'Python': [33, 66, 77, 88, 99],
              'En': [33, 44, 55, 66, 77],
              'Math': [56, 99, 66, 68, 88]
          })
```

运行结果：

```
     Python    En    Math
0    33        33    56
1    66        44    99
```

```
     2    77        33    66
     3    88        66    68
     4    99        66    88
```

（2）查看对象

常用的查看对象的方法有 d9.head()、d9.tail(3)、d9.info()、d9.Index.unique()、d9.describe()及 d9.corr()等，这里只例举几个：

```
In[ ]:print('type:%s'%type(d9))
      print('unique:%s'%d9.En.unique())
      print('tail(3):%s'%d9.tail(3))
      print('count:%s'%d9.count())
```

运行结果：

```
type:<class 'pandas.core.frame.DataFrame'>
unique:[33 44 66]
tail(3):    Python   En    Math
2           77       33    66
3           88       66    68
4           99       66    88
count:Python    5
En          5
Math        5
dtype: int64
```

（3）缺失值处理

由于数据有多种形状和形式，对应的缺失值处理方法也有很多，其中，通过 Pandas 灵活地处理丢失的数据是 Python 最常用的方法。常用的缺失值处理方法有删除包含缺失值的行和对缺失值进行填充等。

首先，查看缺失值 d9.isnull()，如果缺失值不重要或者缺失量少，那么就去掉包含缺失值的数据 df.dropna()，默认是删除掉含有 NaN 的行。

其次，对缺失值进行填充，d9.fillna(value=0)是用 0 填充，也可用替换 NaN 值为均值或者其他值。

最后，使用 np.any(d9.isnull())==True 检测数据中是否存在 NaN，如果存在那么就返回 True。也可用 d9.isnull().any()类检测某列是否有缺失数据 NaN。

（4）删除重复元素

使用 duplicated()函数检测重复的行，返回元素为布尔类型的 Series 对象，每个元素对应一行，如果该行不是第一次出现，那么元素为 True。

```
In[ ]:d9.duplicated()
```

运行结果：

```
0    False
1    False
2    False
3    False
4    False
dtype: bool
```

使用 drop_duplicates()函数删除重复的行。如果数据量少，且知道重复数据，那么可使用 drop()函数删除特定索引，drop()函数默认情况下使用 axis=1 删除行，例如 d9.drop(labels='En',axis=1)，若没有 labels='En'则报错。

（5）轴转换

轴转换使用 stack 和 unstack 来实现。stack 表示列转行，将数据的列索引“旋转”为行索引；而 unstack

表示行转列，将数据的行索引“旋转”为列索引。例如：

```
In[ ]:d9.stack().unstack(0)
```

运行结果：

```
        0   1   2   3   4
Python33   66  77  88  99
En     33  44  33  66  66
Math   56  99  66  68  88
```

（6）数据透视

可以使用函数 pandas.pivot_table()来实现，例如：

```
In[ ]:d9['price'] = np.array(['apple', 'pear', 'pear', 'pear', 'apple'])

    pd.pivot_table(d9, values='Math', index=['Python'], columns='price')
```

运行结果：

```
price   apple  pear
Python
33      56.0   NaN
66      NaN    99.0
77      NaN    66.0
88      NaN    68.0
99      88.0   NaN
```

（7）Pandas 常用统计方法

函数名	说明
count	返回非 NA 值的数量
describe	返回数量、均值、标准差、分位等相关信息
min,max	返回最小值和最大值
argmin,argmax	返回最小值和最大值的索引位置（整数）
idxmin,idxmax	返回最小值和最大值的索引值
quantile	返回样本分位数（0 到 1）
sum	返回和
mean	返回均值
median	返回中位数
mad	返回根据均值计算平均绝对离差
var	返回方差
std	返回标准差
skew	返回样本值的偏度（三阶矩）
kurt	返回样本值的峰度（四阶矩）
cumsum	返回样本值的累计和
cummin,cummax	返回样本值的累计最大值和累计最小值
cumprod	返回样本值的累计积
diff	返回计算一阶差分（对时间序列很有用）
pct_change	返回计算百分数变化

（8）Pandas 文件数据的读取与保存

通过 pd.read_csv(filepath)可以读取 csv 中的数据，然后通过 shape 属性查看形状，用 describe()进行统计分析。除此之外，还可以读取其他类型的文件，例如 pd.read_table()、pd.read_sql()、pd.read_excel()、pd.read_html()、pd.read_json()、pd.read_pickle()等。数据经过分析后，通过 to_csv(filepath)等方式保存下来。

（9）Pandas 合并操作

pd.concat()函数可以将数据根据不同的轴作简单的融合，该方法相当于数据库中的全连接（UNION ALL），可以指定按某个轴进行连接，也可以指定连接的方式 join（outer、inner 只有这两种）。与数据库不同的是，concat 不会去重，要达到去重的效果可以使用 drop_duplicates 方法。这个函数的关键参数是 axis，用于指定连接的轴向。

pd.merage()是一个类似于关系数据库的连接（join）操作的方法，可以根据一个或多个键将不同 DataFrame 中的行连接起来。

构造数据集，如下所示：

```
In[ ]:xxt1 = pd.DataFrame(np.ones((3, 4)) * 0, columns=['a', 'b', 'c', 'd'])
      xxt2 = pd.DataFrame(np.ones((3, 4)) * 1, columns=['a', 'b', 'c', 'd'])
      xxt3 = pd.DataFrame(np.ones((3, 4)) * 2, columns=['a', 'b', 'c', 'd'])
```

合并（通过 join 设置，以不同的方式连接）：

```
In[ ]:pd.concat([xxt1, xxt2, xxt3], axis=0, ignore_index=True)
```

运行结果：

```
a    b    c    d
0    0.0  0.0  0.0  0.0
1    0.0  0.0  0.0  0.0
2    0.0  0.0  0.0  0.0
3    1.0  1.0  1.0  1.0
4    1.0  1.0  1.0  1.0
5    1.0  1.0  1.0  1.0
6    2.0  2.0  2.0  2.0
7    2.0  2.0  2.0  2.0
8    2.0  2.0  2.0  2.0
```

7.4.5　总结

① DataFrame 的重要属性（假设 df 表示一个 DataFrame 结构的数据）。

■ df.values 表示查看所有元素。

■ df.dtypes 表示查看所有元素的类型。

■ df.index 表示查看索引的范围。

■ df.columns 表示查看所有列名。

■ df.T 表示 df 的转置。

② DataFrame 的查看数据方式。

■ df.head(n) 表示查看 df 前 n 条数据，默认 5 条。

■ df.tail(n) 表示查看 df 后 n 条数据，默认 5 条。

■ df.shape() 表示查看 df 的形状。

■ df.info() 表示查看索引、数据类型和内存信息。

③ DataFrame 的数据统计方法。

■ df.describe() 表示查看数据值列的汇总统计，其返回值是 DataFrame 类型。

■ df.count() 表示返回每一列中的非空值的个数。

- df.sum() 表示返回每一列的和，无法计算返回空，下同。
- df.sum(numeric_only=True) 表示 numeric_only=True 代表只计算数字型元素，下同。
- df.max() 表示返回每一列的最大值。
- df.min() 表示返回每一列的最小值。
- df.idxmax() 表示返回最大值所在的自定义索引位置。
- df.idxmin() 表示返回最小值所在的自定义索引位置。
- df.mean() 表示返回每一列的均值。
- df.median() 表示返回每一列的中位数。
- df.var() 表示返回每一列的方差。
- df.std() 表示返回每一列的标准差。
- df.isnull() 表示检查 df 中空值，NaN 为 True，否则 False，返回一个布尔数组。
- df.notnull() 表示检查 df 中空值，非 NaN 为 True，否则 False，返回一个布尔数组。

7.5 Matplotlib 介绍

7.5.1 Matplotlib 简介及安装

Matplotlib 是一款风格类似 Matlab 的基于 Python 的绘图库。它提供了一整套和 Matlab 相似的命令 API，可以方便地将它作为绘图控件，嵌入 GUI 应用程序中，是 Python 机器学习三剑客之一。它也是 Python 2D 绘图领域的基础套件，可以可视化的展示数据，并提供多样化的输出格式。除此之外，Matplotlib 以各种硬拷贝格式和跨平台的交互式环境生成出版质量级别的图形，例如，通过 Matplotlib，仅需要几行代码，便可以生成饼图、直方图、曲面图、条形图、玫瑰图和散点图等。Matplotlib 的默认配置允许用户自定义，可以调整大多数的默认配置，例如：图片的大小和分辨率（DPI）、线宽、颜色、风格、坐标轴以及网格的属性、文字与字体属性等。不过，Matplotlib 的默认配置在大多数情况下已经做得足够好，只在很少的情况下才会更改默认配置。在 Windows 环境下安装 Matplotlib：

```
>>> python -m pip install -U pip setuptools
>>> python -m pip install matplotlib
```

7.5.2 Matplotlib 的配置文件包括哪些配置项?

Matplotlib 使用 Matplotlibrc（Matplotlib Resource Configurations）配置文件来自定义各种属性，可以称之为 rc 配置或者 rc 参数。在 Matplotlib 中几乎可以控制所有的默认属性：视图窗口大小、每英寸点数（dpi）、线条宽度、颜色和样式、坐标轴、坐标、网格属性、文本和字体等属性。

在 Matplotlib 中可以使用多个“matplotlibrc”配置文件，它们的搜索规则是顺序靠前的配置文件将会被优先采用。Matplotlib 的默认参数配置保存在“matplotlibrc”文件中，通过修改配置文件，可修改图表的缺省样式。

当前路径：程序的当前路径。

用户配置路径：在用户文件夹的“.matplotlib”目录下，可通过环境变量 MATPLOTLIBRC 修改它的位置。

系统配置路径：保存在 matplotlib 的安装目录下的 mpl-data 文件夹中。

通过 matplotlib.rc_params()可以读取配置文件中所有参数及其参数值，如果手动修改了配置文件，那么可以调用 rc_params()载入最新的配置。

```
In[ ]:import matplotlib
      print(matplotlib.matplotlib_fname())  #目前使用的配置文件的路径
      print(matplotlib.get_configdir())  #用户配置路径
```

```
# 手工修改了配置文件，希望重新从配置文件载入最新的配置，可以调用 rc_params()
# 通过 pyplot 模块也可以使用 rcParams、rc 和 rcdefaults
print(matplotlib.rcParams.update(matplotlib.rc_params()))
#读取的配置文件中所有参数及其参数值
print(matplotlib.rc_params())

# 调用 rcdefaults(),rcParams 恢复缺省的配置
print(matplotlib.rcdefaults())
```

Matplotlib 的配置文件常用配置项：

- axex：设置坐标轴边界和表面的颜色、坐标刻度值大小和网格的显示。
- backend：设置目标暑促 TkAgg 和 GTKAgg。
- figure：控制 dpi、边界颜色、图形大小和子区（subplot）设置。
- font：字体集（font family）、字体大小和样式设置。
- grid：设置网格颜色和线性。
- legend：设置图例和其中的文本的显示。
- line：设置线条（颜色、线型、宽度等）和标记。
- patch：是填充 2D 空间的图形对象，如多边形和圆、控制线宽、颜色和抗锯齿设置等。
- savefig：可以对保存的图形进行单独设置。例如，设置渲染的文件的背景为白色。
- verbose：设置 matplotlib 在执行期间信息输出，例如 silent、helpful、debug 和 debug-annoying。
- xticks 和 yticks：为 x、y 轴的主刻度和次刻度设置颜色、大小、方向，以及标签大小。

7.5.3　Matplotlib 用到的格式化字符包括哪些?

Matplotlib 是用来作图的，那么那些点、实线、虚线和折等符号是怎么来的呢？这就用到了格式化字符，Matplotlib 用不同的格式化字符表示不同的符号，例如：

字符	描述	字符	描述	字符	描述
'-'	实线样式	'<'	左三角标记	'h'	六边形标记 1
'--'	短横线样式	'>'	右三角标记	'H'	六边形标记 2
'-.'	点划线样式	'1'	下箭头标记	'+'	加号标记
':'	虚线样式	'2'	上箭头标记	'x'	X 标记
'.'	点标记	'3'	左箭头标记	'D'	菱形标记
','	像素标记	'4'	右箭头标记	'd'	窄菱形标记
'o'	圆标记	's'	正方形标记	'|'	竖直线标记
'v'	倒三角标记	'p'	五边形标记	'_'	水平线标记
'^'	正三角标记	'*'	星形标记		

示例如下所示：

```
In[ ]:import matplotlib.pyplot as plt  # 导入模块 matplotlib.pyplot，并简写成 plt
     import numpy as np  # 导入模块 numpy，并简写成 np
     %matplotlib inline

     y = np.arange(1, 5)
     print(y)
     plt.plot(y, color='g', marker='o')  #圆标记
     plt.plot(y + 1, color='0.5', marker='D')  #菱形标记
     plt.plot(y + 2, '^')  #正三角标记
```

```
        plt.plot(y + 3, 'p')   #五边形标记
        plt.show()
```

运行结果如下图所示：

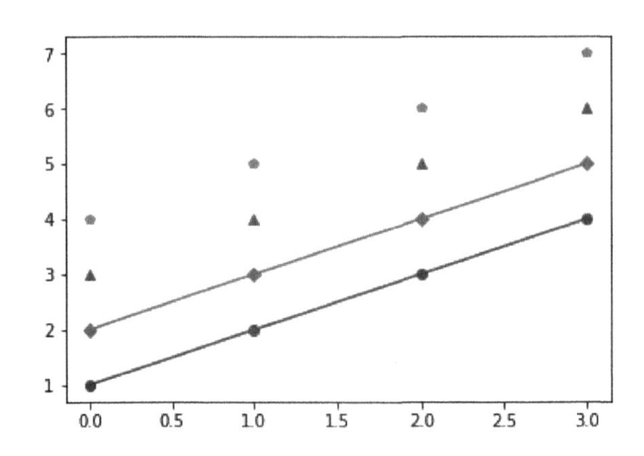

7.5.4 Matplotlib 用到的颜色缩写包括哪些?

1）标准方法：八种内建默认颜色缩写。

字符	颜色
'b'	蓝色
'g'	绿色
'r'	红色
'c'	青色
'm'	品红色
'y'	黄色
'k'	黑色
'w'	白色

2）合法的 HTML 颜色。

使用 HTML 十六进制字符串 color = 'eeefff'，使用合法的 HTML 颜色名字（'red','chartreuse'等）。

3）归一化方法：RGB 元组法。

可以传入一个归一化到[0, 1]的 RGB 元组，使得 color = (0.3, 0.3, 0.4)等，除以上方法外，title()函数也可以修改颜色，如 plt.tilte('Title in a custom color', color='#123456')。

示例：

```
In[ ]:import matplotlib.pyplot as plt   # 导入模块 matplotlib.pyplot，并简写成 plt
      import numpy as np   # 导入模块 numpy，并简写成 np
      %matplotlib inline
      y = np.arange(1, 5)
      print(y)
      plt.plot(y, color='r')   #内置颜色绿色
      plt.plot(y + 1, color='0.5')   #灰色 程度为 0.5
      plt.plot(y + 2, color='#123456')   #html 16 进制颜色代码   可通过百度颜色代码（对照表查找）
      plt.plot(y + 3, color=(0.3, 0.3, 0.4))   #颜色数组
      plt.show()
```

运行结果如下图所示：

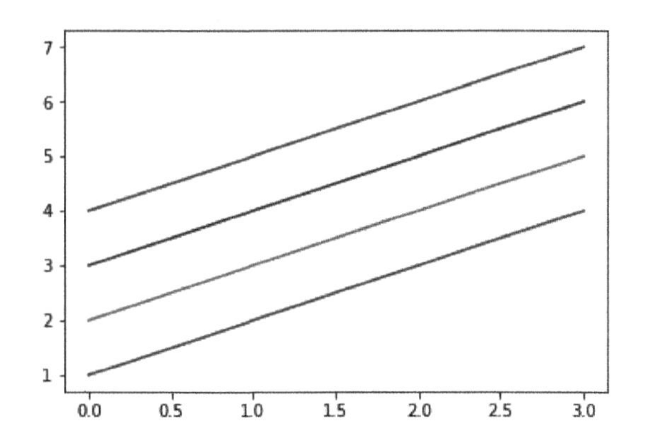

7.5.5　Matplotlib 的使用

（1）导包

因为做数据分析大多会用到 Numpy 库、Pandas 和 Matplotlib 库等，所以进入 Jupyter 工作页面，首先习惯性导包并运行，其中 as 是给库起的别名：

```
In[ ]:import pandas as pd     # 导入模块 pandas，并简写成 pd
     from pandas import Series,DataFrame
     import matplotlib.pyplot as plt     # 导入模块 matplotlib.pyplot，并简写成 plt
     import numpy as np                  # 导入模块 numpy，并简写成 np
     %matplotlib inline
```

魔法命令%matplotlib inline 的作用是在绘图时会将图片内嵌在交互窗口，而不是弹出一个图片窗口，但是，这种方法有一个缺陷，那就是代码必须一次执行，否则，无法叠加绘图。因为在这种模式下，只要有 plt 出现，图片就会立马显示出来，因此推荐在 IPython Notebook 下使用，这样就能便于一次编辑完代码并绘图。

（2）控制图形内的文字、注释、箭头等属性方法

Pyplot 函数	API 方法	描述
text()	mpl.axes.Axes.text()	在 Axes 对象的任意位置添加文字
xlabel()	mpl.axes.Axes.set_xlabel()	为 X 轴添加标签
ylabel()	mpl.axes.Axes.set_ylabel()	为 Y 轴添加标签
title()	mpl.axes.Axes.set_title()	为 Axes 对象添加标题
legend()	mpl.axes.Axes.legend()	为 Axes 对象添加图例
figtext()	mpl.figure.Figure.text()	在 Figure 对象的任意位置添加文字
suptitle()	mpl.figure.Figure.suptitle()	为 Figure 对象添加中心化的标题
annnotate()	mpl.axes.Axes.annotate()	为 Axes 对象添加注释（箭头可选）

所有的方法都会返回一个 matplotlib.text.Text 对象，其中在 annotate()函数中，xy 参数设置箭头指示的位置，xytext 参数设置注释文字的位置，arrowprops 参数以字典的形式设置箭头的样式，width 参数设置箭头长方形部分的宽度，headlength 参数设置箭头尖端的长度，headwidth 参数设置箭头尖端底部的宽度，facecolor 设置箭头颜色，shrink 参数设置箭头顶点、尾部与指示点、注释文字的距离（比例值）。

（3）用 Matplotlib 实现本地图片的导入和保存

导入图片可以使用 plt.imread(file_path)，保存图片可以使用 plt.imsave(file_path)。

（4）用 Matplotlib 作图

在 Matplotlib 中画的图都是在 Figure 对象中的。如果是在 ipython 里执行，那么可以看到一个空白

的绘图窗口出现，但是在 jupyter 中却没有任何显示，除非输入一些命令：plt.figure，其中参数 figsize 保证 figure 有固定的大小和长宽比，这样也方便保存到磁盘中。不能在一个空白的 figure 上绘图，必须要创建一个或更多的 subplots（子图），此时就需要到用 add_subplot 函数，例如：

```
ax1 = fig.add_subplot(2, 2, 1)
```

这行代码的意思是，figure 是 2 行 2 列，总共可以绘制 4 幅图，而且选中 4 个 subplots（数字从 1 到 4）中的第 1 个。如果要创建另外的子图，那么可以输入：

```
In[ ]:ax2 = fig.add_subplot(2, 2, 2)
      ax3 = fig.add_subplot(2, 2, 3)
      ax4 = fig.add_subplot(2, 2, 4)
```

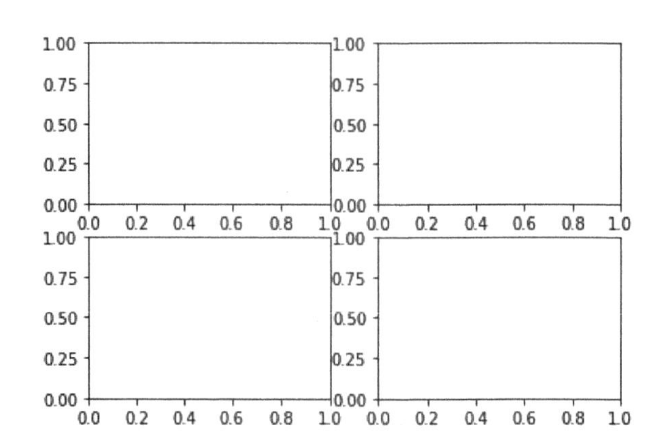

在 4 个子图中画图，首先需要构造数据：

```
In[ ]:x = np.linspace(0,2*np.pi,100)
      y1 = np.sin(x)
      y2 = np.cos(x)
```

然后，应用 Matplotlib 的属性作图：

● 第一步，添加画布：

```
fig = plt.figure(figsize=(10, 6))
```

● 第二步，向对象 fig 中添加子视图

子视图包含多个曲线的网格曲线图 pic1、取消轴线和标签的曲线图 pic2、设置坐标轴的范围和标签、标题的曲线图 pic3、设置坐标轴等增量、修改线条样式一次增加图例和注释的曲线图 pic4，示例代码如下所示：

```
In[ ]:ax1 = fig.add_subplot(2, 2, 1)
      ax1.plot(x, y1)
      ax1.plot(x, y2)
      ax1.grid(True, color='green', ls='-.')  #网格
      plt.title(
          'pic1', size=10, color='black', loc='right', rotation=0, alpha=0.5)  #标题

      ax2 = fig.add_subplot(222)
      ax2.plot(x, y1)
      ax2.plot(x, y2)
      ax2.grid(False, color='green', ls='-.')
      plt.axis('off')  #关闭坐标轴
```

```
plt.title('pic2', size=10, color='black', loc='right', rotation=0, alpha=0.5)

ax3 = fig.add_subplot(2, 2, 3, facecolor='#FFDAB9')  #设置背景颜色
ax3.plot(x, y1)
ax3.plot(x, y2)

plt.ylim([-1.5, 1.5])
plt.xlim([0, 6])
plt.xlabel('X', size=20, color='red', alpha=0.5)  #坐标轴标签
plt.ylabel('Y', size=20, color='red', rotation=0, alpha=0.5)
plt.title('pic3', size=10, color='black', loc='right', rotation=0, alpha=0.5)

ax4 = fig.add_subplot(2, 2, 4)
ax4.plot(x, y1, label='sin(x)', ls='--')  #曲线形状
ax4.plot(x, y2, label='cos(x)', marker='o')
plt.axis('equal')  #等量坐标轴
plt.legend(loc=4)  #图例位置
plt.title('pic4 ', size=10, color='black', loc='right', rotation=0, alpha=0.5)
plt.annotate(
    s='this point mean high',
    xytext=(3, 1.5),
    xy=(1.6, 1.2),
    arrowprops={
        'width': 10,
        'headwidth': 20,
        'headlength': 10,
        'shrink': 1
    })  #添加注释
```

第三步，保存图片

```
plt.savefig('pic.jpg')
```

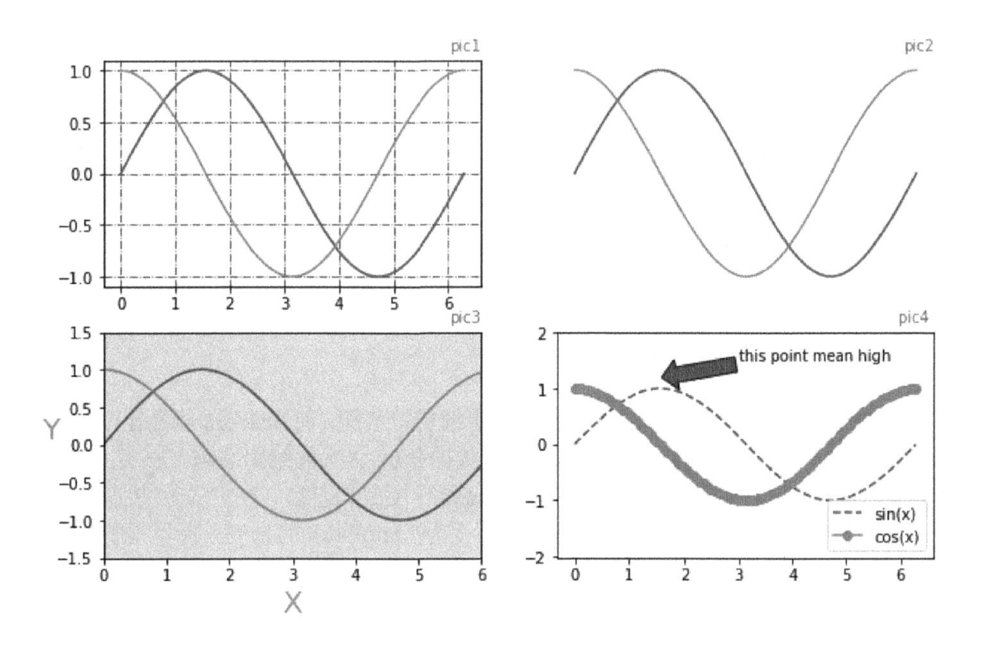

7.6 数据可视化库 Seaborn

7.6.1 Seaborn 简介与安装

在面对一堆海量数据的时候，如果想要更容易地掌握到数据的规律、提取有用信息，那么最好的方法之一就是数据的可视化。上一节已经介绍了一个可视化库 Matplotlib，它是一个可以创建高质量图像的 2D 库。本节将介绍另一个免费的可视化库是 Seaborn，它提供给了一个可以绘制统计图形的高级接口。并且，Seaborn 作为 Python 一个更强大的分析库，还内置了很多结构为 DataFrame 的样例数据集，例如：anscombe.csv、attention.csv、car_crashes.csv、brain_networks.csv、diamonds.csv、dots.csv、exercise.csv、iris.csv 和 planets.csv 等。

Seaborn 库有以下特点：

- 提供了多个内置主题及颜色主题。
- 可视化单一变量，二位变量用于比较数据。
- 可视化线性回归模型中的独立变量及不独立变量。
- 可视化矩阵数据，通过聚类算法探究矩阵间的结构。
- 可视化时间序列数据及不确定性的展示。
- 可在分割区域制图，用于复杂数据的可视化。

在 Windows 环境下，使用下面的命令安装 Seaborn 库：

```
>>> pip install seaborn
```

通过 seaborn.load_dataset(name)即可加载名内置样例数据集。例如：df = seaborn.load_dataset('anscombe')，即加载 anscombe 的数据集，通过 df.shape、df.head()等，可查看 anscombe 数据集信息。

```
In[ ]:import seaborn as sns   #seaborn 简称 sns 或者 sb
    df = sns.load_dataset('anscombe')   #即加载名为 anscombe 的数据集
    print(df.shape)   #查看数据集形状
    print(df.head(3))   #查看前三行
```

运行结果：

```
(44, 3)
  dataset     x     y
0       I  10.0  8.04
1       I   8.0  6.95
2       I  13.0  7.58
```

那么这些数据到底是从哪里来的呢？可以通过 seaborn.load_dataset??的 docstring 查看。

```
In[ ]:seaborn.load_dataset??
```

7.6.2 Seaborn 与 Matplotlib 的区别有哪些?

Matplotlib 试着让简单的事情更加简单，困难的事情变得可能，而 Seaborn 就是让困难的东西更加简单。一般来说，Seaborn 是针对统计绘图的，能满足数据分析 90%的绘图需求。事实上，Seaborn 是在 Matplotlib 的基础上进行了更高级的 API 封装，从而使得作图更加容易。在大多数情况下，使用 Seaborn 就能作出很具有吸引力的图。因此，可以把 Seaborn 视为 Matplotlib 的补充，而不是替代物。如果会使用 Matplotlib，那么就意味着已经掌握了 Seaborn 的大部分知识。而 Seaborn 与 Matplotlib 的主要区别是什么呢？

- 使用 Seaborn 时，除了可以使用 load_dataset()函数加载库本身提供的内置数据集外，也可以加载外部 Series 和 DataFrame 数据集。而 Matplotlib 要借助 Pandas 提供数据集。
- Seaborn 是 Matplotlib 的延伸和扩展，可以按自己的喜好设置风格，而 Matplotlib 的默认风格，通常不会增加颜色以及坐标轴的刻度标签以及样式。
- 用 Matplotlib 最大的困难是其默认的各种参数，而 Seaborn 则完全避免了这一问题。

举例说明：

```
In[ ]:import matplotlib.pyplot as plt
      import pandas as pd
      import seaborn as sns

      fig = plt.figure(figsize=(16, 6))
      tips = pd.read_csv(
          'https://raw.githubusercontent.com/lhrbest/Python/master/lhraxxt_tips.csv')

      ax1 = fig.add_subplot(1, 2, 1)
      plt.violinplot(tips["total_bill"], vert=False)    #matplotlib 绘图

      ax2 = fig.add_subplot(1, 2, 2)
      sns.violinplot(x="total_bill", data=tips)   #seaborn 绘图
      plt.show()
```

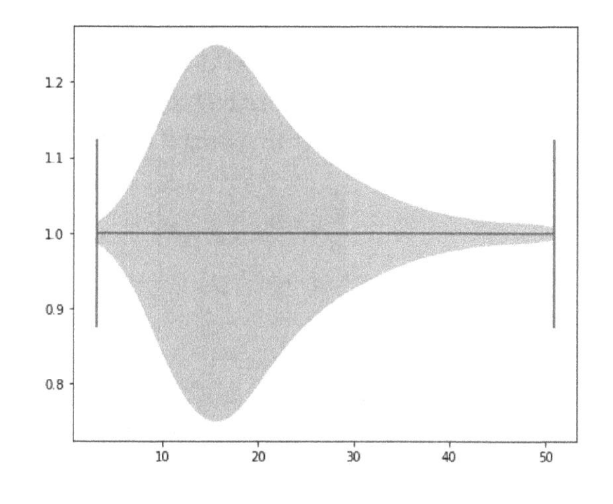

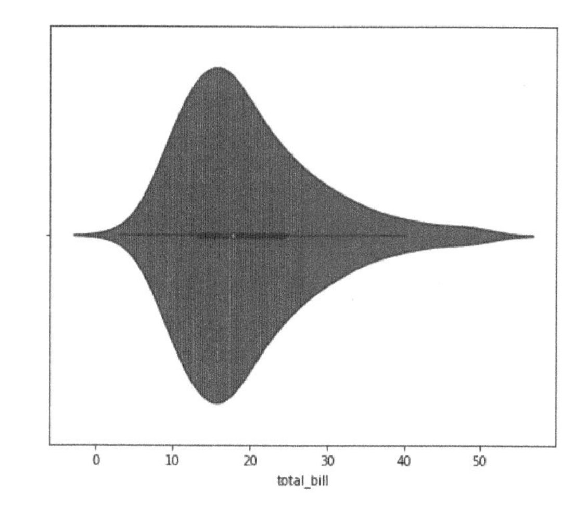

7.6.3 Seaborn 绘制图

（1）Seaborn 库以及依赖库的导入

在使用一个库之前，首先需要导入所依赖的库，包括 Matplotlib、NumPy 和 Pandas 等库，这些依赖库是为了更好地演示 Seaborn 库的功能才导入的，了解并熟悉这些常用库的作用是数据可视化的关键。其次，要了解 seaborn 有 5 种装饰风格：'darkgrid'、'dark'、'white'、'whitegrid'和'tricks'，颜色代表背景颜色，grid 代表是否有网格。最后，sns.set_style()不传入参数用的就是 Seaborn 默认的主题风格。

```
In[ ]:# sns.set_style("whitegrid")#白色网格背景
      # sns.set_style("darkgrid")#灰色网格背景
      # sns.set_style("dark")#灰色背景
      # sns.set_style("white")#白色背景
      # sns.set_style("ticks")#四周加边框和刻度
      import numpy as np
      import pandas as pd
```

```
import matplotlib.pyplot as plt
from pandas import Series, DataFrame
import seaborn as sns
%matplotlib inline
```

（2）Seaborn 可视化数据集的分布

用 Seaborn 库可视化数据之前，先了解一些基本的参数，这里只对一些重要的参数做解释：

- x，y：需要传入的数据，一般为 Dataframe 中的列。
- hue：具体的某一可以用做分类的列，作用是分类。
- data：数据集，可选，一般都是 Dataframe。
- style：绘图的风格。
- size：绘图的大小。
- palette：调色板。
- markers：绘图的形状。
- ci：允许的误差范围（空值误差的百分比，0-100 之间），可为‘sd’，则采用标准差（默认 95）；
- n_boot（int）：计算置信区间要使用的迭代次数。
- alpha：透明度。
- x_jitter，y_jitter：设置点的抖动程度。

1．绘制直方图

直方图是将数据划分到多个数据桶中，然后对每个桶中的样本进行计数，并将它们以长条的形式画出来。在 Matplotlib 中用 hist()函数来绘制直方图，在 Seaborn 中用 distplot()函数，默认情况下，画出的图是一个直方图，并且做了核密度估计（KDE），核密度估计（kernel density estimation）是在概率论中用来估计未知的密度函数，属于非参数检验方法之一。通过核密度估计图可以比较直观地看出数据样本本身的分布特征。

```
In[ ]:fig = plt.figure(figsize=(16, 5))
      fig.add_subplot(1, 3, 1)
      x = np.random.normal(size=100)
      sns.distplot(x, kde=True, rug=False)   #默认制图 kde = True,rug=False

      fig.add_subplot(1, 3, 2)
      sns.distplot(x, kde=False, rug=True)

      fig.add_subplot(1, 3, 3)
      sns.distplot(x, kde=True, rug=True)
```

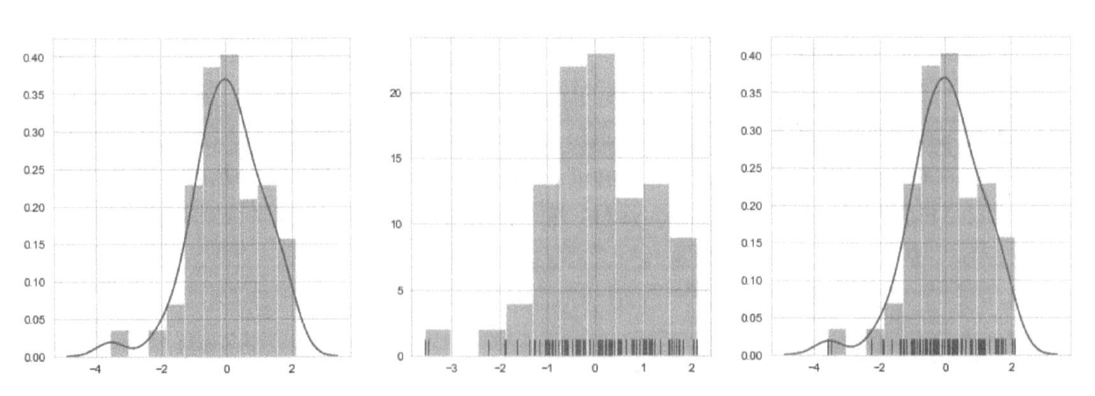

barplot（条形图）也是直方图的一种条形图，表示数值变量与每个矩形高度的中心趋势的估计值，

用矩形条表示点估计和置信区间，并使用误差线提供关于该估计值附近的不确定性的一些指示。

```
In[ ]:fig = plt.figure(figsize=(14, 6))

    tips = sns.load_dataset('tips')   #数据集加载
    fig.add_subplot(1, 2, 1)   # 设置 ci=0,取消置信曲线
    sns.barplot('size', y='total_bill', data=tips, ci=0)

    fig.add_subplot(1, 2, 2)
    # 直方图的统计函数，绘制的是变量的均值 estimator=np.mean
    sns.barplot('size', y='total_bill', data=tips, estimator=np.mean)
```

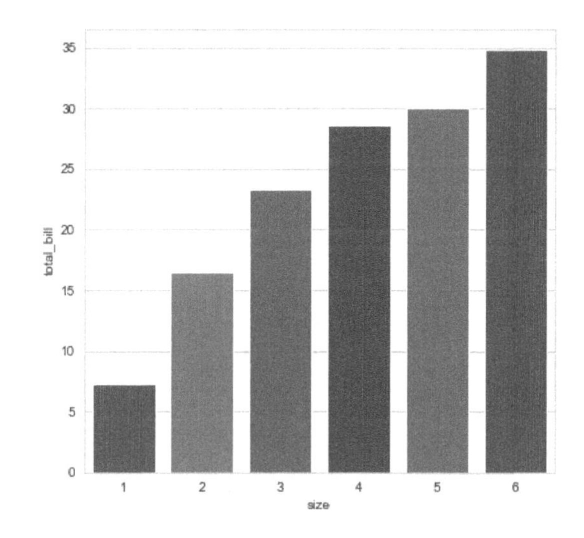

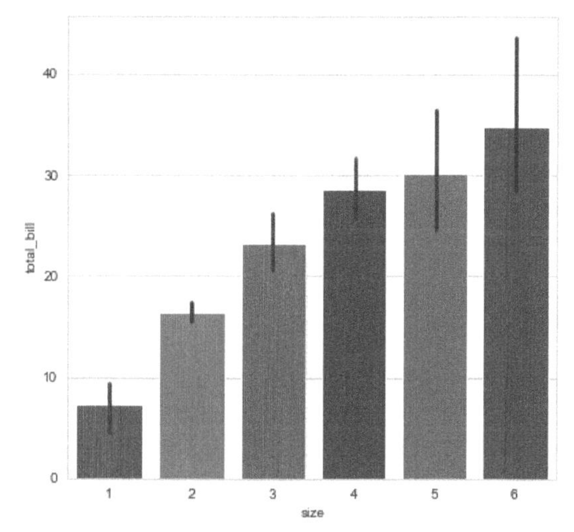

2．绘制散点图

散点图是最常见的展示二元分布的方法，通过 x、y 两个坐标轴来定位每一个观测值。Matplotlib 中 plt.scatter()函数来绘制散点图。Seaborn 中有多种绘制散点图方法，例如：

- stripplot()用来绘制普通的散点图,这个图是按照不同类别对样本数据进行分布散点图绘制。stripplot（分布散点图）一般并不单独绘制，它常常与 boxplot 和 violinplot 联合起来绘制，作为这两种图的补充。
- swarmplot()与 stripplot()类似，绘制带分布密度的散点图，只是数据点不会重叠（适合小数据量），但是对点进行了调整（只沿着分类轴），这样它们就不会重叠。因此，更好地表示了值的分布，但它不能很好地扩展到大量的观测。
- jointplot()的默认绘制类型是散点图，这个函数类似于 stripplot()。
- 除此之外，还可以用 scatterplot()来绘制散点图。

```
In[ ]:fig = plt.figure(figsize=(12, 5))

    tips = sns.load_dataset('tips')
    fig.add_subplot(1, 2, 1)   # 普通的散点图
    ax1 = sns.stripplot(x=tips['total_bill'])

    fig.add_subplot(1, 2, 2)   # 带分布密度的散点图
    ax2 = sns.swarmplot(x=tips['total_bill'])
In[ ]:#jointplot 绘制散点图
    sns.jointplot(x=tips['tip'], y=tips['total_bill'], data=tips)
```

```
In[ ]:#scatterplot 绘制散点图
    sns.scatterplot(tips['tip'], y=tips['total_bill'], hue=tips['day'])
```

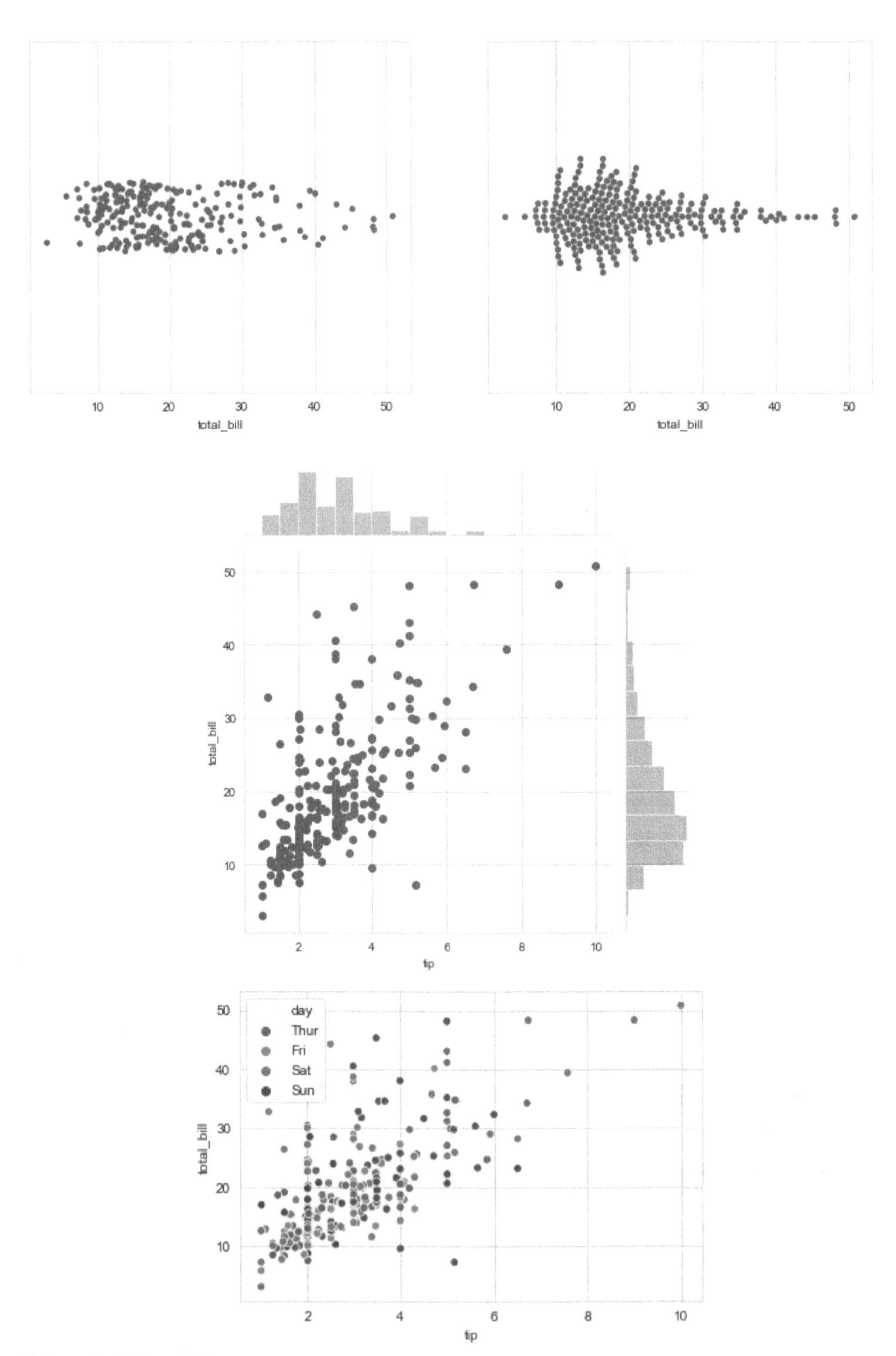

3．散点图与其他图的合用

Seborn 中，小提琴图 Violinplot()与箱图 boxplot()扮演类似的角色，小提琴图 Violinplot()以基础分布的核密度估计为特征，通过小提琴图可以知道哪些位置的密度较高，而箱线图展示了分位数的位置，它显示了定量数据在一个（或多个）分类变量的多个层次上的分布，这些分布可以进行比较。

```
In[ ]:fig = plt.figure(figsize=(16, 5))

      tips = sns.load_dataset('tips')  #数据集加载

      fig.add_subplot(1, 2, 1)  # 散点图+小提起图
      ax = sns.violinplot(x='day', y='total_bill', data=tips, inner=None, color='.8')
      ax = sns.stripplot(x='day', y='total_bill', data=tips, jitter=True)

      fig.add_subplot(1, 2, 2)  # 散点图+箱线图
      ax = sns.swarmplot(x="tip", y="day", data=tips)
      ax = sns.boxplot(x="tip", y="day", data=tips, whis=np.inf)
```

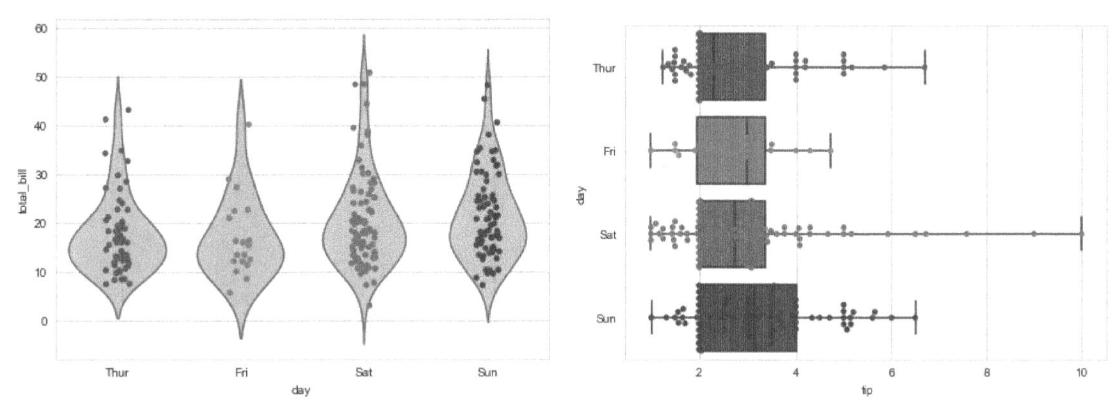

4. 绘制 countplot()计数图

一个计数图可以被认为是一个分类直方图，而不是定量的变量。基本的 api 和选项与 barplot 相同，因此可以比较嵌套变量中的计数。(工作原理就是对输入的数据分类，条形图显示各个分类的数量)。

```
In[ ]:fig = plt.figure(figsize=(14, 6))

      tips = sns.load_dataset('tips')  #数据集加载
      fig.add_subplot(1, 2, 1)
      ax = sns.countplot(x='day', data=tips)

      fig.add_subplot(1, 2, 2)
      ax = sns.countplot(x='size', data=tips)
```

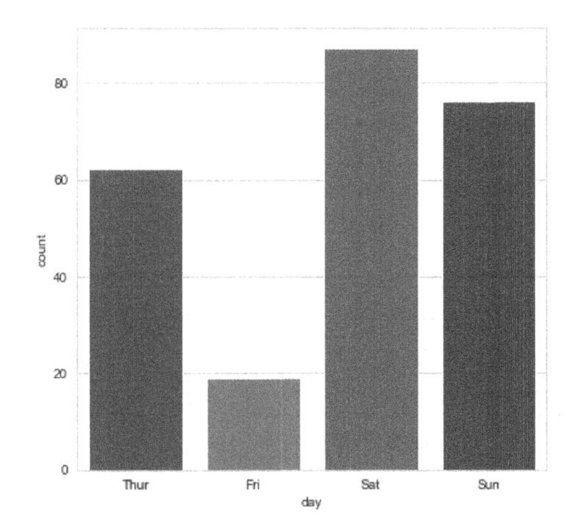

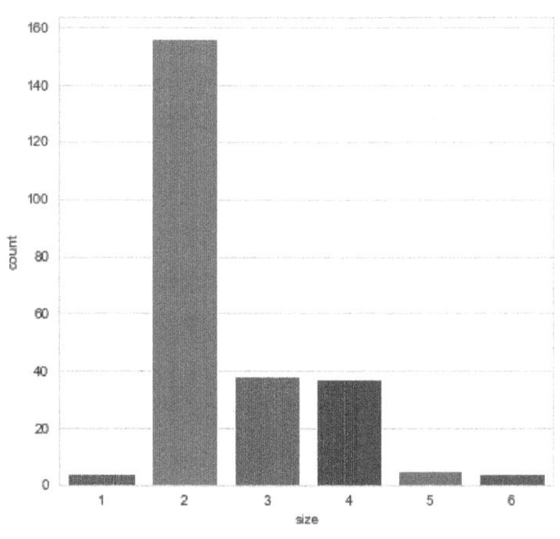

5．绘制 pairplot()变量关系组图

pairplot()用于绘制成对关系的图。默认情况下，该函数将创建一个轴网格，这样数据中的每个变量都将通过跨一行的 y 轴和跨单个列的 x 轴共享。对对角线轴的处理方式不同，绘制的图显示该列中变量的数据的单变量分布。此外，还可以在行和列上显示变量子集或绘制不同的变量。用自带数据集 iris 做演示：

```
In[ ]:iris = sns.load_dataset('iris')  #数据集加载
    # hue 表示类别，可以用不同的形状标记
    # 可以只取 iris 中的一部分变量绘图
    sns.pairplot(iris,
                 vars=['sepal_width', 'sepal_length', 'petal_length'],
                 hue='species',
                 markers=['o', 's', 'D'])
```

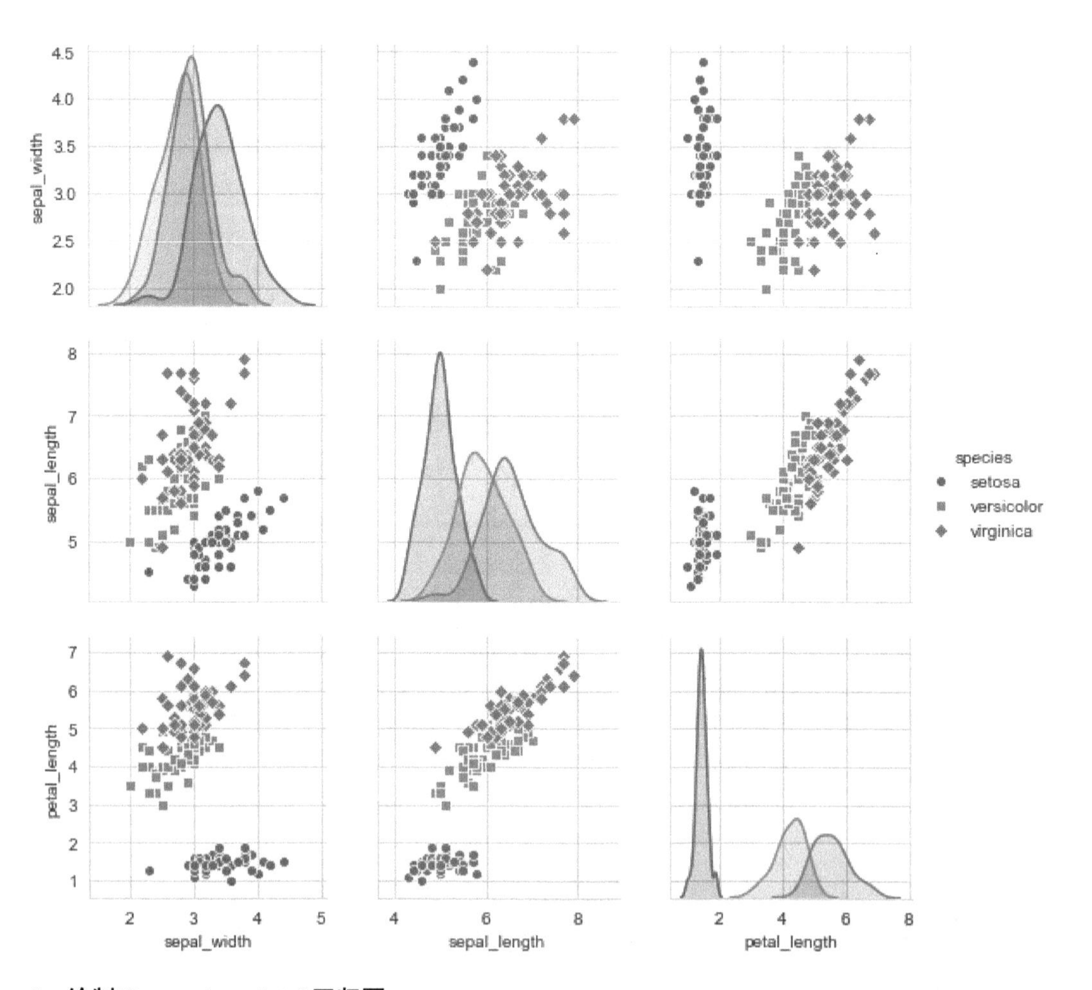

6．绘制 Regression plots()回归图

回归图 Regression plots 包括 5 种：lmplot()回归模型图、regplot()线性回归图、residplot()线性回归残差图、interactplot()和 coefplot()图。许多数据集都有着众多连续变量，数据分析的目的经常就是衡量变量之间的关系，lmplot()是一种集合基础绘图与基于数据建立回归模型的绘图方法，它会在绘制二维散点图时，利用'hue'、'col'、'row'参数来控制绘图变量，创建一个方便拟合数据集回归模型的绘图方法，自动完成回归拟合。例如下面的代码所示，仅通过一行代码，就创建了一个漂亮复杂的统计图，其中包含拥有

置信区间的最拟合回归直线、边界图，以及相关系数：

```
In[ ]:# col+hue 双分组参数，既分组，又分子图绘制
    # jitter 控制散点抖动程度，表示沿轴随机分布，相对避免重叠
    sns.lmplot(x="size",
            y="total_bill",
            hue="day",
            col="day",
            data=tips,
            aspect=.4,
            x_jitter=.1)
```

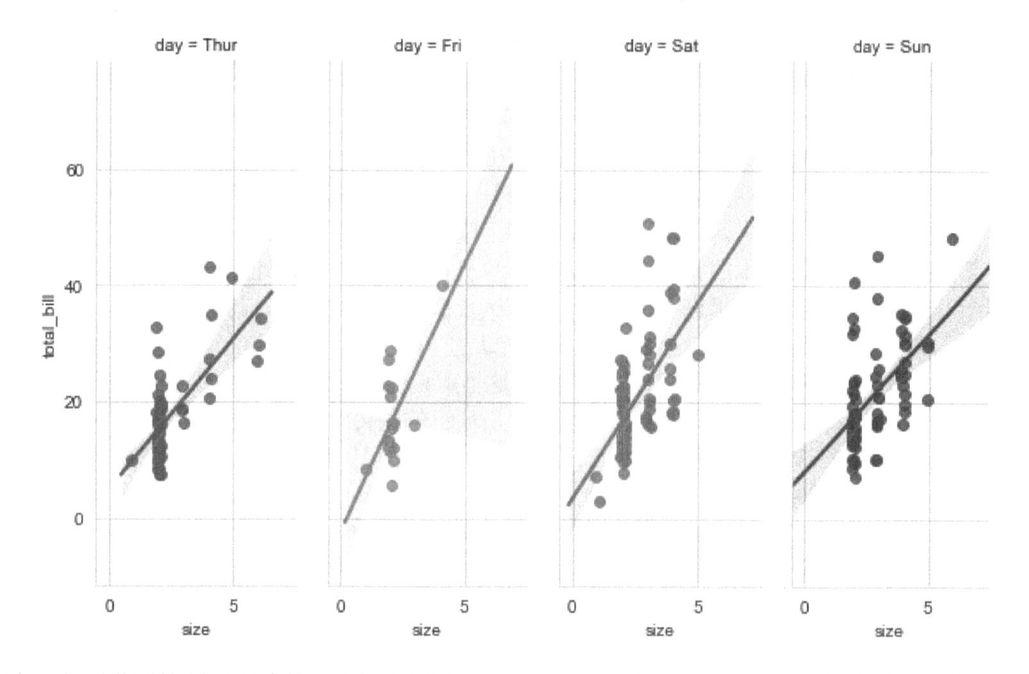

除了上面讲到的制图方法外，还有热力图 heatmap()、聚集图 clustermap()、联合概率分布图 jointplot() 简称联合分布和绘制时间序列的 tsplot()图等。这里只是对 Seaborn 常用的绘图函数做了简单的介绍，而且这里也没有说到具体的布局控制、颜色主题等，要想绘制精美的图形，还需要学习具体的参数设定等，具体细节可在 Seaborn 官网（http://seaborn.pydata.org）上学习。不过这里提到的这些简要图形，对于普通的快速分析绘图已经足够了。

第8章　机器学习基础知识

8.1 机器学习背景

机器学习（Machine Learning）是人工智能（Artificial Intelligence，AI）研究发展到一定阶段的必然产物。近几年关于“人工智能”相关的专业被炒得很火，使得从事人工智能方向的工作具有很好的前景。随着人工智能等越来越火爆，报考相关专业的学生也越来越多，这些专业有中国科学院的模式识别与智能系统专业、北京大学的智能科学与技术专业、清华大学的信息与通信工程专业、南京大学的人工智能专业和复旦大学的智能科学与技术专业等。这类专业不仅好就业，而且薪资待遇等方面都是非常优越的。

21世纪是信息化的世纪，现今的人工智能是热门的研究领域，也是未来社会发展的方向，机器学习作为人工智能中的重要研究领域发展很快。机器学习是统计学、计算机科学和信息科学的交叉分科，在技术科学的主要分支学科领域中，无论是多媒体、图形学，还是网络通信、软件工程，乃至体系结构、芯片设计都能找到机器学习技术的身影，尤其是在计算机视觉、自然语言处理等。在计算机应用技术领域，机器学习已成为最重要的技术进步源泉之一。那么什么是机器学习呢？其研究的内容是什么呢？

机器学习是研究如何使用机器来模拟人类学习活动的一门学科。更严格的说法是：机器学习是利用机器从数据里提取规则或模式来把数据转换成信息。这里所说的“机器”，指的就是计算机，电子计算机，中子计算机、光子计算机或神经计算机等。机器学习所研究的主要内容是关于在计算机上从数据中产生“模型”（model）的算法，即“学习算法”（Learning Algorithm），可以说机器学习是研究关于“学习算法”的学问。在机器学习领域中出现了很多的领路人，像在Google任职的Geoffrey Hinton，在Facebook任职的Yann Lecun，在百度任职的Andrew NG和来自卡内基梅隆大学（CMU）的副教授Ruslan Salakhutdinov等。人工智能从方方面面影响了人们的生活，具体到机器学习，其涉及的领域就有逻辑斯蒂回归、支持向量机、决策树、高斯混合模型、贝叶斯网络、分类学习、监督和非监督学习、最大期望算法和深度神经网络等。

由于机器学习技术的发展，每天都会听说人工智能带来的最新进步，例如，通过机器学习可以根据用户需求优化资源分配、可以实现工业级车辆自动化，以实现更高效的运营、可以预测客户的生命周期价值，提高客户细分准确度，检测客户购物模式以及优化用户的应用内体验、检测欺诈行为和预测股票价格和更准确地诊断疾病，改善个性化护理和评估健康风险等。大家今天看到的快速变化是由于整个行业和学术界的努力。每天人类生成并收集的数据越来越多，但是人们处理的数据却很少，非常大的数据需要人们去处理而不是放在服务器里。人为的处理这些数据是不可能的，这些数据都需要机器学习来处理。因此，在这个数据爆炸的时代，机器学习有着巨大的潜力。

纵观IT行业的招聘岗位，机器学习之类的岗位还是挺少的，主要是国内的大公司如百度、阿里、腾讯、网易、搜狐或华为等才会有相关职位。在面试机器学习的过程中，懂算法的基本思想和大概流程是远远不够的，因为面试官往往问的都是一些公司内部业务中的课题，不仅要求要懂得这些算法的理论过程，而且要非常熟悉怎样使用它、在什么场合用它、算法的优缺点，以及调参经验等。说白了，就是既要懂理论，也要会应用，既要有深度，也要有广度，否则很容易就会被刷掉，因为每个面试官爱好不同。

8.2 基本术语

在机器学习的过程中，会接触到很多相关的术语，为了更好地理解后面的内容，这一节将重点介绍一下常见术语的含义：

（1）数据集（样本集）

一组数据的集合被称为一个“数据集”（Data Set），其中每一条单独的数据，是关于一个事件或对象的描述，称为一个“样本”（Sample）或“示例”（Instance）。

数据集分为三类：训练集（Training Set），它是总的数据集中用来训练模型的部分。根据数据量的大小，通常只会取数据集中的一部分来当训练集；测试集（Test Set），它是用来测试、评估模型泛化能力的部分，不会用在模型训练部分；交叉验证集（Cross-Validation Set，CV Set），这是比较特殊的一部分数据，它是用来调整模型具体参数的。

（2）维度

维度指的是样本的数量或特征的数量，一般无特别说明，指的都是特征的数量。除了索引之外，一个特征是一维，两个特征是二维，n 个特征是 n 维。对于数组和 Series 来说，维度就是方法 shape 返回值的长度。对图像来说，维度就是图像中特征向量的数量。

（3）降维

机器学习中的“降维”，指的是降低特征矩阵中特征的数量。而降维的目的是为了让算法运算更快，效果更好或者是为了更好的数据可视化。

（4）标签

标签是要预测的事物，即简单线性回归中的 y 变量。有时根据数据是否有标签，也把数据分为有标签数据和无标签数据。

（5）特征

特征（Feature）是输入变量，反映事件或对象在某方面的表现或性质，也称为“属性”（Attribute），即简单线性回归中的 x 变量。简单的机器学习项目可能会使用单个特征，而比较复杂的机器学习项目可能会使用数百万个特征。

（6）特征向量

空间中的每个点都对应一个坐标向量，通常把组成样本的坐标向量称为一个“特征向量”（Feature Vector）。特征向量可以理解为是坐标轴，一个特征向量定义一条直线，是一维，两个相互垂直的特征向量定义一个平面，即一个直角坐标系，就是二维，三个相互垂直的特征向量定义一个空间，即一个立体直角坐标系，就是三维。三个以上的特征向量相互垂直，定义人眼无法看见，也无法想象的高维空间。

（7）模型

简单地可以理解为定义了特征与标签之间关系的一种函数。就好像观察到大风和闪电，就会预测将会下雨。而模型就是通过已知的数据和目标（大风闪电数据），通过调节算法的参数，即训练数据，最后得到针对这样的数据映射出预测结果（是否会下雨）。至于“训练的是什么”“参数是什么”，这依赖于所选取的“模型”。而训练的结果简单来说就是得到一组模型的参数，最后使用采用这些参数的模型来完成任务。

（8）分类

分类即确定一个点的类别，是一个有监督的学习过程，即目标样本有哪些类别是已知的，通过分类就是把每一个样本分到对应的类别之中。由于必须事先知道各个类别的信息，所有待分类的样本都是有标签的，因此分类算法也有了其局限性，当上述条件无法满足时，就需要尝试聚类分析。常用的分类算法是 KNN（K-Nearest Neighbors algorithm）。虽然大家都不喜欢被分类，被贴标签，但数据研究的基础正是给数据“贴标签”进行分类。类别分得越精准，得到的结果就越有价值。例如，电子邮箱会自动将邮件分为广告邮件、垃圾邮件和正常邮件以及判断肿瘤为良性还是恶性等，这些都是分类的典型应用，极大地提高了工作效率。

（9）回归

简单来说，连续变量的预测或定量输出是回归，而如果要预测的值是离散的即一个个标签或定性输出则称为分类，例如，预测明天的气温是多少度，这是一个回归任务，预测明天是阴、晴还是雨，就是一个分类任务。

（10）二分类

对只涉及两个类别的分类任务，可以称为“二分类”，通常称其中一个类为“正类”（Positive class），另一个为“负类”（Negative class）。若涉及多个类别时，则称为“多分类”（Multi-class classification）。

（11）聚类

聚类是机器学习中一种重要的无监督算法，它可以将数据点归结为一系列特定的组合。理论上归为一类的数据点具有相同的特性，而不同类别的数据点则具有各不相同的属性。在数据科学中，聚类会从数据中发掘出很多分析和理解的视角，让我们更深入地把握数据资源的价值，并据此指导生产生活。以下是常用的五种聚类算法：K 均值聚类、均值漂移算法、基于密度的聚类算法（DBSCAN）、利用高斯混合模型进行最大期望估计和凝聚层次聚类。

（12）监督学习与无监督学习

根据训练数据是否拥有标记信息，学习任务可大致分为两大类：“监督学习”（Supervised learning）和“无监督学习”（Unsupervised learning），分类和回归是前者的代表，而聚类则是后者的代表。

（13）泛化能力

泛化能力（Generalization）是指模型利用新的没见过的数据而不是用于训练的数据做出正确的预测的能力。泛化能力针对的其实是学习方法，它用于衡量该学习方法学习到的模型在整个样本空间上的表现。

（14）欠拟合与过拟合

过度拟合（Overfitting）是指创建的模型与训练数据非常匹配，过分依赖训练数据，在训练集（training set）上表现好，但是在测试集上效果差，也就是说在已知的数据集合中非常好，但是在添加一些新的数据进来训练效果就会差很多，造成这样的原因是考虑影响因素太多，超出自变量的维度过于多了。通常具有低偏差（Low Bias）高方差（High Variance），以至于模型无法对新数据进行正确的预测。

欠拟合（Underfitting）是指创建的模型与训练数据的匹配不完全，即未能很好地学习训练数据中的关系，模型拟合不够，在训练集（Training Set）上表现效果差，没有充分的利用数据，预测的准确度低。通常具有高偏差（High Bias）低方差（Low Variance），以至于模型不能很好地预测新数据。

在两者之间，可能还有一些复杂程度适中、数据拟合适度的分类器，这个数据拟合看起来更加合理，既较完美的拟合训练数据，又不过于复杂，可以称之为“适度拟合”（Just right），它是介于过度拟合和欠拟合中间的一类。

（15）偏差

偏差（Bias）反映的是模型在样本上的输出与真实值之间的误差，即算法的预测的平均值和真实值的关系，偏差越大，越偏离真实数据，表明模型的拟合能力越弱。可以通过引入更多的相关特征、采用多项式特征和减小正则化参数 λ 来降低高偏差。

（16）方差

方差（Variance）反映的是模型每一次输出结果与模型输出期望之间的误差，即不同数据集上的预测值和所有数据集上的平均预测值之间的关系，用来衡量随机变量或一组数据时离散程度的度量，方差越大，数据的分布越分散，表明了模型越不稳定。可以通过采集更多的样本数据、减少特征数量，去除非主要的特征和增加正则化参数 λ 来降低高方差。

（17）归纳偏好

归纳偏好（Inductive bias）是机器学习算法在学习过程中对某种类型假设的偏好，通俗地讲就是“什么模型更好”这么一个问题。在机器学习算法中，对某些属性可能更加有“偏好”，或者说更加在乎，给的权重更大，这将导致我们更偏向于得到这种模型的这么一个问题。机器学习中常见的归纳偏置有最大条件独立性（Conditional independence）、最小描述长度（Minimum description length）、最少特征数（Minimum features）、最大边界和最近邻居等。

8.3 机器学习算法

8.3.1 KNN-最近邻法

（1）KNN 算法原理

KNN 最近邻算法（k-Nearest Neighbor），是一个在理论上比较成熟的，通过测量不同特征值之间的距离来进行分类的方法，也是最简单的机器学习算法之一。和俗语“物以类聚，人以群分”有相同之处，例如判断一个不认识的人的品行，一般是通过观察和他来往最密切的几个人的品行来预测这个人的品行。这个判断过程就运用了 KNN 的思想。KNN 算法具有精度高、对异常值不敏感以及无数据输入假定的特点，适用于数值型和标称型数据，但是不适用时间复杂度高、空间复杂度高的数据类型。假设存在一个样本数据集，并且样本集中每个数据都存在标签，即知道样本集中每一数据的分类。当输入没有标签的新数据后，将新数据的每个特征与样本集中数据对应的特征进行比较，然后算法会提取样本集中特征最相似数据（最近邻）分类标签给新数据。一般来说，参数 K 选择的太小或者太大，都会影响 KNN 结果的精度，通常只选择样本数据集中前 K 个最相似的数据。实际学习中，选择 K（不大于 20 的整数）个最相似数据中出现次数最多的分类，作为新数据的分类。简单来说，KNN 最近邻算法，其主要过程是：

- 计算训练样本和测试样本中每个样本点的距离（常见的距离度量有欧式距离、马氏距离等）。
- 对上面所有的距离值进行排序。
- 选前 K 个最小距离的样本。
- 根据这 K 个样本的标签进行投票，得到最后的分类类别。

一般情况下，在分类时较大的 K 值能够减小噪声的影响，但会使类别之间的界限变得模糊。那么如何选择一个最佳的 K 值呢？一个较好的 K 值可通过各种启发式技术来获取，例如，交叉验证。另外噪声和非相关性特征向量的存在会使 K 近邻算法的准确性减小。近邻算法具有较强的一致性结果。随着数据趋于无限，算法保证错误率不会超过贝叶斯算法错误率的两倍。对于一些好的 K 值，K 近邻保证错误率不会超过贝叶斯理论误差率。

（2）KNN 算法中的距离计算

有很多方式可以度量 KNN 算法中的距离，例如欧式距离（Euclidean）、曼哈顿距离（Manhattan）、切比雪夫距离（Chebyshev）、闵可夫斯基距离（Minkowski）和马氏距离（Mahalanobis）等。其中，最常用的是欧氏距离，即 n 维空间中两个点之间的真实距离，或者向量的自然长度（即该点到原点的距离），而在二维和三维空间中的欧氏距离就是两点之间的实际距离。不同维度下欧氏距离计算公式如下：

- 二维空间的公式

$$\rho=\sqrt{\left(x_2-x_1\right)^2+\left(y_2-y_1\right)^2}\ ,\ |X|=\sqrt{x_2^2+y_2^2}$$

其中，ρ 为点 $\left(x_2,y_2\right)$ 与点 $\left(x_1,y_1\right)$ 之间的欧氏距离；$|X|$ 为点 $\left(x_2,y_2\right)$ 到原点的欧氏距离。

- 三维空间的公式

$$\rho=\sqrt{\left(x_2-x_1\right)^2+\left(y_2-y_1\right)^2+\left(z_2-z_1\right)^2}\ ,\ |X|=\sqrt{x_2^2+y_2^2+z_2^2}$$

其中，ρ 为点 $\left(x_2,y_2,z_2\right)$ 与点 $\left(x_1,y_1,z_1\right)$ 之间的欧氏距离；$|X|$ 为点 $\left(x_2,y_2,z_2\right)$ 到原点的欧氏距离。

- n 维空间的公式

$$\rho=\sqrt{\left(x_1-y_1\right)^2+\left(x_2-y_2\right)^2+\cdots+\left(x_n-y_n\right)^2}=\sqrt{\sum_{i=1}^{n}\left(x_i-y_i\right)^2}$$

$$|X|=\sqrt{x_1^2+x_2^2+\cdots+x_n^2}$$

其中，ρ 为点$(x_1,x_2,\cdots,x_n)$与点$(y_1,y_2,\cdots,y_n)$之间的欧氏距离；$|X|$为点$(x_1,x_2,\cdots,x_n)$到原点的欧氏距离。

（3）在 Scikit-learn 库中 K-近邻算法

上面对 K-近邻算法的原理及距离的计算做了简单介绍，那么怎么通过 K-近邻算法实现分类呢？万能的 Scikit-learn（以下简称 Sklearn）提供了相关库，且都在 sklearn.neighbors 包中。其中，KNN 分类库是 KNeighborsClassifier，KNN 回归的库是 KNeighborsRegressor。除此之外，Scikit-learn 还提供了很多 KNN 的扩展，例如限定半径的最近邻分类库 RadiusNeighborsClassifier、限定半径最近邻回归库 RadiusNeighborsRegressor 和最近质心分类算法 NearestCentroid 库等。

下面运用 Sklearn 自带的 iris 数据集演示 KNN 分类，例如：

```
In[]:import numpy as np
    # 由 google 公司推出来机器学习库 sklearn
    from sklearn.neighbors import KNeighborsClassifier
    import sklearn.datasets as datasets
    #导入自带数据集
    iris = datasets.load_iris()
    data = iris['data']
    target = iris['target']
    # iris 是蝴蝶数据，里面有 150 个样本，每个样本 4 个属性：花萼长度，花萼宽度，花瓣长度，花瓣宽度
    # 通过 data.shape 查看数据结构(150, 4)，并对将数据划分为训练集和测试集
    index = np.arange(150)
    np.random.shuffle(index)
    # shuffle() 方法将序列的所有元素随机排序。
    X_train = data[index[:140]]  # 划分训练数据集
    y_train = target[index[:140]]  # 划分训练目标数据集

    X_test = data[index[-10:]]  # 划分测试数据集
    y_test = target[index[-10:]]  #划分真实预测结果的数据集

    knn = KNeighborsClassifier(n_neighbors=10)  #定义一个 knn 分类器对象

    knn.fit(X_train, y_train)  # 训练数据，构建模型
    y_ = knn.predict(X_test)  # 通过模型预测的
    print('真实的结果：', y_test)
    print('预测的结果：', y_)
    print('算法准确率：', knn.score(X_test, y_test))
    print('计算训练的准确率', knn.score(X_train, y_train))
```

运行结果：

```
真实的结果：  [0 0 1 2 0 2 0 1 1 2]
预测的结果：  [0 0 1 2 0 2 0 1 1 2]
算法准确率：  1.0
计算训练的准确率 0.9714285714285714
```

构造数据，模拟正弦，演示 KNN 回归，例如：

```
In[ ]:from sklearn.neighbors import KNeighborsRegressor  #导包
    import matplotlib.pyplot as plt
    %matplotlib inline
    X_train = np.linspace(0, 4 * np.pi, 40)  #构造样本数据
```

```
    y_train = np.sin(X_train)
    plt.scatter(X_train, y_train)    #绘制样本数据散点图
```

运行结果：

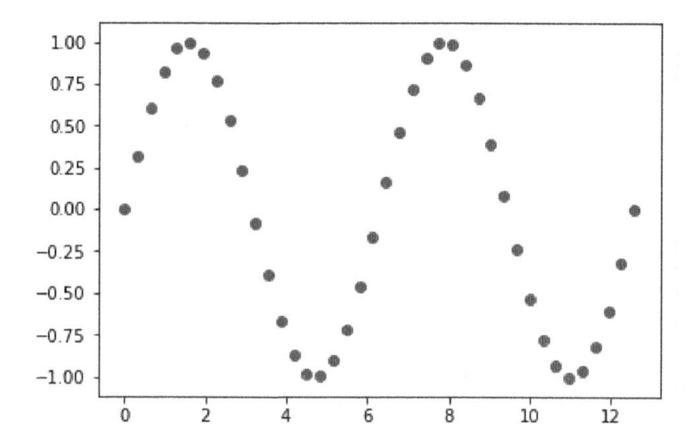


```
In[ ]:# 对目标值，添加噪声
    index = np.arange(40)
    np.random.shuffle(index)
    y_train[index[:15]] += np.random.randn(15) * 0.5
    plt.scatter(X_train, y_train)    #绘制添加噪声的样本数据散点图
```

运行结果：

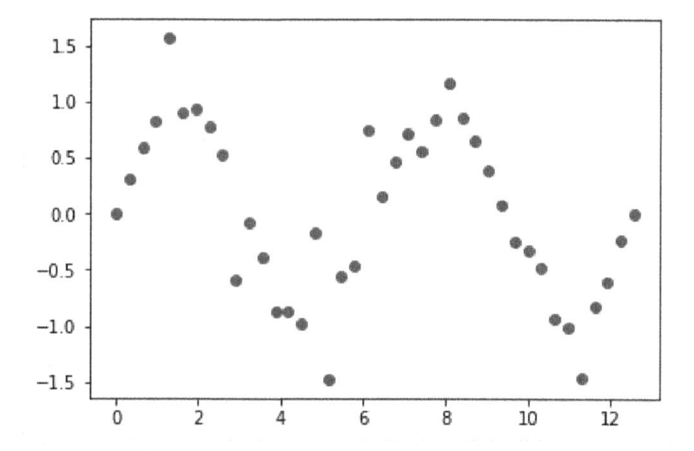


```
In[ ]:# 生成模型，并训练数据
    knn = KNeighborsRegressor(n_neighbors=5)
    knn.fit(X_train.reshape(-1, 1), y_train)
    # 使用模型，预测数据
    X_test = np.linspace(0, 4 * np.pi, 200).reshape(-1, 1)
    y_ = knn.predict(X_test)
    # 绘制算法预测的曲线
    plt.scatter(X_train, y_train)
    plt.plot(X_test, y_, color='r')    #绘制预测回归线条图
```

运行结果：

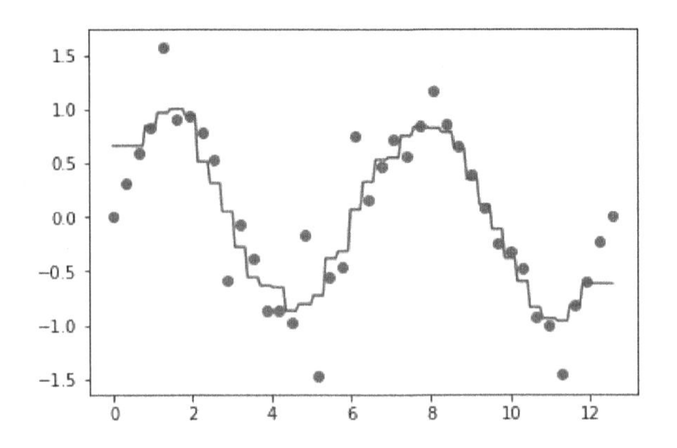

8.3.2 最小二乘法

最小二乘法（Least Square Methods，LSM）又称最小平方法，是用来做函数拟合或者求函数极值的一种数学优化方法。利用最小二乘法可以简便地求得未知的数据，并使得这些求得的数据与实际数据之间的误差平方和最小。在机器学习，尤其是回归模型中，经常可以看到最小二乘法的身影。简单地说，最小二乘的思想就是要使得观测点和理论点的距离的平方和达到最小，这里的“二乘”指的是用平方来度量观测点与理论点的远近（在古汉语中“平方”称为“二乘”），“最小”指的是参数的理论值要保证各个观测点与理论点的距离的平方和达到最小。从这方面也可以看出，最小二乘法同梯度下降（下一节介绍）类似，都是一种求解无约束最优化问题的常用方法，并且也可以用于曲线拟合，来解决回归问题。具体公式如下：

$$L = \min \sum (\text{观测值} - \text{理论值})^2$$

观测值就是多组样本，理论值就是假设拟合函数。目标函数 L 也就是在机器学习中常说的损失函数。最小二乘法 LSM 的最终目标是得到使目标函数 L 最小化时的拟合函数。举一个最简单的线性回归的例子，假如有 m 个只有一个特征的样本：

$$\left(x^{(1)}, y^{(1)}\right), \left(x^{(2)}, y^{(2)}\right), \cdots, \left(x^{(m)}, y^{(m)}\right)$$

样本采用下面的拟合函数：

$$h_\theta\left(x\right) = \theta_0 + \theta_1 x$$

表示样本有一个特征为 x，对应的拟合函数有两个参数 θ_0 和 θ_1 需要求出。目标函数 L 为

$$L\left(\theta_0, \theta_1\right) = \sum_{i=1}^{m} \left(y^{(i)} - h_\theta(x^{(i)})\right)^2 = \sum_{i=1}^{m} \left(y^{(i)} - \theta_0 - \theta_1 x^{(i)}\right)^2$$

通过最小二乘法，求出使 $L\left(\theta_0, \theta_1\right)$ 最小时的 θ_0 和 θ_1，这样就求出拟合函数了。那么，怎么才能使最小二乘法 $L\left(\theta_0, \theta_1\right)$ 最小呢？方法就是对 θ_0 和 θ_1 分别来求偏导数，令偏导数为 0，得到一个关于 θ_0 和 θ_1 的二元方程组，求解这个二元方程组，就可以得到 θ_0 和 θ_1 的值。

代码实现：

```
In[ ]:#最小二乘法
    import numpy as np   #科学计算库
    import scipy as sp   #在 numpy 基础上实现的部分算法库
    import matplotlib.pyplot as plt   #绘图库
    from scipy.optimize import leastsq   #引入最小二乘法算法

    #构造样本数据(X,Y)，需要转换成数组(列表)形式
    X = np.array([1, 2, 3, 4, 5, 6, 7, 8, 9, 10])
    Y = np.array([3.5, 6, 9.9, 12.6, 14.6, 19.2, 20.9, 24.6, 26.6, 31.3])
```

```
#需要拟合的目标函数 func :指定函数的形状
def func(p, x):
    k, b = p
    return k * x + b

#偏差函数：x,y 都是列表:这里的 x,y 和上面的 X,Y 中是一一对应的
def error(p, x, y):
    return func(p, x) - y

#k,b 的初始值，可以任意设定,但 p0 的值会影响 cost 的值：Para[1]
p0 = [6, 5]
#把 error 函数中除了 p0 以外的参数打包到 args 中(使用要求)
Para = leastsq(error, p0, args=(X, Y))
#leastsq 函数的返回值是 tuple，第一个元素是求解结果，第二个是求解的代价值

k, b = Para[0]   #读取结果
print('k=%s,b=%s' % (k, b))
print('cost：%s' % (Para[1]))
print('求解的拟合直线为:y = %sx+%s' % (round(k, 2), round(b, 2)))
# round() 方法返回浮点数 x 的四舍五入值。
plt.figure(figsize=(8, 6))   #指定图像比例： 8：6

#绘制样本数据
plt.scatter(X, Y, color='green', label='sample_data', linewidth=3)

x = np.linspace(0, 15, 100)   #在 0-15 之间画 100 个连续点
y = k * x + b   #目标函数

#画拟合直线
plt.plot(x, y, color='red', label='fitting_line', linewidth=3)

plt.title('sample and fitting', size=20, color='b')   #绘制 title
plt.legend(loc='lower right')   #绘制图例
plt.show()
```

运行结果：

```
k=3.014545454538943,b=0.3399999999898409
cost：1
求解的拟合直线为:y = 3.01x+0.34
```

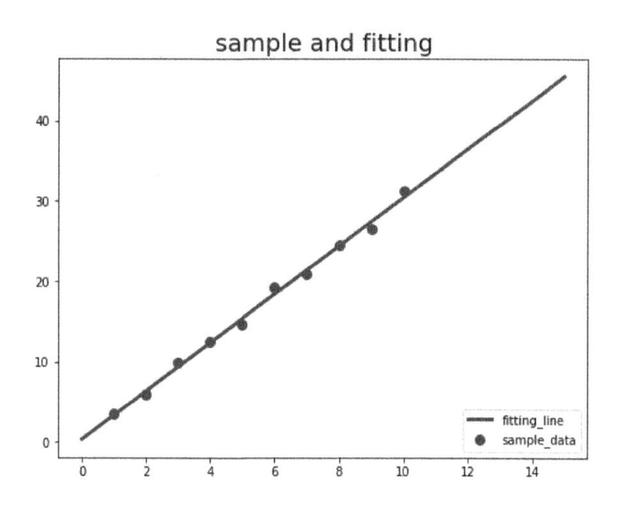

在本节末，了解一下最小二乘法的局限性：

首先，最小二乘法需要计算逆矩阵，有时候逆矩阵是不存在的，这样就没有办法直接用最小二乘法了，这时可以通过对样本数据进行整理，去掉冗余特征，让特征的行列式不为 0，然后继续使用最小二乘法。

其次，当样本特征 n 非常大的时候，计算逆矩阵是一个非常耗时的工作。这时，通过主成分分析降低特征的维度后再用最小二乘法。

最后，如果拟合函数不是线性的，那么这时无法使用最小二乘法，需要转化为线性才能使用最小二乘法。

8.3.3 梯度下降法

（1）梯度下降法简介

梯度下降法（Gradient Descent）是机器学习和人工智能中利用一次导数信息来递归性地求最小偏差模型的一个最优化算法。其基本思想可以看作是一个下山的过程，就像一个人被困在山上，此时浓雾很大，可视度很低，下山的路径无法确定。但是，他必须利用自己周围的信息找到下山的路径，那么他该怎么办呢？这个时候，他就可以利用梯度下降算法来帮助自己下山。具体来说就是，以他当前的所处的位置为基准，寻找这个位置最陡峭的地方，然后朝着山的高度下降的地方走，同理，如果我们的目标是上山，也就是爬到山顶，那么此时应该是朝着最陡峭的方向往上走。然后每走一段距离，都反复采用同一个方法，最后就会抵达山谷或山顶。当然这样走下去，有可能到山脚，也有可能到了某一个局部的山峰低处。从上面的解释可以看出，梯度下降不一定能够找到全局的最优解，有可能是一个局部最优解。当然，如果损失函数是凸函数，那么梯度下降法得到的解就一定是全局最优解。在微积分里面，对多元函数的参数求∂偏导数，把求得的各个参数的偏导数以向量的形式写出来，就是梯度。

那么这个梯度向量求出来有什么意义呢？它的意义从几何意义上讲，就是函数变化增加最快的地方。具体来说，函数 $f(x,y)$ 在点 (x_0,y_0) 处，沿着梯度向量的方向（也就是 $(\partial f/\partial x_0,\partial f/\partial y_0)^{\mathrm{T}}$ 的方向），是该函数增加最快的地方。或者说，沿着梯度向量的方向，更加容易找到函数的最大值。反过来说，沿着梯度向量相反的方向，也就是 $-(\partial f/\partial x_0,\partial f/\partial y_0)^{\mathrm{T}}$ 的方向，梯度减少最快，也就是更加容易找到函数的最小值。

在机器学习中，目标函数一般都是凸函数，那么什么叫凸函数？非常直观的想法就是，我们沿着初始某个点的函数的梯度方向往下走（即梯度下降）时不会出现局部最小值。这样形象的比喻，可以看出梯度下降的三要素是：步长（走多少）、方向、出发点。事实上不同梯度下降的区别就在于步长和方向。

在机器学习算法中，梯度下降法和梯度上升法是可以相辅相成的。在最小化损失函数时，可以通过梯度下降法来一步步的迭代求解，得到最小化的损失函数，和模型参数值。反过来，如果需要求解损失函数的最大值，那么这时就需要用梯度上升法来迭代了。例如需要求解损失函数 $f(\theta)$ 的最小值，这时需要用梯度下降法来迭代求解。但是实际上，可以反过来求解损失函数 $-f(\theta)$ 的最大值，这时梯度上升法就派上用场了。

（2）梯度下降算法相关名词解释

- 步长（Learning Rate）：步长决定了在梯度下降迭代的过程中，每一步沿梯度负方向前进的长度。用前面下山的例子，步长就是在当前这一步所在位置沿着最陡峭最易下山的位置走的那一步的长度。
- 特征（Feature）：指的是样本中输入部分，例如，2 个单特征的样本 $(x^{(0)},y^{(0)}),(x^{(1)},y^{(1)})$：第一个样本特征为 $x^{(0)}$，第一个样本输出为 $y^{(0)}$。
- 假设函数（Hypothesis Function）：在监督学习中，为了拟合输入样本，而使用的函数，记为 $h_\theta(x)$。例如对于单个特征的m个样本 $(x^{(i)},y^{(i)})(i=1,2,...m)$，可以采用拟合函数如下：$h_\theta(x)=\theta_0+\theta_1 x$。

- 损失函数（Loss Function）：为了评估模型拟合的好坏，通常用损失函数来度量拟合的程度。损失函数极小化，意味着拟合程度最好，对应的模型参数即为最优参数。在线性回归中，损失函数通常为样本输出和假设函数的差取平方。例如对于 m 个样本 $(x_i, y_i) = (i = 1, 2, ...m)$，采用线性回归，损失函数为

$$J(\theta_0, \theta_1) = \sum_{i=1}^{m} \left(h_\theta(x_i) - y_i \right)^2$$

其中 x_i 表示第 i 个样本特征，y_i 表示第 i 个样本对应的输出，$h_\theta(x_i)$ 为假设函数。

（3）梯度下降法三大家族（BGD、SGD、MBGD）

- 批量梯度下降法（Batch Gradient Descent）

批量梯度下降法 BGD 是梯度下降法最常用的形式，具体做法也就是在更新参数时使用所有的样本来进行更新。因此每次更新都会朝着正确的方向进行，最后能够保证收敛于极值点，凸函数收敛于全局极值点，非凸函数可能会收敛于局部极值点，缺陷就是学习时间太长，消耗大量内存。下面的梯度参数更新用了所有的 m 个样本：

$$\theta_i = \theta_i - \alpha \sum_{i=0}^{m} \left(h_\theta(x_0^{(j)}, x_1^{(j)}, ...x_n^{(j)}) - y_j \right) x_i^{(j)}$$

- 随机梯度下降法（Stochastic Gradient Descent）

随机梯度下降法 SGD，其实和批量梯度下降法原理类似，区别在与求梯度时没有用所有的 m 个样本的数据，而是一轮迭代只用一条随机选取的数据，尽管 SGD 的迭代次数比 BGD 大很多，但一次学习时间非常快。

SGD 的缺点在于每次更新可能不会按照正确的方向进行，即参数更新具有高方差，从而导致损失函数剧烈波动。不过，对于非凸函数，可能最终收敛于一个较好的局部极值点，甚至全局极值点。缺点是，出现损失函数波动，并且无法判断是否收敛。对应的更新公式是：

$$\theta_i = \theta_i - \alpha \left(h_\theta(x_0^{(j)}, x_1^{(j)}, ...x_n^{(j)}) - y_j \right) x_i^{(j)}$$

随机梯度下降法和批量梯度下降法是两个极端，一个是采用所有数据来梯度下降，另一个则用一个样本来梯度下降。对于训练速度来说，随机梯度下降法由于每次仅仅采用一个样本来迭代，训练速度很快，而批量梯度下降法在样本量很大的时候，训练速度不能让人满意。对于准确度来说，随机梯度下降法用于仅仅用一个样本决定梯度方向，导致解很有可能不是最优。对于收敛速度来说，由于随机梯度下降法一次迭代一个样本，导致迭代方向变化很大，不能很快地收敛到局部最优解。

- 小批量梯度下降法（Mini-batch Gradient Descent）

小批量梯度下降法 MBGD，是批量梯度下降法和随机梯度下降法的折中，也就是对于 m 个样本，只使用 x 个样本来迭代，$1 < x < m$。一般可以取 x=10，当然根据样本的数据，可以调整这个 x 的值。对应的更新公式是：

$$\theta_i = \theta_i - \alpha \sum_{j=t}^{t+x-1} \left(h_\theta(x_0^{(j)}, x_1^{(j)}, ...x_n^{(j)}) - y_j \right) x_i^{(j)}$$

（4）梯度下降的算法调优

在使用梯度下降时，需要进行调优。哪些地方需要调优呢？

- **步长选择**。在前面的算法描述中，提到取步长为 1，但是实际上取值取决于数据样本，可以多取一些值，从大到小，分别运行算法，看看迭代效果，如果损失函数在变小，那么说明取值有效，否则要增大步长。前面说了，步长太大，会导致迭代过快，甚至有可能错过最优解；步长太小，迭代速度太慢，很长时间算法都不能结束。所以算法的步长需要多次运行后才能得到一个较为优的值。

- **初始值选择**。初始值不同，获得的最小值也有可能不同，因此梯度下降求得的只是局部最小值；当然如果损失函数是凸函数那么一定是最优解。由于有局部最优解的风险，需要多次用不同初始值运行算法，关键损失函数的最小值，选择损失函数最小化的初值。
- **归一化**。由于样本不同特征的取值范围不一样，可能导致迭代很慢，为了减少特征取值的影响，可以对特征数据归一化，也就是对于每个特征 x，求出它的期望 $x-\overline{x}$ 和标准差 $\mathrm{std}(x)$，然后转化为

$$\frac{x-\overline{x}}{\mathrm{std}(x)}$$

这样特征的新期望为 0，新方差为 1，迭代次数可以大大加快。

8.3.4 线性回归算法

（1）线性回归原理

线性回归（Linear Regreesion）才是真正用于回归的，而下一节的 Logistic 回归是用于分类的。那么，什么是回归呢？

回归是一个监督学习的过程，用于预测输入变量和输出变量之间的关系。回归模型是表示输入变量到输出变量之间映射的函数。线性回归是一个函数拟合的过程，简单说，就是用已知的训练数据集构建一个模型，得到一条可以很好地拟合已知数据的函数曲线，并且这条函数曲线也能根据新输入的数据预测相应的输出结果。

线性回归问题按照输入变量的个数可以分为一元回归和多元回归；按照输入变量和输出变量之间关系的类型，可以分为线性回归和非线性回归。实际应用中，线性回归算法显示了改变自变量时对因变量的影响，具有实现方便、计算简单的优点，但是，却不能拟合非线性数据。实际上，线性回归遇到的问题一般是这样的，假设有 m 个样本，每个样本对应于 n 维特征和一个结果输出，如下：

$$\left(x_1^{(0)},x_2^{(0)},\dots x_{\mathrm{n}}^{(0)},y^0\right),\left(x_1^{(1)},x_2^{(1)},\dots x_{\mathrm{n}}^{(1)},y^1\right),\dots\left(x_1^{(m)},x_2^{(m)},\dots x_{\mathrm{n}}^{(m)},y^m\right)$$

问题是，对于一个新的 $\left(x_1^{(x)},x_2^{(x)},\dots x_{\mathrm{n}}^{(x)}\right)$，它所对应的 y 是多少呢？如果这个问题里面的 y 是连续的，那么是一个回归问题，否则是一个分类问题。对于 n 维特征的样本数据，如果决定使用线性回归，那么对应的模型是这样的：

$$h_\theta\left(x_1,x_2,\dots x_{\mathrm{n}}\right)=\theta_0+\theta_1x_1+\dots+\theta_{\mathrm{n}}x_{\mathrm{n}}$$

其中 $\theta_{\mathrm{i}}\left(\mathrm{i}=0,1,2\dots n\right)$ 为模型参数，$x_{\mathrm{i}}\left(\mathrm{i}=0,1,2\dots n\right)$ 为每个样本的 n 个特征值。这个表示可以简化，增加一个特征 $x_0=1$，这样

$$h_\theta\left(x_1,x_2,\dots x_{\mathrm{n}}\right)=\sum_{i=0}^{n}\theta_{\mathrm{i}}x_{\mathrm{i}}$$

进一步用矩阵形式表达更加简洁如下：

$$h_\theta\left(X\right)=X\theta$$

其中，假设函数 $h_\theta(X)$ 为 $m\times1$ 的向量，θ 为 $n\times1$ 的向量，里面有 n 个代数法的模型参数。X 为 $m\times n$ 维的矩阵。m 代表样本的个数，n 代表样本的特征数。得到了模型，需要求出需要的损失函数，一般线性回归用均方误差作为损失函数。损失函数的代数法表示如下：

$$J\left(\theta_0,\theta_1\dots,\theta_{\mathrm{n}}\right)=\frac{1}{2}\sum_{i=0}^{m}\left(h_\theta\left(x_0,x_1,\dots x_{\mathrm{n}}\right)-y_{\mathrm{i}}\right)^2$$

这个损失函数的前面乘上 $1/2$ 是为了方便后续的求导，因为求导数时这个系数就不见了。矩阵形式表示损失函数为

$$J(\theta)=\frac{1}{2}(X\theta-Y)^{\mathrm{T}}(X\theta-Y)$$

由于矩阵法表达比较的简洁，统一采用矩阵方式来表示模型函数和损失函数。

代码示例：

```
In[ ]:import numpy as np
    X = np.array([[1, 2], [2, 3], [3, 4]])  #假设存在这样的样本数据
    Y = np.array([[4.10], [6.2], [8.1]])  #真实结果
    s = np.matrix(np.array([[1], [1]]))  #假设是求得的参数
    #假设预测函数是 y = x1+x2
    Y1 = np.array([[3], [5], [7]])  #预测的结果
    X1 = np.matrix(X)  #特征 X 矩阵化
    t = X1 * s  #相当于矩阵 X 乘以模型参数 θ
    print(s.shape, Y.shape, X1.shape)
    print('普通计算方法求得的损失函数函数:%s' % ((((Y1 - Y) * (Y1 - Y)).sum()) / 2))
    print('矩阵计算法求得的损失函数函数:%s' % ((np.dot((t - Y).T, (t - Y))) / 2))
```

运行结果：

```
(2, 1) (3, 1) (3, 2)
普通计算方法求得的损失函数函数:1.9299999999999993
矩阵计算法求得的损失函数函数:[[1.93]]
```

（2）模型构建

接下来就是利用统计数据和上述原理来构建模型，也就是找最佳拟合线。对于线性回归的损失函数

$$J(\theta)=\frac{1}{2}(X\theta-Y)^{\mathrm{T}}(X\theta-Y)$$

怎么求损失函数最小化时候的θ参数呢？常用的有两种方法来：一种是梯度下降法，另一种是最小二乘法。如果采用梯度下降法，那么若干次迭代后，可以得到最终的θ，下面是θ的迭代公式：

$$\theta:=\theta-\alpha X^{\mathrm{T}}(X\theta-Y)$$

如果采用最小二乘法，那么求θ的公式如下：

$$\theta=\theta-\alpha X^{\mathrm{T}}(X\theta-Y)$$

8.3.5 逻辑回归

1．原理

利用逻辑回归（Logistic）进行分类的主要思想是：根据现有数据对分类边界线建立回归公式，以此进行分类。这里的“回归”一词源于最佳拟合，表示要找到最佳拟合参数集。线性回归的模型是求出输出特征向量Y和输入样本矩阵X之间的线性关系系数θ，使其满足$Y=X\theta$。因为此时的Y是连续的，所以是回归模型。如果Y是离散的话，怎么办呢？办法是，对这个Y再做一次函数转换，变为$g(Y)$。如果令$g(Y)$的值在某个实数区间的时候是类别A，在另一个实数区间的时候是类别B，以此类推，就得到了一个分类模型。如果结果的类别只有两种，那么这就是一个二元分类模型了。逻辑回归的出发点就是从这来的。以下为简单的过程描述：

（1）构造预测函数

预测函数一般表示为h函数，该函数就是需要找的分类函数，用它来预测输入数据的判断结果。这个过程是非常关键的，需要对数据有一定的了解或分析，知道或者猜测预测函数的“大概”形式，例如线性函数还是非线性函数。当用于两分类问题（即输出只有两种）时，首先需要先找到一个预测函数h，显然，该函数的输出必须是两类值（代表两个类别的值）。这和数学中的概率事件很相似，假设某件事发生的概率为p，那么这件事不发生的概率为$(1-p)$，称$p/(1-p)$为这件事情发生的概率。取这件事情发生概

率的对数，即 $L(p)=\log\frac{p}{1-p}$（p 的范围是 0～1）。取 $L(p)$ 函数的反函数，得到一个为 S 形函数的 $g(z)$ 函数，也就是逻辑斯蒂（Logistic）函数，该函数形式如下图，也被称为 Sigmoid 函数：

$$g(z)=\frac{1}{1+e^{-z}}$$

得到预测函数为

$$h_\theta(x)=g\left(\theta^{\mathrm{T}}x\right)=\frac{1}{1+e^{-\theta^{\mathrm{T}}x}}$$

代码表示：

```
In[ ]:def sigmoid(z):
        return 1 / (1 + np.exp(-z))
```

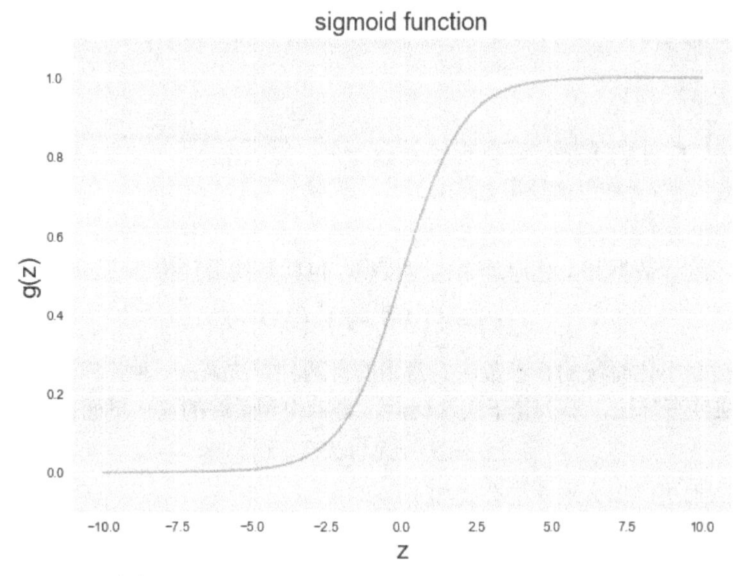

其中 x 为样本输入，$h_\theta(x)$ 为模型输出，可以理解为某一分类的概率大小。而 θ 为分类模型的参数。对于模型输出 $h_\theta(x)$，让它和二元样本输出 y（假设为 0 和 1）有这样的对应关系，如果 $h_\theta(x)>0.5$，即 $\theta^{\mathrm{T}}x>0$，则 y 为 1；如果 $h_\theta(x)<0.5$，即 $\theta^{\mathrm{T}}x<0$，则 y 为 0；而 $g(z)=0.5$ 是临界情况，此时 $\theta^{\mathrm{T}}x=0$，从逻辑回归模型本身无法确定分类。$h_\theta(x)$ 的值越小，而分类为 0 的的概率越高，反之，值越大的话分类为 1 的概率越高。如果靠近临界点，则分类准确率会下降。

（2）损失函数 *Cost*

该函数表示预测的输出 (h) 与训练数据类别 (y) 之间的偏差，可以是二者之间的差 $(h-y)$ 或者是其他的形式。综合考虑所有训练数据的“损失”，将 *Cost* 求和或者求平均，记为 $J(\theta)$ 函数，表示所有训练数据预测值与实际类别的偏差。

$$J(\theta)=\frac{1}{\mathrm{m}}\sum_{i=1}^{m}\left[-y^{(\mathrm{i})}\log\left(h_\theta\left(x^{(\mathrm{i})}\right)\right)-\left(1-y^{(\mathrm{i})}\right)\log\left(1-h_\theta\left(x^{(\mathrm{i})}\right)\right)\right]$$

代码表示：

```
In[ ]:def cost(theta, X, y):
        return np.mean(-y * np.log(sigmoid(X @ theta)) -
                (1 - y) * np.log(1 - sigmoid(X @ theta)))
```

（3）求 $J(\theta)$ 函数最小值

训练分类器时的做法就是寻找最佳拟合参数，使用的是最优化算法。显然，$J(\theta)$ 函数的值越小表示预测函数越准确（即 h 函数越准确），所以这一步需要做的是通过梯度下降法（Gradent Descent）找到 $J(\theta)$ 函数的最小值，这里不再赘述。

2．逻辑斯蒂回归算法的优缺点

（1）优点

逻辑斯蒂回归函数形式简单，模型的可解释性非常好；训练速度较快，计算量仅仅只和特征的数目相关；资源占用小，尤其是内存，只需要存储各个维度的特征值；不仅可以预测出类别，还可以得到近似概率预测，对许多需要利用概率辅助做决策的任务很有用。

（2）缺点

首先，因为逻辑斯蒂形式非常的简单（非常类似线性模型），容易欠拟合，导致分类准确度不高；其次，因为逻辑回归在不引入其他方法的情况下，只能处理线性可分的数据，或者进一步说，处理二分类的问题，所以，不能很好地处理非线性数据；再次，具有一定的局限性，适用于数值型和标称型数据类型，并且逻辑回归算法本身无法筛选特征；最后，数据特征有缺失或者特征空间很大时表现效果不好。

8.3.6　K-Means 聚类算法

K-Means 是聚类分析普遍使用的以距离作为数据对象间相似性度量标准的无监督机器学习算法，其中 K 表示聚类结果中类别的数量，决定这初始质心的数量，而 Means 表示类簇内数据对象的均值，通过均值对数据点进行聚类。K-Means 算法本身实现起来比较简单，通过预先设定的 K 值及每个类别的初始质心对相似的数据点进行划分，并通过划分后的均值迭代优化获得最优的聚类结果。假设存在一个样本集，首先，按照样本之间的距离大小，将样本集划分为 K 个簇；然后，并初始化质心，让簇内的点尽量紧密地连在一起，簇间的距离尽量得大；最后，未知数据点距离哪个中心点最近就划分到哪一类中。按照聚类的尺度，聚类有基于距离的聚类算法、基于层次的聚类算法、基于网络的聚类算法、基于密度的聚类方法和基于互连性的聚类算法等。总的来说，K-Means 聚类算法的分类效果很不错，应用也很广泛。

（1）使用 K-means 聚类机学习算法的优点

- 原理比较简单，可解释性强，实现容易，收敛速度快。
- 在球状簇的情况下，K-Means 产生比层级聚类更紧密的簇。
- 给定一个较小的 K 值，K-Means 聚类计算比大量变量的层次聚类更快。
- 主要需要调参的参数仅仅是簇数 K。

（2）使用 K-means 聚类机学习算法的缺点

- K 值的选取不好把握。
- 采用迭代方法，得到的结果只是局部最优。
- 给定一个较小的 K 值，K-Means 聚类计算比大量变量的层次聚类更快。
- 对噪声和异常点比较的敏感。
- 如果各隐含类别簇的数据不平衡，则聚类效果不佳。

8.3.7　支持向量机算法

支持向量机（Support Vecor Machine，SVM）是一种二分类监督机器学习算法，字面意思是通过支持向量来确定分类器，核心思路是最大化支持向量到分隔超平面的间隔。其中“机”的意思是机器，可以理解为分类器；而支持向量是指确定分类器的数据。SVM 的实质是寻找一个对训练样本进行分割的超平面，由于存在许多这样的线性超平面，SVM 算法模型就是选择那条离最接近的数据点距离最远的线性超平面，而距离最接近的数据点就称为支持向量（Support Vector），支持向量定义的沿着分隔线的区域称为间隔（Margin）。

SVM 有两个重要的参数，分别是 C 和 gamma，其中，C 是惩罚系数，即对误差的宽容度，C 越高，说明越不能容忍出现误差，容易过拟合，C 越小，容易欠拟合，C 过大或过小，泛化能力变差；gamma 是选择 RBF 函数作为 kernel 后，该函数自带的一个参数。隐含地决定了数据映射到新的特征空间后的分布，gamma 越大，支持向量越少，gamma 值越小，支持向量越多。支持向量的个数影响训练与预测的速度。

（1）SVM 分为三类

① 线性可分 SVM：当训练样本线性可分时，通过硬间隔最大化，学习一个线性可分支持向量机。

② 非线性 SVM：当训练样本线性不可分时，通过核技巧和软间隔最大化，学习一个非线性支持向量机。

③ 线性 SVM：当训练样本近似线性可分时，通过软间隔最大化，学习一个线性支持向量机。

（2）SVM 的优点

① SVM 有大量的核函数可以使用，可以解决线性不可分的情况。

② SVM 在样本量不是海量数据的时候，分类准确率高，泛化能力强。

③ SVM 仅仅使用一部分支持向量来做超平面的决策，且不对数据做任何强有力的假设。

④ SVM 不会过度拟合数据。

⑤ 计算复杂度仅取决于少量支持向量，不依赖全部数据，对于数据量大的数据集计算复杂度低。

⑥ SVM 训练完成后，大部分的训练样本都不需保留，最终模型仅与支持向量有关。

（3）SVM 的缺点

① 经典的 SVM 算法仅支持二分类，对于多分类问题需要改动模型。

② 样本特征维度远远大于样本数时，SVM 表现一般。

③ 不支持类别型数据，需在预处理阶段将类别型数据转换成离散型数据。例如“男”“女”这类数据。

④ SVM 在样本量非常大，核函数映射维度非常高时，会造成计算量过大，这时不太适合使用 SVM。

（4）SVM 的应用

第一，在使用 SVM 时，需要从 sklearn 库中导入 SVM 模块（from sklearn import svm）。

第二，划分数据集为训练样本集与测试样本集，通常使用留出法（Hold-Out）、交叉验证（Cross Validation）和自助法（Bootstrap），其中具体用到的方法有 sklearn 的 train_test_split，其用法是 from sklearn.model_selection import train_test_split。

第三，使用 svm.SVC()，训练分类器。

第四，使用 classifier.score()函数，或者通过 from sklearn.metrics import accuracy_score 直接调用 accuracy_score 方法计算分类准确率。

第五，用到之前讲到的 Matplotlib 和 Seaborn 等，绘制图像，看分类效果。

8.3.8 模型评估与选择

1．网格交叉验证（GridSearchCV）简介

Sklearn 提供的 GridSearchCV 能够通过给定的参数列表，自动地选择一个最优的参数，在数据集不大的情况下非常适合使用。通过调节 Sklearn 的参数就能优化模型。然而由于 Sklearn 包是第三方提供的，所以如何设置参数就很被动。只有仔细阅读官方文档才能搞清楚每个参数的意义。为了解决被动调参的麻烦，Sklearn 库提供了一个 GridSearchCV 库来自定义验证集进行模型调参，默认使用的模型验证方法是 KFold 交叉验证，但是，在很多时候已经预先分配好了验证集，通过给定不同参数值的组合，选择出一组最优的参数，用这些最优参数在这个验证集上评价模型好坏，所以并不需要 GridSearchCV 自动产生验证集，这就是所谓的使用自定义验证集进行模型调参。只要把参数输进去，就能把最优化的结果和参数运行出来。虽然 GridSearchCV 用起来简单，但是只在小数据集上用起来还算灵活。一旦数据的量级上去了，调参效率就不够好了。

GridSearchCV 的作用：

- 交叉验证是用来评估模型在新的数据集上的预测效果，也可以一定程度上减小模型的过拟合。
- 还可以从有限的数据中获取尽可能多的有效信息。

GridSearchCV 主要有以下几种方法：

- 留出法，简单地将原始数据集划分为训练集、验证集和测试集三个部分。
- k 折交叉验证（一般取 5 折交叉验证或者 10 折交叉验证）。
- 留一法（只留一个样本作为数据的测试集，其余作为训练集）——只适用于较少的数据集。
- Bootstrap 方法（会引入样本偏差）。

现在假设有一个训练集，特征为数组 train_features，标签为数组 train_labels。还有一个测试集，特征为数组 test_features，没有标签。希望在训练集上学习一个线性 SVM，来预测测试集标签。通过前面的介绍可以知道，SVM 有一些超参数需要人工设置，对于线性 SVM，最关键的应该就是惩罚参数 C。如何找到最优的 C 呢？通常情况下，可以使用 KFold 交叉验证。

使用中要和交叉验证（Cross Validation）区别，GridSearchCV 用于找到一组最优的参数组合，使得在这组参数下模型效果最好；而 Cross Validation 主要用于模型的效果验证，它是对于数据集的测试集和验证集的选择，能够有效地防止模型过拟合。所以，这两者是不同的概念。

2．主成分分析

主成分分析（Principal Component Analysis，PCA）是非常重要的统计方法。其思想就是通过线性变换将 n 维特征映射到 k 维上（k<n），这 k 维是重新构造出来的全新维度特征，而不是简单地从 n 维特征去除 n−k 维特征，这 k 维就是主成分。在机器学习中，得到的数据维数通常都很高，处理起来很麻烦，资源消耗很大，因此对数据进行降维处理是很必要的。PCA 的意义就是提取数据的主要特征，对高维数据降维，特别是在图像处理中经常用到的降维方法。

（1）PCA 的优缺点

PCA 技术有很多的优点，例如对数据进行降维的处理、去除噪声、预测矩阵中缺失的元素以及它是完全无参数限制的等等。其中，完全不需要人为地设定参数或是根据任何经验模型对计算进行干预，既是优点，又是缺点。因为，最后它的结果只与数据相关，与用户是独立的，如果用户对观测对象有一定的先验知识，掌握了数据的一些特征，却无法通过参数化等方法对处理过程进行干预，可能会得不到预期的效果，效率也不高。

（2）PCA 的步骤

① 对数据中心化，即数据集中的各项数据减去数据集的均值，目的是提高训练速度。

② 求特征的协方差矩阵，即各个维度偏离其均值的程度，也就是不同维度之间互相影响的相关性。

③ 求协方差矩阵的特征值和特征向量，其中协方差的特征向量表示样本集的相关性集中分布在这些方向，而特征值就反映了样本集在该方向上的相关性大小。

④ 取最大的 k 个特征值所对应的特征向量。

⑤ 将样本点投影到选取的特征向量上。

3．特征工程（Feature Engineering）

特征工程是使用专业背景和技巧处理数据，其中，特征是指从数据中抽取出来对结果预测有用的信息，使得特征能在机器学习算法上发挥更好的作用的过程。实际工作中，可能 70%的时间是在处理数据，剩余的 30%的时间是在建模或对模型状态进行评估。其中，算法和模型的研究是一些算法专家和专业人员在做的事情，而大部分人的工作是跑数据或用数据库搬砖，对数据进行清洗、清洗、再清洗...，通过业务分析、找特征、提取特征和分析特征。良好的特征，是一个好的特征工程的前提，它意味着只需要简单模型和算法就能得到最好的结果。特征工程的特征越好，灵活性越强，模型越简单，性能就越出色。

通常可以通过选择 KNN、线性回归、最小二乘法、逻辑斯蒂回归和 SVM 等算法，来获取良好的模型，其中选择良好的模型中特征工程是重要的环节，需要考虑哪些数据有用、确定存储格式等，而数据清洗（Data Cleaning）和算法大多数情况下就是一个加工机器，最后的产品往往取决于原材料的好坏。数据采样均衡度严重影响一个模型的好坏。

4．机器学习常见评价指标

AUC（Area Under Curve）是一个对二分类模型进行评价的指标，而这一指标是由 ROC（Receiver

Operating Characteristic Curve，受试者工作特征曲线）及其曲线下的面积组成，而 ROC 是由真阳性率（即 tpr，表示正真正例的正确率）和假阳性率（即 fpr，表示正真负例的正确率）绘制而成的曲线，是反映敏感性和特异性连续变量的综合指标，ROC 曲线上每个点反映着对同一信号刺激的感受性，Sklearn 库提供了其算法 sklearn.metrics.roc_curve()函数用于绘制 ROC 曲线：

```
In[ ]:sklearn.metrics.roc_curve(
        y_true,
        y_score,
        pos_label=None,
        sample_weight=None,
        drop_intermediate=True)
```

（1）roc_curve()函数参数介绍

- y_true：实际的样本标签值（这里只能用来处理二分类问题，即为{0，1}或者{true，false}，如果有多个标签，那么应该显式地给出 pos_label。
- y_score：目标分数，被分类器识别成正例的分数（常用在 method="decision_function"、method="proba_predict"）。
- pos_label：类型是 int 或 str，作用是指定某个标签为正例。
- sample_weight：顾名思义，样本的权重，可选。
- drop_intermediate：布尔值，默认为 True。

（2）roc_curve()函数返回值介绍

- fpr（False positive rate）：判断为正真负例的正确率。
- tpr（True positive rate）：判断为正真正例的正确率。
- Thresholds：阈值。

5．混淆矩阵简单概念

混淆矩阵是 ROC 曲线绘制的基础，返回值是一个误差矩阵，常用来可视化地评估监督学习算法的性能，同时它还是衡量分类型模型准确度中最基本、最直观且计算最简单的方法。此矩阵多用于判断分类器（Classifier）的优劣，适用于分类型的数据模型。在 Sklearn 中调用混淆矩阵的接口是函数 sklearn.metrics.confusion_matrix，在 Tensorflow 中调用混淆矩阵的接口是函数 tf.confusion_matrix。简单来说，混淆矩阵统计的是分类模型分对类、分错类的个数，然后把结果存储到一张表里，以更直观的类似 DataFrame 的格式展示出来。下表就是混淆矩阵的一个示例：

实际 / 预测		真实类别	
		0	1
预测类别	0（Negative）	TN（True Negative）	FN（False Negative）
	1（Positive）	FP（False Positive）	TP（True Positive）

在上表中，FN、FP、TN 和 TP 的含义分别为：

- FN（False Negative）：代表将真实负将本划分为正样本的量，通俗地讲，假的被识别为了真的。
- FP（False Positive）：代表将真实负将本划分为负样本的量，通俗地讲，假的被识别为了假的。
- TN（True Negative）：代表将真实正将本划分为负样本的量，通俗地讲，真的被识别为了假的。
- TP（True Positive）：代表将真实正将本划分为正样本的量，通俗地讲，真的被识别为了真的。

下面对一些混淆矩阵度量的概念和公式进行说明：

■ 精确率（Precision Rate）：预测为真正正类的所有结果占预测正类总和的比重。

$$\text{Precision Rate} = \frac{TP}{TP + FP}$$

■ 召回率（Recall Rate）：预测为真正正类的所有结果占预测为真正正类和错误负类（即实际为正类）总数的比重，也叫灵敏度（Sensitivity）。

$$\text{Recall Rate} = \frac{TP}{TP + FN}$$

■ F1-score：取值范围从 0～1，F1 指标越大模型越优秀，F1 指标越小模型越差。

$$\text{F1} - \text{score} = \frac{2 \times \text{Precision} \times \text{Recall}}{\text{Precision} + \text{Recall}}$$

■ 准确率（Accuracy Rate）：分类正确的所有结果占总预测总和的比重。

$$\text{Accuracy Rate} = \frac{TP + TN}{TP + FP + TN + FN}$$

■ 特异度（Specificity）：预测为真正负类的所有结果占预测为真正负类和错误正类总数（即实际为负类）的比重

$$\text{Specificity} = \frac{TN}{TN + FP}$$

那么，这些分类指标怎么显示呢？Sklearn 中的 classification_report 函数用于显示主要分类指标的文本报告，在报告中显示每个类的精确度、召回率和 F1 值，还有 support 值（即最后一列，表示每个标签的出现次数）和 avg/total 值（即最后一行，表示各列的均值）。classification_report 函数的主要参数：

y_true：1 维数组，或标签指示器数组/稀疏矩阵，目标值。

y_pred：1 维数组，或标签指示器数组/稀疏矩阵，分类器返回的估计值。

labels：array，shape=[n_labels]，报表中包含的标签索引的可选列表。

target_names：字符串列表，与标签匹配的可选显示名称（相同顺序）。

sample_weight：类似于 shape=[n_samples]的数组，可选项，样本权重。

digits：int，输出浮点值的位数。

6. ROC-AUC 图形绘制

ROC 曲线是以 FPR 为横坐标，以 TPR 为纵坐标，以概率为阈值来度量模型正确识别正实例的比例与模型错误地把负实例识别成正实例的比例之间的权衡，TPR 的增加必定以 FPR 的增加为代价，ROC 曲线下方的面积是模型准确率的度量。

为什么要用 AUC 作为二分类模型的评价指标呢？为什么不直接通过计算准确率来对模型进行评价呢？答案是这样的：机器学习中的很多模型对于分类问题的预测结果大多是概率，即属于某个类别的概率，如果计算准确率的话，那么就要把概率转化为类别，这就需要设定一个阈值，概率大于某个阈值的属于一类，概率小于某个阈值的属于另一类，而阈值的设定直接影响了准确率的计算。使用 AUC 可以解决这个问题，接下来详细介绍 AUC 的计算。

例如，数据集一共有 5 个样本，真实类别为（1，0，0，1，0）；二分类机器学习模型，得到的预测结果为（0.5，0.6，0.4，0.7，0.3）。将预测结果转化为类别——预测结果降序排列，以每个预测值（概率值）作为阈值，即可得到类别。计算每个阈值下的“True Positive Rate”“False Positive Rate”。以“True Positive Rate”作为纵轴，以“False Positive Rate”作为横轴，画出 ROC 曲线，ROC 曲线下的面积，即为 AUC 的值。

看如下的代码演示：

```
In[ ]:# 导包
    from sklearn.svm import SVC
    from sklearn.datasets import load_iris
    import numpy as np
    from sklearn.metrics import auc, roc_curve  # 导入评价指标的计算公式
    from scipy import interp  # 线性插值
    from sklearn.model_selection import StratifiedKFold  # 将数据进行划分
    import matplotlib.pyplot as plt
```

```
%matplotlib inline

# 导入自带数据集，获取样本
from sklearn.datasets import make_blobs
X_train, y_train = make_blobs(
    random_state=randomstate, centers=[[0, 0], [2, 2], [-2, -2]])
plt.scatter(X_train[:, 0], X_train[:, 1], c=y_train)

svc = SVC(kernel='linear', random_state=randomstate, probability=True)
#分层采样，确保训练集，验证集中各类别样本的比例与原始数据集中相同
stratifiedKFold = StratifiedKFold(n_splits=6)
```

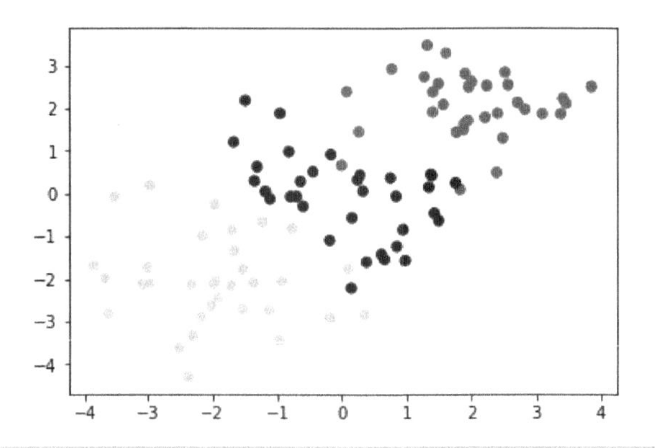

```
In[ ]:# 绘图
    i = 0
    for train, test in stratifiedKFold.split(X, y):
        #生成索引，将数据分割为训练集和测试集。
        svc.fit(X[train], y[train])
        proba_ = svc.predict_proba(X[test])  #概率
        # tpr fpr positive 数据
        fpr, tpr, thresholds = roc_curve(y[test], proba_[:, 1])
        # auc
        AUC = auc(fpr, tpr)
        # 绘制 ROC 线
        plt.plot(fpr, tpr, alpha=0.3, label='fold %d;AUC:%0.4f' % (i, AUC))
        i += 1
    plt.legend()  #显示图例
```

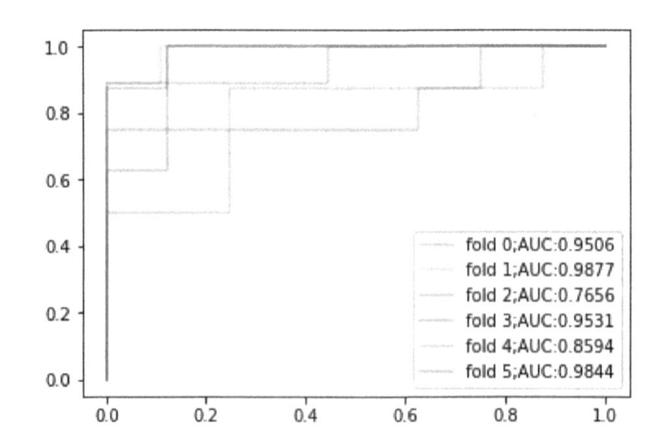

8.4 机器学习展望

互联网行业在找工作时，除了专业技术外，知识面也要广泛。了解数据分析和机器学习，对找工作会有很大帮助。而机器学习也是一个比较热门的岗位，不少计算机方向的研究生都会接触这方面。如果你的兴趣是机器学习、数据挖掘方向，而且又对其非常感兴趣的话，那么可以考虑考虑该岗位，毕竟在机器智能没达到人类水平之前，机器学习的研究随着科技的不断发展也是突飞猛进的，相信这方面的人才需求也会越来越大。机器学习在图像识别、人脸识别、自动驾驶、智能预测、自然语言处理（Natural Language Processing，NLP）以及听觉等领域已取得了突飞猛进的发展，相信未来在这个领域的人才缺口会很大。

第 9 章　笔试面试真题与答案

9.1 真题 1

一、选择题

1．表达式'%d%%%d'　%(3/4, 3%4)的值是（　　）

A．'0%3'　　B．'0%%3'　　C．'3/4%3%4'　　D．'3/4%%3%4'

2．下面标识符中不是 Python 语言的保留字的是（　　）

A．continue　　B．except　　C．init　　D．pass

3．以下程序的输出结果是（提示：ord('a') ==97）（　　）

```
lista = [1,2,3,4,5,'a','b','c','d','e']
print(lista[2] + lista[5])
```

A．100　　B．'d'　　C．d　　D．TypeEror

4．下面的循环体执行的次数与其他不同的是（　　）

A．
```
i = 0
while( i <= 100):
    print i,
    i = i + 1
```
B．
```
for i in range(100):
    print i,
```
C．
```
for i in range(100, 0, -1):
    print i,
```
D．
```
i = 100
while(i > 0):
    print i,
    i = i – 1
```

5．自顶向下逐步求精的程序设计方法是指（　　）

A．将一个大问题简化为同样形式的较小问题

B．先设计类，再实例化为对象

C．解决方案用若干个较小问题来表达，直至小问题很容易求解

D．先设计简单版本，再逐步增加功能

6．简单变量作为实参时，它和对应的形参之间数据传递方式是（　　）

A．由形参传给实参

B．由实参传给形参

C．由实参传给形参，再由形参传给实参

D．由用户指定传递方向

7．以下说法不正确的是（　　）

A．在不同函数中可以使用相同名字的变量

B．函数可以减少代码的重复，也使得程序可以更加模块化

C．主调函数内的局部变量，在被调函数内不赋值也可以直接读取
D．函数体中如果没有 return 语句，也会返回一个 None 值

8．关于 list 和 string 下列说法错误的是（　　）
A．list 可以存放任意类型
B．list 是一个有序集合，没有固定大小
C．用于统计 string 中字符串长度的函数是 string.len()
D．string 具有不可变性，其创建后值不能改变

9．下面问题属于计算机本质上不可解问题的是（　　）
A．Hanoi 塔问题　　B．排序问题　　C．求阶乘　　D．Halting 问题

10．Python 语言定义的 class 的初始化函数的函数名是：
A．init　　B．__init__　　C．__init　　D．init__

11．已知 x = 43，y = False；则表达式(x >= y and 'A' < 'B' and not y)的值是（　　）
A．False　　B．语法错　　C．True　　D．"假"

12．对 n 个数做归并排序（merge sort），这个算法是（　　）
A．nlogn 时间的　　B．线性时间的　　C．logn 时间的　　D．n2 时间的

13．下面不是计算思维的特征的是（　　）
A．概念化　　B．数学与工程思维的融合
C．面向所有的人　　D．计算机的思维

14．执行下面操作后，list2 的值是（　　）
```
list1 = [4,5,6]
list2 = list1
list1[2] = 3
```
A．[4,5,6]　　B．[4,3,6]　　C．[4,5,3]　　D．A,B,C 都不正确

15．下列合法的变量名是（　　）
A．main( )　　B．car2　　C．2car　　D．var-name

16．下列哪个语句在 Python 中是非法的？（　　）
A．x = y = z = 1　　B．x = (y = z + 1)
C．x, y = y, x　　D．x　+=　y

17．关于 Python 内存管理，下列说法错误的是（　　）
A．变量不必事先声明　　B．变量无须先创建和赋值而直接使用
C．变量无须指定类型　　D．可以使用 del 释放资源

18．下面哪个不是 Python 合法的标识符（　　）
A．int32　　B．40XL　　C．self　　D．name

19．下列哪种说法是错误的（　　）
A．除字典类型外，所有标准对象均可以用于布尔测试
B．空字符串的布尔值是 False
C．空列表对象的布尔值是 False
D．值为 0 的任何数字对象的布尔值是 False

20．下列表达式的值为 True 的是（　　）
A．5+4j > 2-3j　　B．3>2>2　　C．(3,2) 'xyz'　　D．1==1

21．Python 不支持的数据类型有（　　）
A．charset　　B．int　　C．float　　D．list

22．关于 Python 中的复数，下列说法错误的是（　　）
A．表示复数的语法是 real + image j　　B．实部和虚部都是浮点数

C．虚部必须后缀 j，且必须是小写　　D．方法 conjugate 返回复数的共轭复数

23．关于字符串下列说法错误的是（　　）

A．字符应该视为长度为 1 的字符串

B．字符串以标志字符串的结束

C．既可以用单引号，也可以用双引号创建字符串

D．在三引号字符串中可以包含换行回车等特殊字符

24．以下不能创建一个字典的语句是（　　）

A．dict1 = {}　　B．dict2 = { 3 : 5 }

C．dict3 = {[1,2,3]:"uestc"}　　D．dict4 = {(1,2,3):"uestc"}

25．下列 Python 语句正确的是（　　）

A．min = x　if　x y ? x : y　　B．if 1　a=b<=c

C．if (x > y)　　print x　　D．while True : pass

二、填空题

1．表达式 eval("4 * 2 + 5 % 2 + 4/3")的结果是_______。

2．print('This float, %-10.5f, has width 10 and precision 5. '　% (3.1415926)) 的输出结果是：_______。

3．执行 print(1.3−1 == 0.3)，结果是 False 的原因是_______。

4．下面语句的执行结果是_______。

```
s = "bb    c"
print(str.split(3 * s))
```

5．无穷循环 while True:的循环体中可用_______语句退出循环。

三、程序题

1．当输入 6 时，写出下面程序的执行结果。

```
def main():
  num = int(input("请输入一个整数："))
  i=1
  while i<=3:
      print(num % 10)
      num = num / 10
      i=i+1
main()
```

2．写出下面程序的执行结果。

```
a = [1, 20, 32, 14, 5, 62, 78, 38, 9, 10]
for i in range(9):
      if( a[i] > a[i+1] ):
            a[i], a[i+1] = a[i+1], a[i]

print(a)
```

3．写出下面程序的执行结果。

```
def main():
      lst = [2, 4, 6, 8, 10]
      lst = 2 * lst
      lst[1], lst[3] = lst[3], lst[1]
      swap(lst, 2, 4)
      for i in range(len(lst) - 4):
            print(lst[i],end=',')
def swap(lists, ind1, ind2):
```

```
        lists[ind1], lists[ind2] = lists[ind2], lists[ind1]
main()
```

4．写出下面程序的执行结果。

```
import string
def main():
    s = "I like python!"
    s = str.lower(s)
    alist = []
    countlist = []
    count=0
    for i in range( len(s) ):
        if (ord(s[i]) <= ord('Z') and ord(s[i]) >= ord('A')) \
            or (ord(s[i]) <= ord('z') and ord(s[i]) >= ord('a')):
            if (s[i] in alist):
                sign = alist.index(s[i])
                countlist[sign] += 1
            else:
                alist.append(s[i])
                countlist.append(1)
                count += 1
    for i in range(count):
        print(alist[i], ",", countlist[i])
main()
```

5．阅读下面程序

```
def fact(n)
    return n * fact(n-1)

def main()
    print fact(5)
```

请问该程序是否正确？如果正确的话，那么请写出运行结果；如果不正确，那么请修改程序并写出相应运行结果。

6．写出下面程序的功能。假设文件“original”内容为

```
Upgrc y npmepyk.
Write a program.
```

那么文件“savetoo”内存储的内容应该是什么？

```
import string
def main():
    print("This is a program......")
    infile = open("original", 'r' )
    outfile = open("savetoo", 'w' )
    msg = ""
    for strstr in infile.readlines():
        for ichar in strstr:
            if ichar >= 'a' and ichar <= 'z':
                n = ord(ichar) + 2
                yn = (n - ord( 'a' ) ) % 26
                ch=chr( ord( 'a' ) + yn )
            elif ichar >= 'A' and ichar <= 'Z':
                n = ord(ichar) + 2
                yn = ( n - ord( 'A' ) ) % 26
```

```
            ch = chr( ord( 'A' ) + yn )
        else:
            ch = ichar
        msg = msg + ch
    outfile.write(msg)
    infile.close()
    outfile.close()
main()
```

7．修改下面程序使得其能运行正常。

```
class Box:                    #Box 类
    def init(self, l, w, h):
        self.length = l
        self.width = w
        self.height = h

    def volume():       #计算 Box 的体积
        return length * width * height

b = Box(4, 5, 6)
print(b.volume())
```

8．给定两个 list A、B，请找出 A、B 中相同的元素，A、B 中不同的元素。

9．已知以下 list：

list1 = [{"mm": 2,},{"mm": 1,},{"mm": 4,},{"mm": 3,},{"mm": 3,}]

① 把 list1 中的元素按 mm 的值排序。

② 获取 list1 中第一个 mm 值等于 x 的元素。

③ 删除 list1 中所有 mm 等于 x 的元素，且不对 list 重新赋值。

④ 取出 list1 中 mm 最大的元素，不能排序。

10．如何查看 Linux 系统的启动时间、磁盘使用量和内存使用量？

11．请写出下面代码的运行结果：

```
a=zip(('a','b','c'),(1,2,3,4))
print(dict(a))
```

12．实现学生信息管理程序

要求：

① 定义学生类，学生信息管理类。

② 实现向列表中添加学生类的对象。

③ 删除学生对象。

④ 根据学号查询学生信息。

⑤ 实现对学生对象按照指定条件进行排序，例如按照姓名排序、按照年龄排序等。

9.2 真题 2

一、选择题

1．以下叙述正确的是（　　）

A．continue 语句的作用是结束整个循环的执行

B．只能在循环体内和 switch 语句体中使用 break 语句

C．在循环体内使用 break 语句或 continue 语句的作用相同

D．从多层循环嵌套中退出时，只能使用 goto 语句

2．Python 如何定义一个函数（　　）

A．class <name> (<Type> arg1 , <Type> arg 2, ... , <Type> argN)

A．function <name> (arg1 ,arg2 ,…　, argN)

B．def <name> (arg1 ,arg2 ,…　, argN)

C．def <name> (<Type> arg1 , <Type> arg 2, ... , <Type> argN)

3．下面哪个函数能够在 Linux 环境下创建一个子进程（　　）

A．os.popen　　B．os.fork　　C．os.system　　D．os.link

4．已知 x=43，ch = 'A' ,y = 1，则表达式(x > y and ch< 'B' and y)的值是（　　）

A．0　　B．1　　C．出错　　D．True("真")

5．下面的语句哪个会无限循环下去（　　）

A．for a in range(10):
　　time.sleep(10)

B．while 1 < 10:
　　time.sleep(10)

C．while True:
　　　break;

D．a = [3,-1, 5 , 7]
　for I in a[:]
　　if a > 10:
　　　break;

6．下列表达式中返回为 True 的是（　　）

A．3 > 2 >2　　B．'abc' > 'xyz'

C．0x56 < 56　　D．(3,2) < ('a','b')

7．Python 不支持的数据类型有（　　）

A．char　　B．int　　C．float　　D．list

8．下面的函数，那些会输出 1,2,3 三个数字（　　）

A．for I in range(3)
　　　print i

B．aList = [0,1,2]
　　　for I in aList:
　　　　　print i+1

C．I = 1
　while I < 3:
　　　print i
　　　I = I +1

D．for I in range(3):
　　　print I + 2

9．下面哪个单词不是 Python3 里面的关键字（　　）

A．eval　　B．assert　　C．nonlocal　　D．pass

10．表达式 3*1**3 的值是多少（　　）

A．27　　B．9　　C．3　　D．1

11. 下面两个表达式的输出内容是什么（　　）

```
>>> a = 1
>>> b = 1
>>> a is b
???
>>> a = 300
>>> b = 300
>>> a is b
???
```

A. True True　　B. True False　　C. False False　　D. False True

12. 下面这个函数的返回值是什么（　　）

```
def func(a):
    a = a + '2'
    a = a*2
    return a
>>>func("hello")
```

A. hello　　B. 字符串不支持*操作
C. hello2　　D. hello2hello2

13. 在 Python 中，表达式 0.1 + 0.2 == 0.3 的返回是（　　）

A. True　　B. False　　C. 不确定

14. 表达式～～～5 的值是多少？

A. +6　　B. −11　　C. +11　　D. −6

15. 表达式 bool('False')的返回值是（　　）

A. True　　B. False　　C. 0　　D. 1

16. 表达式 True==False==False 的返回值是（　　）

A. True　　B. False　　C. 0　　D. 1

17. 下面表达式输出结果为（　　）

```
i = 0
while i < 5:
    print(i)
    i += 1
    if i == 3:
        break
else:
    print(0)
```

A. 0 1 2 0　　B. 0 1 2　　C. 0 1　　D. 0 1 2 3

18. 下面表达式输出结果为（　　）

```
x = 12

def f1():
    x = 3
    print(x)

def f2(x):
    x += 1
    print(x)
```

```
f1()
f2(x)
```

A．3 4　　B．3 13　　C．12 13　　D．3 报错

19．定义 A=("a","b","c","d")，执行 del A[2]后的结果为（　　）

A．("a","c","d")　　B．("a","b","c")　　C．("a","b","d")　　D．异常

20．String="{1},{0}";string=String.format("Hello","Python")，请问将 string 打印出来为（　　）

A．Hello Python　　B．{1},{0}　　C．Python,Hello　　D．Hello,Hello

二、填空题

1．以下函数需要调用在其中引用一个全局变量 k，请填写语句：

```
def func():
    __________
    k = k +1
```

2．请把以下函数转化为 Python lambda 匿名函数

```
def add(x,y):
    return x+y
```

3．定义 A=[1,2,3,4]，使用列表生成式[i*i for i in A]生成列表为_________。

4．如何将 L1=[1,2,3,4]和 L2=[6,7,8,9]使用列表内置函数变成 L1=[1,2,3,4,5,6,7,8,9]？_______

5．如何将字典 D={'Adam':95,'Lisa':85,'Bart':59}中的值'Adam'删除？_______

6．如果一个程序需要进行大量的 IO 操作，应当使用并行还是并发？_______

7．如果程序需要进行大量的逻辑运算操作，应当使用并行还是并发？_______

三、程序题

1．请书写一个函数，用于替换某个字符串的一个或某几个字串。

函数原型 strreplace(str,oldString,newString);

例如：

```
pstr = "Hello World!"
afterReplaceStr = strreplace(pstr,"World","Tom")
```

那么 afterReplaceStr 的值为"Hello Tom"。

2．将输入的字符串中的每个字符的 ASCII 码转换成一个列表。例如，输入为 abcde 时，输出为[97, 98, 99, 100, 101]。

3．以下这个函数的输入参数为一个文件夹路径，要求返回该文件夹中文件的路径，及其子文件夹中文件的路径。

```
def print_directory_contents(sPath):
    #请补充代码
```

4．下面这段代码的输出结果是什么？请解释。

```
def extendList(val, list=[]):
    list.append(val)
    return list;
list1=extendList(10)
list2=extendList(123,[])
list3=extendList('a')

print("list1=%s"%list1)
print("list2=%s"%list2)
print("list3=%s"%list3)
```

5．下面的代码能否运行？请解释。

```
d=dict()
d['florp']=127
print(d)
```

6．将函数按照执行效率高低排序，并证明自己的答案是正确的。

```
def f1(lIn):
    l1=sorted(lIn)
    l2=[i for i in l1 if i<0.5]
    return [i*i for i in l2]

def f2(lIn):
    l1=[i for i in lIn if i<0.5]
    l2=sorted(l1)
    return [i*i for i in l2]

def f3(lIn):
    l1=[i*i for i in lIn]
    l2=sorted(l1)
    return [i for i in l1 if i<(0.5*0.5)]
```

7．给出一段冒泡排序的代码。

8．什么是二分法查找，请给出其代码？

9．给出以下程序的结果：

```
'{:0.2f}'.format(0.135)
'{:0.2f}'.format(0.145)
```

10．以下两段代码运行之后结果是否相同？为什么？

第一段：

```
l=[]
for i in range(10):
    l.append({'num':i})
print(l)
```

第二段：

```
l=[]
a={'num':0}
for i in range(10):
    a['num']=i
    l.append(a)
print(l)
```

11．请写出下列代码的输出内容:

```
def test1():
    for i in range(2):
        print('+'+str(i),end='')
        yield str(i)
for a in test1():
        print('-'+a,end='')
for a in list(test1()):
        print('-'+a,end='')
```

9.3 答案

9.3.1 真题 1 答案

一、选择题

1～5：ACDAB

6～10：CCDDB

11～15：CCCCB

16～20：BBBDD

21～25：ABBCD

二、填空题

1．10.333333333333334

2．This float, 3.14159　　, has width 10 and precision 5.

3．因为 1.3-1 等于 0.30000000000000004，而不等于 0.3

4．['bb', 'cbb', 'cbb', 'c']

5．break

三、程序题

1．答案：运行结果：

```
请输入一个整数：6
6
0.6
0.06
```

2．答案：[1, 20, 14, 5, 32, 62, 38, 9, 10, 78]

3．答案：2,8,10,4,6,2,

4．答案：运行结果：

```
i , 2
l , 1
k , 1
e , 1
p , 1
y , 1
t , 1
h , 1
o , 1
n , 1
```

5．答案：不正确，应该加上递归条件，否则会无限循环

```
def fact(n):
    if n==1:
        return 1
    elif n>1:
        return n * fact(n-1)

def main():
    print(fact(5))

main()
```

6．答案：

```
Write a program.
Ytkvg c rtqitco.
```

7．答案：修改之后：

```
class Box:                          #Box 类
    def init(self, l, w, h):
        self.length = l
        self.width = w
        self.height = h

    def volume(self,length, width , height):      #计算 Box 的体积
        return length * width * height

b = Box()
print(b.volume(4, 5, 6))
```

8．答案：使用集合操作即可：

A、B 中相同元素：print(set(A)&set(B))

A、B 中不同元素：print(set(A)^set(B))

9．答案：① 把 list1 中的元素按 mm 的值排序：

```
print(sorted(list1,key=lambda x:x['mm']))
```

结果：

```
[{'mm': 1}, {'mm': 2}, {'mm': 3}, {'mm': 3}, {'mm': 4}]
```

或者用 operator 函数来排序，上面排序等价于：

```
from operator import itemgetter
print(sorted(list1,key=itemgetter('mm')))
```

② 获取 list1 中第一个 mm 值等于 x 的元素：

```
x=1
for index,item in enumerate(list1):
    if x in item.values():
        print(list1[index])
        break
```

③ 删除 list1 中所有 mm 等于 x 的元素，且不对 list 重新赋值：

```
x=3
for item in list1[:]:
    if x in item.values():
        list1.remove(item)
print(list1)
```

④ 取出 list1 中 mm 最大的元素，不能排序：

```
max_num=0
for item in list1[:]:
  if item['mm']>max_num:
    max_num=item['mm']
print(max_num)
```

10．答案：

查看启动时间：uptime

查看磁盘使用情况：df -lh

查看内存使用量：top

11．答案：{'a':1,'b':2,'c':3}

zip()函数用于将可迭代的对象作为参数，将对象中对应的元素打包成一个个元组，然后返回由这些元组组成的列表。如果各个迭代器的元素个数不一致，那么返回列表长度与最短的对象相同，利用*号操作符，可以将元组解压为列表。zip 方法在 Python 2 和 Python 3 中的不同：在 Python 3 中为了减少内存，zip()返回的是一个对象。所以，这里按照最短的元素组成的字典输出是{'a':1,'b':2,'c':3}。

12．答案：需要编写学生类和学生信息管理类。

学生类：

```
class Student:

    def __init__(self, name, age, num):
        self.name = name
        self.age = age
        self.num = num

    def __str__(self):
        return '%s,%s,%d'%(self.num, self.name, self.age)

    #判断两个对象内容是否相同, 使用 == 比较时，自动调用该方法
    def __eq__(self, other):
        return self.num == other.num
```

学生信息管理类：

```
class StudentManage:

    def __init__(self):
        self.stuList = []

    def addStu(self, stu):
        '''添加学生对象'''
        ret = stu in self.stuList
        if ret == True:
            print('存在相同学号的学生信息，不能添加数据')
            return

        self.stuList.append(stu)

    def delStu(self, num):
        '''根据学号删除学生对象'''

        for info in self.stuList:
            if info.num == num:
                self.stuList.remove(info)
                break
        else:
            print('对应学号的学生不存在')

    def allStudent(self):
        for info in self.stuList:
```

```
            print(info)

    def selectStuByNum(self, num):
        '''根据学号查询学生信息'''
        flag = False
        stu = None
        for info in self.stuList:
            if info.num == num:
                flag = True
                stu = info

        if flag:
            return stu
        else:
            print('对应学号学生不存在')


    def sortByName(self):
        '''根据姓名排序'''
        self.stuList.sort(key=lambda info : info.name)
```

测试示例：

```
from student import Student
from manage import StudentManage

s1 = Student('zhangsan', 12, '1234567')
s2 = Student('lisi', 16, '223456')
s3 = Student('wangwu', 9, '123457')

sm = StudentManage()
sm.addStu(s1)
sm.addStu(s2)
sm.addStu(s3)

s4 = Student('Tom', 12, '223456')
sm.addStu(s4)

sm.allStudent()
print('------------------------')
sm.delStu('123')
sm.allStudent()

print('------------------')
stu = sm.selectStuByNum('234')
print(stu)

print('------------------------')
sm.sortByName()
sm.allStudent()

print('-------------')
l = [1, 3, 4]
print(10 in l)
print('----------------')
ss = Student('haha', 12, '123')
ss2 = Student('heihei', 13, '234')
```

```
print(ss == ss2)
l = [ss, ss2]
ss3 = Student('hehe', 20, '123')
print(ss3 in l)
```

运行结果：

```
存在相同学号的学生信息，不能添加数据
1234567,zhangsan,12
223456,lisi,16
123457,wangwu,9
------------------------
对应学号的学生不存在
1234567,zhangsan,12
223456,lisi,16
123457,wangwu,9
------------------
对应学号学生不存在
None
------------------------
223456,lisi,16
123457,wangwu,9
1234567,zhangsan,12
-------------
False
----------------
False
True
```

9.3.2　真题 2 答案

一、选择题

1～5：BCBBB

6～10：DABAC

11～15：BDBDA

16～20：BBBDC

二、填空题

1．global k

2．lambda x,y:x+y

3．[1,　　4,　　9,　　16]

4．L1.extend(L2)

5．del D['Adam']

6．并发。

7．并行。

三、程序题

1．答案：

```
def strreplace(str,oldString,newString):
    return str.replace(oldString,newString)
```

2．答案：

```
def main():
```

```
    str = input("请输入一个字符串:")
    output = []
    for i in range(len(str)):
        num = ord(str[i])
        output.append(num)
    print(output)

main()
```

运行结果：

```
请输入一个字符串:abcde
[97, 98, 99, 100, 101]
```

3．答案：

```
def print_directory_contents(sPath):
    import os
    for sChild in os.listdir(sPath):
        sChildPath = os.path.join(sPath,sChild)
        if os.path.isdir(sChildPath):
            print_directory_contents(sChildPath)
        else:
            print(sChildPath)
```

4．答案：

带有默认参数的表达式在函数被定义的时候被计算，不是在调用的时候被计算。

运行结果：

```
list1=[10, 'a']
list2=[123]
list3=[10, 'a']
```

5．答案：

能够运行。当 key 缺失时，字典的实例将自动实例化这个序列。运行结果为

```
{'florp': 127}
```

6．答案：

按执行效率从高到低排列：f2、f1 和 f3。如果要证明这个答案是正确的，那么可以使用 Python 中的程序分析包 cProfile：

```
import cProfile,random
lIn=[random.random() for i in range(100000)]
cProfile.run('f1(lIn)')
cProfile.run('f2(lIn)')
cProfile.run('f3(lIn)')
```

运行结果：

```
         7 function calls in 0.061 seconds

   Ordered by: standard name

   ncalls  tottime  percall  cumtime  percall filename:lineno(function)
        1    0.001    0.001    0.061    0.061 <string>:1(<module>)
        1    0.000    0.000    0.060    0.060 tmp.py:1(f1)
        1    0.013    0.013    0.013    0.013 tmp.py:3(<listcomp>)
```

```
        1      0.005      0.005      0.005      0.005 tmp.py:4(<listcomp>)
        1      0.000      0.000      0.061      0.061 {built-in method builtins.exec}
        1      0.042      0.042      0.042      0.042 {built-in method builtins.sorted}
        1      0.000      0.000      0.000      0.000 {method 'disable' of '_lsprof.Profiler' objects}


         7 function calls in 0.032 seconds

   Ordered by: standard name

   ncalls  tottime  percall  cumtime  percall filename:lineno(function)
        1      0.001      0.001      0.032      0.032 <string>:1(<module>)
        1      0.000      0.000      0.031      0.031 tmp.py:6(f2)
        1      0.007      0.007      0.007      0.007 tmp.py:7(<listcomp>)
        1      0.003      0.003      0.003      0.003 tmp.py:9(<listcomp>)
        1      0.000      0.000      0.032      0.032 {built-in method builtins.exec}
        1      0.021      0.021      0.021      0.021 {built-in method builtins.sorted}
        1      0.000      0.000      0.000      0.000 {method 'disable' of '_lsprof.Profiler' objects}


         7 function calls in 0.065 seconds

   Ordered by: standard name

   ncalls  tottime  percall  cumtime  percall filename:lineno(function)
        1      0.003      0.003      0.065      0.065 <string>:1(<module>)
        1      0.000      0.000      0.063      0.063 tmp.py:11(f3)
        1      0.011      0.011      0.011      0.011 tmp.py:12(<listcomp>)
        1      0.004      0.004      0.004      0.004 tmp.py:14(<listcomp>)
        1      0.000      0.000      0.065      0.065 {built-in method builtins.exec}
        1      0.048      0.048      0.048      0.048 {built-in method builtins.sorted}
        1      0.000      0.000      0.000      0.000 {method 'disable' of '_lsprof.Profiler' objects}
```

7．答案：冒泡排序代码：

```
lis = [56,12,1,8,354,10,100,34,56,7,23,456,234,-58]

def sortport():
    for i in range(len(lis)-1):
        for j in range(len(lis)-1-i):
            if lis[j]>lis[j+1]:
                lis[j],lis[j+1] = lis[j+1],lis[j]
    return lis
if __name__ == '__main__':
    sortport()
    print(lis)
```

8．答案：二分法是一种快速查找的方法，时间复杂度低，逻辑简单易懂，总的来说就是不断地除以 2…，二分法查找非常快且非常常用，但是唯一要求是要求数组是有序的。

二分法查找的代码实现：

```
#!/usr/bin/python3.6
# -*- coding: utf-8 -*-
def BinarySearch(arr, key):
    # 记录数组的最高位和最低位
    min = 0
    max = len(arr) - 1
```

```
        if key in arr:
            # 建立一个死循环，直到找到 key
            while True:
                # 得到中位数
                # 这里一定要加 int，防止列表是偶数的时候出现浮点数据
                center = int((min + max) / 2)
                # key 在数组左边
                if arr[center] > key:
                    max = center - 1
                # key 在数组右边
                elif arr[center] < key:
                    min = center + 1
                # key 在数组中间
                elif arr[center] == key:
                    print(str(key) + "在数组里面的第" + str(center) + "个位置")
                    return arr[center]
        else:
            print("没有该数字!")
    if __name__ == "__main__":
        arr = [1, 6, 9, 15, 26, 38, 49, 57, 63, 77, 81, 93]
        while True:
            key = input("请输入你要查找的数字：")
            if key == " ":
                print("谢谢使用！")
                break
            else:
                BinarySearch(arr, int(key))
```

9．答案：结果都是 1.4，如下所示：

```
>>> '{:0.2f}'.format(0.135)
'0.14'
>>> '{:0.2f}'.format(0.145)
'0.14'
```

10．答案：

首先分析第一段，在{'num':i}的循环里面，每一次循环都产生一个新的字典类型，所以这个结果是：

```
[{'num': 0}, {'num': 1}, {'num': 2}, {'num': 3}, {'num': 4}, {'num': 5}, {'num': 6}, {'num': 7}, {'num': 8}, {'num': 9}]
```

第二段情况就有些特殊了，a={'num':0}表示把映射类型字典的引用给了 a，循环 a['num']=i 的时候，a 的引用地址不变，因此取了最后一次循环的值，所以这个结果是：

```
[{'num': 9}, {'num': 9}, {'num': 9}, {'num': 9}, {'num': 9}, {'num': 9}, {'num': 9}, {'num': 9}, {'num': 9}, {'num': 9}]
```

答案：

11．答案：+0-0+1-1+0+1-0-1。

test1()打印的是一个生成器。

第一个 for 循环结果为：+0 -0 +1 -1。

第二个 for 循环，首先需要执行完生成器里的循环获取，再转出 list 即[0,1]，然后循环这个 list 所以结果是：+0 +1 -0 -1。